普通高等教育"十四五"系列教材

自动控制原理

主编 王春侠

 西安交通大学出版社
XI'AN JIAOTONG UNIVERSITY PRESS

内容简介

本书是根据教育部高等学校自动化类专业"自动控制原理"课程教学大纲和高等工程教育认证标准的要求编写的。为了贯彻落实党的二十大精神，全书从高等工程教育对人才培养的新要求出发，介绍了经典控制理论的基本概念、基本原理和基本方法，尝试将"新工科"和高等工程教育认证的内涵特征融入控制系统的建模、分析之中，致力于培养学生的创新意识、实践动手能力和解决复杂工程问题的能力，并融入课程思政元素。本书内容包括自动控制的基本概念，控制系统的数学模型，线性控制系统的时域分析法、根轨迹分析法和频域分析法，控制系统的设计与校正，非线性控制系统分析，线性离散系统的分析与设计等。本书可作为一般工科院校自动化、电气工程及其自动化、测控技术与仪器、计算机应用技术、电子工程等专业的本科教材或主要参考书，也可供从事控制理论和控制工程应用的各专业工程技术人员参考使用。

图书在版编目（CIP）数据

自动控制原理／王春侠主编. — 西安：西安交通大学出版社，2023.6（2024.8 重印）
ISBN 978 - 7 - 5693 - 3287 - 2

Ⅰ．①自…　Ⅱ．①王　Ⅲ．①自动控制理论-高等学校-教材
Ⅳ．①TP13

中国国家版本馆 CIP 数据核字（2023）第 105132 号

书　　名	自动控制原理
	ZIDONG KONGZHI YUANLI
主　　编	王春侠
责任编辑	郭鹏飞
责任校对	李　佳
出版发行	西安交通大学出版社
	（西安市兴庆南路 1 号　邮政编码 710048）
网　　址	http://www.xjtupress.com
电　　话	（029）82668357　82667874（市场营销中心）
	（029）82668315（总编办）
传　　真	（029）82668280
印　　刷	西安日报社印务中心
开　　本	787 mm×1092 mm　1/16　印张　22.875　字数　529 千字
版次印次	2023 年 6 月第 1 版　2024 年 8 月第 2 次印刷
书　　号	ISBN 978 - 7 - 5693 - 3287 - 2
定　　价	59.00 元

如发现印装质量问题，请与本社市场营销中心联系。
订购热线：（029）82665248　（029）82667874
投稿热线：（029）82668254　QQ：21645470
读者信箱：21645470@qq.com

前　言

　　党的二十大报告提出"深入实施科教兴国战略、人才强国战略、创新驱动发展战略,开辟发展新领域新赛道,不断塑造发展新动能新优势"。《自动控制原理》教材是自动化专业人才培养的重要支撑、引领创新发展的重要基础,必须贯彻落实党的二十大精神,紧密对接国家发展重大战略需求,不断更新升级,更好服务高水平科技自立自强、拔尖创新人才培养。本书试图从课程性质与目标定位、课程内容与教学要求、基本概念与基本方法、系统分析与综合等关键问题入手,探索融合启发式、探究式、讨论式等多样化的"教"与"学"的学习方式,试图融入"新工科"和高等工程教育认证的若干内涵特征,试图融入课程思政元素。例如,运用工程数学和工程科学原理识别、分析和表达典型控制系统问题;将数学、工程知识和现代计算工具应用于解决复杂控制系统问题;通过拓展复杂控制系统的分析与综合训练,着力培养学生自主学习、团队协作与沟通的意识和能力等。总之,希望教材的内容更有助于培养学生的创新意识、实践动手能力和解决复杂工程问题的能力,以及爱国报国的使命感、责任感和紧迫感。

　　本教材的特点:

　　(1)为了更好地适应新工科视域下工科院校高级应用型人才培养的目标,论述深入浅出,注重概念和方法,理论联系实际,同时涵盖了经典控制理论部分的所有知识点内容。

　　(2)在每章开始给出教学目的与要求(知识结构,重难点),在每章结尾给出拓展(知识拓展、工程拓展或素质拓展)。让学生明白为什么要学,要学什么,学到什么程度,学了有什么用。

　　(3)充分利用计算机辅助软件减轻计算负担、提高绘图精度。各章配置了相关的 MATLAB 分析或者设计应用实例,一方面完善了方法,另一方面更有利于学生课后完成作业和上机练习。

　　本书选材合理,强调基本概念、基本方法和工程案例。每章介绍了一些应用MATLAB 软件对控制系统进行计算机辅助分析与设计的应用实例、拓展,并提供一定数量的例题和习题,以帮助读者加强对基本概念的理解和基本理论的应用。

　　全书共分八章。第 1 章介绍有关自动控制系统的基本概念。第 2 章讨论线性定常系统的数学模型及其求取方法。第3章介绍线性定常系统的时域分析方法，重点讨论典型一、二阶系统动态性能指标的计算，系统参数与动态性能之间的关系，高阶系统的分析方法，系统稳定性及其判定方法，以及稳态误差及其计算等有关问题。第4章介绍系统的根轨迹分析方法，重点介绍系统根轨迹图的绘制、系统性能的定性分析和根轨迹图的改造。第5章介绍系统的频率域分析方法，重点讨论频率域分析法的基本原理、系统开环频率特性的绘制以及利用频率特性图进行系统的稳定性分析和频域性能计算的方法。第6章讨论频率法校正。第7章是有关离散控制系统分析与综合的内容。第8章介绍非线性系统的特点以及用描述函数法和相平面法分析非线性系统性能的方法。

全书由王春侠任主编，胡波、淡涛、冉启武参编。第3章3.5节由胡波编写；第4章4.6节由淡涛编写；第8章8.5节由冉启武编写；其余章节及附录由王春侠编写。全书由王春侠负责校核和修改。

在本书编写的过程中，参考和吸收了国内兄弟院校和近几年出版的一些国外教材的部分内容，选材上考虑近几年国内外教材的变化趋势。

本书得到陕西理工大学电气工程学院"电气工程及其自动化国家级一流专业"和"自动化省级一流专业"建设项目支持，并得到电气工程学院、自动化系等单位和有关同志的鼓励及支持。在此向上述有关单位、同志谨致衷心的谢意！

限于编者的水平，书中可能存在错误和不妥之处，恳请广大读者和同行提出宝贵意见。

王春侠

2023 年 2 月

目　　录

自动控制的基本概念

第1章

教学目的与要求：了解自动控制的基本概念，了解自动控制理论的发展应用状况；掌握自动控制系统的类型、组成及所研究的主要内容；明确本课程的特点、学习方法及基本要求。

重点：反馈控制的基本概念，自动控制系统的组成和系统的基本要求。

难点：控制系统的性能要求。

1.1 什么是自动控制

1.1.1 自动控制技术及应用

我国自动控制技术应用案例

所谓自动控制，是指在无人直接参与的情况下，利用外加的设备或装置（控制装置或控制器），使工作机械、设备或生产过程（被控对象）的某些物理量（被控制量）按预定的规律（给定量）运行。事实上，任何技术设备、工作机械或生产过程都必须按要求运行。自动控制技术是当代发展最迅速、应用最广泛、最引人注目的高科技，是推动新的技术革命和新的产业革命的关键技术。

例如，在工业控制中，要想发电机正常供电，其输出的电压和频率必须保持恒定，尽量不受负荷变化的干扰；要想数控机床加工出高精度的工件，就必须保证其工作台或刀架的进给量准确地按照程序指令的设定值变化；要使烘烤炉提供优质的产品，就必须严格地控制炉温。对压力、温度、流量、湿度、配料比等的控制，都广泛采用了自动控制技术。对于高温、高压、剧毒等对人身体健康危害很大的场合，自动控制更是必不可少的。

在军事和空间技术领域，要使导弹能自动跟踪并命中敌方目标，弹身就必须按照雷达和计算机组成的制导系统的命令而作方位角和俯仰角的变动；要把数吨重的人造卫星送入数百公里高空的轨道，使其所携带的各种仪器能长期、准确地工作，就必须保持卫星的正确姿态，使它的太阳能面板一直朝向太阳，无线电发射天线一直指向地球……。在这些应用中，自动控制更具有十分重要的意义。

随着生产和科学技术的发展，自动控制技术在工农业、交通运输、国防建设和航空航天事业等领域的应用水平已经越来越高，并且已扩展到经济与社会生活的各个领域，如通信、生物、医学、环境、经济等领域。自动控制技术已成为促进当代生产发展和科学技术进步的重要因素。

1.1.2 自动控制科学发展简史

自动控制科学是研究自动控制过程共同规律的技术科学,它源于自动控制技术的应用,又服务于自动控制技术的实践。

早在古代,劳动人民就凭借生产实践中积累的丰富经验和对反馈概念的直观认识,发明了许多闪烁控制理论智慧火花的杰作。在公元前1400—公元前1100年中国、古埃及和巴比伦就出现了自动计时漏壶(自动计时漏壶系统示意图如图1.1所示)。

1788年,英国人瓦特(J.Watt)在他发明的蒸汽机上使用了离心调速器(采用离心调速器的蒸汽机转速控制系统示意图如图1.2所示),解决了蒸汽机的速度控制问题,进一步推动了蒸汽机的应用,促进了工业生产的发展。但是,有时为了提高调速精度,蒸汽机速度反而出现大幅度振荡,其后相继出现的其他自动控制系统也有类似的现象。由于当时还没有自动控制理论,所以不能从理论上解释这一现象。为了解决这个问题,不少人为提高离心式调速机的控制精度进行了改进研究。有人认为系统振荡是因为调节器的制造精度不够,从而努力改进调节器的制造工艺,这种盲目的探索持续了大约一个世纪之久。

1868年,英国人麦克斯韦尔(J.Maxwell)通过对调速系统线性常微分方程的建立和分析,解释了瓦特速度控制系统中出现的不稳定问题,并且发表了"论调速器"论文,开辟了用数学方法研究控制系统的途径。麦克斯韦尔的这篇著名论文被公认为自动控制理论的开端。英国人劳斯(E.Routh)和瑞典人赫尔维茨(A.Hurwitz)分别在1877年和1895年独立地建立了直接根据代数方程的系数判别系统稳定性的准则。这些方法奠定了经典控制理论中时域分析法的基础。

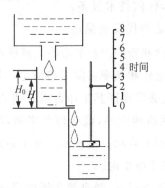

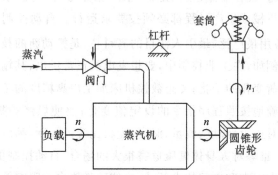

图 1.1　自动计时漏壶系统示意图　　图 1.2　采用离心调速器的蒸汽机转速控制系统示意图

1922年俄裔美国人米罗斯基(N.Minorsky)提出PID控制方法。1925年英国人亥维赛(O. Heaviside)把拉普拉斯变换应用到求解电网络的问题上,提出了运算微积。不久拉普拉斯变换就被应用到分析自动调节系统问题上,并取得了显著成效。1927年,美国人布莱克(H.Black)提出放大器性能的负反馈方法。1932年,美国人奈奎斯特(H.Nyquist)运用复变函数理论建立了以频率特性为基础的稳定性判据,很好地解决了Black放大器的稳定性问题,奠定了频率响应法的基础。1942年,美国人哈里斯(H.Harris)在拉普拉斯变换的基础上引入了传递函数的概念。用方框图、环节、输入和输出等信息传输的概念来描述系统的性能和关系。这样就把原来由研究反馈放大器稳定性而建立起来的频率法，更加抽象化了，因而也更有普遍意义，可以把对具体物理系统，如力学、电学等的描述，统一用传递函数、频率响应等抽象的概念来研究。1945 年，美国人伯德(H. Bode)和尼柯尔斯(N. Nichols)进一步将频率响应法加以发展，形成了经典控制理论的频域分析法，为工程技术人员提供了一个设计反馈控制系统的有效工具。1948 年，美国人伊万思(W. Evans)创立了根轨迹分析方法，为分析系统性能随系统参数变化的规律性提供了有力工具，进一步完善了频域分析方法。

美国人维纳(N. Weiner)于 1948 年出版了《控制论》，这部具有深远影响的著作的出版标志着控制论的诞生。1954 年，中国人钱学森出版了《工程控制论》，全面总结了经典控制理论，标志着经典控制理论的成熟。

钱学森的《工程控制论》与爱国事迹

经典控制理论研究的对象基本上是以线性定常系统为主的单输入单输出系统，还不能解决如时变参数问题，多变量、强耦合等复杂的控制问题。

第一次世界大战期间。反馈控制方法被广泛用于设计研制飞机自动驾驶仪、火炮定位系统、雷达天线控制系统及其他军用系统。这些系统的复杂性和对快速跟踪、精确控制的高性能追求，迫切要求拓展已有的控制技术，促使了许多新的见解和方法的产生，同时，还促进了对非线性系统、采样系统以及随机控制系统的研究。

20 世纪 50 年代后期，空间技术的发展急需解决更复杂的多变量系统、非线性系统的最优控制问题。同时，计算机技术的发展也从计算手段上为控制理论的发展提供了条件。苏联人李雅普诺夫(A. Lyapunov)于 1892 年创立稳定性理论。1956 年苏联人庞特里雅金(L. Pontryagin)提出极大值原理；同年，美国人贝尔曼(R. Bellman)创立了动态规划。极大值原理和动态规划为解决最优控制问题提供了理论工具。1959 年匈牙利裔美国人卡尔曼(R. Kalman)提出了著名的卡尔曼滤波器，1960 年卡尔曼又提出系统的可控性和可观测性问题。到 20 世纪 60 年代初，一套以状态方程作为描述系统的数学模型、以最优控制和卡尔曼滤波为核心的控制系统分析、设计的新原理和方法基本确定，现代控制理论应运而生。现代控制理论适用于多变量、非线性、时变系统。

为了解决现代控制理论在工业生产过程的应用中所遇到的被控对象精确状态空间模型不易建立、合适的最优性能指标难以构造、所得最优控制器往往过于复杂等问题，科学家们不懈努力，近几十年中不断提出一些新的控制方法和理论，例如，自适应控制、模糊控制、预测控制、容错控制、鲁棒控制、非线性控制和大系统、复杂系统控制等，大大地拓展了控制理论的研究范围。控制理论目前还在向更深、更广阔的领域发展，无论在数学工具、理论基础方面，还是在研究方法上都产生了实质性的飞跃。

尽管自动控制系统种类繁多、用途和具体结构各不相同，但是都离不开反馈控制的概念和方法。

1.2 自动控制的基本方式

一般自动控制系统的组成如图 1.3 所示,参与控制的信号来自三条通道,即给定量 $r(t)$、干扰量 $n(t)$、被控量 $c(t)$。除被控对象外有四种功能部件。①测量装置:用以测量被控量或干扰量。②比较器:将反馈量 $b(t)$ 与给定量进行比较,产生偏差量 $e(t)$。比较器用"$\otimes$"表示。③控制器:根据比较后的偏差进行运算,产生控制量 $u(t)$。④执行器:接收控制信息并操纵被控对象。

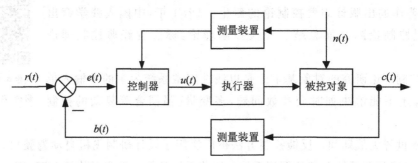

图 1.3 一般自动控制系统的组成

下面根据不同的信号源来分析自动控制的三种基本方式:开环控制、闭环控制和复合控制。

1.2.1 开环控制

定义:系统的输出量与控制器输入端之间不存在反馈回路,输出量对系统的控制作用没有影响。开环控制分为按给定值操纵的开环控制和按干扰补偿的开环控制。

1. 按给定值操纵的开环控制

按给定值操纵的开环控制系统原理方框图如图 1.4 所示,控制器仅仅由给定信号产生控制作用,再由执行器操纵被控对象,从而控制被控量。

图 1.4 按给定值操纵的开环控制系统原理方框图

【例 1 - 1】 按给定值操纵的电炉炉温开环控制系统原理图如图 1.5(a)示,要求炉温保持在恒值 T_0。

被控对象是电炉,被控量是炉内温度 T,控制器是调压器,执行器是电阻丝,炉温的给定值 T_0 由调压器给出,系统方框图如图 1.5(b)所示。根据控制要求,把调压器抽头固定在对应于 T_0 的电压值,通过电阻丝给电炉加热,使电炉炉温 T 达到并保持在给定炉温 T_0。实际上,由于存在电源电压的波动或炉门的开闭,炉内实际温度与期望温度会出现偏差,有时偏差可能较大。

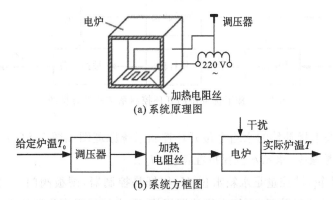

(a) 系统原理图

(b) 系统方框图

图 1.5　按给定值操纵的电炉炉温开环控制系统

【例 1-2】　按给定值操纵的转盘转速开环控制系统原理图如图 1.6(a)所示,要求转盘以恒速 n_0 旋转。

被控对象是转盘,被控量是转盘转速 n,功率放大器是控制器,直流电动机是执行器,转速的给定值 n_0 由电位器滑动端给出,系统方框图如图 1.6(b)所示。根据控制要求,把电位器滑动端固定在对应于 n_0 的位置,闭合电源 E,电位器就给出确定的电压 V_r,V_r 经功率放大器输出电压 V_a,V_a 作用在直流电动机电枢两端,使直流电动机及转盘的转速 n 达到并保持在给定转速 n_0。实际上,由于存在励磁电流的波动或负载的增减,转盘实际转速与期望转速会出现偏差。

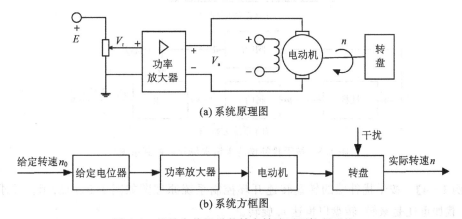

(a) 系统原理图

(b) 系统方框图

图 1.6　按给定值操纵的转盘转速开环控制系统

按给定值操纵的控制系统的控制装置只按给定值来控制被控对象;控制系统结构简单,相对成本低;但是对可能出现的被控量实际值偏离给定值的偏差没有任何修正能力,抗干扰能力差,控制精度不高。

2. 按干扰补偿的开环控制

按干扰补偿的开环控制系统原理方框图如图 1.7 所示,其利用干扰信号产生控制作用,以及时补偿干扰对被控量的直接影响。

图 1.7 按干扰补偿的开环控制系统原理方框图

【**例 1-3**】 按干扰补偿的水箱水位开环控制系统原理图如图 1.8(a)所示,要求无论出水流量 Q_2 增大还是减少,水箱水位保持在恒值 H_0。

被控对象是水箱,被控量是水箱水位 H,杠杆是控制器,闸板阀门 l_1 是执行器,闸板阀门 l_2 是干扰量 Q_2 的测量装置,水箱水位的期望值 H_0 由杠杆平衡位置给出,系统方框图如图 1.8(b)所示。根据控制要求,先将水箱蓄水到期望水位 H_0,再使杠杆平衡,此时水箱出水流量 Q_2 与进水流量 Q_1 相等,水位 H 维持在期望值 H_0 附近。若 Q_2 增大,则 l_2 抬高,杠杆右倾并联动 l_1 开大,从而 Q_1 增大,使水位 H 维持在 H_0 附近。结果是,无论 Q_2 增大还是减小,实际水位总是维持在期望值 H_0 附近。

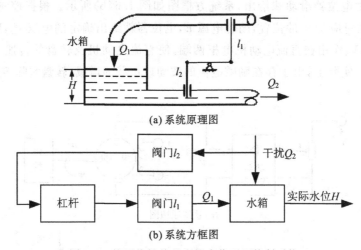

(a) 系统原理图

(b) 系统方框图

图 1.8 按干扰补偿的水箱水位开环控制系统

【**例 1-4**】 按干扰补偿的转盘转速开环控制系统原理图如图 1.9(a)所示。要求无论转盘负载加重还是减轻,转盘以恒速 n_0 旋转。

被控对象是转盘,被控量是转盘转速 n,功率放大器是控制器,直流电动机是执行器,电阻 R 是干扰量电枢电流 i 的测量装置,转盘转速的期望值 n_0 由额定负载对应的电动机电枢电压 V_{a0} 给出,系统方框图如图 1.9(b)所示。根据控制要求,把电位器滑动端固定在额定负载情况下对应于 n_0 的位置,闭合电源 E,电位器就给出确定的电压 V_r,使电动机及转盘的转速 n 达到并保持在给定转速 n_0,此时电动机电枢电压 V_a 等于 V_{a0}。若负载加重,则 n 下降,导致电机电枢电流 i 增大,电压放大器的输出电压 V_b 增大,从而使 V_a 增大,n 回升,最终使转速 n 维持在期望值 n_0 附近。结果是,无论负载加重还是减轻,转盘实际转速 n 总是维持在期望值 n_0 附近。

这种按扰动控制的开环控制系统是直接从扰动取得信息并据以改变被控量,因此它只适用于扰动量是可测量的场合。而且一个补偿装置只能补偿一个扰动因素,对不可测干扰以及被控对象、各功能部件内部参数变化对被控量的影响,系统自身无法控制。适于存在强干扰且变化比较剧烈的大惯性系统。

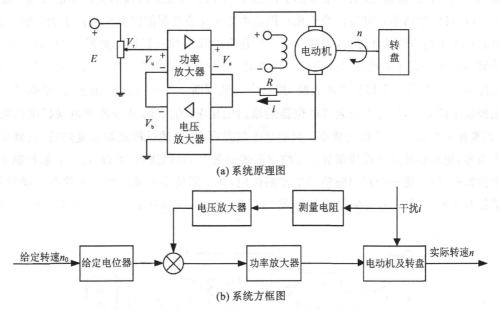

(a) 系统原理图

(b) 系统方框图

图 1.9　按扰动控制的直流电动机速度开环控制系统

1.2.2　按偏差调节的闭环控制

1. 闭环控制系统的基本组成

闭环控制系统的基本组成如图 1.10 所示,从系统输入量到输出量之间的通道称为前向通道;从输出量到反馈量之间的通道称为反馈通道。

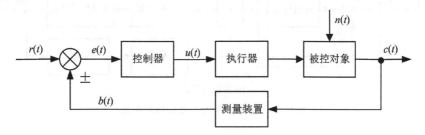

图 1.10　闭环控制系统原理方框图

由于采用了反馈,使信号的传输路径形成闭合回路,使系统输出量反过来直接影响控制作用。这种通过反馈使系统构成闭环,并按偏差产生控制作用,用以减小或消除偏差的控制系统,称为闭环控制系统或反馈控制系统。闭环控制可自动调节被控量因干扰和内部参数变化而引起的变动。在反馈控制系统中,如果反馈信号的作用是加强输入信号的作用,则称为正反馈控制系统;如果反馈信号的作用是减弱输入信号的作用,则称为负反馈控制系统。

自动控制原理中主要研究的是负反馈控制系统。

2. 反馈控制原理

其实,人的一切活动都体现出反馈控制的原理,人本身就是一个具有高度复杂控制能力的反馈控制系统。例如,人用手拿取桌上的书,汽车司机操纵方向盘驾驶汽车沿公路平稳行驶等,这些日常生活中习以为常的平凡动作都渗透着反馈控制的深奥原理。下面,通过剖析转盘转速人工调节的动作过程,透视一下它所包含的反馈控制机理。如图 1.11(a)所示,希望的转盘转速 n_0 是手运动的指令信息。调速时,首先人要用眼睛连续目测转速表指示的转盘实际转速 n,并将这个信息送入大脑,然后由大脑判断 n 与 n_0 之间的偏差,并根据其大小发出控制手的命令,指挥手去调节电位器的输出电压 V_u 的大小,从而改变电动机电枢电压 V_a,逐渐使 n 与 n_0 之间的偏差减小。只要这个偏差存在,上述过程就要反复进行,直到偏差减小为零,使转盘转速 n 得到调节。系统方框图如图 1.11(b)所示,可以看出,大脑控制手调节电位器的过程,是一个利用偏差产生控制作用,并不断使偏差减小直至消除的运动过程。反馈控制实质上是一个按偏差进行控制的过程,因此,反馈控制原理就是按偏差控制的原理。

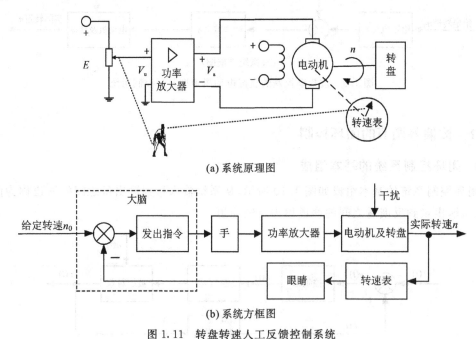

(a) 系统原理图

(b) 系统方框图

图 1.11 转盘转速人工反馈控制系统

转盘转速自动反馈控制系统原理图如图 1.12(a)所示。

转盘转速 n 由电动机同轴带动的测速发电机 TG 测量并转换成电压 V_f,V_f 反馈到电压放大器的输入端,与对应希望转速 n_0 的给定电压 V_r 进行比较,得出偏差电压 $V_e = V_r - V_f$。V_e 间接地反映出转速误差的大小和方向,V_e 经放大后为 V_a,用以控制电动机及转盘转速 n,可以实现与图 1.11(a)所示人工反馈控制系统同样的控制目的。显然,测速发电机代替了人的眼睛,电压放大器代替了人的大脑和手,系统方框图如图 1.12(b)所示。

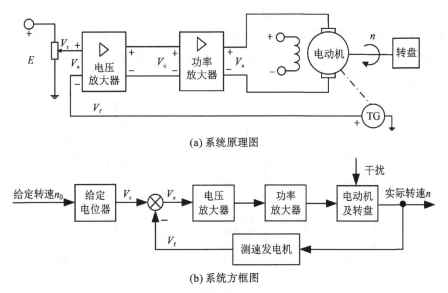

(a) 系统原理图

(b) 系统方框图

图 1.12 自动反馈控制直流电动机速度闭环控制系统

1.2.3 复合控制

复合控制实质上是在闭环控制回路的基础上,附加了一个输入信号或扰动作用的顺馈通路,来提高系统的控制精度。顺馈通路通常由补偿装置组成,如图 l.13(a)、(b)所示,分别称为按输入信号补偿和按扰动作用补偿的复合控制系统。通常,按输入信号补偿的复合控制可以提高系统的控制精度。按扰动作用补偿的复合控制,能够减小扰动对系统输出的影响。

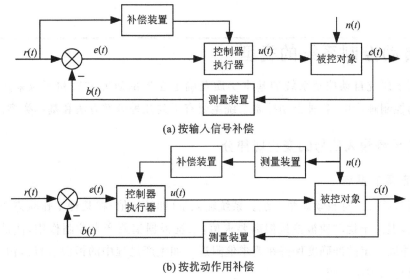

(a) 按输入信号补偿

(b) 按扰动作用补偿

图 1.13 复合控制系统原理方框图

【例 1 - 5】   图 1.12(a)所示为转盘转速自动反馈控制系统,只有在偏差出现后才产生控制作用,因此在强干扰作用下,控制过程中转速可能波动较大,采用按干扰补偿的复合控制更为适合。按扰动作用补偿的转盘转速复合控制系统的原理图和方框图分别如图 1.14 (a)和(b)所示。

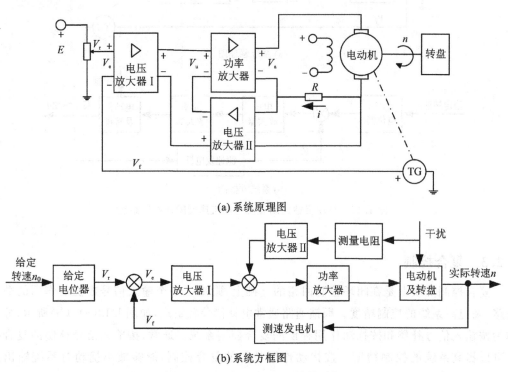

(a) 系统原理图

(b) 系统方框图

图 1.14   电动机速度闭环控制系统

1.3   自动控制系统的类型

为了便于研究自动控制系统的基本实质及确定正确的研究方法和所应采用的数学工具。在自动控制理论中,各种自动控制系统主要有下列几种分类方法和基本类型。

1.3.1   按系统输入信号的变化规律分

1. 恒值调节系统

恒值调节系统又称自动调整系统。系统输入量(即给定值)在某种工作状态下一旦给定就不再变化,但由于扰动使被控量偏离要求值,系统根据偏差产生控制作用,使被控量恢复到要求值,并以一定的准确度保持在要求值附近。如生产过程中的恒温、恒压、恒流量、恒速和恒液位等自动控制系统。

2. 程序控制系统

系统输入信号按照预定的规律变化,要求被控量也按照同样的规律变化。如热处理炉的升温、保温和降温过程的控制,数控机床运动轨迹的控制。

3. 随动系统

随动系统又称伺服系统或者跟踪系统。给定值随时间变化,要求系统被控量以尽可能小的误差快速跟随给定值变化。比如制导导弹定位系统、雷达天线跟踪系统、火炮自动瞄准系统等。

1.3.2 按系统输入-输出关系的特征分

1. 线性系统

组成系统的所有环节或元件的输入-输出关系都是线性关系,能用线性微分方程描述其输出与输入关系。线性系统的主要特点是具有叠加性和齐次性,可以用线性系统理论和方法来分析。

2. 非线性系统

组成系统的元器件中至少有一个元件的输入-输出关系是非线性的,不能用线性微分方程描述系统,不满足叠加原理和齐次性原理。如存在继电器、死区、间隙和饱和等非线性特性的系统。

非线性是普遍存在的。对于非线性程度不严重的情况,可以近似线性化,用线性系统理论和方法来分析。对于非线性程度严重的情况,必须采用非线性系统理论来分析。

1.3.3 按系统传输的信号特征分

1. 连续系统

系统中所有位置的信号都是连续变化的,可以用微分方程来描述系统各部分的输入-输出关系。

2. 离散系统

系统中至少有一处信号是脉冲序列或者数码形式,系统的运动规律必须用差分方程来描述。如果用计算机实现采样和控制,则称为数字控制系统。

1.3.4 按系统参数变化的特征分

1. 定常系统

系统中所有参数都不会随着时间的推移而发生改变,描述它的微分方程也就是常系数微分方程,而且对它进行观察和研究不受时间限制。只要实际系统的参数变化不太明显,一般都视作定常系统,因为绝对的定常系统是不存在的。

2. 时变系统

系统中部分或全部参数会随着时间的推移而发生改变,描述它的运动规律就要用变系数微分方程,系统的性质也会随时间变化,不允许用某一时刻观测的系统性能去代替另一时刻的系统性能。

1.3.5 按系统输入-输出变量的数目分

1. 单输入-单输出系统

系统只有一个输入变量和一个输出变量,也称为单变量系统。如直流电机调速系统。

2. 多输入-多输出系统

系统有多个输入变量和多个输出变量,也称为多变量系统。如大型蒸汽发电机计算机控制系统。

此外,按照系统的结构特征还可以分为开环控制系统和闭环控制系统,如前已述。

本课程主要研究的内容是,单输入-单输出线性定常连续系统,非线性系统和离散系统。

1.4 自动控制系统的基本性能要求

在控制系统的分析设计中,为了对各种控制系统的性能进行统一评价,常常规定在输入信号作用于系统之前,系统处于零初始状态,同时设定几种典型输入信号用来考察系统的性能指标。

1.4.1 常用的典型输入信号

虽然作用于系统的实际输入信号形式多样,但在控制理论中,一般根据简单、实用、易于实验产生、利于模拟实际信号和反映恶劣情况的原则,选取如表 1.1 所示的脉冲信号、阶跃信号、斜坡信号、抛物线信号和正弦信号作为典型输入信号。

表 1.1 常用的典型输入信号

函数	函数图像	应用场合	例
脉冲函数: $f(t) \triangleq I\delta(t) = \begin{cases} \lim\limits_{\varepsilon \to 0} \dfrac{I}{\varepsilon}, 0 < t < \varepsilon \\ 0, t \leqslant 0 \text{ 和 } t \geqslant \varepsilon \end{cases}$ 单位脉冲:$I=1$		可模拟冲击量,是研究系统稳定性时最常用的信号	电火花、数字通信的抽样脉冲、力学中的冲击力、振动噪声等
阶跃函数: $f(t) \triangleq P1(t) = \begin{cases} P, t > 0 \\ 0, t \leqslant 0 \end{cases}$ 单位阶跃:$P=1$		可模拟物理量的突然改变,是评价系统动态性能时最常用的信号	突加恒值给定、电源合闸、断电、负载突变等
斜坡函数: $f(t) = \begin{cases} Vt, t > 0 \\ 0, t \leqslant 0 \end{cases}$ 单位斜坡:$V=1$		可模拟以恒定速度变化的物理量	雷达天线、火炮瞄准、机床进给系统、机械手等的等速移动指令等

函数	函数图像	应用场合	例
抛物线函数： $f(t)=\begin{cases} \dfrac{1}{2}at^2, t>0 \\ 0, t\leqslant 0\end{cases}$ 单位抛物线： $a=1$	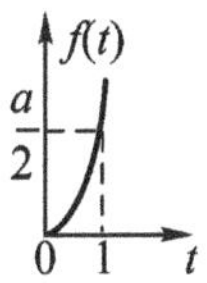	可模拟以恒定加速度变化的物理量	宇宙飞船控制、炮弹轨迹等
正弦函数： $f(t)=\begin{cases} A\sin(\omega t), t>0 \\ 0, t\leqslant 0\end{cases}$	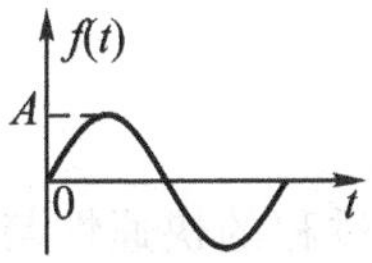	频域响应分析	交流电、机床振动等

1.4.2　系统的时间响应

为了实现自动控制的任务,必须要求控制系统的被控量 $c(t)$ 跟随给定量 $r(t)$ 的变化而变化,希望被控量在任何时刻都等于给定量,两者之间没有误差存在。然而,由于实际系统中总是包含具有惯性或储能特性的元件,同时由于能源功率的限制,使控制系统在受到外作用时,其被控量不可能立即跟踪上给定量,而是有一个过程。通常把系统受到外作用后,被控量随时间变化的全过程,称为系统的时间响应过程。所谓系统的典型时间响应是指系统的初始状态为零,在典型输入信号作用下被控量的时间响应。它与典型输入信号一一对应。

若系统稳定,时间响应过程由动态响应过程和稳态响应过程组成。动态响应过程是指系统的被控量在跟踪上给定量之前的时间响应过程,又称过渡过程。稳态响应过程是指被控量在跟踪上给定量之后的时间响应过程。

1.4.3　工程上评价控制系统的性能要求

控制系统的性能,可以用典型时间响应过程的特性来衡量,考虑到典型时间响应过程在不同阶段的特点,工程上常常从稳定性、动态性能、稳态性能三个方面来评价自动控制系统的总体性能。

1. 稳定性

系统在受到外作用后,若控制装置能操纵被控对象,使其被控量 $c(t)$ 随时间的增长而最终与期望值一致,则称系统是稳定的,如图 1.15(a)曲线①(实线)所示。如果被控量 $c(t)$ 随时间的增长而越来越偏离给定量,则称系统是不稳定的,如图 1.15(a)曲线②(虚线)所示。

稳定的系统才能完成自动控制的任务,所以系统稳定是保证系统正常工作的首要条件。

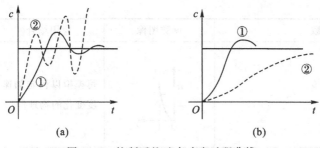

图 1.15 控制系统动态响应过程曲线

2. 动态性能

动态性能是指控制系统动态响应过程的快速性与平稳性。

快速性：是指动态响应过程时间的长短。动态响应过程时间越短，系统的快速性越好，如图 1.15(b)曲线①(实线)所示；反之系统响应迟钝，如图 1.15(b)曲线②(虚线)所示。

平稳性：是指动态响应过程振荡的幅度与频率，即被控量围绕给定量摆动的幅度和次数。好的动态过程摆动的幅度小，摆动的次数少。

快速性和平稳性反映了系统动态响应过程性能的好坏。既快速又平稳，表明系统的动态性能好。

3. 稳态性能

稳态性能指系统在动态响应过程结束后，其被控量(或反馈量)与期望值的偏差，这一偏差称为稳态误差。稳态误差是衡量稳态精度的指标，反映了系统的稳态性能。稳态误差越小，说明系统的控制精度越高，稳态性能越好。

综上所述，对控制系统的基本要求简单来说就是稳、快、准。但是同一个系统对这三个方面的要求是互相制约的。提高响应的快速性，可能会引起系统的强烈振荡；改善系统的平稳性，则又可能会使控制过程时间延长，反应迟缓以及精度变差；提高系统的稳态精度，则可能会引起动态性能(平稳性和快速性)变坏。因此，对实际系统而言，必须根据被控对象的具体情况，对稳定性、动态性能和稳态性能的要求有所侧重。例如，恒值调节系统对准确性要求较高，随动系统对快速性要求较高。

1.5 拓 展

1.5.1 自动化博览(来源:中国科学院科普云平台)

本栏目将向您介绍自动化技术的基础知识，为你展示自动化技术的奥妙，使您领略人们在自动化技术中发展的各种理论以及设计的各种设备。栏目网页界面如图 1.16 所示。具体内容网址:http://www.kepu.net.cn/vmuseum/technology/cybernetics/abc/index.html。

中国科学院科普云·与科学同行

人类自开始进行劳动以来，就一直梦想着制造出能够无需人的参与就可以自己完成任务的劳动工具。自动化技术从诞生到现在，已经逐步走向成熟。自动化技术取得了长足进步。本栏目将向您介绍自动化技术的基础知识，为你展示自动化技术的奥妙，使您领略人们在自动化技术中发展的各种理论以及设计的各种设备。

自动化课堂
赛伯（自动化）的诞生
赛伯溯源
炮火中的发展
赛伯的原理仔细看
正反馈和负反馈
控制器——系统的大脑
传感器——系统的耳目
执行器——系统的手脚
受控对象——温柔的羔羊
稳定性——不可或缺
鲁棒性——健康的系统
极点——控制系统的精灵
自动化江湖数风流
模糊控制——其实我很清楚
"没有更好只有最好"
自适应控制——以变制变
鲁棒控制——以静制动
线性控制理论纵横
非线性控制理论的发展
PID控制——简而优秀
预测控制——未卜先知
故障诊断——神医妙手

人工智能——智慧之巅
专家系统——身边的专家
推理控制——经验的作用
集散控制系统（DCS）
自动化十八般兵器
物理传感器
光纤传感器
仿生传感器
红外传感器
电磁传感器
磁光效应传感器
压力传感器
温度传感器
超声波传感器
虚拟仪表
步进电机
变频器
电磁阀
可编程控制器（PLC）
工业计算机（IPC）
单片机
继电器控制设备
液压装备

图 1.16　自动化博览栏目网页界面

1.5.2　自动控制原理的工程应用案例

1. 平移自动门

自动门在商场、宾馆、饭店、机场、车站、银行等场合已得到广泛应用，其中平移自动门用量最大，约占自动门总量的 90％ 以上。悬挂式平移自动门控制系统示意图如图 1.17 所示。

微波雷达或红外传感器探测到感应区有人时，将脉冲信号传给微电脑，微电脑判断后发出控制信号，驱动无刷直流电动机正向旋转，并由齿轮箱减速将动力传给同步带，再由同步带带动吊具系统和门扇按设定的程序开启、加速、全速、制动后慢行、全开，开门后保留一段时间再关门。关门也按设定程序做相反的运动。系统原理方框图如图 1.18 所示。

2. 经济型数控铣床

经济型数控铣床能够完成基本的铣削、镗削、钻削及攻螺纹等工作，可加工各种形状复杂的凸轮、样板及模具零件等。因为结构简单，成本较低，被广泛应用于机械加工领域。典型的经济型立式数控铣床包括如图 1.19 所标示的八个部分。立柱固定在底座上，用于安装和支承机床各部件，纵向工作台、横向溜板安装在升降台上。主轴交流电动机使刀具旋转，

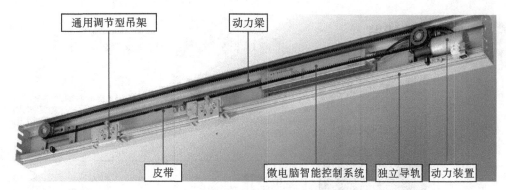

图 1.17 平移自动门控制系统原理示意图

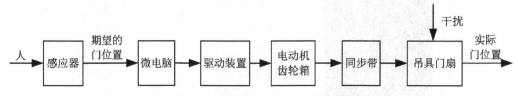

图 1.18 自动平移门控制系统原理方框图

通过纵向进给步进电动机、横向进给步进电动机和垂直升降进给步进电动机的驱动,完成 X、Y 和 Z 坐标的进给。电器柜安装在床身立柱的后面,其中装有电器控制部分。

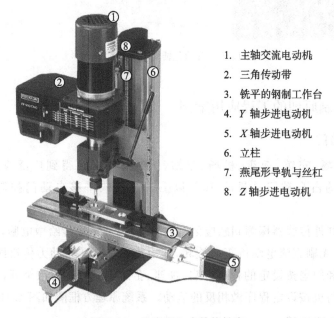

1. 主轴交流电动机
2. 三角传动带
3. 铣平的钢制工作台
4. Y 轴步进电动机
5. X 轴步进电动机
6. 立柱
7. 燕尾形导轨与丝杠
8. Z 轴步进电动机

图 1.19 经济型立式数控铣床

根据零件形状、尺寸、精度和表面粗糙度等技术要求,将 PC 机编程生成各个坐标的 CNC 插补给定指令输入到微型计算机,实现步进电动机所需脉冲的换算和分配,多路脉冲信号经过光电隔离、功率放大后,控制步进电机及减速器旋转,并由丝杠带动该坐标机械执行部件的进给。其中一个坐标的进给控制系统原理框图如图 1.20 所示。受步进电动机的步距精度和工作频率以及传动机构的传动精度影响,经济型数控系统的速度和精度都较低。

图 1.20　经济型立式数控铣床系统一个坐标的进给控制系统原理框图

3. 液位控制系统

图 1.21 所示是一个水箱水位控制系统原理示意图,水箱的进水量 Q_1 来自由电动机控制开度的进水阀门。要求出水量 Q_2 随意变化的情况下,水箱水位 h 保持在希望值 h_0 不变。

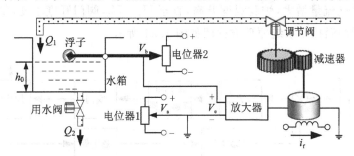

图 1.21　水位控制系统原理示意图

这是一个典型的镇定系统,当实际水位 h 低于 h_0 时,浮子下降,杠杆向左倾斜并联动电位器 2 滑动端 b 上翘,电位器 2 输出电压 $V_b > V_a = 0$,V_b 通过放大器驱动电动机及减速器正向旋转,开大进水阀门,使 Q_1 增加,从而使 h 上升。当 h 上升到 h_0 时,杠杆平衡,$V_b = V_a = 0$,电动机及减速器停止转动,进水阀门开度不变,这时 Q_1 和 Q_2 达到平衡。水箱水位控制系统原理方框图如图 1.22 所示。

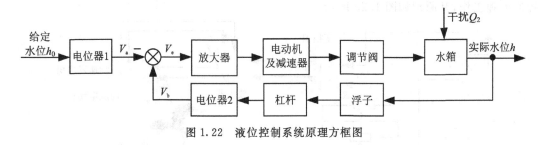

图 1.22　液位控制系统原理方框图

4. 炉温控制系统

图 1.23 所示是一个工业加热炉炉温控制系统原理示意图,在这个炉温控制系统中,煤气与空气按照一定比例送入加热炉燃烧室燃烧,生成的热量传递给工件,工件温度达到生产要求后,进入下一个工艺环节。空气流量不变,煤气流量 Q 由来自电动机控制开度的进气阀门调节。要求工件进出炉膛时,加热炉温度 T 保持在希望值 T_0 不变。

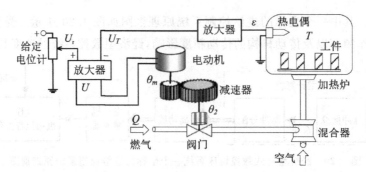

图 1.23 炉温控制系统工作原理图

热电偶不断测量炉膛内的实际温度,温度变送器将热电偶输出的微弱信号放大为 U_T,与给定值 U_r 比较,若 $U_T < U_r$,放大器输出电压 $U > 0$,电机带动齿轮正转,使煤气阀门开大,进入加热炉的煤气流量增大,炉膛温度升高,直至 $U_T = U_r$,阀门开度不变,实现对温度的闭环控制。加热炉炉温控制系统原理方框图如图 1.24 所示。

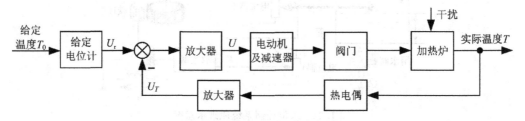

图 1.24 炉温控制系统方框图

5. 函数记录仪

函数记录仪是一种通用的自动记录仪,它可以在直角坐标上自动描绘两个电量的函数关系。同时,记录仪还带有走纸机构,用以描绘一个电量对时间的函数关系。函数记录仪通常由变换器、测量元件、放大元件、伺服电动机-测速机组、齿轮系及绳轮等组成,采用负反馈控制原理工作,其原理如图 1.25 所示。

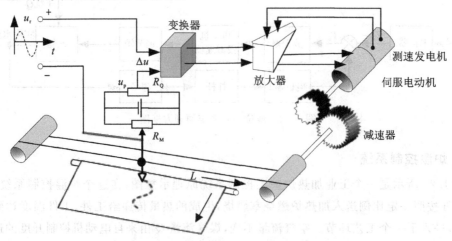

图 1.25 函数记录仪原理示意图

系统的输入是待记录电压 u_r，被控对象是记录笔，其位移 L 为被控量。系统的任务是控制记录笔的位移，在记录纸上描绘出待记录的电压曲线。测量元件是由电位器 R_Q 和 R_M 组成的桥式测量电路，记录笔固定在电位器 R_M 的滑臂上，因此，测量电路的输出电压 u_p 与记录笔位移 L 成正比。当有变化的输入电压 u_r 时，在变换放大元件输入口得到偏差电压 $\Delta u = u_r - u_p$，经变换放大后驱动伺服电动机，并通过减速器及绳轮带动记录笔移动，同时使偏差电压减小。当偏差电压 $\Delta u = 0$ 时，伺服电动机停止转动，记录笔也静止不动。此时 $u_p = u_r$，表明记录笔位移与输入电压相对应。如果输入电压随时间连续变化，记录笔便描绘出随时间连续变化的曲线。测速发电机反馈的信号是与伺服电动机速度成正比的电压，用以增加阻尼，改善系统性能。函数记录仪方框图见图 1.26。

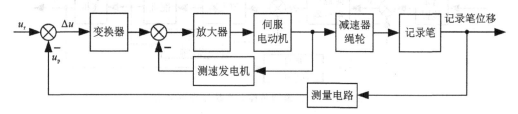

图 1.26 函数记录仪方框图

6. 飞机-自动驾驶仪系统

飞机自动驾驶仪是一种能保持或改变飞机飞行状态的自动装置。它可以稳定飞行姿态、高度和航迹；可以操纵飞机爬高、下滑和转弯。飞机与自动驾驶仪组成的自动控制系统，称为飞机-自动驾驶仪系统。如同飞行员操纵飞机一样，自动驾驶仪控制飞机是通过控制飞机的三个操纵面（升降舵、方向舵、副翼）的偏转，改变舵面的空气动力特性，以形成围绕飞机重心的旋转力矩，从而改变飞机的飞行姿态和轨迹。

图 1.27 所示是比例式飞机自动驾驶仪系统稳定飞机俯仰角的原理示意图。被控对象是飞机，被控量是飞机的实际俯仰角，图 1.28 为飞机-自动驾驶仪系统稳定俯仰角的系统方框图。

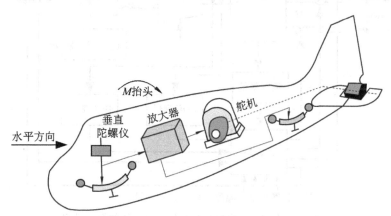

图 1.27 飞机-自动驾驶仪系统原理示意图

飞机的实际俯仰角 θ_o 用垂直陀螺仪测量。当飞机按给定俯仰角 θ_i 做水平飞行时,陀螺仪电位器输出电压为零。如果飞机受到扰动,使实际俯仰角 θ_o 向下偏离给定值 θ_i,则陀螺仪电位器输出与俯仰角偏差 $\Delta\theta = \theta_i - \theta_o$ 成正比的电压信号,经放大器放大后驱动舵机。一方面推动升降舵面向后偏转,产生使飞机抬头的力矩 M,减小俯仰角偏差 $\Delta\theta$;与此同时,带动反馈电位器滑臂,产生与舵面偏转角成正比的电压信号并反馈到放大器输入端。随着俯仰角偏差 $\Delta\theta$ 的减小,陀螺仪电位器输出信号越来越小,舵面的偏转角也随之逐渐减小,直到实际俯仰角 θ_o 恢复到给定值 θ_i 为止,这时,舵面也回到原来状态。

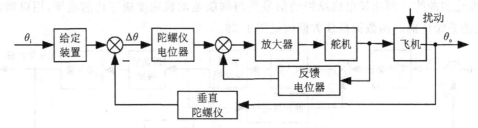

图 1.28　飞机俯仰角控制系统原理方框图

7. 大型蒸汽发电机计算机控制系统

火电厂电能生产过程的控制是一个多变性的复杂控制系统,主要设备为发电机、汽轮机和锅炉三个部分,此外,还有大量的辅助设备。发电量达几百兆瓦的大型现代化发电厂(站),需要控制系统妥善处理生产过程中各个变量间的关系以提高发电量。这通常需要协同控制 90 个左右的操作变量。大型蒸汽发电机计算机控制系统的简化模型如图 1.29 所示,图中给出了几个重要的控制变量。为保证发电机输出一定的电量,锅炉要供给足够的燃料,保持足够的蒸汽温度和压力,使汽轮机达到一定转速和驱动转矩。

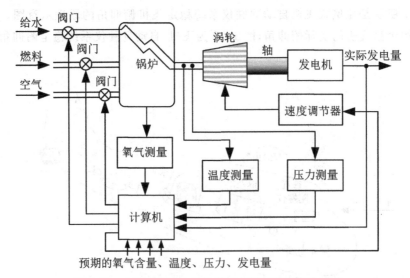

图 1.29　大型蒸汽发电机计算机控制系统的简化模型

　　计算机起着控制器的作用,能够实现协调控制,即任一调节量的动作都要同时考虑其他被调量的要求,协调操作加以控制。相应地,任一被调量的偏差都是通过机、炉两侧的调节量协调动作来消除的。

习　　题

自动控制系统的
计算机辅助
分析与设计工具

　　1-1　什么是开环控制?什么是闭环控制?分析、比较开环和闭环控制各自的特点。

　　1-2　举例说明闭环控制系统是由哪些基本部分构成的?各部分的作用是什么?

　　1-3　对自动控制系统的基本要求有哪些?

　　1-4　分析如图 1.30 所示的液位控制系统的工作原理,为其绘制工作原理方框图。并分别确定系统的被控对象、控制器、检测变送装置、执行器以及被控量、控制量、设定值、干扰。

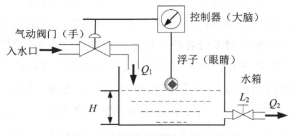

图 1.30　液位控制系统原理示意图

　　1-6　分析如图 1.31 所示的水温控制系统的工作原理,为其绘制工作原理框图。并分别确定系统的被控对象、控制器、检测变送装置、执行器以及被控量、控制量、设定值、干扰。

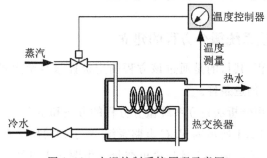

图 1.31　水温控制系统原理示意图

控制系统的数学模型

第2章

教学目的与要求：熟练掌握线性定常系统微分方程的列写，非线性特性的线性化处理，传递函数的定义及求法，方框图的简化，梅森公式的含义和应用。

重点：微分方程、传递函数、结构图、信号流图的求取以及它们之间的相互关系。

难点：列写线性系统的数学模型，方框图的简化，梅森公式的应用。

控制系统的种类很多，如物理的、生物的、社会经济的等。人们常将描述系统工作状态的各物理量随时间变化的规律用数学表达式或图形表示出来，称为系统的数学模型。

建立合理的数学模型，是分析研究控制系统的首要问题。系统数学模型的建立，一般采用解析法和实验法。解析法是对系统各部分的运动机理进行分析，根据它们所依据的物理、化学或者其他规律（例如，电学中的基尔霍夫定律、力学中的牛顿定律等）分别列写相应的系统各变量之间相互关系的运动方程，再经过整理和变换得到能够描述系统的数学模型。解析法也称为机理建模法。实验法是人为地给系统施加某种测试信号，再记录其输出响应，并用适当的数学模型去逼近，从而得到能够描述系统的数学模型，这种方法也称为实验辨识法。在实际工作中，这两种方法是相辅相成的，本章将着重讨论解析法。

2.1 控制系统的时间域数学模型

2.1.1 线性定常连续系统微分方程的建立

列写系统的微分方程，其目的是通过该方程确定被控量与给定量或扰动量之间的函数关系，为分析或设计系统创造条件。

下面通过举例说明用分析法建立系统微分方程的方法和步骤。

【例 2-1】已知如图 2.1 所示的 RLC 电路系统，要求列写出该系统的微分方程。

解 首先，确定该系统的输入变量和输出变量。由图 2.1 可知，当电压 $u_i(t)$ 变化时，将引起电路中电流 $i(t)$ 和电压 $u_o(t)$ 的变化。在这里，取 $u_i(t)$ 为输入变量，$u_o(t)$ 为输出变量。

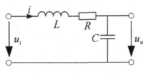

图 2.1 RLC 电路

其次,可根据电路基本定律列写出如下微分方程

$$u_i(t) = L\frac{di(t)}{dt} + Ri(t) + u_o(t)$$

$$i(t) = C\frac{du_o(t)}{dt}$$

最后,消去变量 $i(t)$,可得该电路的微分方程

$$LC\frac{d^2 u_o(t)}{dt^2} + RC\frac{du_o(t)}{dt} + u_o(t) = u_i(t) \tag{2.1}$$

式(2.1)表达了 RLC 电路的输入变量 $u_i(t)$ 与输出变量 $u_o(t)$ 之间的关系。

【例 2-2】他励式直流电动机是控制系统中常见的执行机构或控制对象。图 2.2 给出了直流电动机电枢回路示意图,当电枢电压 $u_a(t)$ 发生变化时,电动机转速 $n(t)$ 将产生相应的变化,试建立以 $u_a(t)$ 为输入变量,$n(t)$ 为输出变量的微分方程。

解 根据图 2.2 可得电枢回路的微分方程

$$L_a\frac{di_a(t)}{dt} + R_a i_a(t) + e_a(t) = u_a(t) \tag{2.2}$$

式中,e_a 为电动机电枢反电动势;R_a 为电动机电枢回路电阻;L_a 为电动机电枢回路电感;i_a 为电动机电枢回路电流。因为反电动势与电动机转速成正比,可取

$$e_a(t) = C_e n(t)$$

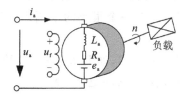

图 2.2 直流电动机电枢回路

式中,C_e 为电动机电动势常数(V/(r/min))。因此式(2.2)可改写为

$$C_e n(t) + R_a i_a(t) + L_a\frac{di_a(t)}{dt} = u_a(t) \tag{2.3}$$

当略去电动机的负载力矩和黏性摩擦力矩时,其机械运动方程式为

$$M(t) = \frac{GD^2}{375}\frac{dn(t)}{dt} \tag{2.4}$$

式中,M 为电动机的转矩(N·m);GD^2 为电动机的飞轮矩(N·m^2)。当电动机的励磁不变时,电动机的转矩与电枢电流成正比,即电动机转矩为

$$M(t) = C_m i_a(t) \tag{2.5}$$

式中,C_m 为电动机转矩常数。

上述三个方程为电动机动态过程的方程组,消去变量电枢电流和电动机转矩,并整理可得

$$\frac{L_a}{R_a}\frac{GD^2}{375}\frac{R_a}{C_m C_e}\frac{d^2 n(t)}{dt^2} + \frac{GD^2}{375}\frac{R_a}{C_m C_e}\frac{dn(t)}{dt} + n(t) = \frac{u_a(t)}{C_e}$$

令 $T_a = \dfrac{L_a}{R_a}$，为电动机电磁时间常数(s)；$T_m = \dfrac{GD^2}{375}\dfrac{R_a}{C_m C_e}$，为电动机机电时间常数(s)。则

$$T_a T_m \frac{\mathrm{d}^2 n(t)}{\mathrm{d}t^2} + T_m \frac{\mathrm{d}n(t)}{\mathrm{d}t} + n(t) = \frac{1}{C_e} u_a(t) \qquad (2.6)$$

式(2.6)即为直流电动机的微分方程。

比较式(2.1)、式(2.6)可见，虽然图2.1和图2.2为不同的物理系统，但它们的数学模型的形式却是相同的，我们把具有相同数学模型的不同物理系统称为相似系统。例如图2.1所示的电路系统和图2.2所示的机电系统，即为相似系统。在相似系统中，占据相同位置的物理量称为相似量。如式(2.1)中的变量 $u_i(t)$、$u_o(t)$ 分别与式(2.6)中的变量 $u_a(t)$、$n(t)$ 为相似变量。

2.1.2　非线性数学模型的线性化

严格地说，实际物理元件或系统都是非线性的。例如，弹簧的刚度与其变形有关，因此弹簧的弹性系数 K 实际上是其位移 $y(t)$ 的函数，并非常值；电阻、电容、电感等参数值与周围环境(如温度、湿度、压力等)及电流有关，也并非常值；电动机本身的摩擦、不灵敏区等非线性因素会使其运动方程复杂化而成为非线性方程。当然，在一定条件下，为了简化数学模型，可以忽略它们的影响，将这些元件视为线性元件，这就是通常使用的一种线性化方法。此外，还有一种线性化方法，称为切线法或者小扰动法，这种线性化方法特别适合于具有连续变化的非线性特性函数，其实质是在一个很小的范围内，将非线性特性用一段直线来代替，具体方法如下所述。

设连续变化的非线性函数为 $y = f(x)$，如图2.3所示。取某平衡状态 A 为工作点，对应有 $y_0 = f(x_0)$。当 $x = x_0 + \Delta x$ 时，有 $y = y_0 + \Delta y$。设函数 $y = f(x)$ 在 (x_0, y_0) 点连续可微，则将它在该点附近用泰勒级数展开为

$$y = f(x) = f(x_0) + \frac{\mathrm{d}f(x)}{\mathrm{d}x}\bigg|_{x_0}(x - x_0) + \frac{1}{2!}\frac{\mathrm{d}^2 f(x)}{\mathrm{d}x^2}\bigg|_{x_0}(x - x_0)^2 + \cdots$$

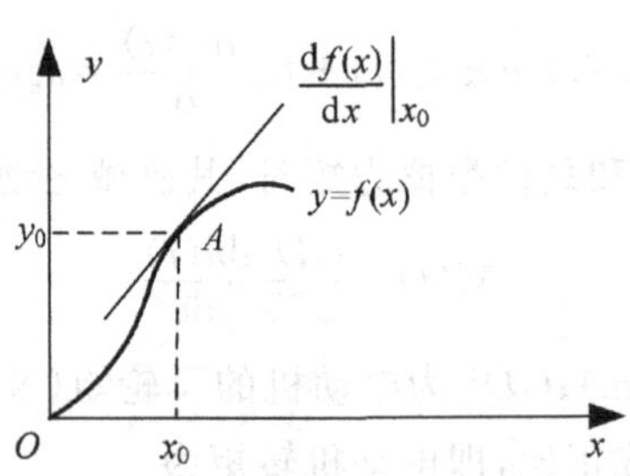

图2.3　小偏差线性化示意图

当增量 $x - x_0$ 很小时，略去二阶以上导数项，则有

$$y - y_0 = f(x) - f(x_0) = \frac{\mathrm{d}f(x)}{\mathrm{d}x}\bigg|_{x_0}(x - x_0)$$

令 $\Delta y = y - y_0$、$\Delta x = x - x_0$、$K = \dfrac{\mathrm{d}f(x)}{\mathrm{d}x}\bigg|_{x_0}$，则线性化方程可简记为

$$\Delta y = K\Delta x \qquad (2.7)$$

这样,便得到函数 $y=f(x)$ 在工作点 A 附近的线性化方程,简记为 $y=Kx$。

对于有两个自变量 x_1、x_2 的非线性函数 $f(x_1,x_2)$,同样可在某工作点 (x_{10},x_{20}) 附近用泰勒级数展开为

$$y=f(x_1,x_2)=f(x_{10},x_{20})+\left[\frac{\partial f}{\partial x_1}\bigg|_{x_{10},x_{20}}(x_1-x_{10})+\frac{\partial f}{\partial x_2}\bigg|_{x_{10},x_{20}}(x_2-x_{20})\right]+$$

$$\frac{1}{2!}\left[\frac{\partial^2 f}{\partial x_1^2}\bigg|_{x_{10},x_{20}}(x_1-x_{10})^2+2\frac{\partial^2 f}{\partial x_1\partial x_2}\bigg|_{x_{10},x_{20}}(x_1-x_{10})(x_2-x_{20})+\frac{\partial^2 f}{\partial x_2^2}\bigg|_{x_{10},x_{20}}(x_2-x_{20})^2\right]+\cdots$$

略去二阶以上导数项,并令 $\Delta y=y-y_0$、$\Delta x_1=x_1-x_{10}$、$\Delta x_2=x_2-x_{20}$,可得增量式线性化方程为

$$\Delta y=\frac{\partial f}{\partial x_1}\bigg|_{x_{10},x_{20}}\Delta x_1+\left(\frac{\partial f}{\partial x_2}\right)_{x_{10},x_{20}}\Delta x_2=K_1\Delta x_1+K_2\Delta x_2 \tag{2.8}$$

式中,$K_1=\dfrac{\partial f}{\partial x_1}\bigg|_{x_{10},x_{20}}$、$K_2=\dfrac{\partial f}{\partial x_2}\bigg|_{x_{10},x_{20}}$。

这种小偏差线性化方法对于控制系统大多数工作状态是可行的。事实上,自动控制系统在正常情况下都处于一个稳定的工作状态,即平衡状态,这时被控量与期望值保持一致,控制系统也不进行控制动作。一旦被控量偏离期望值产生偏差时,控制系统便开始动作,以便减小或消除这个偏差,因此,控制系统中被控量的偏差一般不会很大,只是"小偏差"。在建立控制系统的数学模型时,通常是将系统的稳定工作状态作为初始状态,仅仅研究小偏差的运动情况,也就是只研究相对于平衡状态下,系统输入变量和输出变量的运动特性,这正是增量式线性化方程所描述的系统特性。

【**例 2−3**】　设铁芯线圈电路如图 2.4(a)所示,其磁通 ϕ 与线圈电流 i 之间关系如图 2.4(b)所示。试列写以 $u_r(t)$ 为输入量,$i(t)$ 为输出量的电路微分方程。

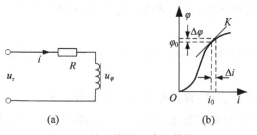

(a)　　　　　　(b)

图 2.4　铁芯线圈电路及其特性

解　设铁芯线圈磁通变化时产生的感应电势为

$$u_\varphi(t)=K_1\frac{\mathrm{d}\varphi(i)}{\mathrm{d}t}$$

根据基尔霍夫定律写出电路微分方程为

$$u_r(t)=K_1\frac{\mathrm{d}\varphi(i)}{\mathrm{d}t}+Ri(t)=K_1\frac{\mathrm{d}\varphi(i)}{\mathrm{d}i}\frac{\mathrm{d}i(t)}{\mathrm{d}t}+Ri(t) \tag{2.9}$$

式中,线圈磁通 $\varphi(i)$ 是非线性函数,因此式(2.9)是一个非线性微分方程。

在工程应用中,如果电路的电压和电流只在某个平衡点 (u_{r0},i_0) 附近作微小变化,则可设 u_r 相对于 u_{r0} 的增量是 Δu_r,i 相对于 i_0 的增量是 Δi,并设 $\varphi(i)$ 在 i_0 的邻域内连续可导,

这样可将 $\varphi(i)$ 在 i_0 附近用泰勒级数展开为

$$\varphi(i)=\varphi(i_0)+\frac{\mathrm{d}\varphi(i)}{\mathrm{d}i}\bigg|_{i_0}\Delta i+\frac{1}{2!}\frac{\mathrm{d}^2\varphi(i)}{\mathrm{d}i^2}\bigg|_{i_0}(\Delta i)^2+\cdots$$

当 Δi 足够小时,略去二阶以上导数项,可得

$$\varphi(i)-\varphi(i_0)=\frac{\mathrm{d}\varphi(i)}{\mathrm{d}i}\bigg|_{i_0}\Delta i=K\Delta i$$

式中,$K=\dfrac{\mathrm{d}\varphi(i)}{\mathrm{d}i}\bigg|_{i_0}$。令 $\Delta\varphi(i)=\varphi(i)-\varphi(i_0)$,并略去增量符号 Δ,便得到磁通 φ 与电流 i 之间的增量式线性化方程为

$$\varphi(i)=Ki \tag{2.10}$$

代入式(2.9),有

$$K_1K\frac{\mathrm{d}i(t)}{\mathrm{d}t}+Ri(t)=u_r(t) \tag{2.11}$$

式(2.11)便是铁芯线圈电路在平衡点(u_{r0},i_0)的增量式线性化微分方程。若平衡点变动,K值应改变。

2.1.3 线性定常微分方程求解

建立控制系统数学模型的目的是分析研究系统的动态特性。当系统微分方程列写出来后,只要给定输入量和初始条件,便可对微分方程求解,并由此了解系统输出量随时间变化的特性。求解线性微分方程的方法有,经典法、计算机求解法和拉氏变换法。经典法在求解工程系统特别是当输入或者初值有跳变时不太方便,工程上常用的是后两种方法。计算机求解法有通用的软件可供使用,故本节只讨论拉氏变换求解法。用此法求解,由于初始条件已包含在微分方程的拉氏变换中,故得到的是完全解,使用很方便。求解线性定常微分方程的步骤如下:

(1)考虑初始条件,对微分方程中的每一项分别进行拉普拉斯变换,将微分方程转换为变量 s 的代数方程;

(2)由代数方程求出输出量拉普拉斯变换函数的表达式;

(3)对输出量拉普拉斯变换函数求反变换,得到输出量的时域表达式,即为所求微分方程的解。

本节的目的不是拉氏变换法求解的本身,而是通过用拉氏变换法求解微分方程,分析线性定常系统微分方程解的基本结构,并为引出控制系统的传递函数的概念奠定基础。

【例 2-4】 在例 2-1 中,若已知 $L=1\mathrm{~H}$,$C=1\mathrm{~F}$,$R=1\mathrm{~\Omega}$,且电容上的初始电压 $u_o(0)=0.1\mathrm{~V}$,初始电流 $i(0)=0.1\mathrm{~A}$,电源电压 $u_i=1\mathrm{~V}$。试求电路突然接通电源时,电容电压 $u_o(t)$ 的变化规律。

解 在例 2-1 中求得该电路系统微分方程为

$$LC\frac{\mathrm{d}^2u_o(t)}{\mathrm{d}t^2}+RC\frac{\mathrm{d}u_o(t)}{\mathrm{d}t}+u_o(t)=u_i(t) \tag{2.12}$$

令 $U_i(s)=L[u_i(t)]$,$U_o(s)=L[u_o(t)]$,且

$$L\left[\frac{\mathrm{d}u_\mathrm{o}(t)}{\mathrm{d}t}\right]=sU_\mathrm{o}(s)-u_\mathrm{o}(0), L\left[\frac{\mathrm{d}u_\mathrm{o}{}^2(t)}{\mathrm{d}t^2}\right]=s^2U_\mathrm{o}(s)-su_\mathrm{o}(0)-\frac{\mathrm{d}u_\mathrm{o}(t)}{\mathrm{d}t}\bigg|_{t=0}$$

上式中,$\dfrac{\mathrm{d}u_\mathrm{o}(t)}{\mathrm{d}t}\bigg|_{t=0}=\dfrac{1}{C}i(t)\bigg|_{t=0}=\dfrac{1}{C}i(0)$。

分别对式(2.12)中各项求拉普拉斯变换并代入已知数据,经整理后有

$$U_\mathrm{o}(s)=\frac{U_\mathrm{i}(s)}{s^2+s+1}+\frac{0.1\,s+0.2}{s^2+s+1} \tag{2.13}$$

由于电路是突然接通电源的,故可将 $u_\mathrm{i}(t)$ 视为阶跃输入量,即 $u_\mathrm{i}(t)=1(t)$,$U_\mathrm{i}(s)=\dfrac{1}{s}$。对式(2.13)的 $U_\mathrm{o}(s)$ 求拉普拉斯反变换,便得到式(2.12)微分方程的解 $u_\mathrm{o}(t)$,即电路系统的单位阶跃响应

$$u_\mathrm{o}(t)=L^{-1}[U_\mathrm{o}(s)]=L^{-1}\left[\frac{1}{s(s^2+s+1)}+\frac{0.1\,s+0.2}{s^2+s+1}\right]$$

$$=[1-1.15\mathrm{e}^{-0.5t}\sin(0.866t+60°)]+0.2\mathrm{e}^{-0.5t}\sin(0.866t+30°) \tag{2.14}$$

式(2.14)中,第一项是由系统输入函数产生的输出分量,且与初始条件无关,故称为强迫运动分量或零状态响应分量;第二项则是由初始条件产生的输出分量,且与输入函数无关,故称为自由运动分量或零输入响应分量,它们统称为系统的输出响应。

如果输入电压是单位脉冲函数 $\delta(t)$,相当于电路突然接通电源又立刻断开的情况,此时 $U_\mathrm{i}(s)=1$,电路系统的输出,即单位脉冲响应为

$$u_\mathrm{o}(t)=L^{-1}[U_\mathrm{o}(s)]=L^{-1}\left[\frac{1}{s^2+s+1}+\frac{0.1s+0.2}{s^2+s+1}\right]$$

$$=1.15\mathrm{e}^{-0.5t}\sin0.866t+0.2\mathrm{e}^{-0.5t}\sin(0.866t+30°) \tag{2.15}$$

2.2 控制系统的复数域数学模型

控制系统的微分方程是时域中描述系统动态特性的数学模型,但系统的参数或结构形式若有变化,微分方程及其解都会同时变化,尤其对于一些复杂的系统,就连直接求解其微分方程往往都非常困难。为了解决这个问题,本节将引入描述控制系统动态特性的另一种数学模型——传递函数。它不仅可以表征控制系统的动态特性,而且可以方便地研究系统的参数或结构的变化对系统性能的影响。所以说,传递函数是分析和综合控制系统的基础。

2.2.1 传递函数的定义和性质

传递函数是与系统的微分方程紧密相关的另一种模型形式。设 n 阶系统的微分方程为

$$a_0c^{(n)}(t)+a_1c^{(n-1)}(t)+\cdots+a_nc(t)=b_0r^{(m)}(t)+b_1r^{(m-1)}(t)+\cdots+b_mr(t) \tag{2.16}$$

式(2.16)中,$c(t)$ 和 $r(t)$ 分别为系统的输出变量和输入变量,$n\geqslant m$,$a_0\neq0$,$b_m\neq0$。

设系统为零初始条件,即在 $t=0$ 时输入变量、输出变量及其他们的各阶导数均为零,对式(2.16)两边同时取拉普拉斯变换,并定义

$$G(s)=\frac{C(s)}{R(s)}=\frac{b_0s^m+b_1s^{m-1}+\cdots+b_{m-1}s+b_m}{a_0s^n+a_1s^{n-1}+\cdots+a_{n-1}s+a_n} \tag{2.17}$$

为系统的传递函数。也就是说,系统的传递函数是在零初始条件下,系统输出变量的拉普拉斯变换与系统输入变量的拉普拉斯变换之比。

利用系统的传递函数,可得输出变量的拉普拉斯变换为

$$C(s) = G(s)R(s) \tag{2.18}$$

即,系统输出变量的拉普拉斯变换为输入变量的拉普拉斯变换与传递函数的乘积。

【例 2 - 5】 试求例 2 - 1 RLC 电路系统的传递函数 $\dfrac{U_o(s)}{U_i(s)}$。

解 例 2 - 1 RLC 电路系统的微分方程如式(2.1),即

$$LC\frac{\mathrm{d}^2 u_0(t)}{\mathrm{d}t^2} + RC\frac{\mathrm{d}u_0(t)}{\mathrm{d}t} + u_0(t) = u_i(t)$$

在零初始条件下,对上述微分方程两边同时取拉普拉斯变换,由传递函数的定义,得 RLC 电路系统的传递函数为

$$G(s) = \frac{U_o(s)}{U_i(s)} = \frac{1}{LCs^2 + RCs + 1} \tag{2.19}$$

传递函数具有以下主要性质:

(1)传递函数只适用于线性、定常和集中参数系统。

(2)传递函数只与系统的结构参数有关。对比式(2.16)与式(2.17)可以看到,传递函数包含了微分方程的全部系数,而这些系数只取决于系统的结构和参数,与系统的初始状态、输入变量的函数形式均无关。因此可以利用传递函数来分析系统本身的一些性质,如稳定性等。

(3)传递函数是以 s 为自变量的复变函数,若将 s 看成是微分算子,即 $s \to \dfrac{\mathrm{d}}{\mathrm{d}t}$,$s^2 \to \dfrac{\mathrm{d}^2}{\mathrm{d}t^2}$,$\cdots$,$s^n \to \dfrac{\mathrm{d}^n}{\mathrm{d}t^n}$,则系统的微分方程与传递函数之间有着十分简单的相互转换关系,但要注意,一定要在初始条件为零时才能直接利用上述关系转换。

(4)传递函数是 s 的真有理多项式。即,传递函数的分子和分母均为 s 的多项式,且 $n \geqslant m$,即分母阶次总是大于或等于分子阶次。

(5)若记 $G(s) = \dfrac{N(s)}{D(s)}$,则称 $D(s)$ 为系统的特征多项式,而 $D(s) = 0$ 称为系统的特征方程。特征方程的根定义为系统的极点,$N(s) = 0$ 的根称为系统的零点。

2.2.2 典型环节的传递函数

控制系统由许多元件组合而成,这些元件的物理结构和作用原理是多种多样的,但抛开具体结构和物理特点,从数学模型传递函数来看,可以划分成几种典型环节,常用的典型环节有比例环节、惯性环节、积分环节、微分环节、振荡环节、延迟环节等。

1. 比例环节

输出变量与输入变量成正比、不失真也无时间滞后的环节称为比例环节,也称为无惯性环节。输入变量与输出变量之间的表达式为

$$c(t) = Kr(t)$$

比例环节的传递函数为

$$G(s) = \frac{C(s)}{R(s)} = K \qquad (2.20)$$

式(2.20)中,K 为常数,称为比例环节的放大系数或增益。在控制系统中比例环节是一种常见的基本单元,例如分压器(或电位器)、理想放大器、无形变无间隙的齿轮传动链、无弹性形变的杠杆等。

2. 积分环节

输出变量正比于输入变量的积分的环节称为积分环节,其动态特性方程为

$$c(t) = \frac{1}{T_i} \int_0^T r(t) \, dt$$

积分环节的传递函数为

$$G(s) = \frac{C(s)}{R(s)} = \frac{1}{T_i s} \qquad (2.21)$$

式(2.21)中,T_i 为积分时间常数。在控制系统中,积分环节是一种常见的基本环节,例如电容器的电荷量与充电电流,机械运动的位移与速度、转速与转矩,容器的液位与液流量等都具有积分关系。

3. 惯性环节

惯性环节的动态方程是一阶微分方程

$$T \frac{dc(t)}{dt} + c(t) = r(t)$$

惯性环节的传递函数为

$$G(s) = \frac{C(s)}{R(s)} = \frac{1}{Ts+1} \qquad (2.22)$$

式(2.22)中,T 为惯性环节的时间常数。惯性环节是控制系统中常见的一种基本环节。惯性环节为一阶系统,它由一个储能元件(如电感、电容或弹簧等)和一个耗能元件(如电阻、阻尼器等)组成。

4. 振荡环节

振荡环节的动态方程为

$$T^2 \frac{d^2 c(t)}{dt^2} + 2\zeta T \frac{dc(t)}{dt} + c(t) = r(t)$$

振荡环节的传递函数为

$$G(s) = \frac{C(s)}{R(s)} = \frac{1}{T^2 s^2 + 2\zeta Ts + 1} \qquad (2.23)$$

或者

$$G(s) = \frac{C(s)}{R(s)} = \frac{\omega_n^2}{s^2 + 2\zeta \omega_n s + \omega_n^2} \qquad (2.24)$$

式(2.23)和式(2.24)中,T 为振荡环节的时间常数,$\omega_n = \dfrac{1}{T}$ 为无阻尼自然振荡角频率;ζ 为

阻尼比,且 $1 > \zeta \geqslant 0$。振荡环节是控制系统中一种常见而且重要的基本环节,许多部件本身是或者可以近似视为振荡环节。例如图 2.1 所示的 *RLC* 串联电路等,在一定参数条件下可视为振荡环节。

5. 微分环节

(1)理想微分环节。理想微分环节的特征是输出变量正比于输入变量的微分,其动态方程为

$$c(t) = T_d \frac{\mathrm{d}r(t)}{\mathrm{d}t}$$

理想微分环节的传递函数为

$$G(s) = \frac{C(s)}{R(s)} = T_d s \tag{2.25}$$

式(2.25)中,T_d 为微分时间常数。理想微分环节的传递函数不是真有理多项式,工程上一般较难实现,除非有特殊的器件,例如测速发电机的输出电压 $u_t(t)$ 与电动机的角位移 $\theta(t)$ 的关系为 $u_t(t) = K_t \frac{\mathrm{d}\theta(t)}{\mathrm{d}t}$,即

$$G(s) = \frac{U_t(s)}{\theta(s)} = K_t s$$

故工程上采用具有惯性的近似理想微分环节,其传递函数为

$$G(s) = \frac{C(s)}{R(s)} = \frac{T_d s}{\dfrac{T_d}{n}s + 1} \tag{2.26}$$

式(2.26)中,$n \gg 1$。

(2)一阶微分环节。一阶微分环节的微分方程为

$$c(t) = r(t) + T_d \frac{\mathrm{d}r(t)}{\mathrm{d}t}$$

一阶微分环节的传递函数为

$$G(s) = \frac{C(s)}{R(s)} = 1 + T_d s \tag{2.27}$$

可见,其输出变量是输入变量经比例和微分运算的结果,故一阶微分环节又称为比例微分环节。工程上常见的比例微分调节器就是一个比例微分环节。

(3)二阶微分环节。二阶微分环节的动态方程为

$$c(t) = T^2 \frac{\mathrm{d}^2 r(t)}{\mathrm{d}t^2} + 2\zeta T \frac{\mathrm{d}r(t)}{\mathrm{d}t} + r(t)$$

二阶微分环节的传递函数为

$$G(s) = \frac{C(s)}{R(s)} = T^2 s^2 + 2\zeta T s + 1 \tag{2.28}$$

式(2.28)中,T 为微分时间常数;ζ 为阻尼比,且 $1 > \zeta \geqslant 0$。

显然,一阶和二阶微分环节的传递函数都不是真有理函数。为了便于工程实现,往往在其分母引入附加极点,使其变成真有理函数。由于微分环节的输出变量含有输入变量微分的信息,因而微分环节的输出能预示输入变化的趋势。

6. 延迟环节

延迟环节是输入信号加入后,输出信号要延迟一段时间 τ 后才重现输入信号,其动态方程为

$$c(t)=r(t-\tau)$$

延迟环节的传递函数为

$$G(s)=\frac{C(s)}{R(s)}=e^{-\tau s} \tag{2.29}$$

式(2.29)中,τ 为延迟时间。需要指出,在实际生产中,有很多场合是存在迟延的,比如皮带或管道输送过程、管道反应和管道混合过程,多个设备串联以及测量装置系统等。迟延过大往往会使控制效果恶化,甚至使系统失去稳定。

2.3　控制系统的结构图与信号流图

在控制工程中,为了便于对复杂系统进行分析和设计,常将各元件在系统中的功能及各部分之间的联系用图形来表示,即方框图和信号流图。控制系统的结构图和信号流图都是描述系统各元部件之间信号传递关系的数学图形,它们表示了系统中各变量之间的因果关系以及对各变量所进行的运算。与结构图相比,信号流图符号简单,更便于绘制和应用。但是,信号流图只适用于线性系统,而结构图也可用于非线性系统。

2.3.1　控制系统的结构图

1. 系统结构图的组成和绘制

控制系统结构图,具有形象和直观的特点。系统结构图是系统中各元部件功能和信号流向的图解,它清楚地表明了系统中各个元部件间的相互关系。构成结构图的基本符号有四种,即信号线、引出点(或测量点)、比较点(或综合点)、方框(或元部件)。

信号线:信号线是带有箭头的直线,箭头表示信号的流向,在直线旁边标记信号的时间函数或象函数,如图 2.5(a)所示。

引出点:引出点表示信号引出或测量的位置,从同一位置引出的信号在数值和性质方面完全相同,如图 2.5(b)所示。

比较点:比较点表示对两个以上的信号进行加减运算,"＋"号表示相加,"－"号表示相减,通常"＋"号可省略不写,如图 2.5(c)所示。

方框:方框表示对信号进行的数学运算,方框中写入元部件或环节的传递函数,方框的输出量等于方框的输入量与方框内传递函数的乘积,如图 2.5(d)所示。

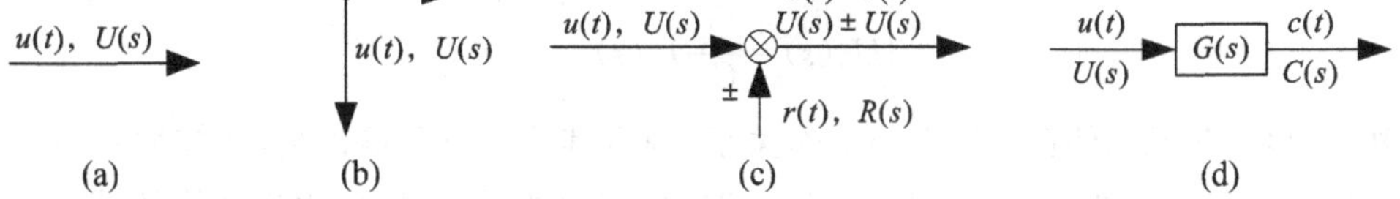

图 2.5　系统结构图的基本组成单元

　　绘制系统结构图时,首先考虑负载效应。分别列写各元部件的微分方程或传递函数,并将它们用方框表示;然后根据各元部件的信号流向,用信号线依次将各方框连接便得到了系统的结构图。从结构图上可以用方框进行数学运算,也可以直观了解各元部件的相互关系及其在系统中所起的作用;更重要的是,从系统结构图可以方便地求得系统的传递函数。

　　需要指出的是,虽然系统结构图是从系统各元部件的数学模型得到的,但结构图中的方框与实际系统的元部件并非一一对应。一个实际系统的元部件可以用一个方框或几个方框表示;而一个方框也可以代表几个元部件的组合或是一个子系统,还可以是一个大的复杂的系统。

　　下面举例说明系统结构图的绘制方法。

　　【例 2 - 7】　已知一无源 RC 网络,如图 2.6 所示。设系统初始条件为零,选取变量如图,试绘制该系统的结构图。

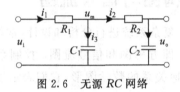

图 2.6　无源 RC 网络

　　解　首先根据电路定律,写出其微分方程组为

$$\begin{cases} i_1(t) = \dfrac{u_i(t) - u_m(t)}{R_1} \\[2mm] i_2(t) = \dfrac{u_m(t) - u_o(t)}{R_2} \\[2mm] i_3(t) = i_1(t) - i_2(t) \\[2mm] u_m(t) = \dfrac{1}{C_1}\displaystyle\int i_3(t)\,\mathrm{d}t \\[2mm] u_o(t) = \dfrac{1}{C_2}\displaystyle\int i_2(t)\,\mathrm{d}t \end{cases}$$

在零初始条件下,对上式两边取拉普拉斯变换,得

$$\begin{cases} I_1(s) = \dfrac{U_i(s) - U_m(s)}{R_1} \\[2mm] I_2(s) = \dfrac{U_m(s) - U_o(s)}{R_2} \\[2mm] I_3(s) = I_1(s) - I_2(s) \\[2mm] U_m(s) = \dfrac{1}{C_1 s}I_3(s) \\[2mm] U_o(s) = \dfrac{1}{C_2 s}I_2(s) \end{cases}$$

　　然后,根据各元部件在系统中的工作关系,确定其输入量和输出量,并按照各自的运动方程分别画出每个元部件的方框图,如图 2.7(a)至(e)所示。最后,用信号线按信号流动方向依次将各元部件的方框图连接起来,便得到了系统的结构图,如图 2.8 所示。

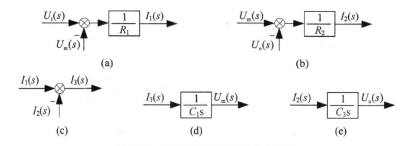

图 2.7 无源 RC 网络各环节方框图

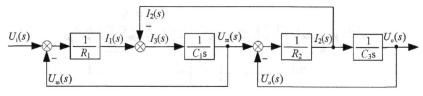

图 2.8 无源 RC 网络结构图

【例 2 - 8】 如图 2.9 所示为电枢电压控制的直流他励电动机,试绘制该系统的结构图。

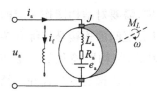

图 2.9 直流他励电动机

解 由图可列写出描述该系统的运动方程为

$$
\begin{cases}
u_a(t) = L_a \dfrac{\mathrm{d}i_a(t)}{\mathrm{d}t} + R_a i_a(t) + e_a(t) \\[2mm]
e_a(t) = C_e \omega(t) \\[2mm]
M_D(t) = C_M i_a(t) \\[2mm]
M_D(t) = J \dfrac{\mathrm{d}\omega(t)}{\mathrm{d}t} + M_L(t)
\end{cases}
$$

在零初始条件下,对上式两边取拉普拉斯变换得

$$
\begin{cases}
U_a(s) = (L_a s + R_a) I_a(s) + E_a(s) \\[2mm]
E_a(s) = C_e \Omega(s) \\[2mm]
M_D(s) = C_M I_a(s) \\[2mm]
M_D(s) = J s \Omega(s) + M_L(s)
\end{cases}
$$

按照各自的运动方程分别画出每个元部件的方框图,如图 2.10(a)至(d)所示。

最后,将同一变量的信号线连接起来,将输入 $U_a(s)$ 放在图的左端,输出 $\Omega(s)$ 放在右端,得到系统结构图,如图 2.11 所示。

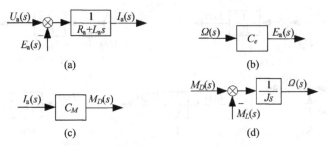

图 2.10　直流他励电动机各环节方框图

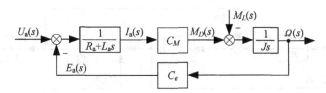

图 2.11　直流他励电动机系统结构图

2. 结构图的等效变换和简化

为了对系统进一步分析和研究,需要对结构图作一定的变换,以便求出系统的闭环传递函数。一个复杂的系统结构图,其方框间的连接是错综复杂的,但方框间的基本连接方式只有串联、并联和反馈连接三种。因此,结构图简化的一般方法是引出点或比较点的前后移动,进行方框运算,将串联、并联和反馈连接的方框合并。结构图的变换应按等效原则进行。所谓等效,即对结构图的任一部分进行变换时,变换前、后输入输出总的数学关系式应保持不变。

(1)串联方框的简化。

传递函数分别为 $G_1(s)$ 和 $G_2(s)$ 的两个方框,若 $G_1(s)$ 的输出量作为 $G_2(s)$ 的输入量,则称 $G_1(s)$ 与 $G_2(s)$ 为串联连接,如图 2.12(a)所示。(注意:两个串联连接元件的方框图应考虑负载效应)

由图 2.12(a),有

$$U(s)=G_1(s)R(s),C(s)=G_2(s)U(s)$$

消去 $U(s)$,得

$$C(s)=G_1(s)G_2(s)R(s)=G(s)R(s) \tag{2.30}$$

式(2.30)中,$G(s)=G_1(s)G_2(s)$,是串联方框的等效传递函数,可用图 2.12(b)的方框表示。由此可知,两个方框串联连接的等效方框,等于各个方框传递函数的乘积。这个结论可推广到 n 个串联方框的情况。

(2) 并联方框的简化。

传递函数分别为 $G_1(s)$ 和 $G_2(s)$ 的两个方框,如果它们有相同的输入量,而输出量等于两个方框输出量的代数和,则称 $G_1(s)$ 与 $G_2(s)$ 为并联连接,如图 2.12(c)所示。

由图 2.12(c),有

$$C_1(s)=G_1(s)R(s),C_2(s)=G_2(s)R(s),C(s)=C_1(s)\pm C_2(s)$$

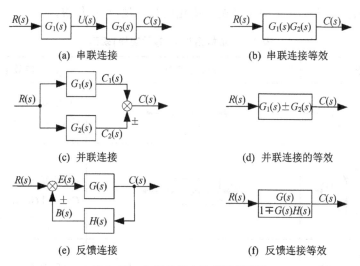

图 2.12　方框的基本连接及其简化

消去 $C_1(s)$ 和 $C_2(s)$，得

$$C(s) = [G_1(s) \pm G_2(s)]R(s) = G(s)R(s) \qquad (2.31)$$

式(2.31)中，$G(s) = G_1(s) \pm G_2(s)$，是并联方框的等效传递函数，可用图 2.12(d)的方框表示。由此可知，两个方框并联连接的等效方框，等于各个方框传递函数的代数和。这个结论可推广到 n 个并联连接方框的情况。

（3）反馈连接方框的简化。

若传递函数分别为 $G(s)$ 和 $H(s)$ 的两个方框，连接形式如图 2.12(e)所示，则称为反馈连接。"+"号为正反馈，表示输入信号与反馈信号相加；"−"号则表示相减，是负反馈。

由图 2.12(e)，有

$$C(s) = G(s)E(s), E(s) = R(s) \pm B(s), B(s) = H(s)C(s)$$

消去中间变量 $E(s)$ 和 $B(s)$，得

$$C(s) = G(s)[R(s) \pm H(s)C(s)]$$

于是有

$$C(s) = \frac{G(s)}{1 \mp G(s)H(s)}R(s) = \Phi(s)R(s) \qquad (2.32)$$

式(2.32)中

$$\Phi(s) = \frac{G(s)}{1 \mp G(s)H(s)} \qquad (2.33)$$

称为闭环传递函数，是方框反馈连接的等效传递函数，式(2.33)中负号对应正反馈连接，正号对应负反馈连接，式(2.33)可用图 2.12(f)的方框表示。

（4）比较点和引出点的移动。

在系统结构图简化过程中，有时为了便于进行方框的串联、并联或反馈连接的运算，需要移动比较点或引出点的位置。这时应注意在移动前后必须保持信号的等效性，而且比较点和引出点之间一般不宜交换位置。此外，"−"号可以在信号线上越过方框移动，但不能越

过比较点和引出点。表 2.1 汇集了结构图简化的基本规律,可供查用。

表 2.1 结构图简化(等效变换)规则

原方框图	等效方框图	等效运算关系
		(1)串联等效 $C(s)=G_1(s)G_2(s)R(s)$
		(2)并联等效 $C(s)=[G_1(s)\pm G_2(s)]R(s)$
		(3)反馈等效 $C(s)=\dfrac{G(s)}{1\mp G(s)H(s)}R(s)$
		(4)等效单位反馈 $C(s)=\dfrac{1}{H(s)}\dfrac{G(s)H(s)}{1+G(s)H(s)}R(s)$
		(5)比较点前移 $C(s)=R(s)G(s)\pm Q(s)$ $=\left[R(s)\pm\dfrac{Q(s)}{G(s)}\right]G(s)$
		(6)比较点后移 $C(s)=[R(s)\pm Q(s)]G(s)$ $=R(s)G(s)\pm Q(s)G(s)$
		(7)引出点前移 $C(s)=R(s)G(s)$
		(8)引出点后移 $R(s)=R(s)G(s)\dfrac{1}{G(s)}$ $C(s)=R(s)G(s)$

续表

原方框图	等效方框图	等效运算关系
		(9)交换或合并比较点 $C(s)=E_1(s)\pm R_3(s)$ $C(s)=R_1(s)\pm R_2(s)\pm R_3(s)$ $C(s)=R_1(s)\pm R_3(s)\pm R_2(s)$
		(10)符号在支路上移动 $E(s)=R(s)-H(s)C(s)$ $=R(s)+H(s)\times(-1)C(s)$

【**例 2 - 9**】 试简化图 2.13 系统结构图,并求出系统传递函数 $\dfrac{C(s)}{R(s)}$。

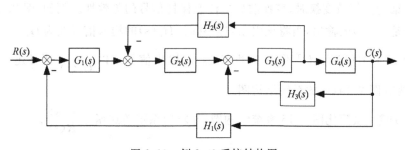

图 2.13 例 2 - 9 系统结构图

解 在图中,若不移动比较点或引出点的位置就无法进行方框的等效运算。为此,首先应用表 2.2 的规则(8),将 $G_3(s)$ 与 $G_4(s)$ 两个方框之间的引出点后移到 $G_4(s)$ 方框的输出端,如图 2.14(a)所示。其次,将 $G_3(s)$、$G_4(s)$ 和 $H_3(s)$ 组成的内反馈回路简化,如图 2.14(b)所示,其等效传递函数为

$$G_{34}(s)=\frac{G_3(s)G_4(s)}{1+G_3(s)G_4(s)H_3(s)}$$

然后,再将 $G_2(s)$、$G_{34}(s)$、$H_2(s)$ 和 $\dfrac{1}{G_4(s)}$ 组成的内反馈回路简化,如图 2.14(c)所示,其等效传递函数为

$$G_{23}(s)=\frac{G_2(s)G_3(s)G_4(s)}{1+G_3(s)G_4(s)H_3(s)+G_2(s)G_3(s)H_2(s)}$$

最后,将 $G_1(s)$、$G_{23}(s)$ 和 $H_1(s)$ 组成的反馈回路简化,便求出了系统的传递函数为

$$\Phi(s)=\frac{C(s)}{R(s)}=\frac{G_1(s)G_2(s)G_3(s)G_4(s)}{1+G_2(s)G_3(s)H_2(s)+G_3(s)G_4(s)H_3(s)+G_1(s)G_2(s)G_3(s)G_4(s)H_1(s)}$$

本例还有其他变换方法,例如,可以先将 $G_4(s)$ 后的引出点前移到 $G_4(s)$ 方框的输入端,或将比较点移动到同一点再加以合并等,读者不妨一试。

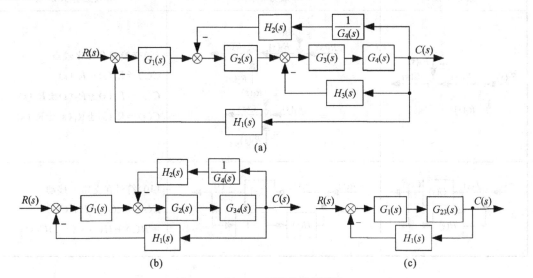

图 2.14　例 2-9 系统结构图简化

在进行结构图等效变换时,变换前后应注意保持信号的等效性。例如,图 2.13 中 $H_2(s)$ 的输入信号是 $G_3(s)$ 的输出,当将该引出点后移时,$H_2(s)$ 的输入信号变为 $G_4(s)$ 的输出信号了。为保持 $H_2(s)$ 的输入信号不变,应将 $G_4(s)$ 的输出信号乘以 $\dfrac{1}{G_4(s)}$ 便可还原为 $G_3(s)$ 的输出信号,故有图 2.14(a) 的系统结构图。

【例 2-10】　试简化图 2.15 系统结构图,并求出系统传递函数 $\dfrac{C(s)}{R(s)}$。

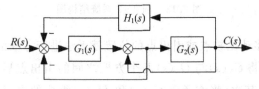

图 2.15　例 2-10 系统结构图

解　如图,由于 $G_1(s)$ 与 $G_2(s)$ 之间有交叉的比较点和引出点,不能直接进行方框运算,但也不可简单地互换位置。最简便的方法是按规则(5)和规则(8)分别将比较点前移,引出点后移,如图 2.16(a) 所示;然后按规则(2)进一步简化为图 2.16(b);最后按规则(3)便可求出系统传递函数为

$$\frac{C(s)}{R(s)} = \frac{G_1(s)G_2(s)}{1 + G_1(s) + G_2(s) + G_1(s)G_2(s)H_1(s)}$$

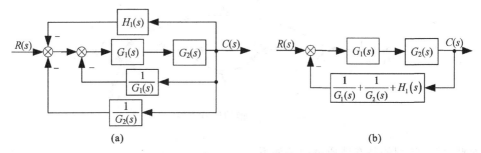

图 2.16　例 2 - 10 系统结构图简化

2.3.2　控制系统的信号流图

1. 信号流图的组成和性质

信号流图是表示线性方程组变量间关系的一种图示方法,将信号流图用于控制理论中,可不必求解方程就得到各变量之间的关系,既直观又形象。当系统方框图比较复杂时,可以将它转化为信号流图,并可据此采用梅森(Mason)公式求出系统的传递函数。

信号流图是由节点和支路组成的一种信号传递网络。图中节点代表方程式中的变量,用小圆圈表示;支路是连接两个节点的有向线段,用支路增益表示方程式中两个变量的因果关系,因此支路相当于乘法器。

图 2.17(a)是两个节点一条支路的信号流图,其中两个节点分别代表电流 I 和电压 U,支路增益是电阻 R。该图表明,电流 I 沿支路传递并增大 R 倍而得到电压 U,即 $U=RI$,这是众所周知的欧姆定律,它决定了通过电阻 R 的电流与电压间的定量关系,如图 2.17(b)所示。

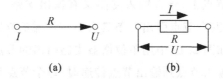

图 2.17　欧姆定律与信号流图

图 2.18 是由五个节点和九条支路组成的信号流图,图中五个节点分别代表 x_1、x_2、x_3、x_4 和 x_5 五个变量,每条支路增益分别是 a、b、c、d、e、f、g 和 1。由图可以写出描述五个变量因果关系的一组代数方程式

$$x_2 = x_1 + ex_3$$
$$x_3 = ax_2 + fx_4$$
$$x_4 = bx_3$$
$$x_5 = dx_2 + cx_4 + gx_5$$

上述每个方程式左端的变量是右端有关变量的线性组合。一般,方程式右端的变量作为原因,左端的变量作为右端变量产生的结果,这样,信号流图便把各个变量之间的因果关系贯通了起来。

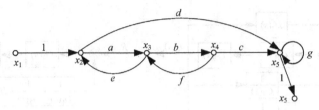

图 2.18 典型的信号流图

至此,信号流图的基本性质可归纳如下。

(1)节点表示系统的变量。一般,节点自左至右顺序设置,每个节点表示的变量是所有流向该节点的信号的代数和,而从同一节点流向各支路的信号均用该节点的变量表示。例如图 2.18 中,节点 x_3 表示的变量是来自节点 x_2 和节点 x_4 的信号之和,它同时又流向节点 x_4。

(2)支路相当于乘法器。信号流经支路时,被乘以支路增益而变换成为另一信号。例如图 2.18 中,自节点 x_2 流向节点 x_3 的变量被乘以支路增益 a,自节点 x_4 流向节点 x_3 的变量被乘以支路增益 f,自节点 x_3 流向节点 x_4 的变量被乘以支路增益 b。

(3)信号在支路上只能沿箭头方向单向传递,即只有前因后果的因果关系。

(4)对于给定的系统,节点变量的设置是任意的,因此信号流图不是唯一的。

在信号流图中,常使用以下名词术语。

(1)源节点:在源节点上,只有信号输出的支路,而没有信号输入的支路,它一般代表系统的输入变量,故也称为输入节点。图 2.18 中的节点 x_1 就是源节点。

(2)阱节点:在阱节点上,只有输入支路而没有输出支路,它一般代表系统的输出变量,故也称为输出节点。图 2.17 中的节点 U 就是阱节点。

(3)混合节点:在混合节点上,既有输入支路又有输出支路。图 2.18 中的节点 x_2、x_3、x_4、x_5 均是混合节点。若从混合节点引出一条具有单位增益的支路,可将混合节点变为阱节点,成为系统的输出变量,如图 2.18 中用单位增益支路引出的节点 x_5。

(4)前向通道:信号从输入节点到输出节点传递时,每个节点只通过一次的通道,称为前向通道,前向通道上各支路增益之乘积,称为前向通道增益,一般用 p_k 表示。在图 2.18 中,从源节点 x_1 到阱节点 x_5,共有两条前向通道:一条是 $x_1 \rightarrow x_2 \rightarrow x_3 \rightarrow x_4 \rightarrow x_5$,其前向通道增益 $p_1 = abc$;另一条是 $x_1 \rightarrow x_2 \rightarrow x_5$,其前向通道增益 $p_2 = d$。

(5)回路:起点和终点在同一节点,而且其他节点只通过一次的通道称为闭合通道,又称为单独回路,简称回路。回路中所有支路增益之乘积称为回路增益,用 L_a 表示。在图 2.18 中共有三个回路:一个是起于节点 x_2,经过节点 x_3 最后回到节点 x_2 的回路,其回路增益 $L_1 = ae$;第二个是起于节点 x_3,经过节点 x_4 最后回到节点 x_3 的回路,其回路增益 $L_2 = bf$;第三个是起于节点 x_5 并回到节点 x_5 的自回路,其回路增益是 $L_3 = g$。

(6)不接触回路:没有公共节点的回路称为不接触回路。在信号流图中,可以有两个或两个以上不接触回路。在图 2.18 中,有两对不接触的回路:一对是 $x_2 \rightarrow x_3 \rightarrow x_2$ 和 $x_5 \rightarrow x_5$;另一对是 $x_3 \rightarrow x_4 \rightarrow x_3$ 和 $x_5 \rightarrow x_5$。

2. 信号流图的绘制

信号流图可以根据微分方程绘制，也可以从系统结构图按照对应关系得到。

任何线性方程都可以用信号流图表示，但含有微分或积分的线性方程，一般应通过拉普拉斯变换，将微分方程或积分方程变化为 s 的代数方程后再画信号流图。绘制信号流图时，首先要对系统的每个变量指定一个节点，并按照系统中每个变量的因果关系，从左向右顺序排列；然后用表明支路增益的支路，根据代数方程式将各节点变量正确连接，便可得到系统的信号流图。

【例 2 - 11】 试绘制图 2.19 的 RC 电路的信号流图。设电容初始电压为 $u_C(0)$。

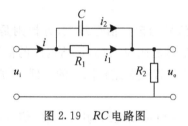

图 2.19　RC 电路图

解　由基尔霍夫定律，列写该电路的微分方程组：

$$\begin{cases} u_i(t) = R_1 i_1(t) + u_o(t) \\ u_o(t) = R_2 i(t) \\ \dfrac{1}{C}\displaystyle\int i_2(t)\,\mathrm{d}t = R_1 i_1(t) = u_C(t) \\ i_1(t) + i_2(t) = i(t) \end{cases}$$

上式中，$u_i(t)$ 是输入电压，$u_o(t)$ 是输出电压，$u_C(t)$ 是电容器端电压。考虑题设中电容初始电压 $u_C(0)$，对上述微分方程组进行拉普拉斯变换，则有

$$\begin{cases} U_i(s) = R_1 I_1(s) + U_o(s) \\ U_o(s) = R_2 I(s) \\ \dfrac{1}{Cs} I_2(s) + \dfrac{u_C(0)}{s} = R_1 I_1(s) \\ I_1(s) + I_2(s) = I(s) \end{cases}$$

按照因果关系，将各变量重新排列得到下述方程组：

$$\begin{cases} I_1(s) = \dfrac{U_i(s) - U_o(s)}{R_1} \\ U_o(s) = R_2 I(s) \\ I_2(s) = R_1 Cs I_1(s) - C u_C(0) \\ I(s) = I_1(s) + I_2(s) \end{cases}$$

对变量 $U_i(s)$、$U_i(s)-U_o(s)$、$I_1(s)$、$I_2(s)$、$I(s)$、$U_o(s)$ 及 $u_C(0)$ 分别设置七个节点，并自左至右顺序排列；然后按照方程组中各变量的因果关系，用相应增益的支路将各节点连接起来，便得到该电路的信号流图，如图 2.20 所示。

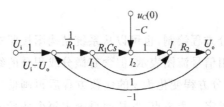

图 2.20　例 2-11 的信号流图

本例中,有两个源节点,即输入电压 $U_i(s)$ 和电容初始电压 $u_C(0)$,它们都可视为该电路的输入变量。由此可见,在信号流图上,变量的初始值可以作为输入变量表示出来,这在结构图上是没有的。

在结构图中,由于传递的信号标记在信号线上,方框则是对变量进行变换或运算的算子。因此,由系统结构图绘制信号流图时,只需把结构图的信号线用小圆圈标志出来,便得到节点;用标有传递函数的有向线段代替结构图中的方框,便得到支路,于是,结构图也就变换成相应的信号流图。

【**例 2-12**】　试绘制图 2.21 所示系统结构图对应的信号流图。

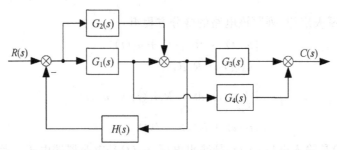

图 2.21　例 2-12 系统的结构图

解　首先,在系统结构图的信号线上标注各变量,如图 2.22(a)所示。其次,将表示变量的各节点按原来顺序自左向右排列。连接各节点的支路与结构图中的方框对应,即将结构图中的方框用具有相应增益的支路代替,并连接有关节点,便得到系统的信号流图,如图 2.22(b)所示。

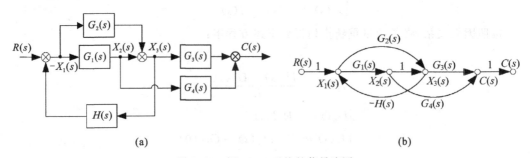

(a)　　　　　　　　　　　　　　　(b)

图 2.22　例 2-12 系统的信号流图

3. 梅森增益公式及其应用

从一个复杂的系统信号流图上,经过简化可以求出系统的传递函数,但这个过程有时是非常麻烦的。控制工程中常应用梅森增益公式直接求取从源节点到阱节点的传递函数,而不需要简化信号流图,这就为信号流图的应用提供了方便。当然,由于系统结构图和信号流图之间有对应关系,因此,梅森增益公式同样也可直接用于系统结构图。

具有任意条前向通道及任意个单独回路和不接触回路的复杂信号流图,求取从任意源节点到任意阱节点之间传递函数的梅森增益公式记为

$$T = \frac{1}{\Delta} \sum_{k=1}^{q} p_k \Delta_k \tag{2.34}$$

式(2.34)中,T 是从源节点到阱节点的传递函数;$\Delta = 1 - \sum L_a + \sum L_b L_c - \sum L_d L_e L_f + \cdots$ 称为信号流图特征式,其中 $\sum L_a$ 为所有单回路增益之和,$\sum L_b L_c$ 为两两互不接触回路增益的乘积之和,$\sum L_d L_e L_f$ 为三三互不接触回路增益的乘积之和,以此类推;q 为从源节点到阱节点的前向通道的条数;p_k 是从源节点到阱节点的第 k 条前向通道增益;Δ_k 是信号流图余子式,它等于信号流图特征式中除去与第 k 条前向通道接触的回路增益项(包括回路增益的乘积项)以后的余项式。

【例 2 - 14】 试用梅森增益公式求例 2 - 9 系统的传递函数 $\frac{C(s)}{R(s)}$。

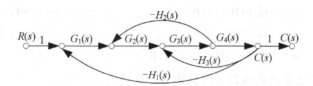

图 2.23 与图 2.13 对应的系统信号流图

解 在系统结构图中使用梅森增益公式时,应特别注意区分不接触回路。为了便于观察,将与图 2.13 的系统结构图对应的信号流图绘制出来,如图 2.23 所示。由图可见,系统有三个单独回路,回路增益分别为 $L_1 = -G_2(s)G_3(s)H_2(s)$、$L_2 = -G_3(s)G_4(s)H_3(s)$、$L_3 = -G_1(s)G_2(s)G_3(s)G_4(s)H_1(s)$,没有不接触回路;从源节点 $R(s)$ 到阱节点 $C(s)$ 有一条前向通道,前向通道增益 $p_1 = G_1(s)G_2(s)G_3(s)G_4(s)$;且前向通道与所有回路均接触,故余子式 $\Delta_1 = 1$。因此,由梅森增益公式求得系统的传递函数为

$$\frac{C(s)}{R(s)} = P_{RC} = \frac{1}{\Delta} p_1 \Delta_1$$

$$= \frac{G_1(s)G_2(s)G_3(s)G_4(s)}{1 + G_2(s)G_3(s)H_2(s) + G_3(s)G_4(s)H_3(s) + G_1(s)G_2(s)G_3(s)G_4(s)H_1(s)}$$

显然,上述结果与例 2 - 9 用结构图变换所得的结果相同。

【例 2 - 15】 试求图 2.24 信号流图中的传递函数 $\frac{C(s)}{R(s)}$。

解 本例中,单独回路有四个,即

$$\sum L_a = -G_1(s) - G_2(s) - G_3(s) - G_1(s)G_2(s)$$

两两互不接触的回路有四组,即

$$\sum L_b L_c = G_1(s)G_2(s) + G_1(s)G_3(s) + G_2(s)G_3(s) + G_1(s)G_2(s)G_3(s)$$

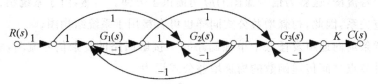

图 2.24　例 2-15 的信号流图

三三互不接触的回路有一组,即

$$\sum L_d L_e L_f = -G_1(s)G_2(s)G_3(s)$$

则信号流图的特征式为

$$\Delta = 1 - \sum L_a + \sum L_b L_c - \sum L_d L_e L_f$$
$$= 1 + G_1(s) + G_2(s) + G_3(s) + 2G_1(s)G_2(s) + G_1(s)G_3(s) + G_2(s)G_3(s) +$$
$$2G_1(s)G_2(s)G_3(s)$$

从源节点 $R(s)$ 到阱节点 $C(s)$ 的前向通道共有四条,其前向通道增益及其余子式分别为

$$p_1 = G_1(s)G_2(s)G_3(s)K, \qquad\qquad \Delta_1 = 1$$
$$p_2 = G_2(s)G_3(s)K, \qquad\qquad \Delta_2 = 1 + G_1(s)$$
$$p_3 = G_1(s)G_3(s)K, \qquad\qquad \Delta_3 = 1 + G_2(s)$$
$$p_4 = -G_1(s)G_2(s)G_3(s)K, \qquad\qquad \Delta_4 = 1$$

因此,可由梅森增益公式得到系统的传递函数为

$$\frac{C(s)}{R(s)} = P_{RC}$$
$$= \frac{1}{\Delta} \sum_{k=1}^{4} p_k \Delta_k$$
$$= \frac{G_2(s)G_3(s)K[1+G_1(s)] + G_1(s)G_3(s)K[1+G_2(s)]}{1+G_1(s)+G_2(s)+G_3(s)+2G_1(s)G_2(s)+G_1(s)G_3(s)+G_2(s)G_3(s)+2G_1(s)G_2(s)G_3(s)}$$

2.3.3　控制系统的传递函数

反馈控制系统在工作过程中通常会受到给定输入和扰动输入的作用,系统的输出响应是由这两类输入共同作用的结果。由传递函数的定义可知,我们得不出一个既考虑给定输入又考虑干扰输入的传递函数,但是,对于线性定常系统,却可以通过给定输入与其相应输出间的传递函数和扰动输入与其相应输出间的传递函数来分别计算它们单独作用时的输出,然后利用叠加原理,就可以得到既考虑给定输入又考虑扰动输入的输出响应。此外,在控制系统的分析和设计中,还常用到在输入信号或扰动作用下,以误差信号作为输出量的闭环偏差传递函数。下面我们根据典型反馈控制系统来讨论系统的几种传递函数的概念。

图 2.25 所示为一个典型的反馈系统的结构图和信号流图。图中 $R(s)$ 和 $N(s)$ 都是施加于系统的外作用,$R(s)$ 是系统的给定输入作用,简称输入信号,$N(s)$ 是扰动作用。$C(s)$ 是系统的输出信号,$E(s)$ 是系统的误差信号,$B(s)$ 是系统的反馈信号。

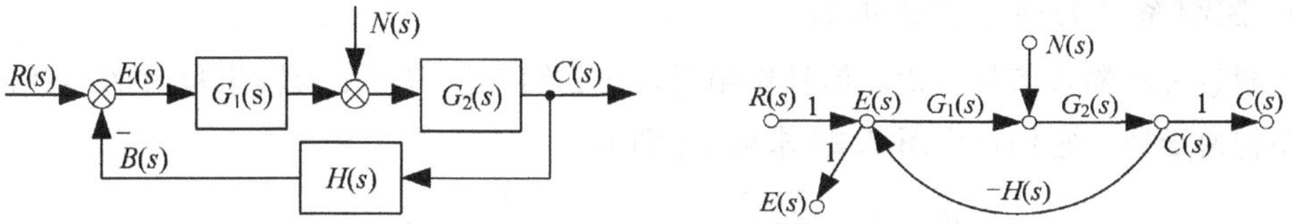

(a) 结构图   (b) 信号流图

图 2.25 典型反馈控制系统的结构图和信号流图

1. 控制系统的开环传递函数(这里暂不考虑扰动作用)

开环传递函数并不是开环系统的传递函数,而是指闭环系统的开环传递函数。它等效为主反馈断开时,从输入信号 $R(s)$ 到反馈信号 $B(s)$ 之间的传递函数,即开环传递函数等于前向通道传递函数与反馈通道传递函数的乘积。对于图 2.25 所示典型反馈控制系统来说,其开环传递函数可表示为

$$G_k(s) = G_1(s)G_2(s)H(s) \tag{2.35}$$

对于单位反馈系统,反馈通道传递函数 $H(s)=1$,此时,系统的开环传递函数就等于前向通道传递函数。

2. 控制系统的闭环传递函数

对于图 2.25 所示典型反馈控制系统来说,其闭环传递函数分为两种:其一为输入作用下的闭环传递函数;其二为扰动作用下的闭环传递函数。

应用叠加原理,令 $N(s)=0$,可直接求得输入信号 $R(s)$ 到输出信号 $C(s)$ 之间的闭环传递函数为

$$\Phi(s) = \frac{C(s)}{R(s)} = \frac{G_1(s)G_2(s)}{1 + G_1(s)G_2 s H(s)} \tag{2.36}$$

由式(2.36)可进一步求得在输入信号作用下系统的输出量 $C(s)$ 为

$$C(s) = \Phi(s)R(s) = \frac{G_1(s)G_2(s)}{1 + G_1(s)G_2(s)H(s)}R(s) \tag{2.37}$$

式(2.37)表明,系统在输入信号作用下的输出响应取决于闭环传递函数及输入信号的形式。

再应用叠加原理,令 $R(s)=0$,可直接求得扰动作用 $N(s)$ 到输出信号 $C(s)$ 之间的闭环传递函数为

$$\Phi_n(s) = \frac{C(s)}{N(s)} = \frac{G_2(s)}{1 + G_1(s)G_2(s)H(s)} \tag{2.38}$$

同样,由式(2.38)可求得系统在扰动作用下的输出量 $C(s)$ 为

$$C(s) = \Phi_n(s)N(s) = \frac{G_2(s)}{1 + G_1(s)G_2(s)H(s)}N(s) \tag{2.39}$$

显然,当输入信号 $R(s)$ 和扰动作用 $N(s)$ 同时作用于系统时,系统的输出量 $C(s)$ 为

$$\sum C(s) = \Phi(s)R(s) + \Phi_n(s)N(s)$$

$$= \frac{1}{1 + G_1(s)G_2(s)H(s)}[G_1(s)G_2(s)R(s) + G_2(s)N(s)] \tag{2.40}$$

3. 控制系统的误差传递函数

控制系统在输入信号和扰动信号作用时,以误差信号 $E(s)$ 作为输出量时的传递函数称为误差传递函数。它们可由图 2.25 求得,分别为

$$\Phi_e(s) = \frac{E(s)}{R(s)} = \frac{1}{1 + G_1(s)G_2(s)H(s)} \tag{2.41}$$

$$\Phi_{en}(s) = \frac{E(s)}{N(s)} = \frac{-G_2(s)H(s)}{1 + G_1(s)G_2(s)H(s)} \tag{2.42}$$

显然,当输入信号 $R(s)$ 和扰动作用 $N(s)$ 同时作用于系统时,系统的误差量 $E(s)$ 为

$$\sum E(s) = \Phi_e(s)R(s) + \Phi_{en}(s)N(s)$$

$$= \frac{1}{1 + G_1(s)G_2(s)H(s)}\left[R(s) - G_2(s)H(s)N(s)\right] \tag{2.43}$$

最后要指出的是,对于图 2.25 的典型反馈控制系统,其各种闭环传递函数的分母均相同,这是因为它们都是同一个信号流图的特征式,即 $\Delta = 1 + G_1(s)G_2(s)H(s)$,式(2.41)和式(2.42)中 $G_1(s)G_2(s)H(s)$ 就是系统的开环传递函数。此外,对于图 2.25 的线性系统,应用叠加原理可以研究系统在各种情况下的输出量 $C(s)$ 或误差量 $E(s)$,然后进行叠加,求出 $\sum C(s)$ 或者 $\sum E(s)$。但决不允许将各种闭环传递函数进行叠加后求其输出响应。

2.4 MATLAB 在控制系统数学模型中的应用实例

2.4.1 传递函数的 MATLAB 表示及相互转换

1. 传递函数的有理多项式形式

单输入单输出线性连续系统的传递函数为

$$G(s) = \frac{C(s)}{R(s)} = \frac{b_0 s^m + b_1 s^{m-1} + \cdots + b_{m-1}s + b_m}{a_0 s^n + a_1 s^{n-1} + \cdots + a_{n-1}s + a_n}, m \leqslant n$$

MATLAB 中多项式用行向量表示,行向量元素依次为降幂排列的多项式各项的系数。

```
num=[b0,b1,b2,…,bm];    %分子多项式系数向量
den=[a0,a1,a2,…,an];    %分母多项式系数向量
```

则线性连续系统的传递函数在 MATLAB 中可表示为

```
sys=tf(num,den)
```

对于复杂的表达式,可调用多项式乘法函数 conv( ),如

$$G(s) = \frac{(s+1)(s^2 + 2s + 6)^2}{s^2(s+3)(s^3 + 2s^2 + 3s + 4)}$$

可由下列语句来描述

```
num=conv([1,1],conv([1,2,6],[1,2,6]));
```

```
den=conv([1,0,0],conv([1,3],[1,2,3,4]));
G=tf(num,den)
```

其运行结果得到传递函数的有理多项式为

$$\frac{s^5+5s^4+20s^3+40s^2+60s}{s^6+5s^5+9s^4+13s^3+12s^2}$$

2. 传递函数的零、极点增益形式

传递函数可以是时间常数形式,也可以是零极点形式,零极点增益形式是分别对有理多项式的分子和分母进行因式分解得到的。MATLAB 控制系统工具箱提供了零极点增益形式与时间有理多项式形式之间的转换函数,其调用格式分别为

```
[z,p,k]=tf2zp(num,den)
[num,den]=zp2tf(z,p,k)
```

其中函数 tf2zp()可将有理多项式形式转换成零极点增益形式,而函数 zp2tf()可将零极点增益形式转换成有理多项式形式。

例如

$$G(s)=\frac{12s^3+24s^2+12s+20}{2s^4+4s^3+6s^2+2s+2}$$

用 MATLAB 语句表示为

```
num=[12,24,12,20];den=[2,4,6,2,2];
[z,p,k]=tf2zp(num,den)
    z=-1.9294                   p=-0.9567+1.2272i
      -0.0353+0.9287i             -0.9567-1.2272i
      -0.0353-0.9287i             -0.0433+0.640i
                                  -0.0433-0.640i

    k=6
```

即变换后的零极点增益形式为

$$G(s)=\frac{6(s+1.9294)(s+0.0353-0.9287i)(s+0.0353+0.9287i)}{(s+0.9567-1.2272i)(s+0.9567+1.2272i)(s+0.433-0.640i)(s+0.433+0.640i)}$$

为了验证 MATLAB 的转换函数,调用函数 zp2tf()可得到原有理多项式形式。

```
[num,den]=zp2tf(z,p,k)
    num =        0   6.0000   12.0000   6.0000   10.0000
    den =   1.0000   2.0000    3.0000   1.0000    1.0000
```

即 $G(s)=\dfrac{12s^3+24s^2+12s+20}{2s^4+4s^3+6s^2+2s+2}$。

2.4.2 用 MATLAB 实现系统的基本连接

1. 串联连接

若已知控制系统的结构图如图 2.26(a)所示,方框 $G_1(s)$ 和方框 $G_2(s)$ 串联,使用串联函

数 series( )可求出 $G_1(s)G_2(s)$，其调用格式为

$$[\text{num},\text{den}]=\text{series}(\text{num1},\text{den1},\text{num2},\text{den2})$$

其中，$G_1(s)=\dfrac{\text{num1}(s)}{\text{den1}(s)}$，$G_2(s)=\dfrac{\text{num2}(s)}{\text{den2}(s)}$，$G_1(s)G_2(s)=\dfrac{\text{num}(s)}{\text{den}(s)}$。

2. 并联连接

若已知控制系统的结构图如图 2.26(b)所示，方框 $G_1(s)$ 和方框 $G_2(s)$ 并联，使用并联函数 parallel( )可求出 $G_1(s)+G_2(s)$，其调用格式为

$$[\text{num},\text{den}]=\text{parallel}(\text{num1},\text{den1},\text{num2},\text{den2})$$

其中，$G_1(s)=\dfrac{\text{num1}(s)}{\text{den1}(s)}$，$G_2(s)=\dfrac{\text{num2}(s)}{\text{den2}(s)}$，$G_1(s)+G_2(s)=\dfrac{\text{num}(s)}{\text{den}(s)}$。

3. 反馈连接

若已知反馈控制系统的结构图如图 2.26(c)所示，使用反馈函数 feedback( )可得到反馈连接的等效传递函数，其调用格式为

$$[\text{num},\text{den}]=\text{feedback}(\text{numg},\text{deng},\text{numh},\text{denh},\text{sign})$$

其中，$G(s)=\dfrac{\text{numg}(s)}{\text{deng}(s)}$，$H(s)=\dfrac{\text{numh}(s)}{\text{denh}(s)}$，$\dfrac{G(s)}{1\pm G(s)H(s)}=\dfrac{\text{num}(s)}{\text{den}(s)}$。sign 表示反馈极性，若为正反馈其值为 1，若为负反馈其值为 -1 或缺省。

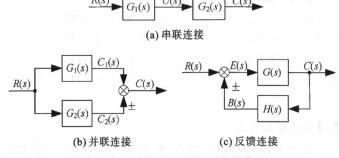

(a) 串联连接

(b) 并联连接　　　(c) 反馈连接

图 2.26　方框基本连接的系统结构图

例如在图 2.26(c)中，若 $G(s)=\dfrac{s+1}{s+2}$，$H(s)=\dfrac{1}{s}$，负反馈连接。可用如下 MATLAB 命令求取反馈等效传递函数。

```
numg=[1,1];deng=[1,2];
numh=[1];denh=[1,0];
[num,den]=feedback(numg,deng,numh,denh,-1)
```

其运行结果为

$$\frac{\text{num}}{\text{den}}=\frac{s^2+s}{s^2+3s+1}$$

MATLAB 中的函数 series,parallel 和 feedback 可用来简化多回路结构图。另外，对于

单位反馈系统,MATLAB 可调用函数 cloop( )求闭环传递函数,其调用格式为

$$[num,den]=cloop(num1,den1,sign)$$

2.4.3 控制系统 Simulink 建模及仿真实例

Simulink 是一个图形化的建模工具。从某种意义上讲,凡是能够用数学方式描述的系统,都可以用 Simulink 建模。当然,针对特定的系统,用户应该权衡 Simulink 的易用性和方便性,以选择是否用 Simulink 建模及仿真。例如,对于已知各环节数学模型(传递函数)的一般控制系统,用 Simulink 可以很方便地进行整个系统的建模与仿真。

【例 2－16】 考虑直流电机拖动系统,如图 2.27 所示。可以构造系统的 Simulink 模型,如图 2.28 所示。在该系统中,输入端采用两个信号叠加的形式,其中一个是实际输入的阶跃信号,另一个是系统的输入端子。在 Simulink 中,默认的阶跃输入模块的阶跃时间为 1,而在控制系统研究中习惯将其定义为 0,故可以修改其参数。要修改模型中其他模块的参数,则可以直接双击其图标,然后在得出的对话框中填入适当的数据即可。

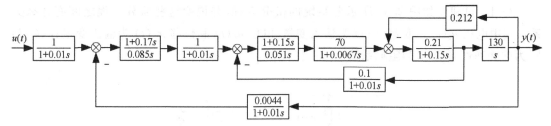

图 2.27 直流电机拖动系统结构框图

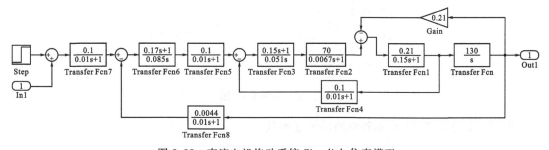

图 2.28 直流电机拖动系统 Simulink 仿真模型

得出了系统的 Simulink 模型后,则可以对系统进行仿真研究。如选择其中的 Simulation/Start 菜单项,则可以立即得出仿真结果,该结果将自动返回到 MATLAB 的工作空间中,其中时间变量名为 tout,输出信号的变量名为 yout。使用命令

```
plot(tout,yout)
```

则可以立即绘制出系统的阶跃响应曲线,如图 2.29(a)所示。从响应曲线看,该曲线不是很理想,可以将外环的 PI 控制器参数调整为 $\dfrac{\alpha s+1}{0.085s}$,并分别选择 $\alpha=0.17$、0.5、1 和 1.5 ,则可以得

出图 2.29(b)所示的结果。可以看出,如果选择 PI 控制器为$\dfrac{1.5s+1}{0.085s}$,则能得到较满意的效果。

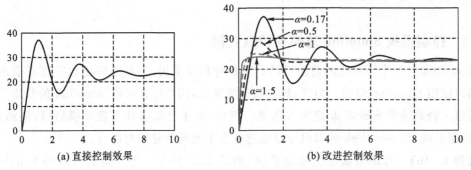

(a) 直接控制效果 (b) 改进控制效果

图 2.29 系统的输出响应曲线

习　题

2-1　试建立如图 2.30 所示各系统的微分方程,并说明这些微分方程之间有什么关系。其中电压 $u_i(t)$ 和位移 $x_i(t)$ 为输入变量;电压 $u_o(t)$ 和位移 $x_o(t)$ 为输出变量;k,k_1 和 k_2 为弹簧弹性系数;f 为阻尼系数。

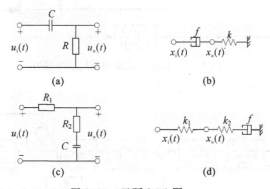

图 2.30　习题 2-1 图

2-2　试求图 2.31 所示各电路的传递函数。

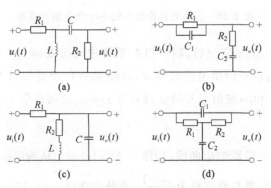

图 2.31　习题 2-2 图

2－3　已知系统传递函数 $\dfrac{C(s)}{R(s)}=\dfrac{2}{s^2+3s+2}$，且初始条件为 $c(0)=-1,c'(0)=0$。试求系统在输入 $r(t)=1(t)$ 作用下的输出响应 $c(t)$。

2－4　系统方框图如图 2.32 所示，试简化方框图，并求出它们的传递函数 $\dfrac{C(s)}{R(s)}$。

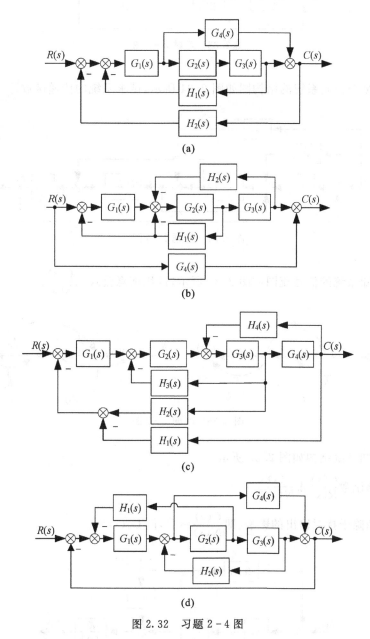

图 2.32　习题 2－4 图

2－5　设线性系统结构图如图 2.33 所示，试画出系统的信号流图，并求传递函数 $\dfrac{C(s)}{R_1(s)}$ 和 $\dfrac{C(s)}{R_2(s)}$。

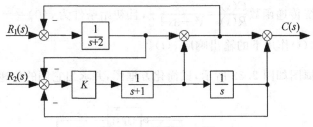

图 2.33 习题 2-5 图

2-6 某复合控制系统的结构图如图 2.34 所示,试求系统的传递函数 $\dfrac{C(s)}{R(s)}$。

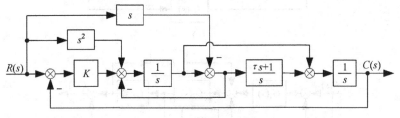

图 2.34 习题 2-6 图

2-7 已知系统的信号流图如图 2.35 所示,试用梅森公式求 $\dfrac{C(s)}{R(s)}$。

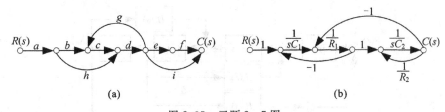

图 2.35 习题 2-7 图

2-8 已知系统结构如图 2.36 所示。

(1)求传递函数 $\dfrac{C(s)}{R(s)}$ 和 $\dfrac{C(s)}{N(s)}$。

(2)若要消除干扰对输出的影响(即 $\dfrac{C(s)}{N(s)}=0$),问 $G_0(s)=?$

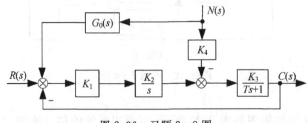

图 2.36 习题 2-8 图

2-9　已知系统方程组如下：

$$X_1(s)=X_r(s)G_1(s)-G_1(s)[G_7(s)-G_8(s)]X_o(s)$$
$$X_2(s)=G_2(s)[X_1(s)-G_6(s)X_3(s)]$$
$$X_3(s)=G_3(s)[X_2(s)-G_5(s)X_o(s)]$$
$$X_o(s)=G_3(s)X_3(s)$$

试绘制系统结构图，并求闭环传递函数 $\dfrac{X_o(s)}{X_r(s)}$。

2-10　已知系统结构图如图 2.37 所示。

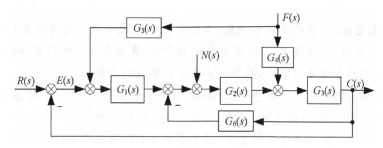

图 2.37　习题 2-10 图

试求各典型传递函数 $\dfrac{C(s)}{R(s)}$、$\dfrac{E(s)}{R(s)}$、$\dfrac{C(s)}{N(s)}$、$\dfrac{E(s)}{N(s)}$、$\dfrac{C(s)}{F(s)}$、$\dfrac{E(s)}{F(s)}$。

2-11　求如图 2.38 所示系统的闭环传递函数。

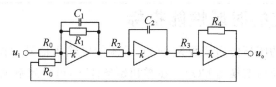

图 2.38　习题 2-11 图

线性系统的时域分析法

第3章

教学目的与要求：掌握线性定常一阶、二阶系统的时域响应及动态性能指标的计算；了解高阶系统的主导极点、偶极子，以及高阶系统的降阶；掌握系统稳定的充分必要条件，劳斯判据；掌握误差与稳态误差的定义，静态误差系数及系统的型别。

重点：系统稳定的充分必要条件，劳斯判据，误差与稳态误差的定义，静态误差系数及系统的型别，线性定常一阶、二阶系统的时域响应及动态性能的计算。

难点：利用劳斯判据判断系统稳定性，确定某些参数的取值范围，计算系统的稳态误差。

确定系统的数学模型后，便可以分析控制系统的性能。在经典控制理论中，常用时域分析法、根轨迹分析法或者频域分析法来分析线性控制系统的性能。本章研究线性系统性能分析的时域分析法。

3.1 线性系统的时域性能指标

设线性定常系统的闭环传递函数为 $\Phi(s)$，系统给定输入信号的拉普拉斯变换为 $R(s)$，系统输出信号的拉普拉斯变换为 $C(s)$。在零初始条件下，可得到系统输出的时域解为

$$c(t) = L^{-1}[C(s)] = L^{-1}[\Phi(s)R(s)] \tag{3.1}$$

式(3.1)表明，系统的输出取决于两个因素：输入信号和系统的结构参数（即闭环传递函数）。

1. 典型输入信号

控制系统常用的典型输入信号有，脉冲函数、阶跃函数、斜坡函数、加速度函数和正弦函数，现将几种典型输入函数列于表3.1中。

表 3.1 典型输入信号

函数名称	时间域表达式（原函数）	函数图像	复数域表达式（象函数）
脉冲函数	$f(t) \triangleq I\delta(t) = \begin{cases} \lim\limits_{\varepsilon \to 0} \dfrac{I}{\varepsilon}, & 0 < t < \varepsilon \\ 0, & t \leqslant 0 \text{ 和 } t \geqslant \varepsilon \end{cases}$ 单位脉冲：$I = 1$		I

续表

函数名称	时间域表达式(原函数)	函数图像	复数域表达式(象函数)
阶跃函数	$f(t) \triangleq P1(t) = \begin{cases} P, t > 0 \\ 0, t \leqslant 0 \end{cases}$ 单位阶跃：$P = 1$		$\dfrac{P}{s}$
斜坡函数	$f(t) = \begin{cases} Vt, t > 0 \\ 0, t \leqslant 0 \end{cases}$ 单位斜坡：$V = 1$		$\dfrac{V}{s^2}$
加速度函数	$f(t) = \begin{cases} \dfrac{1}{2} a t^2, t > 0 \\ 0, t \leqslant 0 \end{cases}$ 单位抛物线：$a = 1$		$\dfrac{a}{s^3}$
正弦函数	$f(t) = \begin{cases} A\sin(\omega t), t > 0 \\ 0, t \leqslant 0 \end{cases}$		$\dfrac{A}{s^2 + \omega^2}$

控制系统在典型输入信号作用下的性能指标,通常由动态性能和稳态性能两部分组成。

2. 动态性能与稳态性能

稳定是控制系统能够正常运行的首要条件,因此只有当动态过程稳定时,研究系统的动态性能和稳态性能才有意义。

(1) 动态性能。通常在阶跃函数作用下测定或者计算系统的动态性能。一般认为,阶跃输入对系统来说是最严峻的工作状态。如果系统在阶跃函数作用下的动态性能满足要求,那么系统在其他形式的函数作用下,其动态性能也是令人满意的。

描述稳定系统在单位阶跃函数作用下,动态过程随时间 t 变化状况的指标,称为动态性能指标。为了便于分析和比较,假定系统在单位阶跃输入信号作用前处于静止状态,即输出变量及其各阶导数均为零。对于大多数控制系统来说,这种假设是符合实际情况的。

稳定系统的单位阶跃响应 $h(t)$ 曲线通常有两种情况,如图 3.1 所示。其动态性能指标通常如下。

延迟时间 t_d：指 $h(t)$ 第一次达到其终值 $h(\infty)$ 的一半所需的时间。

上升时间 t_r：指 $h(t)$ 从 10% $h(\infty)$ 上升到 90% $h(\infty)$ 所需的时间;对于有超调的系统,也可以定义为 $h(t)$ 第一次上升到 $h(\infty)$ 所需的时间。上升时间是系统响应速度的一种度量。上升时间越短,响应速度越快。

峰值时间 t_p：指 $h(t)$ 超过 $h(\infty)$ 到达峰值 $h(t_p)$ 所需的时间。

调节时间 t_s：指 $h(t)$ 到达并保持在 $(1 \pm \Delta) h(\infty)$ 范围内所需的时间。$(1 \pm \Delta) h(\infty)$ 范围称为允许稳态误差带,其值为 $2\Delta h(\infty)$。工程上,一般取 $\Delta = 5\%$ 或者 2%。

超调量 $\sigma\%$：指 $h(t_p)$ 与 $h(\infty)$ 之差与 $h(\infty)$ 相比的百分数，即

$$\sigma\% = \frac{h(t_p) - h(\infty)}{h(\infty)} \times 100\% \tag{3.2}$$

若 $h(t_p) < h(\infty)$，则 $h(t)$ 无超调量。超调量也称为最大超调量，或者百分比超调量。

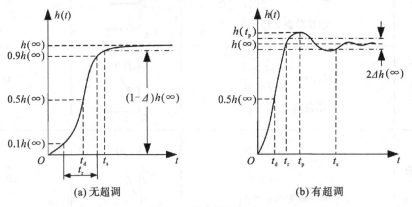

(a) 无超调　　　　　　　　(b) 有超调

图 3.1　单位阶跃响应

上述五个动态性能指标，基本上可以体现系统动态过程的特征。在实际应用中，常用的动态性能指标多为上升时间、调节时间和超调量。通常，用 t_d、t_r 或者 t_p 评价系统的响应速度；用 $\sigma\%$ 评价系统的阻尼程度；而 t_s 是同时反映响应速度和阻尼程度的综合性指标。

（2）稳态性能。稳态性能主要体现在稳态误差上，稳态误差是描述系统稳态性能的一种性能指标，通常在阶跃函数、斜坡函数或者加速度函数作用下进行测定或者计算。系统响应达到稳态时，若系统反馈量的稳态分量不等于输入量的稳态分量，则系统就存在稳态误差。稳态误差是系统控制精度或者抗扰动能力的一种度量。

3.2　线性系统的动态性能分析

3.2.1　一阶系统的动态性能分析

凡是以一阶微分方程作为运动方程的控制系统，称为一阶系统。在工程实践中，一阶系统不乏其例。有些高阶系统的特性，可用一阶系统的特性来近似表征。

1. 典型一阶系统的数学模型

研究图 3.2(a) 所示的 RC 的电路，其微分方程为

$$T\frac{dc(t)}{dt} + c(t) = r(t)，(T = RC \text{ 为时间常数}) \tag{3.3}$$

当电路的初始条件为零时，其传递函数为

$$\Phi(s) = \frac{C(s)}{R(s)} = \frac{1}{Ts+1} \tag{3.4}$$

相应的系统结构图如图 3.2(b) 所示。可以证明，室温调节系统、恒温箱以及水位调节系统的闭环传递函数形式与式(3.4)完全相同，仅仅是时间常数的含义有所区别。因此，式(3.3)

和式(3.4)称为典型一阶系统的数学模型。在以下的分析和计算中,均假设系统的初始条件为零。

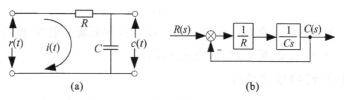

图 3.2 典型一阶控制系统

应当指出,具有同一数学模型的线性系统,对同一输入信号的响应是相同的。当然,不同形式或者不同功能的一阶系统,其响应特性的数学表达式具有不同的物理意义。

2. 典型一阶系统的单位阶跃响应

设典型一阶系统的输入信号为单位阶跃函数 $r(t)=1(t)$,$R(s)=\dfrac{1}{s}$,则由式(3.4)可得典型一阶系统的单位阶跃响应为

$$h(t)=1-e^{-t/T},(t\geqslant 0) \tag{3.5}$$

由式(3.5)可见,典型一阶系统的单位阶跃响应是一条初始值为零,以指数规律上升到终值 $h(\infty)=1$ 的曲线,如图 3.3 所示。

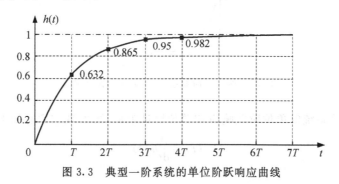

图 3.3 典型一阶系统的单位阶跃响应曲线

图 3.3 表明,典型一阶系统的单位阶跃响应 $h(t)$ 为非周期响应,具备如下两个重要特点:

(1)可用时间常数 T 去度量系统输出量的数值。例如,当 $t=T$ 时,$h(T)=0.632$;而当 t 分别等于 $2T$、$3T$ 和 $4T$ 时,$h(t)$ 的数值将分别等于终值的 86.5%、95% 和 98.2%。根据这一特点,可用试验方法测定典型一阶系统的时间常数,或者判定所测系统是否属于典型一阶系统。

(2)$h(t)$ 曲线斜率的初始值为 $1/T$,并随时间的推移而减小。例如 $\dfrac{\mathrm{d}h(t)}{\mathrm{d}t}\Big|_{t=T}=0.368\dfrac{1}{T}$,$\dfrac{\mathrm{d}h(t)}{\mathrm{d}t}\Big|_{t=\infty}=0$。从而使单位阶跃响应完成全部变化量所需的时间为无限长,即 $h(\infty)=1$。此外,初始斜率特性,也是常用的确定典型一阶系统时间常数的方法之一。

根据动态性能指标的定义,典型一阶系统的动态性能指标为

$$t_d = 0.69T$$

$$t_r = 2.2T$$

$$t_s = 3T$$

显然,峰值时间和超调量都不存在。由于时间常数 T 反映系统的惯性,所以一阶系统的惯性越小,其响应速度越快;反之,惯性越大,响应速度越慢。

3. 线性定常系统的重要特性

当输入信号为单位脉冲函数 $r(t) = \delta(t)$ 时,$R(s) = 1$,可得闭环系统的单位脉冲响应为

$$g(t) = L^{-1}[\Phi(s)] \tag{3.6}$$

由此可知,系统的单位脉冲响应函数就是系统闭环传递函数的原函数。反过来,系统的闭环传递函数等于系统单位脉冲响应的拉普拉斯变换,即

$$\Phi(s) = L[g(t)] \tag{3.7}$$

对于式(3.4)所示的典型一阶系统,其单位脉冲响应为

$$g(t) = \frac{1}{T}e^{-t/T}, (t \geqslant 0) \tag{3.8}$$

典型一阶系统的单位脉冲响应曲线如图 3.4 所示。

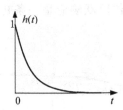

图 3.4 典型一阶系统的单位脉冲响应曲线

比较典型一阶系统的单位阶跃响应和单位脉冲响应,可发现它们有如下关系:

$$g(t) = \frac{d}{dt}h(t)$$

或者

$$h(t) = \int g(t)dt$$

将这个关系进行推广,可得出结论:对于一个给定的任意阶线性定常系统,如果其不同的输入信号之间有如下关系:

$$r_2(t) = \frac{d}{dt}r_1(t) \tag{3.9}$$

或者

$$\int r_2(t)dt = r_1(t)$$

则输出响应之间一定有如下与之对应的关系:

$$c_2(t) = \frac{d}{dt}c_1(t) \tag{3.10}$$

或者

$$\int c_2(t)\,\mathrm{d}t = c_1(t)$$

此对应关系说明,系统对输入信号导数的响应等于系统对该输入信号响应的导数。反过来,系统对输入信号积分的响应等于系统对该输入信号响应的积分,而积分常数由零输入初始条件确定。这是线性定常系统的重要特性,不仅适用于一阶线性定常系统,也适用于任何阶线性定常系统,但不适用于线性时变系统和非线性系统。

由上述结论可得,当式(3.4)所示的典型一阶系统的输入为单位等速度信号 $r(t) = t$ 时,$R(s) = \dfrac{1}{s^2}$,可得闭环系统的单位等速度响应为

$$k(t) = (t - T) + T\mathrm{e}^{-t/T}, \quad (t \geqslant 0)$$

3.2.2　二阶系统的动态性能分析

凡是以二阶微分方程作为运动方程的控制系统,称为二阶系统。在控制工程中,不仅二阶系统的典型应用极为普遍,而且不少高阶系统的特性在一定条件下可用二阶系统的特性来表征。因此,着重研究二阶系统的分析和计算方法具有较大的实际意义。

1. 典型二阶系统的数学模型

在第 2 章中,例 2-1 和 2-2 所示的系统都是由二阶微分方程描述的,它们的传递函数都可转化为典型二阶系统的标准形式,其相应的结构图如图 3.5 所示。

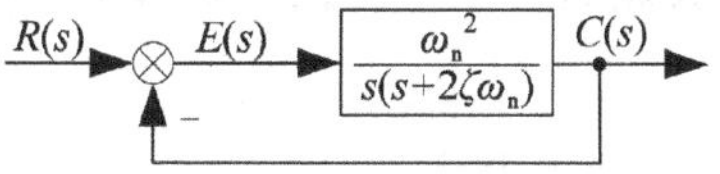

图 3.5　标准形式的典型二阶系统结构图

由图 3.5 可得

$$\Phi(s) = \frac{C(s)}{R(s)} = \frac{\omega_\mathrm{n}^2}{s^2 + 2\zeta\omega_\mathrm{n}s + \omega_\mathrm{n}^2} \tag{3.11}$$

或者

$$\Phi(s) = \frac{C(s)}{R(s)} = \frac{1}{T^2 s^2 + 2\zeta T s + 1} \tag{3.12}$$

其中,$T = \dfrac{1}{\omega_\mathrm{n}}$ 称为典型二阶系统的时间常数或者自然振荡周期;ω_n 称为典型二阶系统的自然振荡角频率或者无阻尼振荡角频率;ζ 称为典型二阶系统的阻尼比或者阻尼系数。在例 2-1 中,有 $T = \sqrt{LC}$,$\omega_\mathrm{n} = \dfrac{1}{\sqrt{LC}}$,$\zeta = \dfrac{R}{2}\sqrt{\dfrac{C}{L}}$。

典型二阶系统的特征方程为

$$s^2 + 2\zeta\omega_\mathrm{n}s + \omega_\mathrm{n}^2 = 0 \tag{3.13}$$

其两个根(闭环极点)为

$$s_{1,2} = -\zeta\omega_\mathrm{n} \pm \omega_\mathrm{n}\sqrt{\zeta^2 - 1} \tag{3.14}$$

显然,典型二阶系统的时间响应取决于 ζ 和 ω_n 这两个参数。下面将根据式(3.11)这一典型

二阶系统的数学模型,研究典型二阶系统时间响应及动态性能指标的求法。应当指出,对于结构和功能不同的典型二阶系统,ζ 和 ω_n 的物理含义是不同的。

2. 典型二阶系统的单位阶跃响应

当典型二阶系统的输入为单位阶跃函数时,其输出响应将根据 ζ 取值范围的不同而有不同的响应形式,现以三种情况给出相应的响应形式如下:

$$h(t)=1-\frac{e^{-\zeta\omega_n t}}{\sqrt{1-\zeta^2}}\sin(\sqrt{1-\zeta^2}\,\omega_n t+\arccos\zeta),|\zeta|<1 \tag{3.15}$$

$$h(t)=1-(1+\zeta\omega_n t)e^{-\zeta\omega_n t},|\zeta|=1 \tag{3.16}$$

$$h(t)=1-\frac{\zeta+\sqrt{\zeta^2-1}}{2\sqrt{\zeta^2-1}}e^{-(\zeta-\sqrt{\zeta^2-1})\omega_n t}+\frac{\zeta-\sqrt{\zeta^2-1}}{2\sqrt{\zeta^2-1}}e^{-(\zeta+\sqrt{\zeta^2-1})\omega_n t},(|\zeta|>1) \tag{3.17}$$

下面我们将讨论,当 ω_n 为常数时,ζ 从 $-\infty$ 变化到 $+\infty$ 时特征方程的特征根(闭环极点)的变化轨迹,以及典型二阶系统的单位阶跃响应随极点在复平面的位置变化而变化的情况。

我们先来看 $\zeta<0$ 的情况。此时二阶系统具有两个实部为正的特征根,由式(3.15)、式(3.16)和式(3.17)可看出,系统响应由于阻尼比为负值,指数因子具有正幂指数,因此系统的动态过程为正弦振荡发散或者单调发散的形式,从而表明 $\zeta<0$ 时,二阶系统是不稳定的,因此研究该种情况也就没有意义了。

(1) 欠阻尼($0<\zeta<1$)典型二阶系统的单位阶跃响应。

两个实部为负的共轭复数极点 $s_{1,2}=-\zeta\omega_n\pm j\omega_n\sqrt{1-\zeta^2}$。由式(3.15)可知系统的单位阶跃响应为

$$h(t)=1-\frac{1}{\sqrt{1-\zeta^2}}e^{-\sigma t}\sin(\omega_d t+\beta),(t\geqslant0) \tag{3.18}$$

式(3.18)中,$\sigma=\zeta\omega_n$,$\omega_d=\omega_n\sqrt{1-\zeta^2}$,$\beta=\arccos\zeta$。

此时系统单位阶跃响应的动态过程为振荡收敛过程,且最终达到稳态值 1。这种情况称为欠阻尼状态。

由式(3.18)可看出,此时典型二阶系统的单位阶跃响应由两部分组成:稳态分量为 1,表明如图 3.5 所示系统在单位阶跃函数作用下,不存在稳态位置误差;暂态分量为阻尼正弦振荡项,其振荡角频率为 ω_d,故称 ω_d 为阻尼振荡角频率,相应的 $T_d=\frac{2\pi}{\omega_d}$ 称为阻尼振荡周期。暂态分量衰减的快慢程度取决于包络线 $\frac{1\pm e^{-\sigma t}}{\sqrt{1-\zeta^2}}$ 收敛的速度,当 ζ 一定时,包络线的收敛速度取决于指数函数 $e^{-\sigma t}$ 的幂,所以称 $\sigma=\zeta\omega_n$ 为衰减系数。

(2) 无阻尼($\zeta=0$)典型二阶系统的单位阶跃响应。

两个共轭纯虚根 $s_1=j\omega_n$,$s_2=-j\omega_n$。由式(3.15)可知系统的单位阶跃响应为

$$h(t)=1-\cos\omega_n t,(t\geqslant0) \tag{3.19}$$

这是一条平均值为 1 的正弦或者余弦形式的等幅振荡,其振荡角频率为 ω_n,称 ω_n 为无阻尼振荡角频率。这种情况称为无阻尼状态。

应当指出,实际的控制系统通常都有一定的阻尼,因此不可能通过实验方法测得 ω_n,而

只能测得 ω_d，其值总小于 ω_n。只有在 $\zeta=0$ 时，才有 $\omega_d=\omega_n$。当阻尼比 ζ 增大时，阻尼振荡角频率 ω_d 将减小。如果 $\zeta \geqslant 1$ 时，ω_d 将不复存在，系统响应不再出现振荡。但是，为了便于分析和叙述，ω_n 和 ω_d 的符号和名称在 $\zeta \geqslant 1$ 时仍将继续沿用。

（3）临界阻尼（$\zeta=1$）典型二阶系统的单位阶跃响应。

两个负实重根 $s_{1,2}=-\omega_n$。由式（3.16）可知，此时系统的单位阶跃响应为

$$h(t)=1-e^{-\omega_n t}(1+\omega_n t)，(t \geqslant 0) \tag{3.20}$$

式（3.20）表明，系统的单位阶跃响应是稳态值为 1 的无超调单调上升过程，其变化率为 $\dfrac{\mathrm{d}h(t)}{\mathrm{d}t}=\omega_n^2 t e^{-\omega_n t}$。当 $t=0$ 时，响应过程的变化率为零；当 $t>0$ 时，响应过程的变化率为正，响应过程单调上升；当 $t \to \infty$ 时，响应过程的变化率趋于零，响应过程趋于常值 1。这种情况称为临界阻尼状态。

（4）过阻尼（$\zeta>1$）典型二阶系统的单位阶跃响应。

两个负实根 $s_1=-\zeta\omega_n+\omega_n\sqrt{\zeta^2-1}=-\dfrac{1}{T_1}$，$s_2=-\zeta\omega_n-\omega_n\sqrt{\zeta^2-1}=-\dfrac{1}{T_2}$，且有 $T_1>T_2$。T_1 和 T_2 称为过阻尼典型二阶系统的时间常数。由式（3.17）可得此时典型二阶系统的单位阶跃响应为

$$h(t)=1-\dfrac{1}{1-\dfrac{T_2}{T_1}}e^{-t/T_1}+\dfrac{1}{\dfrac{T_1}{T_2}-1}e^{-t/T_2}，(t \geqslant 0) \tag{3.21}$$

式（3.21）表明，系统响应特性包含着两个单调衰减的指数项，其代数和不会超过稳态值 1，这种情况称为过阻尼状态。过阻尼典型二阶系统的单位阶跃响应是非振荡的。

以上四种情况的单位阶跃响应曲线如图 3.6 所示，其横坐标为无因次时间 $\omega_n t$。由图 3.6 可见，在过阻尼和临界阻尼响应曲线中，临界阻尼响应具有最短的上升时间，响应速度最快；在欠阻尼响应曲线中，阻尼比越小，超调量越大，上升时间越短，通常 ζ 取 $0.4 \sim 0.8$ 为宜，此时超调量适度，调节时间较短；若典型二阶系统具有相同的 ζ 和不同的 ω_n，则其振荡特性相同，但响应速度不同，ω_n 越大，响应速度越快。

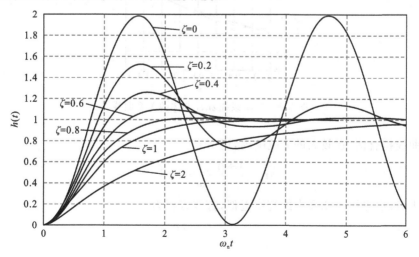

图 3.6　二阶系统单位阶跃响应曲线

由于欠阻尼典型二阶系统与过阻尼（含临界阻尼）典型二阶系统具有不同形式的响应曲线，因此它们的动态性能指标的估算方法也不尽相同。下面将分别加以讨论。

3. 欠阻尼典型二阶系统的动态过程分析

在控制工程中，除了那些不允许产生振荡响应的系统外，通常都希望控制系统具有适度的阻尼、较快的响应速度和较短的调节时间。

为了便于说明改善系统动态性能的方法，图 3.7 表示了欠阻尼典型二阶系统各特征参量之间的关系。由图 3.7 可见，衰减系数 σ 是闭环极点到虚轴的距离；阻尼振荡角频率 ω_d 是闭环极点到实轴的距离；自然振荡角频率 ω_n 是闭环极点到坐标原点的距离；ω_n 所代表的向量与负实轴夹角 β 的余弦正好是阻尼比，即 $\zeta = \cos\beta$，因此 β 称为阻尼角。下面将推导式（3.11）所描述的无零点欠阻尼二阶系统的动态性能指标计算公式。

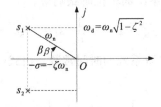

图 3.7 欠阻尼典型二阶系统的特征参量

（1）延迟时间的计算。

在式（3.18）中，令 $h(t_d) = 0.5$，可得 t_d 的隐函数表达式

$$\omega_n t_d = \frac{1}{\zeta}\ln\frac{2\sin(\sqrt{1-\zeta^2}\,\omega_n t_d + \arccos\zeta)}{\sqrt{1-\zeta^2}}$$

则 $\omega_n t_d$ 与 ζ 的关系曲线图如图 3.8 所示。

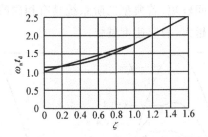

图 3.8 二阶系统 $\omega_n t_d$ 与 ζ 的关系曲线

利用曲线拟合法，在较大的 ζ 范围内，近似有

$$t_d = \frac{1 + 0.6\zeta + 0.2\zeta^2}{\omega_n} \tag{3.22}$$

当 $0 < \zeta < 1$ 时，也可用图 3.8 中的直线近似，直线方程为

$$t_d = \frac{1 + 0.7\zeta}{\omega_n} \tag{3.23}$$

式（3.22）和式（3.23）表明，增大自然振荡角频率或者减小阻尼比，都可以减小延迟时间。

(2)上升时间 t_r 的计算。

根据上升时间的定义,在式(3.18)中,令 $h(t_r)=1$,求得

$$\frac{1}{\sqrt{1-\zeta^2}}e^{-\zeta\omega_n t_r}\sin(\omega_d t_r+\beta)=0$$

由于 $e^{-\zeta\omega_n t_r}\neq 0$,所以有 $t_r=\dfrac{n\pi-\beta}{\omega_d}$。根据定义,取 $n=1$,上升时间

$$t_r=\frac{\pi-\beta}{\omega_d} \tag{3.24}$$

由式(3.24)可见,当阻尼比一定时,阻尼角不变,系统的上升时间与自然振荡角频率成反比;而当阻尼振荡角频率一定时,阻尼比越小,上升时间越短。

(3)峰值时间 t_p 的计算。

将式(3.18)对 t 求导,并令其为零,求得

$$\zeta\omega_n e^{-\zeta\omega_n t_p}\sin(\omega_d t_p+\beta)-\omega_d e^{-\zeta\omega_n t_p}\cos(\omega_d t_p+\beta)=0$$

整理得

$$\tan(\omega_d t_p+\beta)=\frac{\sqrt{1-\zeta^2}}{\zeta}$$

由于 $\tan\beta=\sqrt{1-\zeta^2}/\zeta$,根据正切函数的周期性,则 $\omega_d t_p=n\pi(n=0,1,2,\cdots)$。根据定义,峰值时间为单位阶跃响应第一次达到极大值的时间。取 $n=1$,可得峰值时间

$$t_p=\frac{\pi}{\omega_d} \tag{3.25}$$

式(3.25)表明,峰值时间等于阻尼振荡周期的一半,它与阻尼振荡角频率成反比。当阻尼比一定时,自然振荡角频率越大,峰值时间越短。当自然振荡角频率一定时,阻尼比越小,峰值时间越短。

(4)超调量 $\sigma\%$ 的计算。

根据超调量的定义,先将峰值时间代入式(3.18)中,求出输出响应的最大值

$$h(t_p)=1-\frac{1}{\sqrt{1-\zeta^2}}e^{-\pi\zeta/\sqrt{1-\zeta^2}}\sin(\pi+\beta)=1+e^{-\pi\zeta/\sqrt{1-\zeta^2}}$$

按超调量的定义,并考虑到 $h(\infty)=1$,可求得

$$\sigma\%=e^{-\pi\zeta/\sqrt{1-\zeta^2}}\times 100\% \tag{3.26}$$

式(3.26)表明,超调量只与阻尼比有关,其关系曲线如图 3.9 所示。由图 3.9 可见,阻尼比越大,超调量越小。一般,当阻尼比取 0.4~0.8 时,超调量为 25.4%~1.5%。

(5)调节时间 t_s 的计算。

如式(3.18)所示的欠阻尼典型二阶系统单位阶跃响应为阻尼振荡形式,它总是被一对指数曲线 $1\pm e^{-\zeta\omega_n t/\sqrt{1-\zeta^2}}$ 包围。我们称这一对指数曲线为欠阻尼典型二阶系统单位阶跃响应曲线的包络线,包络线对称于 $h(\infty)=1$,如图 3.10 虚线所示。为计算方便,往往采用包络线代替实际响应来估算调节时间,所得结果略为保守。

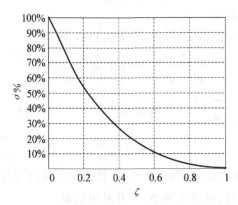

图 3.9　欠阻尼二阶系统 ζ 与 $\sigma\%$ 的关系曲线

由调节时间的定义可知,调节时间是实际响应曲线进入并保持在规定的允许误差带($\Delta=2\%$ 或者 $\Delta=5\%$)范围所对应的时间,如图 3.10 所示中的 t_s。若用包络线代替实际响应曲线,则如图 3.10 所示中的估算调节时间 t_{sa} 应满足

$$1\pm e^{-\zeta\omega_n t_{sa}/\sqrt{1-\zeta^2}}=1\pm\Delta$$

可解得

$$t_{sa}=\frac{-\ln\Delta\sqrt{1-\zeta^2}}{\zeta\omega_n} \tag{3.27}$$

一般 $0.4\leqslant\zeta\leqslant0.8$,若取 $\zeta=0.8$,可以解得调节时间的估算公式为

$$t_{sa}=\frac{3.5}{\zeta\omega_n} ,(\Delta=5\%) \tag{3.28}$$

$$t_{sa}=\frac{4.5}{\zeta\omega_n} ,(\Delta=2\%) \tag{3.29}$$

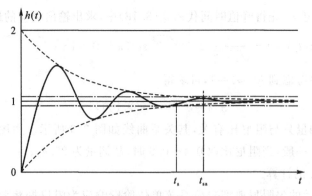

图 3.10　欠阻尼典型二阶系统 $h(t)$ 的一对包络线

式(3.28)和式(3.29)表明,调节时间与闭环极点与虚轴的距离成反比。闭环极点距离虚轴越远,系统的调节时间越短。由于阻尼比的取值主要根据对系统超调量的要求来确定,所以调节时间主要由自然振荡角频率决定。若能保证阻尼比取值不变,而增大自然振荡角频率,则可以在不改变超调量的情况下缩短调节时间。

4. 过阻尼典型二阶系统的动态过程分析

由于过阻尼系统响应缓慢,故通常不希望采用过阻尼系统。但是,这并不排除在某些情况下,例如在低增益、大惯性的温度控制系统中,需要采用过阻尼系统;此外,在有些不允许时间响应出现超调,而又希望响应速度较快的情况下,例如在指示仪表系统和记录仪表系统中,需要采用临界阻尼系统。特别是,有些高阶系统的时间响应往往可用过阻尼二阶系统的时间响应来近似,因此,研究过阻尼二阶系统的动态过程分析,有较大的工程意义。

当阻尼比 $\zeta > 1$,且初始条件为零时,典型二阶系统的单位阶跃响应如式(3.21)所示。显然,在动态性能指标中,只有延迟时间、上升时间和调节时间有意义。然而,式(3.21)是一个超越方程,无法根据各项动态性能指标的定义来求解。目前工程上采用的方法,仍然是利用数值解法求出不同 ζ 值下的无因次时间,然后制成曲线以供查用;或者利用曲线拟合法给出近似计算公式。

(1)延迟时间 t_d 的计算。

由于式(3.22)在 $\zeta > 1$ 时仍然近似成立,故

$$t_d = \frac{1 + 0.6\zeta + 0.2\zeta^2}{\omega_n} \tag{3.30}$$

(2)上升时间 t_r 的计算。

根据上升时间的第一种定义方法,参照式(3.21),可得无因次上升时间 $\omega_n t_r$ 与阻尼比 ζ 的关系曲线,如图 3.11 所示。可由图 3.11 中的曲线拟合出近似表达式

$$t_r = \frac{1 + 1.5\zeta + \zeta^2}{\omega_n} \tag{3.31}$$

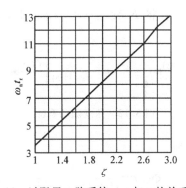

图 3.11　过阻尼二阶系统 $\omega_n t_r$ 与 ζ 的关系曲线

(3)调节时间 t_s 的计算。

根据式(3.21),令 T_1/T_2 为自变量,取 $\Delta = 5\%$,可解出相应的无因次调节时间 t_s/T_1,如图 3.12 所示曲线。阻尼比 ζ 与 T_1/T_2 的关系也标注在曲线上。由于

$$s^2 + 2\zeta\omega_n s + \omega_n^2 = (s + 1/T_1)(s + 1/T_2)$$

因此

$$\zeta = \frac{1 + (T_1/T_2)}{2\sqrt{T_1/T_2}} \tag{3.32}$$

当 $\zeta > 1$ 时,由已知的 T_1 和 T_2 的值在图 3.12 上可以查出相应的 t_s。

若 $T_1 \geqslant 4T_2$，即过阻尼二阶系统的闭环极点 $-1/T_2$ 离虚轴的距离比闭环极点 $-1/T_1$ 离虚轴的距离大四倍以上时，系统可等效为具有闭环极点 $-1/T_1$ 的一阶系统，由于 $s_1 = -\zeta\omega_n + \omega_n \sqrt{\zeta^2 - 1} = -\dfrac{1}{T_1}$，故

$$T_1 = \frac{1}{(\zeta - \sqrt{\zeta^2 - 1})\omega_n} \tag{3.33}$$

取 $t_s = 3T_1 (\Delta = 5\%)$，相对误差不超过 10%。

当 $\zeta = 1$ 时，由于 $T_1/T_2 = 1$，由图 3.12 可见，临界阻尼典型二阶系统的调节时间为

$$t_s = 4.75T_1, (\Delta = 5\%, \zeta = 1) \tag{3.34}$$

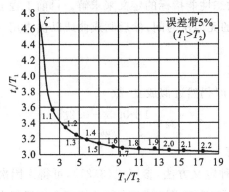

图 3.12　过阻尼二阶系统的调节时间特性

【例 3-1】设角度随动系统如图 3.13 所示。试计算 $K = 200$ 时，系统的单位阶跃响应的峰值时间、超调量和调节时间。若将 K 变为 1500 或者 13.5，试问对系统性能指标有何影响？

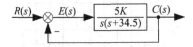

图 3.13　角度随动系统

解　系统的闭环传递函数为

$$\Phi(s) = \frac{5K}{s^2 + 34.5s + 5K}$$

对照典型二阶系统标准形式，可得

$$\omega_n = \sqrt{5K}$$

$$\zeta = \frac{34.5}{2\omega_n}$$

①$K = 200$ 时，有

$$\omega_n = 31.6 , \zeta = 0.545$$

由欠阻尼状态的峰值时间、超调量和调节时间计算公式，可得

$$t_p = \frac{\pi}{\omega_d} = \frac{\pi}{\omega_n \sqrt{1 - \zeta^2}} = 0.12 \text{ s}$$

$$\sigma\% = e^{-\pi\zeta/\sqrt{1-\zeta^2}} \times 100\% = 13\%$$

$$t_{sa} = \frac{3.5}{\zeta\omega_n} = 0.174 \text{ s},(\Delta = 5\%)$$

②$K = 1500$ 时,有

$$\omega_n = 86.2,\zeta = 0.2$$

由欠阻尼状态的峰值时间、超调量和调节时间计算公式,可得

$$t_p = 0.037 \text{ s},\sigma\% = 52.7\%,t_{sa} = 0.174 \text{ s},(\Delta = 5\%)$$

可见,增大 K,阻尼比变小,自然振荡角频率变大,响应加快,超调增大,平稳性变差。由于 ζ 变小的同时,ω_n 变大,因此调节时间并无明显变化。

③$K = 13.5$ 时,有

$$\omega_n = 8.22,\zeta = 2.1$$

系统处于过阻尼状态,峰值时间和超调量已不存在。由图 3.12 可知,$T_1/T_2 \approx 15 > 4$,系统可等效为具有闭环极点 $-1/T_1$ 的一阶系统,由式(3.33)可得

$$T_1 = \frac{1}{(\zeta - \sqrt{\zeta^2 - 1})\omega_n} = 0.48$$

调节时间

$$t_s = 3T_1 = 1.44 \text{ s},(\Delta = 5\%)$$

可见,减小 K,阻尼比变大,无超调,平稳性变好,但是调节时间变大。

5. 典型二阶系统动态性能的改善

从前面典型二阶系统响应特性的分析可以看出,为了使二阶系统具有满意的暂态性能,必须合理选择阻尼比 ζ 和无阻尼振荡角频率 ω_n,以便使系统具有较好的平稳性和快速性。然而系统的平稳性和快速性对系统参数的要求往往是矛盾的。例如,在例 3-1 随动系统的讨论中,增大增益 K 可使 t_p、t_r 减小,提高了响应的快速性,但是超调量 $\sigma\%$ 随之增大,使平稳性下降;反之,若减小 K 值,可改善系统的平稳性,但过渡过程变得缓慢。因此,这里我们介绍两种常用的改善典型二阶系统动态性能的措施。

(1)偏差量的比例-微分(PD)控制

具有偏差量的比例-微分控制的二阶系统如图 3.14 所示。T_d 称为微分时间常数。

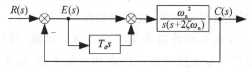

图 3.14　PD 控制的二阶系统

由图 3.14 可得系统的开环传递函数为

$$G(s) = \frac{\omega_n^2(1 + T_d s)}{s(s + 2\zeta\omega_n)} \tag{3.35}$$

闭环传递函数为

$$\frac{C(s)}{R(s)} = \frac{\omega_n^2(1 + T_d s)}{s^2 + 2\zeta_d\omega_n s + \omega_n^2} \tag{3.36}$$

式(3.36)中

$$\zeta_d = \zeta + \frac{1}{2}\omega_n T_d \tag{3.37}$$

由于 $\zeta_d > \zeta$,因此 PD 控制可在不改变开环增益的前提下增大系统的阻尼比,同时也不改变自然振荡角频率。由式(3.36)可见,PD 控制使系统增加了一个闭环零点,这会加快响应,削弱阻尼,使超调略增。另外,采用 PD 控制后允许采用较高的开环增益,以便提高系统精度。因此,适当选择 T_d 可同时兼顾快速性、平稳性及稳态性能的要求。

(2)输出量的速度反馈控制

具有输出量的速度反馈控制的二阶系统如图 3.15 所示。k_t 称为速度反馈系数。

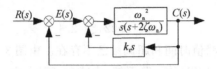

图 3.15 输出量速度反馈控制的二阶系统

由图 3.15 可得系统的开环传递函数为

$$G(s) = \frac{\omega_n^2}{s(s+2\zeta_t\omega_n)} \tag{3.38}$$

闭环传递函数为

$$\frac{C(s)}{R(s)} = \frac{\omega_n^2}{s^2+2\zeta_t\omega_n s+\omega_n^2} \tag{3.39}$$

式(3.38)和式(3.39)中

$$\zeta_t = \zeta + \frac{1}{2}\omega_n k_t \tag{3.40}$$

显然,$\zeta_t > \zeta$,速度反馈控制可增大系统的阻尼比,而不改变自然振荡角频率。因此,速度反馈同样可以改善系统的动态性能。

比较式(3.37)和式(3.40),它们的形式类似,如果在数值上有 $k_t = T_d$,则 $\zeta_t = \zeta_d$。但是,由于速度反馈不形成闭环零点,因此即便在 $k_t = T_d$ 情况下,速度反馈控制系统的平稳性也好于 PD 控制。但在设计速度反馈控制系统时,应适度增大原系统的开环增益,以弥补稳态误差的损失,同时适当选择速度反馈系数,使阻尼比在 0.4~0.8。

在工程实践中,上面介绍的两种改进措施各有特点。比例-微分控制结构简单,易于实现,成本低,但微分器容易引入输入信号中的噪声和高频干扰;而速度反馈通常从具有较大惯量的电机的输出引出,反馈元件通常采用测速机或者其他传感器,成本较高,由于惯性环节具有滤波作用,因此速度反馈抗干扰能力较强。

【例 3-2】 设系统结构图如图 3.16 所示,若要求系统具有性能指标 $\sigma\% = 20\%$、$t_p = 1(s)$,试确定系统参数 K 和 τ,并计算单位阶跃响应的特征量 t_d、t_r 和 t_s。

解 由图 3.16 可知,系统闭环传递函数为

$$\frac{C(s)}{R(s)} = \frac{K}{s^2+(1+K\tau)s+K}$$

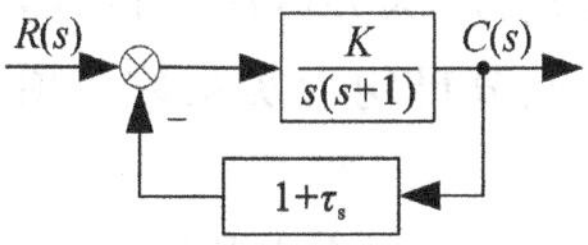

图 3.16 速度反馈控制系统结构图

与速度反馈控制闭环传递函数式(3.39)相比,可得

$$\omega_n = \sqrt{K} \ , \zeta = \frac{1+K\tau}{2\sqrt{K}}$$

由已知的 $\sigma\%$ 可算得

$$\zeta = \frac{\ln(1/\sigma\%)}{\sqrt{\pi^2 + (\ln\frac{1}{\sigma\%})^2}} = 0.46$$

由 ζ 值和已知的 t_p,可算得

$$\omega_n = \frac{\pi}{t_p\sqrt{1-\zeta^2}} = 3.54 \ \text{rad/s}$$

从而解得

$$K = \omega_n^2 = 12.53 \ \text{rad/s} \ , \tau = (2\zeta\omega_n - 1)/K = 0.18 \ \text{s}$$

故算得

$$t_d = \frac{1+0.7\zeta}{\omega_n} = 0.37 \ \text{s}, t_r = \frac{\pi - \arccos\zeta}{\omega_n\sqrt{1-\zeta^2}} = 0.65 \ \text{s}$$

$$t_s = \frac{3.5}{\zeta\omega_n} = 2.15 \ \text{s} \ , (\Delta = 5\%)$$

$$t_s = \frac{4.5}{\zeta\omega_n} = 2.76 \ \text{s} \ , (\Delta = 2\%)$$

3.2.3 高阶系统的动态性能分析

在控制工程中,实际的控制系统往往是高阶系统,即用高阶微分方程描述的系统。高阶系统的动态性能指标的确定一般比较复杂。为了简化分析,工程上常采用闭环主导极点的概念对高阶系统进行近似分析,或直接利用 MATLAB 软件进行高阶系统分析。

1. 高阶系统的单位阶跃响应

一般地,高阶系统的闭环传递函数为

$$\Phi(s) = \frac{C(s)}{R(s)} = \frac{b_0 s^m + b_1 s^{m-1} + \cdots\cdots + b_{m-1}s + b_m}{a_0 s^n + a_1 s^{n-1} + \cdots\cdots + a_{n-1}s + a_n} \ , (m \leqslant n) \tag{3.41}$$

为了便于求出高阶系统的单位阶跃响应,将式(3.41)的分子和分母多项式进行因式分解,得

$$\Phi(s) = \frac{C(s)}{R(s)} = \frac{K_\Phi^* \prod_{j=1}^{m}(s-z_j)}{\prod_{i=1}^{n}(s-p_i)} \triangleq K_\Phi^* \frac{N(s)}{D(s)} \tag{3.42}$$

式中，$K_\Phi^* = b_0/a_0$ 为闭环根轨迹增益；p_i 为 $D(s)=0$ 的根，即闭环极点；z_j 为 $N(s)=0$ 的根，即闭环零点。由于式(3.41)的分子、分母均为实系数多项式，故系统的零、极点只可能是实数或者共轭复数。

设系统中零、极点互不相同，且设有 n_1 个实数极点，n_2 对共轭复数极点，则 $n = n_1 + 2n_2$。当输入为单位阶跃函数时，输出量的拉普拉斯变换式为

$$C(s) = \Phi(s)R(s) = \frac{K_\Phi^* \prod\limits_{j=1}^{m}(s-z_j)}{\prod\limits_{i=1}^{n_1}(s-p_i)\prod\limits_{k=1}^{n_2}(s^2+2\zeta_k\omega_k s+\omega_k^2)} \cdot \frac{1}{s} \qquad (3.43)$$

式(3.43)中，$0 < \zeta_k < 1$。将式(3.43)展开成部分分式，可得

$$C(s) = \frac{A_0}{s} + \sum_{i=1}^{n_1} \frac{A_i}{s-p_i} + \sum_{k=1}^{n_2} \frac{B_k s+C_k}{s^2+2\zeta_k\omega_k s+\omega_k^2} \qquad (3.44)$$

式(3.44)中，$A_0 = [sC(s)]_{s=0}$ 是 $C(s)$ 在输入 $R(s)$ 的极点处的留数；$A_i = [(s-p_i)C(s)]_{s=p_i}$ 是 $C(s)$ 在闭环实极点 p_i 处的留数；B_k 和 C_k 是与 $C(s)$ 在闭环复极点处的留数有关的常数。

对式(3.44)求拉普拉斯反变换，并设初始条件为零，可得高阶系统的单位阶跃响应

$$h(t) = A_0 + \sum_{i=1}^{n_1} A_i e^{p_i t} + \sum_{k=1}^{n_2} B_k e^{-\zeta_k\omega_k t}\cos(\omega_k\sqrt{1-\zeta_k^2})t$$

$$+ \sum_{k=1}^{n_2} \frac{C_k - B_k\zeta_k\omega_k}{\omega_k\sqrt{1-\zeta_k^2}} e^{-\zeta_k\omega_k t}\sin(\omega_k\sqrt{1-\zeta_k^2})t \ , t\geqslant 0 \qquad (3.45)$$

式(3.45)表明，高阶系统的单位阶跃响应是由一阶和二阶系统单位阶跃响应的函数项组成的。如果高阶系统的所有闭环极点都具有负实部，即所有闭环极点均位于左半复平面，那么随着时间的增长，其指数项和阻尼正弦、余弦项均趋于零，高阶系统最终达到稳态值 A_0。

【例 3-3】 设三阶系统的闭环传递函数为 $\Phi(s) = \dfrac{5(s^2+5s+6)}{s^3+6s^2+10s+8}$，试确定该系统的单位阶跃响应。

解 首先将系统闭环传递函数的分子、分母进行因式分解，并考虑到 $R(s) = \dfrac{1}{s}$，可得

$$C(s) = \Phi(s)R(s) = \frac{5(s+2)(s+3)}{s(s+4)(s+1+\mathrm{j})(s+1-\mathrm{j})}$$

其部分分式为

$$C(s) = \frac{A_0}{s} + \frac{A_1}{s+4} + \frac{A_2}{s+1+\mathrm{j}} + \frac{\overline{A_2}}{s+1-\mathrm{j}}$$

其中 A_2 与 $\overline{A_2}$ 共轭。由留数的概念可得

$$A_0 = \frac{15}{4}, A_1 = -\frac{1}{4}, A_2 = \frac{1}{4}(-7+\mathrm{j}), \overline{A_2} = \frac{1}{4}(-7-\mathrm{j})$$

于是有

$$C(s) = \frac{15}{4} \cdot \frac{1}{s} - \frac{1}{4} \cdot \frac{1}{s+4} + \frac{\frac{1}{4}(-7+\mathrm{j})}{s+1+\mathrm{j}} + \frac{\frac{1}{4}(-7-\mathrm{j})}{s+1-\mathrm{j}}$$

$$= \frac{15}{4} \cdot \frac{1}{s} - \frac{1}{4} \cdot \frac{1}{s+4} + \frac{-\frac{7}{2}s-3}{s^2+2s+2}$$

将上式与式(3.44)对照可得:

$$B_1 = -\frac{7}{2}, C_1 = -3$$

最后,由式(3.45)可解出该系统的单位阶跃响应为

$$h(t) = \frac{15}{4} - \frac{1}{4}e^{-4t} - \frac{7}{2}e^{-t}\cos t + \frac{1}{2}e^{-t}\sin t$$

由 $h(t)$ 可看出,第一项具有与输入函数相同的模态 e^{0t} ,而后三项包含了由极点 -4 和 $-1 \pm j1$ 形成的自由运动模态 e^{-4t} 和 $(e^{-t}\cos t , e^{-t}\sin t)$ 。自由运动模态是系统的"固有"分量,但其系数却与零极点、输入函数有关。

2. 附加闭环零极点对输出响应的影响

由式(3.44)和式(3.45)可知,附加闭环零点不会影响单位阶跃响应 $h(t)$ 中的各模态分量项,但会改变单位阶跃响应中各模态的加权系数,由此影响系统的动态性能。附加闭环极点的作用与附加闭环零点恰好相反。读者可自行分析。同时附加闭环零、极点时,距离虚轴近的零点或者极点对系统响应影响较大。图 3.17 是在 $\Phi(s) = \dfrac{1}{s^2+s+1}$ 基础上分别附加闭环零极点和同时附加闭环零极点后系统单位阶跃响应的变化趋势。

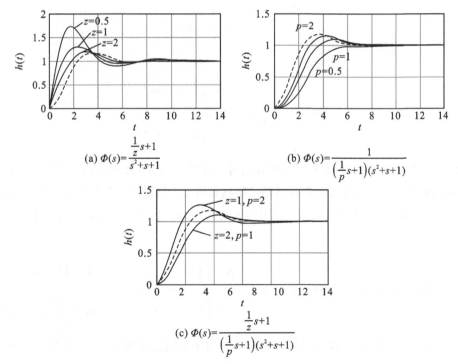

图 3.17　闭环零点对输出的影响

3. 高阶系统的近似简化

对于二阶以上的高阶系统,可以将其分解为若干个一阶和二阶系统的叠加,但即使如此,要计算高阶系统的时域响应也不是一件容易的事。当然,我们可以利用计算机仿真来计算它的响应,进而分析系统的性能。这里主要介绍一些高阶系统进行近似简化的方法,以及主导极点在系统中所起的作用。

(1) 左半平面上一对非常靠近的零极点(偶极子)可以相消。这里,非常靠近的含义是指,这对零极点之间的距离是它们与其他零极点的距离的 16%,甚至更小。若某系统的零点 z_r 和极点 p_k 很近,即 $|p_k - z_r|$ 很小,且 $|p_k - z_r|$ 是它们与其他零极点的距离的 16%,甚至更小。此时

$$
A_k = [(s - p_k)C(s)]_{s=p_k} = \left[(s - p_k) \cdot \frac{K_{\Phi}^* \prod\limits_{j=1}^{m}(s - z_j)}{s \cdot \prod\limits_{i=1}^{n}(s - p_i)} \right]_{s=p_k} = \frac{K_{\Phi}^* \prod\limits_{j=1}^{m}(p_k - z_j)}{p_k \cdot \prod\limits_{\substack{i=1 \\ i \neq k}}^{n}(p_k - p_i)}
$$

由于上式分子中包含因子 $(p_k - z_r)$,而 $|p_k - z_r|$ 很小,因此 A_k 很小,从而 p_k 对应的运动模态的分量项也必然很小,故该项可以忽略不计。进行简化时,可将非常靠近的这样一对零极点同时取消,并保持系统的稳态增益不变。也就是将该系统原来的传递函数

$$
\Phi(s) = \frac{K_{\Phi}^* \prod\limits_{j=1}^{m}(s - z_j)}{\prod\limits_{i=1}^{n}(s - p_i)}
$$

简化为

$$
\overline{\Phi}(s) = \frac{K_{\Phi}^* z_r}{p_k} \cdot \frac{K_{\Phi}^* \prod\limits_{\substack{j=1 \\ j \neq r}}^{m}(s - z_j)}{s \cdot \prod\limits_{\substack{i=1 \\ i \neq k}}^{n}(s - p_i)} \tag{3.46}
$$

(2) 左半平面上距离虚轴非常远的极点可以忽略。这里,非常远的含义是指,这个极点距离虚轴的距离比之其他零极点距离虚轴的距离起码远 5 倍以上。若某系统的极点 p_k 距离虚轴非常远,即 $|\text{Re}(p_k)| \geqslant 10|\text{Re}(p_i)|$(其中 $i = 1, 2, \cdots, n$,且 $i \neq k$),$|\text{Re}(p_k)| \geqslant 10|\text{Re}(z_j)|$。此时

$$
A_k = [(s - p_k)C(s)]_{s=p_k} = \left[(s - p_k) \cdot \frac{K_{\Phi}^* \prod\limits_{j=1}^{m}(s - z_j)}{s \cdot \prod\limits_{i=1}^{n}(s - p_i)} \right]_{s=p_k} = \frac{K_{\Phi}^* \prod\limits_{j=1}^{m}(p_k - z_j)}{p_k \cdot \prod\limits_{\substack{i=1 \\ i \neq k}}^{n}(p_k - p_i)}
$$

由于 $|\text{Re}(p_k)|$ 很大,所以分子分母的每一个因子的模都比较大,而一般分母的阶次高于分子的阶次,所以最终 A_k 也必然很小,并且极点 p_k 具有很大的负实部,它对应的运动模态迅速衰减,因此该极点可以忽略。忽略该极点时,直接消去相应的因子,并保持系统的稳态增益不变。也就是说,将该系统原来的传递函数

$$\Phi(s) = \dfrac{K_\Phi^* \prod\limits_{j=1}^{m} (s - z_j)}{\prod\limits_{i=1}^{n} (s - p_i)}$$

简化为

$$\overline{\Phi}(s) = \dfrac{K_\Phi^*}{-p_k} \cdot \dfrac{\prod\limits_{j=1}^{m} (s - z_j)}{\prod\limits_{\substack{i=1 \\ i \neq k}}^{n} (s - p_i)} \tag{3.47}$$

经过上述方法简化后所剩下的极点通常称为系统的主导极点。

定义：如果在所有闭环极点中，极点 p_1 距离虚轴最近，且 p_1 周围没有闭环零点，而其他闭环极点又远离虚轴，那么 p_1 对应的响应分量随着时间的推移衰减缓慢，无论从指数还是从系数来看，在系统时间响应过程中起主导作用，这样的闭环极点就称为闭环主导极点。

闭环主导极点，可以是实数极点，也可以是共轭复数极点，或者是它们的组合。主导极点对系统的性能起着决定性的作用。在控制工程实践中，通常要求控制系统既具有较高的响应速度，又具有一定的阻尼程度，因此高阶系统的增益常常调整到使系统具有一对闭环共轭复数主导极点，则原来的高阶系统可以用一个二阶欠阻尼的系统来近似地进行分析。

【例 3 - 4】　已知闭环系统的传递函数为

$$\Phi(s) = \frac{C(s)}{R(s)} = \frac{18.75(s + 3.2)}{(s + 3)(s + 10)(s^2 + 2s + 2)}$$

分析该系统的动态响应性能。

解　由传递函数可看到，该系统的一个零点为 $z_1 = -3.2$，四个极点分别为 $p_1 = -3$，$p_2 = -10$，$p_{3,4} = -1 \pm \mathrm{j}1$。可见，$z_1$ 与 p_1 非常靠近，它们之间的距离远小于它们与其他极点的距离，则可消去这对零极点，传递函数变为

$$\Phi_1(s) = \frac{18.75 \times 3.2}{3} \cdot \frac{1}{(s + 10)(s^2 + 2s + 2)} = \frac{20}{(s + 10)(s^2 + 2s + 2)}$$

可见，$\Phi_1(s)$ 的极点 $p_2 = -10$ 与虚轴的距离比其他两个极点 $p_{3,4} = -1 \pm \mathrm{j}1$ 非常远，因此可以忽略，忽略该极点后的传递函数变为

$$\Phi_2(s) = \frac{20}{10} \cdot \frac{1}{s^2 + 2s + 2} = \frac{2}{s^2 + 2s + 2}$$

此时，$\Phi_2(s)$ 简化成了以 $p_{3,4} = -1 \pm \mathrm{j}1$ 为主导极点的二阶系统，并可求得该二阶系统的 $\omega_n = \sqrt{2}$，$\zeta = \sqrt{2}/2$。它的主要动态性能指标为 $\sigma\% = 4.3\%$，$t_s = 2.3\ \mathrm{s}$。对原来的四阶系统进行仿真，得到实际的动态性能指标为 $\sigma\% = 4.2\%$，$t_s = 2.2\ \mathrm{s}$。

3.3　线性系统的稳定性分析

3.3.1　线性系统稳定性的概念

稳定是控制系统能够正常运行的首要条件。控制系统在实际运行过程中，总会受到外

界和内部一些因素的扰动,例如负载和能源的波动、系统参数的变化、环境条件的改变等。如何分析系统的稳定性并保证系统稳定的措施,是自动控制理论的基本任务之一。

1. 稳定性的基本概念

任何系统在扰动作用下,都会偏离原来的平衡状态而产生偏差。所谓稳定性,是指在扰动消失后,控制系统由初始偏差状态恢复到原来的平衡状态的性能。在扰动作用下系统偏离了原来的平衡状态,在扰动消失后,如果系统能够恢复到原来的平衡状态,则系统的平衡状态是渐近稳定的。否则,系统的平衡状态不是渐近稳定的。对线性系统而言,系统的平衡状态是原点,一般认为系统的平衡状态渐近稳定,就是系统稳定。

2. 线性系统稳定的充分必要条件

单位脉冲信号可看作一种典型的扰动信号。根据线性系统稳定的定义,若线性系统在零初始条件下的单位脉冲响应收敛于零,即

$$\lim_{t\to\infty} k(t) = 0$$

则线性系统稳定。此时,$R(s)=1$,式(3.43)变为

$$C(s) = \Phi(s)R(s) = \frac{K_\Phi^* \prod_{j=1}^{m}(s-z_j)}{\prod_{i=1}^{n_1}(s-p_i)\prod_{k=1}^{n_2}(s^2+2\zeta_k\omega_k s+\omega_k^2)} \cdot 1$$

式(3.44)变为

$$C(s) = \sum_{i=1}^{n_1}\frac{A_i}{s-p_i} + \sum_{k=1}^{n_2}\frac{B_k s + C_k}{s^2+2\zeta_k\omega_k s+\omega_k^2}$$

式(3.45)变为

$$k(t) = \sum_{i=1}^{n_1}A_i e^{p_i t} + \sum_{k=1}^{n_2}B_k e^{-\zeta_k\omega_k t}\cos(\omega_k\sqrt{1-\zeta_k^2})t$$
$$+ \sum_{k=1}^{n_2}\frac{C_k - B_k\zeta_k\omega_k}{\omega_k\sqrt{1-\zeta_k^2}}e^{-\zeta_k\omega_k t}\sin(\omega_k\sqrt{1-\zeta_k^2})t, \quad t\geq 0$$

根据系统稳定的定义,系统稳定时应满足

$$\lim_{t\to\infty} k(t) = 0 \tag{3.48}$$

考虑到系数 A_i、B_k、C_k 的任意性,则必须满足

$$p_i < 0 (i=1,2,\cdots,n_1), 且-\zeta_k\omega_k<0(k=1,2,\cdots,n_2) \tag{3.49}$$

式(3.49)表明,所有闭环极点均具有负实部是系统稳定的必要条件。另一方面,如果系统的所有闭环极点均具有负实部,则式(3.48)一定成立。所以,系统稳定的充分必要条件是,系统的所有闭环极点都具有负实部,或者说所有闭环极点均位于左半 s 平面。否则,若系统的闭环极点至少有一个位于右半 s 平面,则系统不稳定。

若系统有 m 重实数闭环极点 p_i,或者重共轭复数闭环极点 $-\zeta_k\omega_k\pm j\omega_k\sqrt{1-\zeta_k^2}$,则相应模态为 $e^{p_i t},te^{p_i t},\cdots,t^m e^{p_i t}$,或者 $[e^{-\zeta_k\omega_k t}\cos(\omega_k\sqrt{1-\zeta_k^2})t, e^{-\zeta_k\omega_k t}\sin(\omega_k\sqrt{1-\zeta_k^2})t]$,$[te^{-\zeta_k\omega_k t}\cos(\omega_k\sqrt{1-\zeta_k^2})t, te^{-\zeta_k\omega_k t}\sin(\omega_k\sqrt{1-\zeta_k^2})t],\cdots,[t^m e^{-\zeta_k\omega_k t}\cos(\omega_k\sqrt{1-\zeta_k^2})t,$

$t^m \mathrm{e}^{-\zeta_k \omega_k t} \sin(\omega_k \sqrt{1-\zeta_k^2}\,)t]$。当时间 t 趋于无穷大时这些模态是否收敛到零,仍然取决于闭环极点是否具有负实部。

当系统至少有一对闭环极点位于 s 平面虚轴上,而其他极点均位于左半 s 平面时,系统处于临界稳定状态,脉冲响应呈现等幅振荡。由于系统参数的变化以及扰动是不可避免的,实际上等幅振荡不可能永远维持下去,系统很可能会由于某些因素而导致不稳定。另外,从工程实践的角度来看,这类系统也不能正常工作,因此经典控制理论中将临界稳定划归为不稳定。

由系统稳定的充分必要条件可知,线性系统的稳定性是系统的固有特性,只取决于系统自身的结构、参数,与初始条件及外作用无关。

一阶系统的特征方程为

$$a_0 s + a_1 = 0$$

其特征根为 $s = -\dfrac{a_1}{a_0}$。当系数 $a_0 > 0$ 且 $a_1 > 0$ 时,系统稳定。

二阶系统的特征方程为

$$a_0 s^2 + a_1 s + a_2 = 0$$

其特征根为 $s_{1,2} = \dfrac{-a_1 \pm \sqrt{a_1^2 - 4a_0 a_2}}{2a_0}$。当系数 $a_0 > 0$、$a_1 > 0$ 且 $a_2 > 0$ 时,系统稳定。

对于一阶系统和二阶系统,特征方程的各项系数均为正是系统稳定的充分必要条件。对于三阶及以上系统,必须求得特征方程的根才能判定系统的稳定性。当特征方程的次数较高时,求解困难,只能借助数字计算机求解。实践中人们需要一种办法,不必解出特征方程就能判别系统是否有位于复平面右半部的根。

3.3.2　劳斯稳定判据及应用

1. 劳斯稳定判据

由上一小节分析可知,为了判断系统的稳定性,就需要知道系统特征方程的根在复平面的分布情况。就判断系统稳定性而言,并不需要知道特征根在复平面的确切位置,而只要知道它们是否位于复平面的左半平面。无需求解特征方程的根,判定系统稳定性的方法有劳斯(Routh)判据、赫尔维茨(Hurwitz)判据和谢聂判据等代数稳定判据,其中最常用的是劳斯判据。劳斯于 1877 年提出的稳定性判据是根据系统特征方程的系数来判断其根是否均位于复平面的左半部,而无需求解特征方程。劳斯判据又称为代数稳定判据。

使用劳斯判据判定系统稳定性的步骤:

(1)写出线性定常系统的特征方程

$$D(s) = a_0 s^n + a_1 s^{n-1} + \cdots + a_{n-1} s + a_n = 0 \qquad (3.50)$$

式(3.50)中的系数为实数。设 $a_n \neq 0$,即排除存在零根的情况。

(2)设式(3.50)中所有项都存在,并且系数的符号相同,这是系统稳定的必要条件。若式(3.50)缺项或者系数有不同符号,则系统不稳定。

(3)如果满足以上条件,按表 3.2 的方式编制劳斯表。

由表 3.2 可知,竖线左边 s 的幂次标识出行号,不参与运算。劳斯表的前两行元素由系统特征方程的系数直接写出。从第三行起,劳斯表各行的元素需根据相邻前两行元素按表 3.2 所示公式逐行计算,凡在运算过程中出现空位,按零计算,这种过程一直进行到第 n 行为止。第 $n+1$ 行仅第一列有值,且正好等于特征方程零次项系数 a_n。

n 阶系统的劳斯表共有 $n+1$ 行元素。最下面的两行各有一列元素,其上面的两行各有两列元素,再上面的两行各有三列元素,以此类推。而在最上面的一行应为 $(n+1)/2$ 列(n 为奇数)或者 $(n+2)/2$ 列(n 为偶数)。

表 3.2 劳斯表

s^n	a_0	a_2	a_4	a_6 $\cdots$
s^{n-1}	a_1	a_3	a_5	a_7 $\cdots$
s^{n-2}	$c_{31}=\dfrac{a_1 a_2 - a_0 a_3}{a_1}$	$c_{32}=\dfrac{a_1 a_4 - a_0 a_5}{a_1}$	$c_{33}=\dfrac{a_1 a_5 - a_0 a_7}{a_1}$	c_{34} $\cdots$
s^{n-3}	$c_{41}=\dfrac{c_{31} a_3 - a_1 c_{32}}{c_{31}}$	$c_{42}=\dfrac{c_{31} a_5 - a_1 c_{33}}{c_{31}}$	$c_{43}=\dfrac{c_{31} a_7 - a_1 c_{34}}{c_{31}}$	c_{44} $\cdots$
s^{n-4}	$c_{51}=\dfrac{c_{41} c_{32} - c_{31} c_{42}}{c_{41}}$	$c_{52}=\dfrac{c_{41} c_{33} - c_{31} c_{43}}{c_{41}}$	$c_{53}=\dfrac{c_{41} c_{34} - c_{31} c_{44}}{c_{41}}$	c_{54} $\cdots$
$\vdots$	$\vdots$	$\vdots$	$\vdots$	
s^2	$c_{n-1,1}$	$c_{n-1,2}$		
s^1	$c_{n,1}$			
s^0	$c_{n+1,1}=a_n$			

劳斯稳定判据:线性系统稳定的充分必要条件是,式(3.50)所示特征方程系数的符号均相同,并且劳斯表的第一列元素的符号改变次数为零。若式(3.50)所示特征方程缺项或者系数的符号不同,则系统不稳定。劳斯表第一列元素符号改变的次数等于复平面右半平面上特征方程的根的个数。

【例 3 - 5】 设系统特征方程为

$$s^4 + 2s^3 + 3s^2 + 4s + 5 = 0$$

试用劳斯稳定判据判别该系统的稳定性。

解 特征方程系数的符号均为正,列出劳斯表为

s^4	1	3	5
s^3	2	4	
s^2	$\dfrac{(2\times 3)-(1\times 4)}{2}=1$	$\dfrac{(2\times 5)-(1\times 0)}{2}=5$	
s^1	$\dfrac{(1\times 4)-(2\times 5)}{1}=-6$		
s^0	5		

　　由于劳斯表的第一列元素符号改变两次,表明复平面右半平面上有两个特征根,故系统不稳定。

　　在劳斯表的列写过程中,可能会遇到两种特殊情况:

　　(1) 如果劳斯表的某行元素第一列出现 0,而其他列不全为零,按照表 3.2 的计算方法,则下一行元素就会出现无穷大,从而使劳斯表元素无法正常计算下去。此时可用一个无穷小的正数 ε 代替第一列的 0,继续计算其余元素。

　　(2) 如果劳斯表的某行元素全为 0,此时表明,特征方程有大小相等且关于原点对称的根,故系统不稳定。按照表 3.2 所示方法同样无法正常计算下去,在这种情况下,可利用全零行的上一行元素构造一个辅助多项式,并以这个辅助多项式导函数的各系数代替这个全零行元素,然后继续计算。

　　【例 3 - 6】　设系统特征方程为

$$s^6 + 2s^5 + 3s^4 + 4s^3 + 5s^2 + 6s + 7 = 0$$

试用劳斯稳定判据判别该系统的稳定性。

　　解　特征方程系数的符号均为正,列出劳斯表为

s^6	1	3	5	7
s^5	2	4	6	
s^4	$\dfrac{(2\times3)-(1\times4)}{2}=1$	$\dfrac{(2\times5)-(1\times6)}{2}=2$	7	
s^3	$\dfrac{(1\times4)-(2\times2)}{1}=0(\varepsilon)$	$\dfrac{(1\times6)-(2\times7)}{1}=-8$		
s^2	$2\varepsilon+8$	7ε		
s^1	$-8(2\varepsilon+8)-7\varepsilon^2$			
s^0	7ε			

　　由于劳斯表的第一列元素符号改变两次,表明复平面右半平面上有两个特征根,故系统不稳定。

　　【例 3 - 7】　设系统特征方程为

$$s^4 + 5s^3 + 7s^2 + 5s + 6 = 0$$

试用劳斯稳定判据判别该系统的稳定性。

　　解　特征方程系数的符号均为正,列出劳斯表为

s^4	1	7	6
s^3	5	5	
s^2	$\dfrac{5\times7-1\times5}{5}=6$	$\dfrac{5\times6-1\times0}{5}=6$	
s^1	$\dfrac{6\times5-5\times6}{6}=0$		
s^0			

劳斯表 s^1 行元素全为零,表明特征方程有大小相等且关于原点对称的根,故系统不稳定。由零行的上一行元素构造辅助方程

$$F(s) = 6s^2 + 6 = 0$$

对辅助多项式 $F(s)$ 求一阶导数,得

$$\frac{\mathrm{d}}{\mathrm{d}s} F(s) = 12\,s$$

用 $\frac{\mathrm{d}}{\mathrm{d}s}F(s)$ 的各项系数代替零行元素,继续列写劳斯表,得

s^4	1	7	6
s^3	5	5	
s^2	6	6	
s^1	12		←由 $\frac{\mathrm{d}}{\mathrm{d}s}F(s)$ 系数构成
s^0	6		

由劳斯表可知,第一列元素变号改变次数为零,系统没有正实部根,但是 s^1 行元素全为零,表明特征方程有大小相等且关于原点对称的根,故系统不稳定。特征方程关于原点对称的根,可通过辅助方程

$$F(s) = 6s^2 + 6 = 0$$

求得,$s_{1,2} = \pm \mathrm{j}1$。

2. 劳斯稳定判据的应用

前面我们利用稳定判据判别系统是否稳定,只回答了系统绝对稳定性问题。这对于很多实际系统来说,是很不全面的。在控制系统的分析、设计中,常常应用相对稳定性的概念,来说明系统的稳定程度。由于一个稳定系统的特征方程的根都落在左半复数平面,而虚轴是系统临界稳定的边界,因此,以特征方程靠近虚轴的根与虚轴的距离 σ 表示系统的相对稳定性或者稳定裕度。一般情况,σ 越大则系统的稳定程度越高。

为此,可在左半复数平面上做一条 $s = -\sigma$ 的垂线,然后用新变量 $s_1 = s + \sigma$ 代入系统原特征方程,得到一个以 s_1 为变量的新特征方程。对这个新特征方程应用劳斯稳定判据,可以判别系统的特征根是否全部位于 $s = -\sigma$ 垂线的左边。

此外,应用劳斯稳定判据还可以确定系统一个或者两个可调参数对系统稳定性的影响,即确定一个或者两个使系统稳定,或者使系统特征根全部位于 $s = -\sigma$ 垂线左边的参数取值范围。

【例 3-8】 设比例-积分(PI)控制系统如图 3.18 所示。其中,PI 控制器的积分系数 K_1 为待定参数。已知参数 $\zeta = 0.2$、$\omega_n = 86.6$,试用劳斯稳定判据确定使闭环系统稳定的 K_1 取值范围。如果要求闭环系统的极点全部位于 $s = -1$ 垂线的左边,问 K_1 取值范围又应为多大?

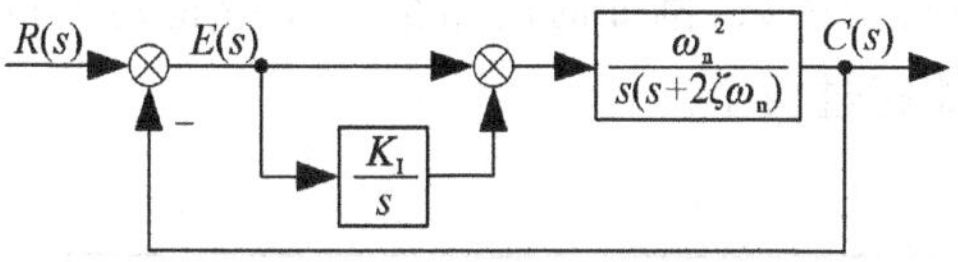

图 3.18 比例-积分控制系统

解 根据图 3.18 可写出系统的开环传递函数为

$$G(s) = \left(1 + \frac{K_I}{s}\right) \frac{\omega_n^2}{s(s + 2\zeta\omega_n)} = \frac{\omega_n^2(s + K_I)}{s^2(s + 2\zeta\omega_n)}$$

代入题设中的已知条件,得

$$G(s) = \frac{7499.56(s + K_I)}{s^2(s + 34.64)}$$

系统的闭环特征方程为

$$s^3 + 34.64s^2 + 7499.56s + K_I = 0$$

列出相应的劳斯表为

s^3	1	7499.56
s^2	34.64	$7499.56K_I$
s^1	$\dfrac{34.64 \times 7499.56 - 1 \times 7499.56K_I}{34.64}$	
s^0	$7499.56K_I$	

根据劳斯稳定判据,令劳斯表中第一列各元素为正,求得 K_I 的取值范围是

$$0 < K_I < 34.64$$

当要求闭环极点全部位于 $s = -1$ 垂线的左边时,可令 $s = s_1 - 1$,代入原开环传递函数,得到以 s_1 为变量的新的开环传递函数为

$$G(s_1) = \frac{7499.56(s_1 - 1 + K_I)}{(s_1 - 1)^2(s_1 - 1 + 34.64)} = \frac{7499.56s_1 + 7499.56(K_I - 1)}{s_1^3 + 31.64s_1^2 - 66.28s_1 + 33.64}$$

新的特征方程为

$$D(s) = s_1^3 + 31.64s_1^2 + 7433.28s_1 + (7499.56K_I - 7465.92) = 0$$

列出新的劳斯表为

s_1^3	1	7433.28
s_1^2	31.64	$7499.56K_I - 7465.92$
s_1^1	$\dfrac{31.64 \times 7433.28 - 1 \times (7499.56K_I - 7465.92)}{31.64}$	
s_1^0	$7499.56K_I - 7465.92$	

令劳斯表中第一列各元素为正,求得使全部闭环极点位于 $s = -1$ 垂线左边的 K_I 的取值范围是

$$1.00 < K_I < 32.36$$

　　如果需要确定系统的其他参数,例如时间常数对系统稳定性的影响,方法是类似的。一般说来,这种待定参数不能超过两个。

3.4　线性系统的稳态性能分析

3.4.1　线性系统的稳态误差

　　一个稳定的控制系统在外信号作用下系统的输出在暂态响应过程结束后,进入到稳态响应过程。控制系统在稳态响应过程中的精度是一项重要的性能指标,称为稳态性能指标。稳态性能指标通常用稳态响应过程中输出量的期望值与实际值之间的偏差来衡量,这个偏差称为控制系统的稳态误差。稳态误差必须在允许范围内,控制系统才有实用价值。例如导弹拦截的稳态误差超过允许限度就不能达到拦截的目的,工业加热炉的炉温稳态误差超过允许限度就会影响产品质量,轧钢机的辊距稳态误差超过允许限度会使轧出的钢材不合格,等等。

稳态精度
重要性的案例

　　影响系统稳态误差的因素有很多,大体可分为两类。一类是由系统的结构参数、外作用的位置(给定量或者扰动量)以及外作用的形式(阶跃、斜坡或者加速度等)和大小引起的稳态误差,称为原理性稳态误差。另一类是由元器件的非线性因素(不灵敏区、饱和、间隙、零漂、温漂等)引起的稳态误差,通常称为附加稳态误差。本节只讨论线性控制系统的原理性稳态误差(简称系统的稳态误差)的变化规律和计算方法。

1. 误差定义

　　如图 3.19 所示的控制系统,误差有两种不同的定义方法。

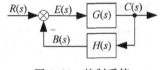

图 3.19　控制系统

　　(1)给定输入端定义的误差

$$E(s)=R(s)-B(s)=R(s)-H(s)C(s) \tag{3.51}$$

　　给定输入端定义的误差 $E(s)$ 在实际系统中是可以测量的,具有一定的物理意义,但其理论意义不十分明显。

　　(2)输出端定义的误差

$$E'(s)=C_{期望}(s)-C_{实际}(s) \tag{3.52}$$

　　输出端定义的误差 $E'(s)$ 在系统性能指标的提法中经常使用,但在实际系统中有时无法测量,因而一般只有数学意义。

　　上述两种方法定义的误差存在着内在联系。将图 3.19 变换为图 3.20 的等效形式,则因 $R'(s)$ 代表输出量 $C(s)$ 的期望值,因而 $E'(s)$ 是从系统输出端定义的非单位反馈系统的误

差。由图 3.20 可见

$$E'(s) = \frac{E(s)}{H(s)} \tag{3.53}$$

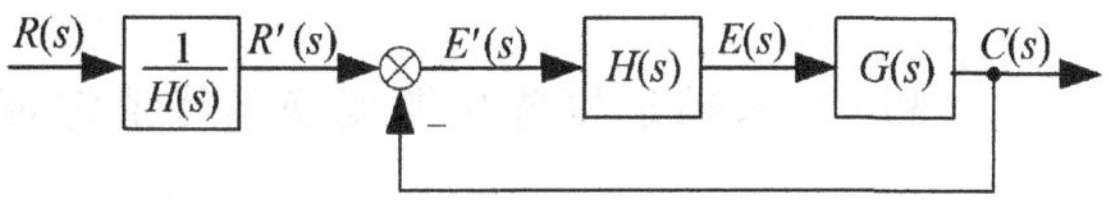

图 3.20　所示控制系统的等效形式

对于单位反馈控制系统,输出量的期望值就是给定输入信号,因而两种方法定义的误差是一致的。

2. 稳态误差

对于一个稳定系统,系统的误差响应 $e(t)$ 与输出响应 $c(t)$ 一样,也包含暂态分量和稳态分量两部分。系统在进入到稳态响应过程之后,暂态分量 $e_t(t)$ 衰减为零。因而,控制系统的稳态误差定义为误差信号 $e(t)$ 的稳态分量 $e_s(t)$。

定义静态误差 e_{ss} 为稳态误差 $e_s(t)$ 的终值。当时间 $t \to \infty$ 时,若 $e(t)$ 的极限存在,则静态误差

$$e_{ss} = \lim_{t \to \infty} e(t) \tag{3.54}$$

由于静态误差是误差信号稳态分量在时间 t 趋于无穷时的数值,故有时称为终值误差,它不能反映误差随时间的变化规律,具有一定的局限性。

根据误差和稳态误差的定义,图 3.19 所示系统的误差 $e(t)$ 的象函数

$$E(s) = \frac{1}{1+G(s)H(s)} = \Phi_e(s)R(s) \tag{3.55}$$

其时域表达式为

$$e(t) = L^{-1}[E(s)] = L^{-1}[\Phi_e(s)R(s)] \tag{3.56}$$

计算静态误差的一般方法是使用拉普拉斯变换的终值定理。如果有理函数 $sE(s)$ 除原点外,在 s 右半平面及虚轴上解析,即 $sE(s)$ 的极点均位于 s 左半平面(含坐标原点),则根据拉普拉斯变换的终值定理,由式(3.55)可求出系统的静态误差

$$e_{ss} = \lim_{s \to 0} sE(s) = \lim_{s \to 0} s\Phi_e(s)R(s) \tag{3.57}$$

【例 3-8】　设某单位反馈系统的开环传递函数为 $G(s) = \frac{1}{Ts}$,$T>0$。给定输入信号分别为 $r_1(t) = t^2/2$ 和 $r_2(t) = \sin\omega t$,试求该控制系统的稳态误差。

解　首先,判断系统的稳定性。该系统的闭环传递函数为

$$\Phi(s) = \frac{C(s)}{R(s)} = \frac{1}{Ts+1}$$

由于 $T>0$,故该系统稳定。

其次,求误差传递函数。该系统的误差传递函数为

$$\Phi_e(s) = \frac{E(s)}{R(s)} = \frac{Ts}{Ts+1}$$

最后,求系统的稳态误差。

当 $r_1(t)=t^2/2$ 时，$R_1(s)=\dfrac{1}{s^3}$。由式(3.55)求得

$$E(s)=\frac{Ts}{Ts+1}\frac{1}{s^3}$$

显然，$sE(s)$ 的极点为 $s=-\dfrac{1}{T}$ 和 $s=0$，满足拉普拉斯变换的终值定理的使用条件。可由式(3.57)求得静态误差为

$$e_{ss}=\lim_{s\to0}sE(s)=\lim_{s\to0}s\frac{Ts}{Ts+1}\frac{1}{s^3}=\infty$$

当 $r_2(t)=\sin\omega t$ 时，$R_2(s)=\dfrac{\omega}{s^2+\omega^2}$。由式(3.55)求得

$$E(s)=\frac{Ts}{Ts+1}\frac{\omega}{s^2+\omega^2}$$

由于 $sE(s)$ 的极点为 $s=-\dfrac{1}{T}$ 和 $s=\pm j\omega$，不满足拉普拉斯变换的终值定理的使用条件。不能由式(3.57)求得静态误差。对 $E(s)$ 进行部分方式展开，得

$$E(s)=\frac{-T\omega}{(T^2\omega^2+1)}\cdot\frac{1}{(s+1/T)}+\frac{T\omega}{(T^2\omega^2+1)}\cdot\frac{s}{(s^2+\omega^2)}+\frac{T^2\omega^2}{(T^2\omega^2+1)}\cdot\frac{\omega}{(s^2+\omega^2)}$$

故稳态误差

$$e_s(t)=\frac{T\omega}{T^2\omega^2+1}\cos\omega t+\frac{T^2\omega^2}{T^2\omega^2+1}\sin\omega t$$

$$=\frac{T\omega}{\sqrt{T^2\omega^2+1}}\sin\left(\omega t+\arctan\frac{1}{T\omega}\right)$$

显然，$e_s(t)$ 的终值 $e_{ss}\neq0$。此时不能使用终值定理来计算系统在正弦函数作用下的静态误差，否则会得到

$$e_{ss}=\lim_{s\to0}sE(s)=\lim_{s\to0}\frac{\omega Ts^2}{(Ts+1)(s^2+\omega^2)}=0$$

的错误结论。

对于高阶系统，除了应用计算机软件，误差信号 $E(s)$ 的极点一般不易求得，故用拉普拉斯反变换法求稳态误差的方法并不实用。在实际实用中，只要 $sE(s)$ 满足要求的解析条件，都可以利用式(3.57)来计算系统在给定输入作用下给定输入端定义的静态误差 e_{ss}。应当指出，除了特别说明，稳态误差一般指的是静态误差。

3.4.2 给定输入作用下的静态误差

1. 系统类型

由式(3.55)可见，控制系统给定输入端定义的误差，与开环传递函数 $G(s)H(s)$ 的结构参数和给定输入信号 $R(s)$ 的形式密切相关。对于一个稳定系统，当给定输入信号确定时，系统是否存在稳态误差就取决于开环传递函数描述的系统结构参数。因此，按照控制系统跟踪不同给定输入信号的能力来进行系统分类是必要的。

在一般情况下，开环传递函数可表示为

$$G(s)H(s) = \frac{K\prod\limits_{i=1}^{m}(\tau_i s + 1)}{s^v \prod\limits_{j=1}^{n-v}(T_j s + 1)}, \quad (m \leqslant n) \tag{3.58}$$

式(3.58)中，K 为开环增益；τ_i 和 T_j 为时间常数；v 为开环传递函数在 s 平面坐标原点上的极点个数。现有的分类方法是以 v 的数值来划分的：$v=0$，称为 0 型系统；$v=1$，称为 Ⅰ 型系统；$v=2$，称为 Ⅱ 型系统，以此类推。当 $v>2$ 时，除复合系统外，使系统稳定是相当困难的，因此除航天控制系统外，Ⅲ 型及 Ⅲ 型以上的系统几乎不采用。

为了便于讨论，令

$$G_0(s)H_0(s) = \frac{\prod\limits_{i=1}^{m}(\tau_i s + 1)}{\prod\limits_{j=1}^{n-v}(T_j s + 1)}, \quad (m \leqslant n)$$

当 $s \to 0$ 时，必有 $G_0(s)H_0(s) \to 1$。因此，式(3.58)可改写为

$$G(s)H(s) = \frac{K}{s^v}G_0(s)H_0(s), \quad (m \leqslant n) \tag{3.59}$$

则式(3.57)可表示为

$$e_{ss} = \lim_{s \to 0} s \frac{1}{1 + \lim\limits_{s \to 0} \dfrac{K}{s^v}} R(s) \tag{3.60}$$

式(3.60)表明，影响静态误差的因素是，系统型别 v、开环增益 K、给定输入信号的形式和大小。下面讨论不同型别系统在不同形式给定输入信号作用下的静态误差计算。由于实际给定输入多为阶跃函数、斜坡函数和加速度函数，或者是它们的组合，因此只考虑系统分别在阶跃、斜坡和加速度函数输入作用下的稳态误差计算问题。

2. 阶跃给定输入作用下的静态误差与静态位置误差系数

在图 3.19 所示的控制系统中，若 $r(t) = P \cdot 1(t)$，其中 P 为阶跃幅值，则 $R(s) = \dfrac{P}{s}$。根据式(3.57)，有

$$e_{ss} = \lim_{s \to 0} s \frac{1}{1 + G(s)H(s)} \frac{P}{s} = \frac{P}{1 + K_P} \tag{3.61}$$

式(3.61)中

$$K_P = \lim_{s \to 0} G(s)H(s) = \lim_{s \to 0} \frac{K}{s^v} \tag{3.62}$$

称为静态位置误差系数。由式(3.62)和式(3.59)可知，各型系统的静态位置系数为

$$K_P = \begin{cases} K, & v=0 \\ \infty, & v \geqslant 1 \end{cases}$$

式(3.61)表达的静态误差称为静态位置误差。可见，如果要求系统在阶跃给定输入作用下不存在静态误差，则必须选用 Ⅰ 型及 Ⅰ 型以上的系统。习惯上常把系统在阶跃给定输入作用下的静态误差称为静差。因而，0 型系统可称为有(静)差系统或者零阶无差系统，Ⅰ 型系统可称为一阶无差系统，Ⅱ 型系统可称为二阶无差系统，以此类推。

3. 斜坡给定输入作用下的静态误差与静态等速度误差系数

在图 3.19 所示的控制系统中,若 $r(t)=Vt$,其中 V 表示等速度输入函数的斜率,则 $R(s)=\dfrac{V}{s^2}$。根据式(3.57),得

$$e_{ss}=\lim_{s\to 0}s\frac{1}{1+G(s)H(s)}\frac{V}{s^2}=\frac{V}{K_V} \tag{3.63}$$

式(3.63)中

$$K_V=\lim_{s\to 0}sG(s)H(s)=\lim_{s\to 0}s\frac{K}{s^v} \tag{3.64}$$

称为静态等速度误差系数。显然,0 型系统的 $K_V=0$,Ⅰ型系统的 $K_V=K$,Ⅱ型系统的 $K_V=\infty$。

式(3.63)表达的静态误差称为静态等速度误差。必须注意,等速度误差的含意并不是指系统在到达稳态后反馈与给定输入之间存在速度上的误差,而是指系统在等速度函数给定输入作用下,系统在达到稳态后反馈量与给定输入量以相同速度变化,但是它们之间存在静态误差。此外,式(3.63)表明:0 型系统在稳态时不能跟踪斜坡输入;Ⅰ型系统存在静态误差,其数值与给定输入等速度信号的斜率 V 成正比,与开环增益 K 成反比;Ⅱ型及Ⅱ型以上系统,稳态时能准确跟踪斜坡输入信号,不存在误差。

4. 等加速度输入作用下的静态误差与静态等加速度误差系数

在图 3.19 所示的控制系统中,若 $r(t)=\dfrac{1}{2}at^2$,其中 a 表示等加速度给定输入函数的速度变化率,则 $R(s)=\dfrac{a}{s^3}$。根据式(3.57),可得

$$e_{ss}=\lim_{s\to 0}s\frac{1}{1+G(s)H(s)}\frac{a}{s^3}=\frac{a}{K_a} \tag{3.65}$$

式中

$$K_a=\lim_{s\to 0}s^2G(s)H(s)=\lim_{s\to 0}s^2\frac{K}{s^v} \tag{3.66}$$

称为静态等加速度误差系数。显然,0 型及Ⅰ型系统的 $K_a=0$,Ⅱ型系统的 $K_a=K$,Ⅲ型及Ⅲ型以上系统的 $K_a=\infty$。

式(3.65)表达的静态误差称为静态等加速度误差。与前面情况类似,等加速度误差是指系统在等加速度函数给定输入作用下,系统在达到稳态后反馈量与给定输入量以相同等速度变化,但是它们之间存在静态误差。式(3.65)表明:0 型及Ⅰ型单位反馈系统,在稳态时都不能跟踪等加速度输入;Ⅱ型系统,存在静态误差,其值与给定输入等速度信号的变化率 a 成正比,而开环增益 K 成反比;Ⅲ型及Ⅲ型以上的系统,只要系统稳定,其稳态输出能准确跟踪等加速度输入信号,不存在误差。

如果系统承受的给定输入信号是多种典型函数的组合,例如

$$r(t)=R_0\cdot 1(t)+R_1t+\frac{1}{2}R_2t^2$$

则根据线性叠加原理,可将每一个给定输入分量单独作用于系统,再将各静态误差叠加起来,得到

$$e_{ss} = \frac{R_0}{1+K_P} + \frac{R_1}{K_V} + \frac{R_2}{K_a}$$

显然,这时至少应选用Ⅱ型系统,否则静态误差将为无穷大。无穷大的静态误差表示系统反馈量与给定输入量之间的误差将随时间 t 而增大,最终趋于无穷大。

由以上分析可见,采用高型别系统对提高系统的控制准确度有利。但应确保系统的稳定性为前提,同时还应兼顾系统动态性能的要求。

反馈控制系统的型别、开环增益和给定输入信号形式与静态误差系数、静态误差之间的关系,可归纳如表 3.3 所示。表 3.3 表明,同一个控制系统,在不同形式的给定输入信号作用下具有不同的稳态误差。这一现象的物理解释可用例 3-9 说明。

表 3.3　典型给定输入信号作用下的静态误差

系统型别 v	静态误差系数			阶跃输入 $r(t)=P \cdot 1(t)$	斜坡输入 $r(t)=Vt$	等加速度输入 $r(t)=\frac{1}{2}at^2$
	K_P	K_V	K_a	静态位置误差 $e_{ss}=\dfrac{P}{1+K_P}$	静态等速度误差 $e_{ss}=\dfrac{V}{K_V}$	静态等加速度误差 $e_{ss}=\dfrac{a}{K_a}$
0	K	0	0	$\dfrac{P}{1+K}$	∞	∞
Ⅰ	∞	K	0	0	$\dfrac{V}{K}$	∞
Ⅱ	∞	∞	K	0	0	$\dfrac{a}{K}$
Ⅲ	∞	∞	∞	0	0	0

【例 3-9】　具有测速反馈的位置随动系统如图 3.21 所示。要求计算系统的稳态误差,并对系统在不同给定输入形式下具有不同稳态误差的现象进行物理说明。

解　由图 3.21 得系统的开环传递函数为

$$G(s) = \frac{1}{s(s+1)}$$

可见,该系统是 $K=1$ 的Ⅰ型二阶系统,特征方程 $D(s)=s^2+s+1=0$ 的各项系数均大于零,故系统稳定。静态误差系数分别为 $K_P=\infty$、$K_V=1$、$K_a=0$。当 $r(t)$ 分别为 $1(t)$、t 和 $\frac{1}{2}t^2$ 时,相应的稳态误差分别为 0、1 和 ∞。

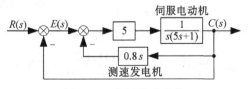

图 3.21　位置随动系统

系统对于阶跃给定输入信号不存在稳态误差的物理解释是清楚的。由于系统受到单位阶跃位置信号作用后,其稳态输出必定是一个恒定的位置(角位移)。这时伺服电机必须停止转动,显然,要使电动机不转,加在电动机控制绕组上的电压必须为零。这就意味着系统给定输入端的误差信号的稳态值应等于零。因此,系统在单位阶跃给定输入信号作用下,不存在位置误差。

当单位斜坡给定输入信号作用于系统时,系统的稳态输出速度,必定与给定输入信号速度相同。这样,就要求电动机作恒速运转,因此在电动机控制绕组上需作用一个恒定的电压,由此推得误差信号的终值应等于一个常值,所以系统存在常值速度误差。

当单位等加速度给定输入信号作用于系统时,系统的稳态输出也应该等加速变化,为此要求电机控制绕组有等速变化的电压输入,最后归结为要求误差信号随时间线性增大。显然,当 $t \to \infty$ 时,系统的加速度误差必为无穷大。

3.4.3　扰动作用下的静态误差

系统除了受给定输入信号作用外,还不可避免地承受各种扰动作用。例如,负载转矩的变动,电源电压和频率的波动,以及环境温度的变化等。在这些扰动的作用下,破坏了系统输出量与给定输入量之间的关系,系统产生误差。控制系统一方面使输出量与给定值保持一致,另一方面要使干扰对输出量的影响尽可能小。扰动误差的大小反映了系统的抗干扰能力。计算线性系统的稳态误差,可利用迭加原理,分别求出给定输入量和扰动输入量单独作用时的稳态误差,然后求其代数和,就是总误差。

设控制系统如图 3.22 所示,其中 $N(s)$ 代表扰动信号 $n(t)$ 的象函数。在计算扰动作用下的稳态误差时,假定给定输入量为零。

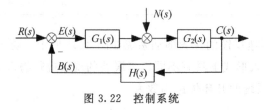

图 3.22　控制系统

由于在扰动信号 $N(s)$ 作用下系统的期望输出应为零,故该系统响应扰动 $n(t)$ 的输出端误差信号和输入端误差信号分别为

$$E_n'(s) = 0 - C_n(s) = -\frac{G_2(s)}{1 + G_1(s)G_2(s)H(s)}N(s) \tag{3.67}$$

$$E_n(s) = -\frac{G_2(s)H(s)}{1 + G_1(s)G_2(s)H(s)}N(s) \triangleq \Phi_{en}(s)N(s) \tag{3.68}$$

若系统稳定,且扰动信号的极点在原点处,则静态误差

$$e_{nss} = \lim_{s \to 0} \left[-\frac{G_2(s)H(s)}{1 + G_1(s)G_2(s)H(s)} \right] N(s) \tag{3.69}$$

令

$$G_1(s) = \frac{K_1}{s^{v_1}}G_{10}(s), \quad G_2(s) = \frac{K_2}{s^{v_2}}G_{20}(s), \quad H(s) = K_3 H_0(s) \tag{3.70}$$

式(3.70)中,$G_{10}(s) = \dfrac{\prod\limits_{i=1}^{m_1}(\tau_i s + 1)}{\prod\limits_{j=1}^{n_1-v_1}(T_j s + 1)}$,$G_{20}(s) = \dfrac{\prod\limits_{i=1}^{m_2}(\tau_i s + 1)}{\prod\limits_{j=1}^{n_2-v_2}(T_j s + 1)}$,$H_0(s) = \dfrac{\prod\limits_{i=1}^{m_3}(\tau_i s + 1)}{\prod\limits_{j=1}^{n_3}(T_j s + 1)}$。

代入式(3.69),得

$$e_{nss} = \lim_{s \to 0} s \left[-\dfrac{\dfrac{K_2}{s^{v_2}}G_{20}(s)K_3 H_0(s)}{1 + \dfrac{K_1}{s^{v_1}}G_{10}(s)\dfrac{K_2}{s^{v_2}}G_{20}(s)K_3 H_0(s)} \right] N(s)$$

$$= \lim_{s \to 0} s \left[-\dfrac{K_2 K_3 s^{v_1}}{s^v + K} \right] N(s) \tag{3.71}$$

式(3.71)中,$K = K_1 K_2 K_3$,$v = v_1 + v_2$。在典型扰动输入信号作用下,v_1 和 v_2 取不同值时的静态误差如表 3.4 所示。

表 3.4 典型扰动输入信号作用下的静态误差

系统型别 v	v_1	v_2	阶跃扰动 $n(t) = P \cdot 1(t)$ 静态位置误差 $e_{nss} =$ $\lim\limits_{s \to 0}\left[-\dfrac{K_2 K_3 s^{v_1}}{s^v + K}\right]P$	斜坡扰动 $n(t) = Vt$ 静态等速度误差 $e_{nss} =$ $\lim\limits_{s \to 0}\left[-\dfrac{K_2 K_3 s^{v_1-1}}{s^v + K}\right]V$	等加速度扰动 $n(t) = \dfrac{1}{2}at^2$ 静态等加速度误差 $e_{nss} =$ $\lim\limits_{s \to 0}\left[-\dfrac{K_2 K_3 s^{v_1-2}}{s^v + K}\right]a$
0	0	0	$-\dfrac{K_2 K_3 P}{1+K} \approx -\dfrac{P}{K_1}$	∞	∞
I	0	1	$-\dfrac{P}{K_1}$	∞	∞
I	1	0	0	$-\dfrac{V}{K_1}$	∞
II	0	2	$-\dfrac{P}{K_1}$	∞	∞
II	1	1	0	$-\dfrac{V}{K_1}$	∞
II	2	0	0	0	$-\dfrac{a}{K_1}$
III	0	3	$-\dfrac{P}{K_1}$	∞	∞
III	1	2	0	$-\dfrac{V}{K_1}$	∞
III	2	1	0	0	$-\dfrac{a}{K_1}$
III	3	0	0	0	0

由表 3.4 可见,由于给定输入信号和扰动信号作用于系统的不同位置,因此,同一形式的给定输入和扰动输入引起的稳态静态是不同的。对于图 3.22 所示系统,典型扰动输入 $n(t)$ 作用下产生的静态误差仅仅与前向通道中扰动作用点之前的 $G_1(s)$ 的增益 K_1 和积分环节个数 v_1 有关。

【例 3-10】 设比例控制系统如图 3.23 所示。图中,K_1、K_2 和 T_2 均大于零。$M(s)$ 为

比例控制器输出转矩,用以改变被控对象的位置,$R(s)=\dfrac{R_0}{s}$ 为阶跃给定输入信号,$N(s)=\dfrac{N_0}{s}$ 为阶跃扰动转矩。试求系统的稳态误差。

解　该系统为 Ⅰ 型二阶系统,由图易见,该系统稳定。令扰动 $N(s)=0$,则系统在阶跃给定输入信号作用下的静态误差为零。但是,如果令 $R(s)=0$,则系统在阶跃扰动输入信号作用下输出量的实际值为

$$C_n(s)=\frac{K_2}{s(T_2 s+1)+K_1 K_2}N(s)$$

$$R(s) \xrightarrow{\hspace{1cm}} \bigotimes \xrightarrow{E(s)} \boxed{K_1} \xrightarrow{M(s)} \bigotimes \xrightarrow{\hspace{0.5cm}} \boxed{\frac{K_2}{s(T_2 s+1)}} \xrightarrow{C(s)}$$

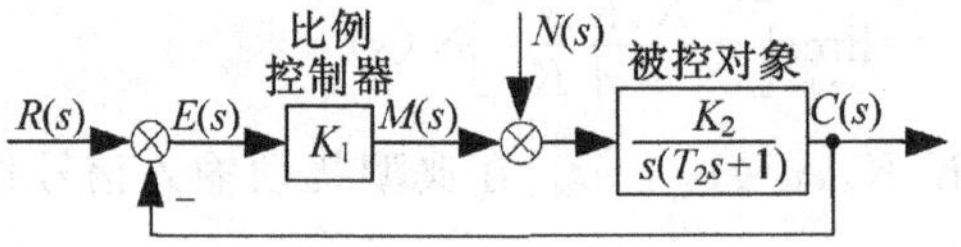

图 3.23　比例控制系统

而输出量的期望值为零,因此误差信号

$$E'_n(s)=-\frac{K_2}{s(T_2 s+1)+K_1 K_2}N(s)$$

由于 $H(s)=1$,故系统在阶跃扰动转矩作用下的静态误差

$$e_{ssn}=e'_{ssn}=\lim_{s\to 0}sE'_n(s)=-\frac{N_0}{K_1}$$

系统在阶跃扰动转矩作用下存在稳态误差的物理意义是明显的。稳态时,比例控制器产生一个与扰动转矩 N_0 大小相等而方向相反的转矩 $-N_0$ 以进行平衡,该转矩折算到比较装置输出端的数值为 $-\dfrac{N_0}{K_1}$,所以系统必定存在常值稳态误差 $-\dfrac{N_0}{K_1}$。

应当指出,在系统误差分析中,只有当给定输入信号是阶跃函数、斜坡函数和加速度函数,或者是三种函数的线性组合时,静态误差系数才有意义。因此,当系统的给定输入信号为其他形式函数时,静态误差系数法便无法应用。此外,系统的稳态误差一般是时间的函数,即使静态误差系数法可用,也不能表示稳态误差随时间变化的规律。有些控制系统,例如导弹控制系统,其有效工作时间不长,输出量往往达不到要求的稳态值时便已结束工作,无法使用静态误差系数进行误差分析。为此,需要引入动态误差的概念。

3.4.4　动态误差

利用动态误差系数法,可以研究输入信号几乎在任意时间时的系统稳态误差变化,因此动态误差系数又称为广义误差系数。为了求取给定输入作用下的动态误差系数,写出图 3.22 所示系统的误差信号 $e(t)$ 的象函数

$$E(s)=\frac{1}{1+G_1(s)G_2(s)H(s)}R(s)\triangleq \Phi_e(s)R(s)$$

将误差传递函数 $\Phi_e(s)$ 在 $s=0$ 的邻域内展成泰勒级数,得

$$\Phi_e(s)=\Phi_e(0)+\Phi'_e(0)s+\frac{1}{2!}\Phi''_e(0)s^2+\cdots+\frac{1}{i!}\Phi_e^{(i)}(0)s^i+\cdots$$

于是，误差信号可以表示为无穷级数

$$E(s) = \sum_{i=0}^{\infty} \frac{1}{i!} \Phi_e^{(i)}(0) s^i R(s) \tag{3.72}$$

式(3.72)所示无穷级数收敛于 $s=0$ 的邻域，称为误差级数，相当于在时间域内 $t\to\infty$ 时成立。因此，当初始条件为零时，对式(3.72)进行拉普拉斯变换，可得到时间函数的稳态误差表达式

$$e_s(t) = \sum_{i=0}^{\infty} C_i r_s^{(i)}(t) \tag{3.73}$$

式(3.73)中

$$C_i = \frac{1}{i!} \Phi_e^{(i)}(0), (i=0、1、2、\cdots) \tag{3.74}$$

称为动态误差系数。习惯上称 C_0 为动态位置误差系数，称 C_1 为动态速度误差系数，称 C_2 为动态加速度误差系数。应当指出，在动态误差系数的字样中，"动态"两字的含义是指这种方法可以完整描述系统稳态误差 $e_s(t)$ 随时间变化的规律。此外，由于式(3.73)描述的误差级数在 $t\to\infty$ 时才能成立，因此 $r_s^{(i)}(t)$ 表示输入信号及其各阶导数的稳态分量。

式(3.73)表明，稳态误差 $e_s(t)$ 与动态误差系数 C_i、输入信号 $r(t)$ 及其各阶导数的稳态分量有关。由于给定输入信号的稳态分量是已知的，因此确定稳态误差的关键是求出各动态误差系数。在系统阶次较高的情况下，利用式(3.74)来确定动态误差系数是不方便的。下面介绍一种简单的求法。

首先将误差传递函数 $\Phi_e(s)$ 的分子多项式和分母多项式均按 s 的升幂排列，然后用分母多项式去除分子多项式，得到一个 s 的升幂级数

$$\Phi_e(s) = C_0 + C_1 s + C_2 s^2 + C_3 s^3 + \cdots \tag{3.75}$$

将式(3.75)代入误差信号表达式，得

$$E(s) = \Phi_e(s)R(s) = (C_0 + C_1 s + C_2 s^2 + C_3 s^3 + \cdots)R(s) \tag{3.76}$$

比较式(3.72)和式(3.76)可知，它们是等阶的无穷级数，其收敛域均是 $s=0$ 的邻域。因此，式(3.75)中的系数 C_i 正是我们要求的动态误差系数。

对于适合用静态误差系数法求静态误差的系统，静态误差系数和动态误差系数之间在一定条件下存在如下关系：

$$0 型系统\ C_0 = \frac{1}{1+K_P},\ \text{I} 型系统\ C_1 = \frac{1}{K_V},\ \text{II} 型系统\ C_2 = \frac{1}{K_a}$$

因此，在控制系统设计中，也可以把 C_0、C_1 和 C_2 作为一种性能指标。某些系统，例如导弹控制系统，常以对动态误差系数的要求来表达对系统稳态过程误差的要求。

【例 3-11】　设单位反馈控制系统的开环传递函数为

$$G(s) = \frac{100}{s(0.1s+1)}$$

若给定输入信号 $r(t) = \sin 5t$，试求系统的稳态误差 $e_s(t)$。

解 1　很容易判断系统是稳定的。由于给定输入信号为正弦函数，无法用静态误差系数法确定 e_{ss}。现采用动态误差系数法求系统的稳态误差。由于系统误差传递函数为

$$\Phi_e(s) = \frac{1}{1+G(s)} = 0 + 10^{-2}s + 9\times10^{-4}s^2 - 1.9\times10^{-5}s^3 + \cdots$$

故动态误差系数为

$$C_0 = 0, C_1 = 10^{-2}, C_2 = 9\times10^{-4}, C_3 = -1.9\times10^{-5}, \cdots$$

可求得稳态误差

$$e_s(t) = (C_0 - C_2\omega_0^2 + C_4\omega_0^4 - \cdots)\sin\omega_0 t + (C_1\omega_0 - C_3\omega_0^3 + C_5\omega_0^5 - \cdots)\cos\omega_0 t$$

式中 $\omega_0 = 5$。对上述级数求和，得

$$e_s(t) = -0.055\cos(5t - 24.9°)$$

因此，系统稳态误差为余弦函数，其最大幅值为 0.055。

解 2 利用拉普拉斯反变换法求解。误差信号为

$$E(s) = \Phi_e(s)R(s) = \frac{s^2+10s}{s^2+10s+1000} \cdot \frac{5}{s^2+25} = \frac{as+b}{s^2+10s+1000} + \frac{cs+d}{s^2+25}$$

式中，系数 a、b、c、d 待定。上式通分后，得如下代数方程组：

$$\begin{cases} 25b+1000d=0 \\ a+c=0 \\ b+10c+d=5 \\ 25a+1000c+10d=50 \end{cases}$$

利用行列式求解方法，可以算出

$$c = -0.0498, d = -0.115$$

由于系统是稳定的，故稳态下

$$E_s(s) = \frac{cs+d}{s^2+25} = -\frac{0.0498s+0.115}{s^2+25}$$

对上式取拉普拉斯反变换，可求得与解 1 同样的稳态误差。

扰动输入作用下的动态误差的求法与给定输入作用下的动态误差的求法类同。写出图 3.22 所示系统的误差信号 $e_n(t)$ 的象函数

$$E_n(s) = -\frac{G_2(s)H(s)}{1+G_1(s)G_2(s)H(s)}N(s) \triangleq \Phi_{en}(s)N(s)$$

将扰动误差传递函数 $\Phi_{en}(s)$ 在 $s=0$ 的邻域展成泰勒级数，则有

$$\Phi_{en}(s) = \Phi_{en}(0) + \Phi'_{en}(0)s + \frac{1}{2!}\Phi''_{en}(0)s^2 + \cdots + \frac{1}{i!}\Phi_{en}^{(i)}(0)s^i \tag{3.77}$$

设系统扰动信号可表示为

$$n(t) = n_0 + n_1 t + \frac{1}{2!}n_2 t^2 + \cdots + \frac{1}{k!}n_k t^k \tag{3.78}$$

则将式（3.78）代入式（3.77），并取拉普拉斯反变换，可得稳定系统对扰动作用的稳态误差表达式

$$e_{sn}(t) = \sum_{i=0}^{k} C_{in}n^{(i)}(t) \tag{3.79}$$

式（3.79）中

$$C_{in} = \frac{1}{i!}\Phi_{en}^{(i)}(0), (i=0、1、2、\cdots、k) \tag{3.80}$$

称为系统对扰动作用下的动态误差系数。将 $\Phi_{en}(s)$ 的分子多项式与分母多项式按 s 的升幂排列,然后利用长除法,可以方便地求得 C_{in}。

【例 3 - 12】　设电动机转速控制系统如图 3.24 所示。图中,K_0、K_c、T_B 和 T_m 均大于零。给定输入信号 $r(t)=0$,负载扰动 $n(t)=-t$。试计算该系统的稳态误差。

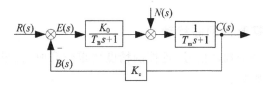

图 3.24　电动机转速控制系统

解　由图可知,该系统为 0 型二阶系统,系统稳定。系统对于扰动信号 $n(t)$ 的误差传递函数为

$$\Phi_{e'n}(s)=-\frac{C(s)}{N(s)}=\frac{-\dfrac{1}{T_m s+1}}{1+\dfrac{K_0 K_c}{(T_B s+1)(T_m s+1)}}=-\frac{T_B s+1}{(T_B s+1)(T_m s+1)+K_0 K_c}$$

$$=-\frac{1+T_B s}{1+K_0 K_c+(T_B+T_m)s+T_B T_m s^2}$$

因为 $n(t)$ 具有式(3.78)的形式,其中 $n_0=0$、$n_1=-1$、$k=1$,故可用长除法计算系统对扰动作用的动态误差系数,得

$$C_{0n}=-\frac{1}{1+K_0 K_c}$$

$$C_{1n}=-\frac{K_0 K_c T_B-T_m}{(1+K_0 K_c)^2}$$

$n'(t)=-1$。由式(3.79)算得系统对斜坡扰动的稳态误差为

$$e'_{sn}(t)=\frac{1}{1+K_0 K_c}\left(t+\frac{K_0 K_c T_B-T_m}{1+K_0 K_c}\right)$$

上式表明,当负单位等速度变化的负载转矩作用于电动机转速控制系统时,系统实际转速与其期望转速之差 $C_{期望}-C_{实际}=-C_{实际}$ 的稳态分量将随时间的推移而增大,其斜率为 $\dfrac{1}{1+K_0 K_c}$,而静态误差为无穷大。

3.4.5　改善系统稳态性能的措施

为了减小或者消除系统在给定输入信号和扰动作用下的稳态误差,可以采用以下措施。

1. 增大扰动作用点之前系统的前向通道增益

由表 3.3 和表 3.4 可见,增大扰动作用点之前系统的前向通道增益 K_1,也就增大了开环增益 K,因而可以同时减小系统对给定输入和扰动输入的稳态误差。

2. 增大扰动作用点之前系统前向通道的积分环节个数

由表 3.3 和表 3.4 可见,增大扰动作用点之前系统前向通道的积分环节个数 v_1,也就增

大了系统型别 v,因而可以同时减小或者消除系统对给定输入和扰动输入的稳态误差。

特别需要指出,在反馈控制系统中,增大积分环节个数 v_1 或者增大增益 K_1 以消除或者减小稳态误差的措施,必然导致系统的稳定裕度降低,从而系统的动态性能恶化,甚至造成系统不稳定。因此,保证系统稳定,权衡考虑稳态误差与动态性能之间的关系,便成为系统校正设计的主要内容。

3. 采用串级控制抑制内回路扰动

当控制系统中存在多个扰动信号,且控制精度要求较高时,宜采用串级控制方式,可以显著抑制内回路的扰动影响。

图 3.25 为串级直流电动机速度控制系统,具有两个回路:内回路为电流环,称为副回路;外回路为速度环,称为主回路。主、副回路各有其调节器和测量变送器。主回路的速度调节器称为主调节器,主回路的测量变送器为速度反馈装置;副回路的电流调节器称为副调节器,副回路的测量变送器为电流反馈装置。主调节器与副调节器以串联的方式进行共同控制,故称为串级控制。由于主调节器的输出作为副调节器的给定值,因而串级控制系统的主回路是一个恒值控制系统,而副回路可以看作是一个随动系统。

根据外部扰动作用位置的不同,扰动有一次扰动和二次扰动之分:被副回路包围的扰动,称为二次扰动,如图 3.25 所示系统中电网电压波动形成的扰动 ΔU_d;处于副回路之外的扰动,称为一次扰动,如图 3.25 所示系统中由负载变化形成的扰动 I_z。

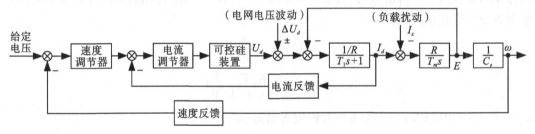

图 3.25 串级直流电动机速度控制系统

串级控制系统在结构上比单回路控制系统多了一个副回路,因而对进入副回路的二次扰动有很强的抑制能力。为了便于定性分析,设一般的串级控制系统如图 3.26 所示。图中 $G_{c1}(s)$ 和 $G_{c2}(s)$ 分别为主、副调节器的传递函数;$H_1(s)$ 和 $H_2(s)$ 分别为主、副测量变送器的传递函数;$N_2(s)$ 为加在副回路上的二次扰动。

若将副回路视为一个等效环节 $G_2'(s)$,则有

$$G_2'(s) = \frac{C_2(s)}{R_2(s)} = \frac{G_{c2}(s)G_2(s)}{1 + G_{c2}(s)G_2(s)H_2(s)}$$

在副回路中,输出 $C_2(s)$ 对二次扰动 $N_2(s)$ 的闭环传递函数为

$$G_{n2}(s) = \frac{C_2(s)}{N_2(s)} = \frac{G_2(s)}{1 + G_{c2}(s)G_2(s)H_2(s)}$$

比较 $G_2'(s)$ 和 $G_{n2}(s)$,可得

$$G_{n2}(s) = \frac{G_2'(s)}{G_{c2}(s)}$$

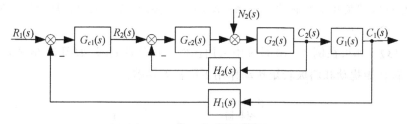

图 3.26 串级控制系统结构图

于是,图 3.26 所示的串级控制系统结构图可等效为图 3.27 所示的结构图。显然,在主回路中,系统输出信号 $C_1(s)$ 对输入信号 $R_1(s)$ 的闭环传递函数为

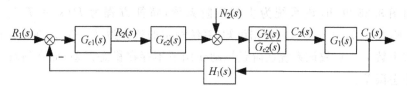

图 3.27 串级控制系统的等效结构图

$$\frac{C_1(s)}{R_1(s)} = \frac{G_{c1}(s)G_2'(s)G_1(s)}{1 + G_{c1}(s)G_2'(s)G_1(s)H_1(s)}$$

系统输出信号 $C_1(s)$ 对二次扰动信号 $N_2(s)$ 的闭环传递函数为

$$\frac{C_1(s)}{N_2(s)} = \frac{\dfrac{G_2'(s)}{G_{c2}(s)}G_1(s)}{1 + G_{c1}(s)G_2'(s)G_1(s)H_1(s)}$$

对于一个理想的控制系统,总是希望多项式比值 $\dfrac{C_1(s)}{N_2(s)}$ 趋于零,而 $\dfrac{C_1(s)}{R_1(s)}$ 趋于 1,因而串级控制系统抑制二次扰动的能力可表示为

$$\frac{C_1(s)/R_1(s)}{C_1(s)/N_2(s)} = G_{c1}(s)G_{c2}(s)$$

若主、副调节器的增益分别为 K_{c1} 和 K_{c2},则达到稳态后,主、副调节器的总增益 $K_{c1}K_{c2}$ 越大,串级控制系统抑制二次扰动的能力越强。

由于在串级控制系统设计时,副回路的阶数一般都取得较低,因而副调节器的增益可以取得较大,通常满足

$$K_{c1}K_{c2} > K_{c1}$$

可见,与单回路控制系统相比,串级控制系统对二次扰动的抑制能力有很大提高,一般可达到 10～100 倍。

4. 采用复合控制方法

如果控制系统中存在强扰动,特别是低频强扰动,则一般的反馈控制方式难以满足高稳态精度的要求,此时可以采用复合控制方法。

复合控制系统是在系统的反馈控制回路中加入前馈通路,组成一个前馈控制与反馈控制相结合的系统,只要系统参数选择合适,不但可以保持系统稳定,极大地减小乃至消除稳

态误差,而且可以抑制几乎所有的可量测扰动,其中包括低频强扰动。复合控制的具体内容我们将在第 6 章学习。

【例 3 - 13】 如果在例 3 - 10 系统中采用比例—积分控制器,如图 3.28 所示,试分别计算系统在阶跃转矩扰动和斜坡转矩扰动作用下的稳态误差。

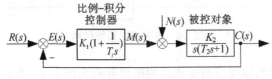

图 3.28 比例-积分控制系统

解 由图 3.28 可知,该系统为 Ⅰ 型三阶系统,特征方程为 $D(s) = T_i T_2 s^3 + T_i s^2 + K_1 K_2 T_i s + K_1 K_2 = 0$,由劳斯稳定判据可知,系统稳定的条件为 $T_i > T_2$。在扰动作用点之前的积分环节个数 $v_1 = 1$,故该系统在阶跃扰动作用下不存在稳态误差,而在斜坡扰动作用下存在常值稳态误差。

扰动作用下的系统误差表达式为

$$E_n(s) = \frac{-K_2 T_i s}{T_i T_2 s^3 + T_i s^2 + K_1 K_2 T_i s + K_1 K_2} N(s)$$

当 $N(s) = \dfrac{n_0}{s}$ 时

$$e_{ssn} = \lim_{s \to 0} s E_n(s) = \lim_{s \to 0} s \frac{-K_2 T_i s}{T_i T_2 s^3 + T_i s^2 + K_1 K_2 T_i s + K_1 K_2} \frac{n_0}{s} = 0$$

当 $N(s) = \dfrac{n_1}{s^2}$ 时

$$e_{ssn} = \lim_{s \to 0} s E_n(s) = \lim_{s \to 0} s \frac{-K_2 T_i s}{T_i T_2 s^3 + T_i s^2 + K_1 K_2 T_i s + K_1 K_2} \frac{n_1}{s^2} = -\frac{T_i n_1}{K_1}$$

显然,增大比例增益 K_1 或者减小积分时间常数 T_i 可以减小斜坡转矩作用下的稳态误差,但 K_1 的增大和 T_i 的减小要受到稳定性和动态性能要求的制约。

系统采用比例-积分控制器后,可以消除阶跃扰动转矩作用下的稳态误差,其物理意义是清楚的:由于控制器中包括积分作用,只要稳态误差不为零,控制器就会产生一个持续累积的输出转矩来抵消阶跃扰动转矩的作用,力图减小这个误差,直到稳态误差为零,系统取得平衡而进入稳态。在斜坡转矩扰动作用下,系统存在常值稳态误差的物理意义可以这样解释:由于转矩扰动是斜坡函数,因此需要控制器在稳态时输出一个反向的斜坡转矩与之平衡,这只有在控制器输入的误差信号为负常值时才有可能。

实际的控制系统总是同时承受给定输入信号和扰动输入信号作用。由于所研究的系统为线性定常控制系统,因此系统总的稳态误差将等于给定输入信号和扰动输入信号分别作用于系统时,所得的稳态误差的代数和。如果给出系统的时间响应,则系统的稳态误差是一目了然的,因此可以应用计算机软件验证和分析系统稳态误差的计算结果。

3.5　MATLAB 在线性系统时域分析法中的应用实例

3.5.1　稳定性分析

1. 直接分析法

利用 MATLAB 软件中的 eig( )函数求出闭环系统的特征根,或者利用 pole( )函数求出系统的闭环极点,由特征根实部的符号,或者闭环极点在复平面所处的位置来判断系统的稳定性。

【例 3-14】　某单位反馈系统的开环传递函数为

$$G(s) = \frac{10s^4 + 50s^3 + 100s^2 + 100s + 40}{s^7 + 21s^6 + 184s^5 + 870s^4 + 2384s^3 + 3664s^2 + 2496s}$$

试判断该系统的稳定性。

解　MATLAB 命令为

```
num=[10 50 100 100 40];den=[1 21 184 870 2384 3664 2496 0];
G=tf(num,den);C=feedback(G,1);
eig(C)      % 或者 pole(C)
```

其结果为

```
ans=
    -6.9223
    -3.6502   + 2.3020i
    -3.6502   - 2.3020i
    -2.0633   + 1.7923i
    -2.0633   - 1.7923i
    -2.6349
    -0.0158
```

由此可判断出该系统稳定。

2. 零极点模型

利用 MATLAB 软件中的 pzmap( )函数可得到系统的闭环零极点分布图,由图即可判断出系统的稳定性。

【例 3-15】　试由系统零极点模型判断例 3-14 系统的稳定性。

解　MATLAB 命令为

```
num=[10 50 100 100 40];den=[1 21 184 870 2384 3664 2496 0];
G=tf(num,den);C=feedback(G,1);
pzmap(C)
```

其零极点分布图如图 3.29 所示,其中"。"表示零点,"×"表示极点。由图 3.29 可知,该系统稳定。

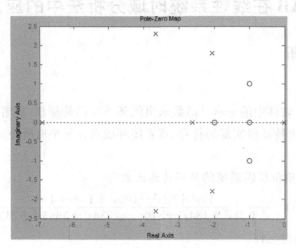

图 3.29 例 3 - 15 零极点分布图

3.5.2 稳态误差计算

利用 MATLAB 求解系统的稳态误差,需根据终值定理的概念,先判断系统的稳定性,然后求出误差信号

$$E(s) = \frac{1}{1+G(s)H(s)}R(s)$$

最后由 MATLAB 的极限函数 limit( )求解

$$e_{ss} = \lim_{s \to 0} sE(s) = \lim_{s \to 0} s\frac{1}{1+G(s)H(s)}R(s)$$

【例 3 - 16】 已知系统结构图如图 3.30 所示,图中输入信号 $r(t) = 5t$,试利用 MAT-LAB 求解系统的稳态误差。

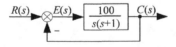

图 3.30 例 3 - 16 系统结构图

解 显然,系统稳定。MATLAB 命令为

```
syms s      % 定义 s 为变量
a=[5];b=[1 0 0];c=[100];d=[1 1 0];
A=poly2sym(a,s);B=poly2sym(b,s);
C=poly2sym(c,s);D=poly2sym(d,s);        % 将向量转化为符号表达式
R=A/B;G=C/D;
Y=s * R/(1+G);
limit(Y,s,0)
```

其结果为

```
ans＝
    1/20
```

3.5.3 动态响应曲线绘制及性能分析

1. 单位脉冲响应

当控制系统的输入信号为单位脉冲函数 $\delta(t)$ 时,系统的输出为单位脉冲响应。利用 MATLAB 求取单位脉冲响应的函数为 impulse( ),其调用格式为 impulse(num,den)。

【例 3 – 17】 系统的闭环传递函数为

$$G(s)=\frac{1}{s^2+s+1}$$

试用 MATLAB 求取系统单位脉冲响应。

解 MATLAB 命令为

```
num＝[1];den＝[1 1 1];
impulse(num,den),grid on
```

系统的单位脉冲响应如图 3.31 所示。

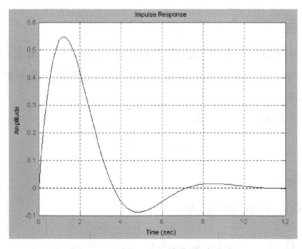

图 3.31 例 3 – 17 单位脉冲响应

2. 单位阶跃响应

当控制系统的输入为单位阶跃信号时,系统的输出为单位阶跃响应,可用 MATLAB 的 step( )函数求取,其调用格式为 step(num,den)。

【例 3 – 18】 系统的闭环传递函数为

$$G(s)=\frac{1}{s^2+0.5s+1}$$

试用 MATLAB 求取系统的单位阶跃响应。

解 MATLAB 命令为

```
num=[1];
den=[1 0.5 1];
step(num,den,t);grid on
```

系统的单位阶跃响应如图 3.32 所示。

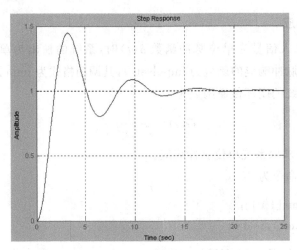

图 3.32 例 3 - 18 单位阶跃响应

3. 单位斜坡响应

MATLAB 没有斜坡响应命令,因此,需要利用阶跃响应命令来求斜坡响应。根据单位斜坡输入是单位阶跃输入的积分。当求斜坡响应时,可先将其传递函数除 s,再利用阶跃响应命令即可求得斜坡响应。

【例 3 - 20】 系统的闭环传递函数为

$$G(s)=\frac{1}{s^2+0.3s+1}$$

试求单位斜坡响应。

解 输入信号 $r(t)=t,R(s)=\frac{1}{s^2}$,则

$$C(s)=\frac{1}{s^2+0.3s+1} \cdot \frac{1}{s^2}=\frac{1}{(s^2+0.3s+1) \cdot s} \cdot \frac{1}{s}$$

系统单位斜坡响应的 MATLAB 命令为

```
num=[1];
den=[1 0.3 1 0];
step(num,den);grid on
```

系统的单位斜坡响应如图 3.33 所示。

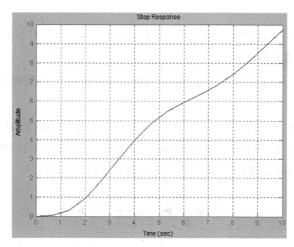

图 3.33 例 3 - 19 单位斜坡响应

习 题

3-1 单位反馈系统的开环传递函数为

$$G(s) = \frac{1}{s(s+1)}$$

求系统的单位阶跃响应及动态性能指标 $\sigma\%$、t_r、t_p 和 t_s。

3-2 已知如图 3.34(a)所示系统的单位阶跃响应曲线如图 3.34(b)所示,试确定 K_1、K_2 和 a 的数值。

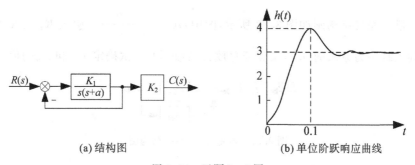

(a)结构图 (b)单位阶跃响应曲线

图 3.34 习题 3-2 图

3-3 单位反馈系统的开环传递函数为

$$G(s) = \frac{K}{s(0.1s+1)}$$

试分别求出当 $K=10$ 和 $K=20$ 时系统的阻尼比 ζ、无阻尼振荡角频率 ω_n、单位阶跃响应的超调量 $\sigma\%$ 及峰值时间 t_p,并讨论 K 值增大对系统动态性能指标的影响。

3-4 系统的闭环传递函数为

$$\Phi(s) = \frac{1}{Ts^2 + 2\zeta Ts + 1}$$

试求：

(1)$\zeta=0.2,T=0.08;\zeta=0.4,T=0.08;\zeta=0.8,T=0.08$ 时单位阶跃响应的超调量 $\sigma\%$、调节时间 t_s 及峰值时间 t_p。

(2)$\zeta=0.4,T=0.04$ 和 $\zeta=0.4,T=0.16$ 时单位阶跃响应的超调量 $\sigma\%$、调节时间 t_s 和峰值时间 t_p。

(3)根据计算结果,讨论参数 ζ、T 增大对系统动态性能指标的影响。

3-5　角速度指示随动系统结构图如图 3.35 所示。若要求系统单位阶跃响应无超调,且调节时间尽可能短,问开环增益 K 应取何值,调节时间 t_s 是多少?

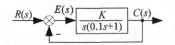

图 3.35　习题 3-5 随动系统结构图

3-6　系统结构图如图 3.36 所示,已知系统的无阻尼振荡频率 $\omega_n=3$ rad/s。试确定系统的阶跃响应作等幅振荡时的 K 和 a 值(K、a 均为大于零的常数)。

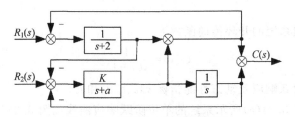

图 3.36　习题 3-6 系统结构图

3-7　已知系统结构图如图 3.37 所示,图中 $G(s)=\dfrac{10}{0.2s+1}$。引入 K_H 和 K_0 的目的是,使调节时间 t_s 减小为原来的 0.1,又保证总放大系数不变。试确定 K_H 和 K_0 的值。

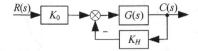

图 3.37　习题 3-7 系统结构图

3-8　已知系统的特征方程,试判别系统的稳定性,并确定在右半 s 平面根的个数及纯虚根。

(1)$D(s)=s^5+2s^4+2s^3+4s^2+11s+10=0$

(2)$D(s)=s^5+3s^4+12s^3+24s^2+32s+48=0$

(3)$D(s)=s^5+2s^4-s-2=0$

(4)$D(s)=s^5+2s^4+24s^3+48s^2-25s-50=0$

3-9　控制系统如图 3.38 所示。其中控制器采用比例控制器,即 $G_c(s)=K_P$。试确定使系统稳定的 K_P 值范围。

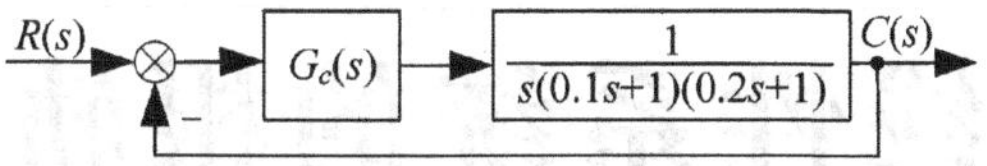

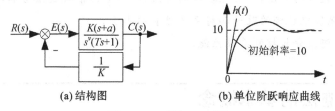

图 3.38 习题 3 - 9 系统结构图

3 - 10 单位反馈系统的开环传递函数为 $G(s)=\dfrac{K}{s(1+\frac{1}{3}s)(1+\frac{1}{6}s)}$，要求闭环特征根

实部均小于 -1，求 K 的取值范围。

3 - 11 已知单位反馈系统的开环传递函数为

$$G(s)=\frac{7(s+1)}{s(s+4)(s^2+2s+2)}$$

试分别求出当输入信号 $r(t)=1(t)$、t 和 t^2 时系统的稳态误差。

3 - 12 系统结构图如图 3.39(a) 所示，其单位阶跃响应 $h(t)$ 如图 3.39(b) 所示，系统的静态位置误差 $e_{ss}=0$，试确定 K、v 与 T 值。

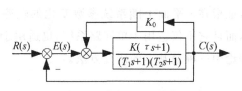

(a) 结构图   (b) 单位阶跃响应曲线

图 3.39 习题 3 - 12 图

3 - 13 系统结构图如图 3.40 所示，要使系统对 $r(t)$ 而言是Ⅱ型的，试确定参数 K_0 和 τ 的值。

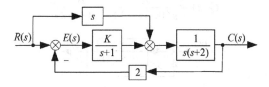

图 3.40 习题 3 - 13 系统结构图

3 - 14 已知系统结构图如图 3.41 所示。

(1) 求引起闭环系统临界稳定的 K 值和对应的振荡角频率 ω；

(2) 当 $r(t)=t^2$ 时，要使系统稳态误差 $e_{ss}\leqslant 0.5$，试确定满足要求的 K 值范围。

图 3.41 习题 3 - 14 系统结构图

线性系统的根轨迹分析法

第4章

教学目的与要求：掌握绘制常规根轨迹的基本法则，并利用基本法则概要画出给定系统的根轨迹。在此基础上用根轨迹法分析系统的稳定性、动态性能的好坏与闭环主导极点在 s 平面上分布的关系。并掌握参数根轨迹和零度根轨迹的画法。最后熟悉闭环极点、零点分布与控制系统性能指标之间的关系。

重点：常规根轨迹的画法，广义根轨迹的画法，并学会用根轨迹法分析控制系统性能，附加开环零极点对系统根轨迹的改造和对系统性能的影响。

难点：用根轨迹法分析控制系统性能。

4.1 根轨迹法的基本概念

系统动态性能与闭环极点在 s 平面上的位置密切相关。当闭环系统没有零、极点相消时，闭环特征方程的根就是系统闭环传递函数的极点。因此，有效地确定闭环特征方程的根是十分必要的。在已知系统开环零、极点的情况下，求解系统特征方程根的图解法——根轨迹法可以绘制系统闭环特征根在 s 平面上随系统参数变化的轨迹。根轨迹法具有简便、直观、物理概念清晰的特点，而且它不仅适用于单回路系统，也适用于多回路系统，因此根轨迹法已发展成为经典控制理论中一种最基本的研究方法。

4.1.1 根轨迹的概念

为了说明根轨迹的基本概念，首先通过求解闭环特征方程的根，得到一个二阶系统的根轨迹，然后再讨论一般情况。

例如，图 4.1 所示的二阶系统。其开环传递函数为

$$G(s) = \frac{K}{s(0.5s+1)} = \frac{K^*}{s(s+2)}$$

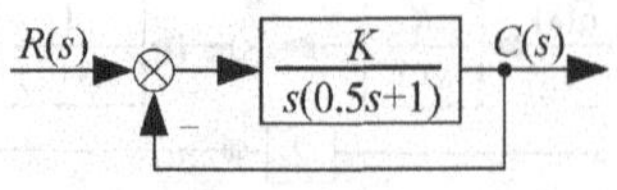

图 4.1 二阶系统

它有两个开环极点 $p_1 = 0$、$p_2 = -2$，没有开环零点。根轨迹增益 $K^* = 2K$。其闭环传递函数为

$$\Phi(s)=\frac{C(s)}{R(s)}=\frac{K^*}{s^2+2s+K^*}$$

于是,闭环特征方程为

$$D(s)=s^2+2s+K^*=0$$

由求根公式容易得到该系统的闭环特征根为

$$s_{1,2}=-1\pm\sqrt{1-K^*}$$

可见,当 K^*(或者 K)由零到无穷大变化时,闭环特征根在 s 平面上的位置也随之改变。当 $0\leqslant K^*<1$ 时,闭环特征根 $s_{1,2}$ 为介于 0 和 -2 之间的互异实数;当 $K^*=1$ 时,$s_{1,2}$ 为位于 -1 处的重实根;当 $K^*>1$ 时,$s_{1,2}$ 成为一对共轭复数根,其实部均为 -1,虚部随着 K^* 值的增大而增大。这样,可以绘出该二阶系统闭环特征根随着开环增益 K 的变化在 s 平面上移动的轨迹,如图 4.2 所示。图中箭头为 K 增大的方向。

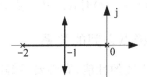

图 4.2　二阶系统的根轨迹

由图 4.2 及系统的特征方程可分析出这个二阶系统的根轨迹有以下特征:

(1)由于有两个特征根,所以根轨迹有两条分支。当 $K=0$ 时,两条分支分别从两个开环极点出发,因为这时系统处于开环状态。

(2)随着 K 的增大,两条根轨迹在负实轴上相向运动,直到 $s=-1$ 处重合,重合后两条根轨迹分离。

(3)分离的两条根轨迹具有相同的实部,分别沿着正、负虚轴的方向向无穷远处运动,所以分离后两个特征根之和为 -2。

另外,从系统设计的角度来看,可以通过调节增益 K 的大小来选择图 4.2 根轨迹上满足性能要求的闭环极点位置。

由上面的例子可以看出,根轨迹就是系统的闭环特征根随着系统参数的变化在 s 平面上形成的轨迹。利用根轨迹,可以分析系统参数变化对闭环极点分布的影响,从而掌握参数变化与系统性能的关系;另一方面可以根据系统性能指标要求确定参数的取值范围,使闭环极点位于期望的位置上。

注意:绘制根轨迹的可变参数可以是系统特征方程中的任意参数。例如,上例中可以将开环增益 K 固定而取惯性时间常数作为可变参数,也可以绘制出相应的根轨迹。称以系统开环增益为可变参量绘制的根轨迹为常规根轨迹,而以其他参数为可变参量绘制的根轨迹为参数根轨迹。

4.1.2　根轨迹与系统性能的关系

依据根轨迹图(例如图 4.2),可以分析系统性能随参数(如 K)变化的规律。

(1)稳定性。

开环增益从零变到无穷大时,图 4.2 所示的根轨迹全部落在左半 s 平面,因此,当 $K>0$ 时,图 4.1 所示系统是稳定的。如果系统根轨迹越过虚轴进入右半 s 平面,则在相应 K 值下系统是不稳定的;根轨迹与虚轴交点处的 K 值,就是临界开环增益 K_c。

(2)动态性能。

由图 4.2 可见,当 $0<K<0.5$ 时,闭环特征根为互异实根,系统呈现过阻尼状态($\zeta>1$),阶跃响应为单调上升过程。当 $K=0.5$ 时,闭环特征根为二重实根,系统呈现临界阻尼状态($\zeta=1$),阶跃响应仍为单调上升过程。当 $K>0.5$ 时,闭环特征根为一对共轭复数根,系统呈欠阻尼状态($1>\zeta>0$),阶跃响应为衰减振荡过程;且 K 越大,阻尼比 ζ 越小,阶跃响应的超调量越大,振荡越剧烈。

(3)稳态性能。

由图 4.2 可见,系统在坐标原点有一个开环极点,属于 I 型系统,因而根轨迹对应的 K 值就等于静态误差系数 K_v。当 $r(t)=1(t)$ 时,$e_{ss}=0$。当 $r(t)=t$ 时,$e_{ss}=1/K=2/K^*$。

4.1.3　闭环零极点与开环零极点之间的关系

为了更好地利用根轨迹分析系统的性能,有必要了解闭环零、极点与开环零、极点之间的关系。设控制系统的结构图如图 4.3 所示,其闭环传递函数为

$$\Phi(s)=\frac{G(s)}{1+G(s)H(s)} \tag{4.1}$$

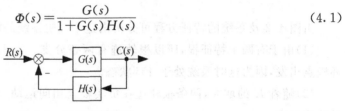

图 4.3　反馈控制系统

式(4.1)中,$G(s)$ 是前向通道传递函数,$H(s)$ 是反馈通道传递函数,$G(s)H(s)$ 为开环传递函数,并将它们分别表示为

$$G(s)=\frac{K_G\prod_{a=1}^{m_1}(\tau_a s+1)\prod_{c=1}^{m_2}(\tau_c^2 s^2+2\zeta_c\tau_c s+1)}{s^v\prod_{b=1}^{n_1}(T_b s+1)\prod_{d=1}^{n_2}(T_d^2 s^2+2\zeta_d T_d s+1)}=\frac{K_G^*\prod_{e=1}^{m_G}(s-z_e)}{\prod_{f=1}^{n_G}(s-p_f)} \tag{4.2}$$

$$H(s)=\frac{K_H\prod_{a=1}^{m_3}(\tau_a s+1)\prod_{c=1}^{m_4}(\tau_c^2 s^2+2\zeta_c\tau_c s+1)}{\prod_{b=1}^{n_3}(T_b s+1)\prod_{d=1}^{n_4}(T_d^2 s^2+2\zeta_d T_d s+1)}=\frac{K_H^*\prod_{g=1}^{m_H}(s-z_g)}{\prod_{h=1}^{n_H}(s-p_h)} \tag{4.3}$$

式(4.2)和式(4.3)中,K_G 为前向通道增益,K_G^* 为前向通道根轨迹增益,K_H 为反馈通道增益,K_H^* 为反馈通道根轨迹增益。它们之间有如下关系

$$K_G^*=\frac{K_G\prod_{a=1}^{m_1}\tau_a\prod_{c=1}^{m_2}\tau_c^2}{\prod_{b=1}^{n_1}T_b\prod_{d=1}^{n_2}T_d^2} \tag{4.4}$$

$$K_H^* = \frac{K_H \prod\limits_{a=1}^{m_3} \tau_a \prod\limits_{c=1}^{m_4} \tau_c^{\ 2}}{\prod\limits_{b=1}^{n_3} T_b \prod\limits_{d=1}^{n_4} T_d^{\ 2}} \tag{4.5}$$

将式(4.2)和式(4.3)代入开环传递函数,则

$$G(s)H(s) = K_G^* K_H^* \frac{\prod\limits_{e=1}^{m_G}(s-z_e)\prod\limits_{g=1}^{m_H}(s-z_g)}{\prod\limits_{f=1}^{n_G}(s-p_f)\prod\limits_{h=1}^{n_H}(s-p_h)} = K^* \frac{\prod\limits_{e=1}^{m_G}(s-z_e)\prod\limits_{g=1}^{m_H}(s-z_g)}{\prod\limits_{f=1}^{n_G}(s-p_f)\prod\limits_{h=1}^{n_H}(s-p_h)} \tag{4.6}$$

式(4.6)中,$K^* = K_G^* K_H^*$,称为开环系统根轨迹增益。z_e、z_g 分别是前向通道和反馈通道传递函数的零点,而 p_f、p_h 分别是前向通道和反馈通道传递函数的极点。如果开环传递函数有 n 个极点和 m 个零点,且 $n \geqslant m$,则有

$$m_G + m_H = m$$
$$n_G + n_H = n$$

将式(4.2)和式(4.6)代入式(4.1),则

$$\Phi(s) = \frac{K_G^* \prod\limits_{e=1}^{m_G}(s-z_e)\prod\limits_{h=1}^{n_H}(s-p_h)}{\prod\limits_{f=1}^{n_G}(s-p_f)\prod\limits_{h=1}^{n_H}(s-p_h) + K^* \prod\limits_{e=1}^{m_G}(s-z_e)\prod\limits_{g=1}^{m_H}(s-z_g)} = \frac{K_\Phi^* \prod\limits_{i=1}^{m_G+n_H}(s-z_i)}{\prod\limits_{j=1}^{n}(s-p_j)}$$

$$\tag{4.7}$$

式中,K_Φ^* 为系统的闭环根轨迹增益;z_i、p_j 分别为闭环零、极点。

比较式(4.6)和式(4.7),可得出以下结论:

①系统的闭环零点由前向通道的开环零点和反馈通道的开环极点组成,对于 $H(s)=l$ 的单位反馈系统,系统的闭环零点就是开环系统零点。

②系统的闭环极点与系统的开环极点、零点以及开环根轨迹增益 K^* 均有关系。

③当 $n > m$ 时,$K_\Phi^* = K_G^*$;当 $n = m$ 时,$K_\Phi^* = \dfrac{K_G^*}{1+K^*}$。对于 $H(s)=l$ 的单位反馈系统,$K^* = K_G^*$。

根轨迹法的主要任务就是在已知开环零、极点分布的情况下,如何通过图解法确定闭环极点的位置。一旦闭环零、极点的位置确定了,就可以分析系统的性能。

4.1.4 根轨迹的幅值条件和相角条件

由图 4.3 所示闭环系统的传送函数式(4.1),可得到闭环特征方程为

$$D(s) = 1 + G(s)H(s) = 0 \tag{4.8}$$

闭环极点就是闭环特征方程的解,也称为特征根。若求开环传递函数中某个参数从零变到无穷时所有的闭环极点,显然,就要求解式(4.8),因此,式(4.8)就是根轨迹方程。通常写成

$$G(s)H(s) = -1 \tag{4.9}$$

式(4.9)明确展示出开环传递函数 $G(s)H(s)$ 与闭环极点的关系。设开环传递函数有 m 个零点、n 个极点,并假定 $n \geq m$,式(4.9)又可写成

$$G(s)H(s) = K^* \frac{\prod_{i=1}^{m}(s-z_i)}{\prod_{j=1}^{n}(s-p_j)} = -1 \tag{4.10}$$

式(4.10)中,K^* 是开环根轨迹增益;z_i、p_j 分别为开环零、极点。不难看出,式(4.10)是关于 s 的复数方程,等式两边的幅值和相角分别相等,即

幅值条件

$$|G(s)H(s)| = K^* \frac{\prod_{i=1}^{m}|s-z_i|}{\prod_{j=1}^{n}|s-p_j|} = 1 \tag{4.11}$$

相角条件

$$\angle G(s)H(s) = \sum_{i=1}^{m} \angle(s-z_i) - \sum_{j=1}^{n} \angle(s-p_j) = \pm(2k+1)\pi, (k=0,1,2,\cdots)$$

$$\tag{4.12}$$

如果复平面上某点 s 是闭环极点(即根轨迹上的点),它必然同时满足上述两个条件。不难发现,幅值条件不但与开环零、极点有关,还与开环根轨迹增益有关,而相角条件只与开环零、极点有关。

于是,对于相角条件,我们可以这样说,若复平面上的点 s 是根轨迹上的点,式(4.12)就成立,反之,若任意找一个点 s 使式(4.12)成立,该点就一定是根轨迹上的点。

对幅值条件则不然。复平面上的点 s 是根轨迹上的点,式(4.11)成立,并能求得对应的 K^* 值。反之,复平面上任意一个点 s 满足幅值条件,该点却不一定是根轨迹上的点。这可由图 4.1 所示系统说明,$G(s) = \dfrac{K^*}{s(s+2)}$ 的幅值条件为 $\dfrac{K^*}{|s||s+2|} = 1$。设在复平面上取一个点 $s = -8$,只要 $K^* = 48$,幅值条件就成立,然而,$s = -8$ 并不是根轨迹上的点。当 $K^* = 48$ 时,$s_{1,2} = -1 \pm j\sqrt{47}$ 才是根轨迹上的点。

因此,相角条件是决定系统闭环根轨迹的充分必要条件。在实际应用中用相角条件绘制根轨迹,而幅值条件主要用来确定已知根轨迹上某个点的 K^* 值。

4.2 绘制根轨迹的基本法则

本节讨论绘制概略常规根轨迹的基本法则。重点放在基本法则的叙述和应用上。这些基本法则非常简单,熟练地掌握它们,对于分析和设计控制系统是非常有益的。

在下面的讨论中,假定所研究的变化参数是开环根轨迹增益 K^*,相应的根轨迹绘制法则称为常规根轨迹的绘制法则。应当指出的是,用这些基本法则给出的根轨迹,其相角遵循 $\pm(180° + 2k\pi)$ 条件,因此称为 $180°$ 根轨迹,相应的绘制法则也可称为 $180°$ 根轨迹的绘制法则。

法则 1　根轨迹的起点和终点：根轨迹起始于开环极点，终止于开环零点；如果开环零点个数 m 小于开环极点个数 n，则有 $(n-m)$ 条根轨迹终止于无穷远处。

根轨迹的起点、终点分别是指开环根轨迹增益 $K^*=0$ 和 $K^* \to \infty$ 时的根轨迹点。将幅值条件式(4.11)改写成

$$K^* = \frac{\prod_{j=1}^{n}|s-p_j|}{\prod_{i=1}^{m}|s-z_i|} = \frac{s^{n-m}\prod_{j=1}^{n}\left|1-\dfrac{p_j}{s}\right|}{\prod_{i=1}^{m}\left|1-\dfrac{z_i}{s}\right|} \tag{4.13}$$

由式(4.13)可见，当 $s=p_j$ 时，$K^*=0$。当 $s=z_i$ 时，$K^* \to \infty$；当 $s \to \infty$ 且 $n>m$ 时，$K^* \to \infty$。

法则 2　根轨迹的分支数、对称性和连续性：根轨迹的分支数与开环极点个数 n 相等，根轨迹连续并且对称于实轴。

根轨迹是系统开环传递函数的某个参数从零变化到无穷大时，闭环极点在 s 平面上的变化轨迹。因此，根轨迹的分支数必与闭环特征方程根的个数一致，即根轨迹分支数等于系统的阶数。实际系统都存在惯性，反映在开环传递函数上必有 $n>m$。所以，一般地，根轨迹分支数就等于开环极点数。

实际系统的特征方程都是常实数系数方程，依据代数定理特征根必为实数或者共轭复数。因此，根轨迹必然对称于实轴。由对称性，只需研究 s 平面的上半部和实轴上的根轨迹，下半部的根轨迹可对称画出。

特征方程中的某些系数是根轨迹增益 K^* 的函数，K^* 从零连续变化到无穷大时，特征方程的系数是连续变化的，因而特征根的变化也必然是连续的，故根轨迹具有连续性。

法则 3　实轴上的根轨迹：实轴上的某一区间，若其右侧开环实数零、极点个数之和为奇数，则该区间必是根轨迹。

设系统的开环零、极点分布如图 4.4 所示，其中"×"表示开环极点，"○"表示开环零点（以后论及的根轨迹图同样）。图中 s_0 是实轴上的点，$\varphi_i(i=1,2,3,4)$ 是各开环零点 z_i 到 s_0 点的向量 $\overrightarrow{s_0-z_i}$ 的相角，$\theta_j(j=1,2,3,4,5)$ 是各开环极点 p_j 到 s_0 点的向量 $\overrightarrow{s_0-p_j}$ 的相角。由图 4.4 可见，一对共轭复数极点（或者一对共轭复数零点）到实轴上任意一点（包括 s_0 点）的向量的相角和为 2π。因此，在确定实轴上的根轨迹时，可以不考虑开环复数零、极点的影响。图 4.4 中，s_0 点左侧的开环实数零、极点到 s_0 点的向量的相角均为零，而 s_0 点右侧的开环实数零、极点到 s_0 点的向量的相角均为 π，故只有落在 s_0 点右侧实轴上的开环实数零、极点，才有可能对 s_0 点的相角条件造成影响。那么，当 $s=s_0$ 时

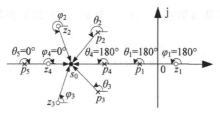

图 4.4　实轴上的根轨迹

$$\angle G(s)H(s) = \sum_{i=1}^{4} \varphi_i - \sum_{i=1}^{5} \theta_j = [\varphi_1] - [\theta_1 + \theta_4] = -\pi$$

即相角条件成立，s_0点位于根轨迹上。

一般地，设s_0点的右侧有p个开环实数零点、q个开环实数极点，则s_0点位于根轨迹上的充分必要条件是

$$\sum_{i=1}^{m} \varphi_i - \sum_{j=1}^{n} \theta_j = (p-q)\pi = [(p+q)-2q]\pi = \pm(2k+1)\pi$$

即上式中$(p+q)$为奇数。

根据本法则可知，在图 4.4 所示实轴上，区间$[p_1,z_1]$、$[z_4,p_4]$和$[-\infty,p_5]$都是实轴上的根轨迹。

法则 4 根轨迹的渐近线：当系统开环极点个数 n 大于开环零点个数 m 时，有 $n-m$ 条轨迹分支沿着与正实轴夹角为 φ_a、交点为 σ_a 的一组渐近线趋向于无穷远处，且有

$$\begin{cases} \varphi_a = \pm \dfrac{(2k+1)\pi}{n-m} \\ \sigma_a = \dfrac{\displaystyle\sum_{j=1}^{n} p_j - \sum_{i=1}^{m} z_i}{n-m} \end{cases} \quad (k=0,1,2,\cdots)$$

证明 渐近线就是$s\to\infty$时的根轨迹，因此渐近线也一定对称于实轴。将开环传递函数写成多项式形式，得

$$G(s)H(s) = K^* \frac{\displaystyle\prod_{i=1}^{m}(s-z_i)}{\displaystyle\prod_{j=1}^{n}(s-p_j)} = K^* \frac{s^m + b_1 s^{m-1} + \cdots + b_{m-1}s + b_m}{s^n + a_1 s^{n-1} + \cdots + a_{n-1}s + a_n} \tag{4.14}$$

式(4.14)中，$b_1 = -\sum_{i=1}^{m} z_i$，$a_1 = -\sum_{j=1}^{n} p_j$。式(4.14)的分母除以分子，当$s\to\infty$时可近似为

$$G(s)H(s) = \frac{K^*}{s^{n-m} + (a_1 - b_1)s^{n-m-1}}$$

由 $G(s)H(s) = -1$ 得

$$s^{n-m}\left(1 + \frac{a_1 - b_1}{s}\right) = -K^*$$

或者

$$s\left(1 + \frac{a_1 - b_1}{s}\right)^{\frac{1}{n-m}} = (-K^*)^{\frac{1}{n-m}}$$

将$\left(1 + \dfrac{a_1 - b_1}{s}\right)^{\frac{1}{n-m}}$用泰勒级数在$(1/s)\to 0$处展开，并取近似线性项，有

$$s\left[1 + \frac{a_1 - b_1}{(n-m)s}\right] = (-K^*)^{\frac{1}{n-m}}$$

令 $\sigma = \dfrac{a_1 - b_1}{(n-m)}$，上式变为

$$s + \sigma = (-K^*)^{\frac{1}{n-m}}$$

或者

$$s=-\sigma+K^{*\frac{1}{n-m}}e^{j\frac{\pm(2k+1)\pi}{n-m}},(k=0,1,2,\cdots)$$

这就是当 $s\to\infty$ 时根轨迹的渐近线方程。它表明渐近线与实轴的交点坐标为

$$\sigma_a=-\sigma=\frac{\sum_{j=1}^{n}p_j-\sum_{i=1}^{m}z_i}{n-m}$$

渐近线与正实轴夹角为

$$\varphi_a=\pm\frac{(2k+1)\pi}{n-m},(k=0,1,2,\cdots)$$

本法则得证。

【例 4-1】 单位反馈系统开环传递函数为

$$G(s)=\frac{K^*(s+1)}{s(s+4)(s^2+2s+2)}$$

试根据已知的基本法则,绘制根轨迹的渐近线。

解　(1)在复平面上画出开环极点 $p_1=0$、$p_2=-1+\mathrm{j}1$、$p_3=-1-\mathrm{j}1$、$p_4=-4$ 及开环零点 $z_1=-1$。

(2)根据法则 3,实轴上的根轨迹区段:$[-\infty,-4]$、$[-1,0]$。

(3)根据法则 4,系统有 4 条根轨迹分支,有 $n-m=3$ 条根轨迹趋于无穷远处,其渐近线与实轴的交点及夹角为

$$\begin{cases}\sigma_a=\dfrac{[0+(-4)+(-1+\mathrm{j}1)+(-1-\mathrm{j}1)]-[-1]}{4-1}=-\dfrac{5}{3}\\[3mm]\varphi_a=\pm\dfrac{(2k+1)\pi}{4-1}=\pm\dfrac{\pi}{3},\pi\end{cases}$$

三条渐近线如图 4.5 虚线所示。

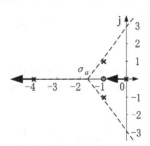

图 4.5　例 4-1 开环零、极点及渐近线图

法则 5　根轨迹的分离点与分离角:两条或两条以上根轨迹分支在 s 平面上相遇又分离的点,称为根轨迹的分离点,分离点的坐标 d 是方程

$$\sum_{j=1}^{n}\frac{1}{d-p_j}=\sum_{i=1}^{m}\frac{1}{d-z_i}\qquad(4.15)$$

的解。

证明　由根轨迹方程式(4.10),有

$$1 + K^* \frac{\displaystyle\prod_{i=1}^{m}(s - z_i)}{\displaystyle\prod_{j=1}^{n}(s - p_j)} = 0$$

所以闭环特征方程为

$$D(s) = \prod_{j=1}^{n}(s - p_j) + K^* \prod_{i=1}^{m}(s - z_i) = 0$$

或者

$$\prod_{j=1}^{n}(s - p_j) = -K^* \prod_{i=1}^{m}(s - z_i) \tag{4.16}$$

根轨迹在 s 平面上相遇,说明闭环特征方程出现重根。设重根为 d,根据代数方程的重根条件,有

$$\dot{D}(s) = \frac{\mathrm{d}}{\mathrm{d}s}\Big[\prod_{j=1}^{n}(s - p_j) + K^* \prod_{i=1}^{m}(s - z_i) \Big] = 0$$

或者

$$\frac{\mathrm{d}}{\mathrm{d}s}\prod_{j=1}^{n}(s - p_j) = -K^* \frac{\mathrm{d}}{\mathrm{d}s}\prod_{i=1}^{m}(s - z_i) \tag{4.17}$$

将式(4.17)和式(4.16)等号两端相除,得

$$\frac{\dfrac{\mathrm{d}}{\mathrm{d}s}\displaystyle\prod_{j=1}^{n}(s - p_j)}{\displaystyle\prod_{j=1}^{n}(s - p_j)} = \frac{\dfrac{\mathrm{d}}{\mathrm{d}s}\displaystyle\prod_{i=1}^{m}(s - z_i)}{\displaystyle\prod_{i=1}^{m}(s - z_i)}$$

即

$$\frac{\mathrm{d}\ln \displaystyle\prod_{j=1}^{n}(s - p_j)}{\mathrm{d}s} = \frac{\mathrm{d}\ln \displaystyle\prod_{i=1}^{m}(s - z_i)}{\mathrm{d}s}$$

则有

$$\sum_{j=1}^{n} \frac{\mathrm{d}\ln(s - p_j)}{\mathrm{d}s} = \sum_{i=1}^{m} \frac{\mathrm{d}\ln(s - z_i)}{\mathrm{d}s}$$

于是有

$$\sum_{j=1}^{n} \frac{1}{s - p_j} = \sum_{i=1}^{m} \frac{1}{s - z_i}$$

从上式解出的 s 中,经检验可得分离点 d。本法则得证。

这里不加证明地指出:当 l 条根轨迹分支进入并立即离开分离点时,分离角可由 $\dfrac{(2k+1)\pi}{l}$ 决定,其中 $k = 0, 1, \cdots, l-1$。需要说明的是,分离角定义为各条根轨迹在分离点处的切线方向与正实轴的夹角。显然,当 $l = 2$ 时,分离角必为直角。

【例 4-2】 控制系统的开环传递函数为

$$G(s) = \frac{K^*(s+2)}{s(s+1)(s+4)}$$

试概略绘制系统的根轨迹。

解 将系统的开环零、极点标于 s 平面,如图 $4-6$ 所示。

根据法则 2,系统有 3 条根轨迹分支,且有 $n-m=2$ 条根轨迹趋于无穷远处。根轨迹绘制步骤如下:

(1)在复平面上画出开环极点 $p_1=0$、$p_2=-1$、$p_3=-4$,以及开环零点 $z_1=-2$。

(2)实轴上的根轨迹:根据法则 3,实轴上的根轨迹区段 $[-4,-2]$、$[-1,0]$。

(3)渐近线:根据法则 4,根轨迹的渐近线与实轴交点和夹角为

$$\begin{cases} \sigma_a = \dfrac{[0+(-1)+(-4)]-[-2]}{3-1} = -\dfrac{3}{2} \\ \varphi_a = \pm\dfrac{(2k+1)\pi}{3-1} = \pm\dfrac{\pi}{2} \end{cases}$$

(4)分离点:根据法则 5,分离点坐标满足

$$\frac{1}{d}+\frac{1}{d+1}+\frac{1}{d+4}=\frac{1}{d+2}$$

经整理得

$$(d+4)(d^2+4d+2)=0$$

解得 $d_1=-4$、$d_2=-3.414$、$d_3=-0.586$。显然,分离点位于实轴上 $[-1,0]$ 区间,故取 $d=-0.586$,而分离角等于 $90°$。

根据上述分析,可绘制出系统根轨迹,如图 4.6 所示。

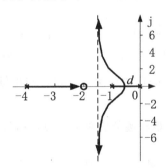

图 4.6 例 $4-2$ 根轨迹图

法则 6 根轨迹与虚轴的交点:若根轨迹与虚轴相交,意味着闭环特征方程出现纯虚根。故可在闭环特征方程中令 $s=j\omega$,然后分别令方程的实部和虚部为零,求得交点的坐标值及其相应的 K^* 值。此外,根轨迹与虚轴相交表明系统在相应 K^* 值时处于临界稳定状态,故亦可用劳斯稳定判据求出交点的坐标值及其相应的 K^* 值。根轨迹与虚轴的交点处的根轨迹增益称为临界根轨迹增益。

【例 $4-3$】 某单位反馈系统开环传递函数为 $G(s)=\dfrac{K^*}{s(s+1)(s+5)}$,试概略绘制系统根轨迹。

解 根轨迹绘制步骤如下

(1)在复平面上画出开环极点 $p_1=0$、$p_2=-1$、$p_3=-5$。

(2)实轴上的根轨迹:$[-\infty,-5]$、$[-1,0]$。

(3)渐近线：
$$\begin{cases} \sigma_a = \dfrac{[0+(-1)+(-5)]}{3-0} = -2 \\ \varphi_a = \pm\dfrac{(2k+1)\pi}{3-0} = \pm\dfrac{\pi}{3},\pi \end{cases}$$

(4)分离点：$\dfrac{1}{d}+\dfrac{1}{d+1}+\dfrac{1}{d+5}=0$

经整理得

$$3d^2+12d+5=0$$

解得 $d_1=-3.5$、$d_2=-0.47$。分离点应位于实轴上 $[-1,0]$ 区间，故取 $d=-0.47$，分离角等于 $90°$。

(5)与虚轴交点：

方法 1　系统闭环特征方程为

$$D(s)=s^3+6s^2+5s+K^*=0$$

令 $s=j\omega$，则

$$D(j\omega)=(j\omega)^3+6(j\omega)^2+5(j\omega)+K^*=-j\omega^3-6\omega^2+j5\omega+K^*=0$$

令实部、虚部分别为零，有

$$K^*-6\omega^2=0$$
$$5\omega-\omega^3=0$$

解得

$$\begin{cases} \omega=0 \\ K^*=0 \end{cases}, \qquad \begin{cases} \omega=\pm\sqrt{5} \\ K^*=30 \end{cases}$$

显然，第一组解是根轨迹的起点，故舍去。根轨迹与虚轴的交点为 $s=\pm j\sqrt{5}$，对应的根轨迹增益 $K^*=30$。

方法 2　用劳斯稳定判据求根轨迹与虚轴的交点。由特征方程列写劳斯表：

s^3	1	5
s^2	6	K^*
s^1	$(30-K^*)/6$	0
s^0	K^*	

当 $K^*=30$ 时，s^1 行元素全为零，系统存在对称根。对称根可由 s^2 行的辅助方程

$$F(s)=6s^2+K^*\big|_{K^*=30}=0$$

求得，$s=\pm j\sqrt{5}$ 为根轨迹与虚轴的交点。根据上述分析，可绘制出系统根轨迹，如图 4.7 所示。

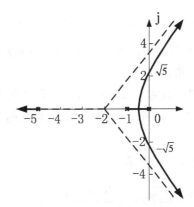

图 4.7　例 4-3 根轨迹图

法则 7　根轨迹的起始角和终止角：根轨迹离开复数开环极点处的切线与正实轴的夹角，称为起始角，用 θ_{p_i} 表示；根轨迹进入复数开环零点处的切线与正实轴的夹角，称为终止角，用 φ_{z_j} 表示。

起始角、终止角的计算公式可利用相角条件得出。

【例 4-4】　设系统的开环传递函数为

$$G(s)=\frac{K^*(s+1.5)(s+2+\mathrm{j}1)(s+2-\mathrm{j}1)}{s(s+2.5)(s+0.5+\mathrm{j}1.5)(s+0.5-\mathrm{j}1.5)}$$

试概略绘制系统根轨迹。

解　绘制极轨迹步骤如下

(1)在复平面上画出开环极点 $p_1=0$、$p_2=-0.5+\mathrm{j}1.5$、$p_3=-0.5-\mathrm{j}1.5$、$p_4=-2.5$ 以及开环零点 $z_1=-1.5$、$z_2=-2+\mathrm{j}1$、$z_3=-2-\mathrm{j}1$。

(2)实轴上的根轨迹：$[-1.5,0]$、$[-\infty,-2.5]$。

(3)起始角和终止角：先求起始角。设 s_1 是由 p_2 出发的根轨迹分支对应 $K^*=\varepsilon(\varepsilon\to0)$ 时的点，s_1 到 p_2 的距离无限小，则矢量 $\overrightarrow{p_2s_1}$ 的相角即为起始角。作各开环零、极点到 s_1 的向量。除 p_2 之外，其余开环零、极点指向 s_1 的向量与指向 p_2 的向量近似等价，根据开环零、极点坐标可以算出各向量的相角[见图 4.8(a)]。由相角条件式(4.12)得

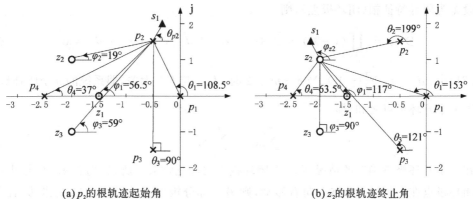

(a) p_2 的根轨迹起始角　　　　　(b) z_2 的根轨迹终止角

图 4.8　例 4-4 根轨迹的起始角和终止角

$$\sum_{i=1}^{m} \angle(s_1 - z_i) - \sum_{j=1}^{n} \angle(s_1 - p_j) = (\varphi_1 + \varphi_2 + \varphi_3) - (\theta_1 + \theta_{p_2} + \theta_3 + \theta_4) = \pm(2k+1)\pi$$

$$\theta_{p_2} = \pi + [(\varphi_1 + \varphi_2 + \varphi_3) - (\theta_1 + \theta_3 + \theta_4)] = 79°$$

因为 p_3 与 p_2 为共轭复数，所以 $\theta_{p_3} = -79°$。

同理，作各开环零、极点到复数零点 z_2 的向量，可算出复数零点 z_2 处的终止角 $\varphi_{z_2} = 149.5°$ [见图 4.8(b)]。作出系统的根轨迹如图 4.9 所示。

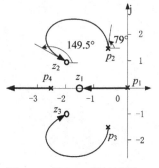

图 4.9 例 4-4 根轨迹图

通过该例，可得起始角、终止角的计算公式为

$$\theta_{p_i} = (2k+1)\pi + \left(\sum_{j=1}^{m} \varphi_{z_j p_i} - \sum_{\substack{j=1 \\ j \neq i}}^{n} \theta_{p_j p_i}\right)$$

$$\varphi_{z_i} = (2k+1)\pi - \left(\sum_{\substack{j=1 \\ j \neq i}}^{m} \varphi_{z_j z_i} - \sum_{j=1}^{n} \theta_{p_j z_i}\right)$$

$$(k = 0, 1, 2, \cdots) \qquad (4.18)$$

法则 8 根之和：当系统的开环传递函数 $G(s)H(s)$ 分子、分母的阶数之差 $n-m \geqslant 2$ 时，系统的闭环极点之和等于系统的开环极点之和。即

$$\sum_{i=1}^{n} \lambda_i = \sum_{i=1}^{n} p_i, \qquad (n-m \geqslant 2) \qquad (4.19)$$

式(4.19)中，λ_1、λ_2、$\cdots$、λ_n 为系统的闭环极点(特征根)；p_1、p_2、$\cdots$、p_n 为系统的开环极点。

证明 设系统的开环传递函数为

$$G(s)H(s) = \frac{K^* \prod\limits_{j=1}^{m}(s-z_j)}{\prod\limits_{i=1}^{n}(s-p_i)} = \frac{K^*(s^m + b_{m-1}s^{m-1} + b_{m-2}s^{m-2} + \cdots + b_0)}{s^n + a_{n-1}s^{n-1} + a_{n-2}s^{n-2} + \cdots + a_0} \qquad (4.20)$$

式(4.20)中，$a_{n-1} = \sum\limits_{i=1}^{n}(-p_i)$。闭环特征方程为

$$D(s) = \prod_{i=1}^{n}(s-p_i) + K^* \prod_{j=1}^{m}(s-z_j)$$

$$= (s^n + a_{n-1}s^{n-1} + a_{n-2}s^{n-2} + \cdots + a_0) + K^*(s^m + b_{m-1}s^{m-1} + b_{m-2}s^{m-2} + \cdots + b_0) = 0$$

设 λ_j 为闭环特征根(闭环极点)，则

$$D(s) = \prod_{i=1}^{n}(s-\lambda_i) = s^n + d_{n-1}s^{n-1} + d_{n-2}s^{n-2} + \cdots + d_0 = 0 \qquad (4.21)$$

式(4.21)中，$d_{n-1} = \sum\limits_{i=1}^{n}(-\lambda_i)$。当 $n-m \geqslant 2$ 时，d_{n-1} 与 K^* 无关，即系统的 n 个闭环极点之和等于 n 个开环极点之和，即

$$\sum_{i=1}^{n} \lambda_i = \sum_{i=1}^{n} p_i$$

在 n 个开环极点确定的情况下，n 个闭环极点之和是常数。所以，随着 K^* 的增大，若一部分闭环极点在 s 平面上总体上向右移动，则另一部分极点必然总体上向左移动，且左、右移动的距离增量之和为零。

利用根之和法则可以确定闭环极点的位置,判定分离点所在范围。

【**例 4 - 5**】　某单位反馈系统开环传递函数为

$$G(s)=\frac{K^*}{s(s+1)(s+2)}$$

试概略绘制系统根轨迹,并求临界根轨迹增益及该增益对应的三个闭环极点。

解　系统有 3 条根轨迹分支,且有 $n-m=3$ 条根轨迹趋于无穷远处。绘制根轨迹步骤如下:

(1)在复平面上画出开环极点 $p_1=0$、$p_2=-1$、$p_3=-2$。

(2)实轴上的根轨迹:$[-\infty,-2]$、$[-1,0]$。

(3)渐近线:

$$\sigma_a=\frac{[0+(-1)+(-2)]}{3-0}=-1$$

$$\varphi_a=\pm\frac{(2k+1)\pi}{3-0}=\pm\frac{\pi}{3},\pi$$

(4)分离点:$\dfrac{1}{d}+\dfrac{1}{d+1}+\dfrac{1}{d+2}=0$

经整理得

$$3d^2+6d+2=0$$

故 $d_1=-1.577$,$d_2=-0.423$,分离点应位于实轴上 $[-1,0]$ 区间,故取 $d=-0.423$,而分离角等于 $90°$。

由于满足 $n-m\geqslant2$,闭环根之和为常数,当 K^* 增大时,两条根轨迹向左移动的速度低于一条根轨迹向右移动的速度,因此分离点 $|d|<0.5$ 是合理的。

(5)与虚轴的交点:系统闭环特征方程为

$$D(s)=s^3+3s^2+2s+K^*=0$$

令 $s=\mathrm{j}\omega$,则

$$D(\mathrm{j}\omega)=(\mathrm{j}\omega)^3+3(\mathrm{j}\omega)^2+2(\mathrm{j}\omega)+K^*=-\mathrm{j}\omega^3-3\omega^2+\mathrm{j}2\omega+K^*=0$$

令实部、虚部分别为零,有

$$K^*-3\omega^2=0$$
$$2\omega-\omega^3=0$$

解得

$$\begin{cases}\omega=0\\K^*=0\end{cases},\begin{cases}\omega=\pm\sqrt{2}\\K^*=6\end{cases}$$

显然,第一组解是根轨迹的起点,故舍去。根轨迹与虚轴的交点为 $\lambda_{1,2}=\pm\mathrm{j}\sqrt{2}$,对应的根轨迹增益 $K^*=6$。因为当 $0<K^*<6$ 时系统稳定,故 $K^*=6$ 为临界根轨迹增益。根轨迹与虚轴的交点为对应的两个闭环极点,第三个闭环极点可由根之和法则求得

$$(\mathrm{j}\sqrt{2})+(-\mathrm{j}\sqrt{2})+\lambda_3=0+(-1)+(-2)$$
$$\lambda_3=-3$$

系统根轨迹如图 4.10 所示。

综上所述,在已知系统开环零、极点的情况下,利用上述各条法则,即可方便地绘制出系

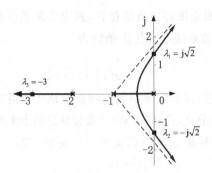

图 4.10　例 4-5 根轨迹图

统的概略根轨迹。具体绘制某个系统根轨迹时,这八条法则并不一定全部用到,要根据具体情况确定应选用的法则。为了便于查阅,将这些法则统一归纳在表 4.1 中。

表 4.1　绘制根轨迹的基本法则

序号	内容	法则
1	根轨迹的起点和终点	根轨迹起始于开环极点,终止于开环零点;如果 $m<n$,则有 $n-m$ 条根轨迹终止于无穷远处
2	根轨迹的分支数、对称性和连续性	根轨迹的分支数等于开环极点个数 n,根轨迹连续并且对称于实轴
3	实轴上的根轨迹	若实轴上某一区间的右侧开环实数零、极点个数之和为奇数,则该区间必是 $180°$ 根轨迹
4	根轨迹的渐近线	渐近线与实轴的夹角:$\varphi_a = \pm\dfrac{(2k+1)\pi}{n-m}$　　$(k=0,1,2,\cdots)$ 渐近线与实轴的交点:$\sigma_a = \dfrac{\sum\limits_{j=1}^{n} p_j - \sum\limits_{i=1}^{m} z_i}{n-m}$
5	根轨迹的分离点与分离角	l 条根轨迹分支相遇然后分离,其分离点的坐标 d 由方程 $\sum\limits_{j=1}^{n}\dfrac{1}{d-p_j} = \sum\limits_{i=1}^{m}\dfrac{1}{d-z_i}$ 确定;分离角为 $(2k+1)\pi/l$
6	根轨迹与虚轴的交点	根轨迹与虚轴的交点坐标 ω 值及相应的 K^* 值可用劳斯判据求出
7	根轨迹的起始角和终止角	起始角:$\theta_{p_i} = (2k+1)\pi + (\sum\limits_{j=1}^{m}\varphi_{z_j p_i} - \sum\limits_{\substack{j=1\\j\neq k}}^{n}\theta_{p_j p_i})$,$(k=0,1,2,\cdots)$ 终止角:$\varphi_{z_i} = (2k+1)\pi - (\sum\limits_{\substack{j=1\\j\neq k}}^{m}\varphi_{z_j z_i} - \sum\limits_{j=1}^{n}\theta_{p_j z_i})$,$(k=0,1,2,\cdots)$
8	根之和	$\sum\limits_{i=1}^{n}\lambda_i = \sum\limits_{i=1}^{n} p_i$,$(n-m\geqslant 2)$

若需要得到更准确的根轨迹,还可根据相角条件,采用试探法准确地确定轨迹上若干点的位置(尤其是在虚轴附近或原点附近的重要位置上),作相应的修改后,就能得到比较精确的根轨迹。

图 4.11 给出了几种常见的开环极点、零点分布及其相应的根轨迹概略图,作为补充和参考。

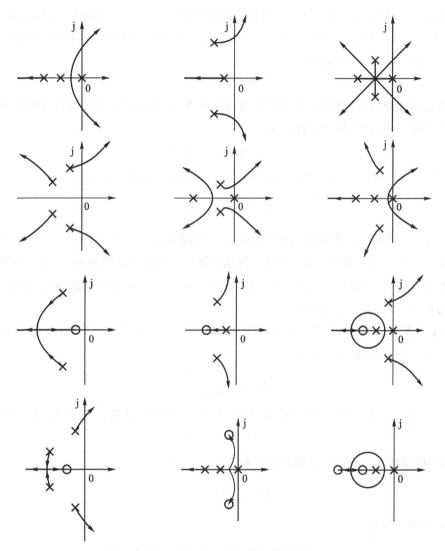

图 4.11　开环零、极点分布及相应的根轨迹图

4.3　广义根轨迹

前面介绍的仅是系统在负反馈条件下根轨迹增益 K^*(或者开环增益 K)变化时的常规根轨迹的绘制方法。在实际工程系统的分析、设计过程中,有时需要分析正反馈条件下或者除了系统的开环增益 K 以外的其他参量(例如时间常数、测速反馈系数等)变化等对系统性能的影响。这种情形下绘制的根轨迹称为广义根轨迹。

4.3.1 参数根轨迹

以非开环增益为可变参数绘制的根轨迹称为参数根轨迹,以区别于以开环增益 K 为可变参数的常规根轨迹。

绘制参数根轨迹的法则与绘制常规根轨迹的法则完全相同。只要在绘制参数根轨迹之前,引入等效开环传递函数的概念,则常规根轨迹的所有绘制法则,均适用于参数根轨迹的绘制。为此,需要对闭环特征方程

$$1+G(s)H(s)=0$$

进行等效变换。假设系统除 K^* 外的任意变化参数为 A,则需要用闭环特征方程中不含有 A 的各项去除该方程,使原特征方程变为

$$1+G^*(s)H^*(s)=0 \tag{4.21}$$

式(4.21)中,$G^*(s)H^*(s)$ 为系统的等效开环传递函数,它有如下形式

$$G^*(s)H^*(s)=A\frac{P(s)}{Q(s)} \tag{4.22}$$

式(4.22)中,$P(s)$ 和 $Q(s)$ 为两个与 A 无关的首一化多项式。显然,参变量 A 所处的位置与常规根轨迹开环传递函数中的 K^* 所处位置完全相同。经过上述处理后,就可以根据 $G^*(s)H^*(s)$ 的零、极点去绘制以 A 为参变量的根轨迹。这一处理方法和结论,对于绘制开环零、极点等参数变化时的根轨迹同样适用。

【**例 4 - 6**】 已知双闭环系统框图如图 4.12 所示,试绘制以 a 为参变量的根轨迹。

解 系统的开环传递函数为

$$G(s)H(s)=\frac{4}{s(s+1+2a)}$$

由于 a 为参变量,因而不能根据 $G(s)H(s)$ 的极点绘制根轨迹。写出闭环系统特征方程

$$s^2+(1+2a)s+4=0$$

方程两边同除以 s^2+s+4,则上式化为

$$1+\frac{2as}{s^2+s+4}=0$$

等效开环传递函数为

$$G^*(s)H^*(s)=\frac{2as}{s^2+s+4}=\frac{a^*s}{(s+\frac{1}{2}+\mathrm{j}\frac{\sqrt{15}}{2})(s+\frac{1}{2}-\mathrm{j}\frac{\sqrt{15}}{2})}$$

其中 $a^*=2a$。等效开环传递函数的极点为 $p_{1,2}=-1/2\pm\mathrm{j}\sqrt{15}/2$,零点为 $z_1=0$。于是可利用常规根轨迹的绘制法则画出根轨迹,如图 4.13 所示。

另外,在某些场合需要研究多个参量同时变化时对系统性能的影响,此时就需要绘制多个参量同时变化时的根轨迹。以两个参量同时变化为例,绘制时一般是先将其中一个参量在 $0\to\infty$ 内取一组常数,然后针对每一个常数绘制以另一个参量为变量的根轨迹,最终得到一组曲线,称为根轨迹簇。

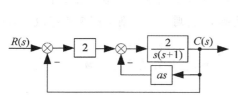

图 4.12　双闭环控制系统

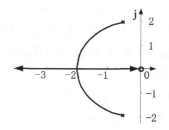

图 4.13　例 4-6 所示系统的根轨迹

4.3.2　零度根轨迹

　　如果系统的根轨迹方程的右侧不是"−1"而是"+1",这时根轨迹方程的幅值条件不变,而相角条件右侧不再是 $180°+2k\pi$,而是 $0°+2k\pi$,因此这种根轨迹称为零度根轨迹。一般来说,零度根轨迹的来源有两个方面:一是系统中包含 s 最高次幂的系数为负的因子;二是控制系统中包含有正反馈内回路。前者是由于被控对象,如飞机、导弹的本身特性所产生的,或者是在系统结构图变换过程中产生的;后者是由于某种性能指标要求,使得在复杂的控制系统设计中,必须包含正反馈内回路所致。

　　零度根轨迹的绘制法则,与常规根轨迹绘制法则略有不同。以正反馈系统为例,设某个复杂控制系统如图 4.14 所示,其中内回路采用正反馈,这种系统通常由外回路加以稳定。为了分析整个控制系统的性能,首先要确定内回路的零、极点。当用根轨迹法确定内回路的零、极点时,就相当于绘制正反馈系统的根轨迹。

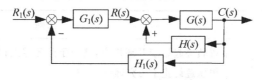

图 4.14　复杂控制系统

　　在图 4.14 中,正反馈内回路的闭环传递函数为

$$\frac{C(s)}{R(s)}=\frac{G(s)}{1-G(s)H(s)}$$

正反馈系统的根轨迹方程为

$$G(s)H(s)=1$$

即

幅值条件

$$|G(s)H(s)|=K^*\frac{\prod\limits_{i=1}^{m}|s-z_i|}{\prod\limits_{j=1}^{n}|s-p_j|}=1 \tag{4.23}$$

相角条件

$$\angle G(s)H(s)=\sum_{i=1}^{m}\angle(s-z_i)-\sum_{j=1}^{n}\angle(s-p_j)=\pm 2k\pi \quad k=0,1,2,\cdots \tag{4.24}$$

对比式(4.23)和式(4.24)与常规根轨迹对应的式(4.11)和式(4.12),可知它们的幅值条件完全相同,仅相角条件改变。因此,绘制180°根轨迹法则中与相角条件无关的法则可直接用来绘制0°根轨迹,而与相角条件有关的法则3、法则4和法则7则需要修改。修改调整后的法则为

法则3*   实轴上的根轨迹:实轴上的某一区间,若其右侧开环实数零、极点个数之和为偶数,则该区间必是根轨迹。

法则4*   根轨迹的 $n-m$ 条渐近线与实轴的夹角和交点为

$$
\begin{cases}
\varphi_a = \pm \dfrac{2k\pi}{n-m} \\[3mm]
\sigma_a = \dfrac{\sum\limits_{j=1}^{n} p_j - \sum\limits_{i=1}^{m} z_i}{n-m}
\end{cases}
,(k=0,1,2,\cdots)
\tag{4.25}
$$

法则7*   根轨迹的起始角和终止角

$$
\text{起始角:}\ \theta_{p_i} = 2k\pi + \left(\sum_{j=1}^{m} \varphi_{z_j p_i} - \sum_{\substack{j=1 \\ j \neq i}}^{n} \theta_{p_j p_i}\right), \quad (k=0,1,2,\cdots)
\tag{4.26}
$$

$$
\text{终止角:}\ \varphi_{z_i} = 2k\pi - \left(\sum_{\substack{j=1 \\ j \neq r}}^{m} \varphi_{z_j z_i} - \sum_{j=1}^{n} \theta_{p_j z_i}\right), \quad (k=0,1,2,\cdots)
\tag{4.27}
$$

除上述三个法则外,其他法则不变。为了便于使用,表4.2列出了0°根轨迹的绘制法则。

表 4.2   绘制零度根轨迹的基本法则

序号	内容	法则
1	根轨迹的起点和终点	根轨迹起始于开环极点,终止于开环零点;如果 $m<n$,则有 $n-m$ 条根轨迹终止于无穷远处
2	根轨迹的分支数,对称性和连续性	根轨迹的分支数等于开环极点数 n,根轨迹连续并且对称于实轴
3	实轴上的根轨迹	*若实轴上某一区间的右侧开环实数零、极点个数之和为偶数,则该区间必是0°根轨迹
4	根轨迹的渐近线	*渐近线与实轴的夹角: $\varphi_a = \pm \dfrac{2k\pi}{n-m}$,$(k=0、1、2、\cdots)$ 渐近线与实轴的交点: $\sigma_a = \dfrac{\sum\limits_{j=1}^{n} p_j - \sum\limits_{i=1}^{m} z_i}{n-m}$
5	根轨迹的分离点与分离角	l 条根轨迹分支相遇又分离,其分离点的坐标 d 由方程 $\sum\limits_{j=1}^{n} \dfrac{1}{d-p_j} = \sum\limits_{i=1}^{m} \dfrac{1}{d-z_i}$ 确定;分离角为 $(2k+1)\pi/l$
6	根轨迹与虚轴的交点	根轨迹与虚轴的交点坐标 ω 值及相应的 K^* 值可用劳斯判据求出

序号	内容	法则
7	根轨迹的起始角和终止角	*起始角：$\theta_{p_i} = 2k\pi + (\sum\limits_{j=1}^{m}\varphi_{z_j p_i} - \sum\limits_{\substack{j=1 \\ j\neq r}}^{n}\theta_{p_j p_i})$，$(k=0,1,2,\cdots)$ *终止角：$\varphi_{z_i} = 2k\pi - (\sum\limits_{\substack{j=1 \\ j\neq r}}^{m}\varphi_{z_j z_i} - \sum\limits_{j=1}^{n}\theta_{p_j z_i})$，$(k=0,1,2,\cdots)$
8	根之和	$\sum\limits_{i=1}^{n}\lambda_i = \sum\limits_{i=1}^{n}p_i$，$(n-m\geqslant 2)$

注：表中，以"*"标明的是绘制 0°根轨迹的法则（与常规根轨迹的法则不同），其余法则不变。

【例 4 - 7】　设正反馈系统结构图如图 4.14 中的内回路所示，其中

$$G(s) = \frac{K^*(s+2)}{(s+3)(s^2+2s+2)}, H(s)=1$$

试绘制该系统的根轨迹图。

解　系统为正反馈，根轨迹方程为

$$G(s)H(s) = \frac{K^*(s+2)}{(s+3)(s^2+2s+2)} = 1$$

应绘制 0°根轨迹。

根轨迹绘制步骤如下

(1)在复平面上画出开环极点 $p_1 = -1+j$，$p_2 = -1-j$，$p_3 = -3$ 以及开环零点 $z_1 = -2$。

(2)实轴上的根轨迹：$[-\infty, -3]$、$[-2, \infty)$。

(3)渐近线：

$$\begin{cases} \varphi_a = \pm\dfrac{2k\pi}{3-1} = 0°, 180° \\ \sigma_a = \dfrac{[(-3)+(-1+j1)+(-1-j1)]-[-2]}{3-1} = -\dfrac{3}{2} \end{cases}$$

(4)分离点：$\dfrac{1}{d+3} + \dfrac{1}{d+1-j} + \dfrac{1}{d+1+j} = \dfrac{1}{d+2}$

经整理得　　$(d+0.8)(d^2+4.7d+6.24)=0$

显然，分离点位于实轴上，故取 $d=-0.8$，而分离角等于 90°。

(5)起始角：根据绘制 0°根轨迹的法则 7*，对应复数极点 p_1 的根轨迹起始角为

$$\theta_{p_1} = 0° + [45° - (90° + 26.6°)] = -71.6°$$

根据对称性，根轨迹从 p_2 的起始角 $\theta_{p_2} = 71.6°$。系统的概略 0°根轨迹如图 4.15 所示。

(6)临界开环增益：由图 4.15 可见，坐标原点对应的根轨迹增益为临界值，可由幅值条件求得

$$K_c^* = \frac{|0-(-1+j)| \cdot |0-(-1-j)| \cdot |0-(-3)|}{|0-(-2)|} = 3$$

由于 $K = K^{*}/3$,于是临界开环增益 $K_{c} = 1$。因此,为了使该正反馈系统稳定,开环增益应小于1。

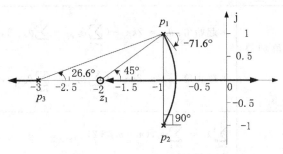

图 4.15 例 4-7 根轨迹图

【例 4-8】 飞机纵向控制系统结构图如图 4.16(a)所示,设开环传递函数为

$$G(s)H(s) = \frac{K(-s^2 - 2s + 1.25)}{s(s^2 + 3s + 15)}$$

试绘出飞机纵向运动的根轨迹图。

解 系统的闭环特征方程为

$$1 + G(s)H(s) = 1 - \frac{K(s^2 + 2s - 1.25)}{s(s^2 + 3s + 15)} = 0$$

可见,虽然是负反馈系统,但因传递函数分子多项式中 s 最高次幂系数为负,从而使系统具有正反馈性质。

根轨迹方程为

$$\frac{K(s^2 + 2s - 1.25)}{s(s^2 + 3s + 15)} = 1$$

可见,应该画 0° 根轨迹。

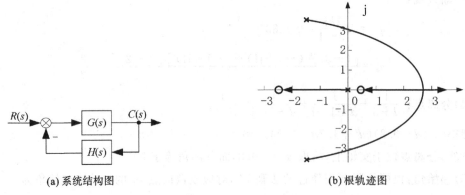

(a)系统结构图　　　　　　　　　　(b)根轨迹图

图 4.16 例 4-8 图

根轨迹绘制步骤如下

(1)在复平面上画出开环极点 $p_1 = 0$、$p_2 = -1.5 + j3.357$、$p_3 = -1.5 - j3.357$,以及开环零点 $z_1 = -2.5$、$z_2 = 0.5$。

(2)实轴上的根轨迹: $[-2.5, 0]$、$[0.5, \infty]$。

（3）分离点与分离角：$\dfrac{1}{d} + \dfrac{1}{d+1.5-\mathrm{j}3.357} + \dfrac{1}{d+1.5+\mathrm{j}3.357} = \dfrac{1}{d+2.5} + \dfrac{1}{d-0.5}$

经整理得

$$(d-2.7)(d+6)(d^2+0.7d+1.14)=0$$

显然，分离点位于实轴上 $[0.5,\infty]$ 区间，故取 $d=2.7$，而分离角等于 $90°$。

（4）与虚轴交点：系统特征方程为

$$D(s)=s^3+(3-K)s^2+(15-2K)s+1.25K=0$$

令

$$\begin{cases} \mathrm{Im}[D(\mathrm{j}\omega)]=-\omega^3+(15-2K)\omega=0 \\ \mathrm{Re}[D(\mathrm{j}\omega)]=-(3-K)\omega^2+1.25K=0 \end{cases}$$

解出

$$\begin{cases} \omega=0 \\ K=0 \end{cases}, \qquad \begin{cases} \omega=3.112 \\ K=2.657 \end{cases}$$

与虚轴交点为 $(0,\pm\mathrm{j}3.112)$。

（5）起始角：根据绘制 $0°$ 根轨迹的法则 7*，对应复数极点 p_2 的根轨迹的起始角为

$$\theta_{p_2}=0°+[(74.35°+119.26°)-(112.79°+90°)]=-9.18°$$

根据对称性，根轨迹从 p_3 的起始角为 $\theta_{p_3}=9.18°$。整个系统概略 $0°$ 根轨迹如图 4.16(b) 所示。

4.4　利用 MATLAB 绘制根轨迹

利用 MATLAB 绘制根轨迹非常简单，但需要将闭环特征方程写成如下形式

$$1+K\frac{P(s)}{Q(s)}=0$$

MATLAB 提供了 rlocus( ) 函数来绘制给定系统的根轨迹，该函数的调用格式为

$$\text{rlocus(sys)}$$

式中，sys 为多项式 $P(s)/Q(s)$ 的 MATLAB 模型。利用该命令可以绘制系统的根轨迹图，增益向量 K 自动确定。若要得到更加精确的根轨迹曲线，可自行定义增益向量 K 的取值范围及步长，使其步长尽可能小，此时该函数的调用格式为 rlocus(sys,K)。

若要在同一个图上绘制出多个系统的根轨迹，该调用格式为 rlocus(sys 1,sys 2,…)。还可以通过指定颜色、线型和标志来区分各系统的根轨迹，例如 rlocus(sys1,′r′,sys2,′y：′,sys3,′gx′)。

采用函数 rlocus(sys) 也可以绘制系统根轨迹的渐近线。

设系统开环传递函数的极点为 $p_i(i=1、2、\cdots、n)$，零点为 $z_j(j=1、2、\cdots、m)$，则根据绘制根轨迹的基本规则可求得系统根轨迹渐近线与实轴的交点 $\sigma_a=\left(\sum\limits_{j=1}^{n}p_j-\sum\limits_{i=1}^{m}z_i\right)/(n-m)$。构造多项式 $G=\pm 1/(s-\sigma_a)^{n-m}$，输入 MATLAB 命令 rlocus(G)，即可绘制出系统根轨迹的渐近线。

　　MATLAB 还提供了一个 rlocfind( )函数,该函数用来求根轨迹上指定点处的增益值 K,并显示该增益下系统所有的闭环极点。rlocfind( )函数的调用格式为

1.［K,poles］＝rlocfind(sys)

　　在 MATLAB 命令窗口运行此函数后,在根轨迹图形窗口上出现要求用户使用鼠标定位的提示,用户用鼠标左键点击所关心的根轨迹图上的点,函数将返回一个 K 变量表示与所选点对应的增益值;同时返回一个 poles 向量表示在该增益下所有闭环极点的位置。另外,该函数还将自动地将该增益下所有的闭环极点直接在根轨迹曲线上标注出来。

2.［K,poles］＝rlocfind(sys,p)

　　在 MATLAB 命令窗口运行此函数后,函数将返回一个 K 变量表示与所选根轨迹图上点对应的增益值;同时返回一个 poles 变量表示在该增益下所有闭环极点的位置。

　　【例 4-9】　已知负反馈系统的开环传递函数 $G(s)=\dfrac{K}{s(s+1)(0.5s+1)}$,绘制闭环系统的根轨迹及其渐近线,并求取根轨迹与虚轴的交点。

　　解　闭环特征方程

$$1+K\frac{1}{s(s+1)(0.5s+1)}=0$$

由多项式 $\dfrac{1}{s(s+1)(0.5s+1)}$ 知,三条根轨迹都趋向于无穷远处,这三条趋向无穷远的根轨迹的渐近线与实轴的交点 $\sigma_a=(0-1-2)/3=-1$。输入以下 MATLAB 命令,绘制根轨迹的渐近线,如图 4.17 所示中的虚线。

```
num1＝1;den1＝conv(conv([1,1],[1,1]),[1,1]);sys1＝tf(num1,den1);
rlocus(sys1,′r－－′)
```

　　输入以下 MATLAB 命令,在上述根轨迹图上绘制系统根轨迹。

```
num2＝1;den2＝conv(conv([1,0],[1,1]),[0.5,1]);sys2＝tf(num2,den2);
hold on;
rlocus(sys2,′b′)
axis([-3.5,1.5,-3,3])
```

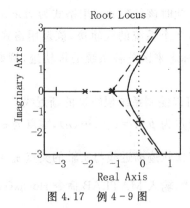

图 4.17　例 4-9 图

说明：hold on 语句的作用是使系统根轨迹曲线与根轨迹渐近线绘于同一图形上；axis([Xmin,Xmax,Ymin,Ymax])函数的作用是为图形设定坐标范围。

使用 rlocfind( )函数确定根轨迹曲线与虚轴交点处的增益值及其对应的闭环极点。

```
[K,poles]=rlocfind(sys2)
Select a point in the graphics window
selected_point=
-0.0000 + 1.4092i
K=
2.9786
poles=
-2.9961
  -0.0020 + 1.4101i
  -0.0020-1.4101i
```

从运行结果可以看出，根轨迹曲线与虚轴交点处的增益值 $K=2.9786$，对应的闭环极点为-2.9961和$-0.0020\pm1.4101i$。

说明：由于上例采用函数 rlocus( )绘制系统根轨迹的 K 值被自动确定，所以得到的根轨迹图并不是十分精确，因而利用函数 rlocfind( )得到的根轨迹曲线与虚轴交点处的增益 K（实际值为3）值也存在一定误差。欲缩减其误差，可自行定义增益向量 K 的取值范围及步长，使其步长尽可能小。

【例 4-10】 已知正反馈系统的开环传递函数 $G(s)=\dfrac{K(s+2)}{(s+3)^2(s^2+2s+2)}$，绘制闭环系统的根轨迹及其渐近线，并求取根轨迹与虚轴的交点。

解 闭环特征方程为 $1+K\dfrac{-(s+2)}{(s+3)^2(s^2+2s+2)}=0$

由多项式 $\dfrac{-(s+2)}{(s+3)^2(s^2+2s+2)}$ 知，根轨迹有三条渐近线，这三条渐近线与实轴的交点 $\sigma_a=[(-3-3-1+j1-1-j1)-(-2)]/(4-1)=-2$。输入以下 MATLAB 命令，绘制根轨迹的渐近线如图 4.18 中虚线所示。

```
num1=-1;den1=conv(conv([1,2],[1,2]),[1,2]);sys1=tf(num1,den1);
rlocus(sys1,'r--')
```

输入以下 MATLAB 命令，在上述根轨迹图上绘制系统根轨迹。

```
num2=[-1,-2];den2=conv(conv([1,3],[1,3]),[1,2,2]);
sys2=tf(num2,den2);
hold on;rlocus(sys2,'b')
```

使用 rlocfind( )函数确定根轨迹曲线与虚轴交点处的增益值及其对应的闭环极点。

```
[K,poles]=rlocfind(sys2)
Select a point in the graphics window
```

selected_point=

0 +1.7764e−015i

K=

9.0000

poles=

0

−3.1378 + 1.5273i

−3.1378−1.5273i

−1.7243

可见,根轨迹曲线与虚轴交点处的增益值 $K=9$,对应的闭环极点为 0、$-3.1378\pm$ 1.5273i 和−1.7243。

若需要在根轨迹图上画等 ζ 线和等 ω_n 圆,可以用 sgrid( )函数。

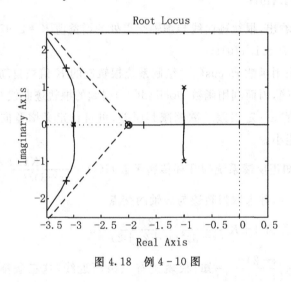

图 4.18 例 4-10 图

【例 4-11】 已知负反馈系统的开环传递函数为

$$G(s)=\frac{K}{s(s^2+4s+5)}$$

试绘制闭环系统的根轨迹,确定阻尼比 $\zeta=0.5$ 的闭环极点,并求该点上的增益值 K。

解 闭环特征方程为

$$1+K\frac{1}{s(s^2+4s+5)}=0$$

输入以下 MATLAB 命令,绘制系统根轨迹和 $\zeta=0.5$ 直线,如图 4.19 所示。

```
num=1;den=conv([1,0],[1,4,5]);
sys=tf(num,den);
rlocus(sys,[0:0.001:100])
sgrid(0.5,[ ])
```

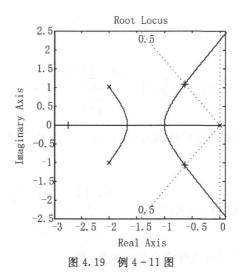

图 4.19 例 4-11 图

使用 rlocfind( )函数确定根轨迹曲线与 $\zeta=0.5$ 直线的交点处的增益值及其对应的闭环极点。

```
[K,poles]=rlocfind(sys)
Select a point in the graphics window
selected_point=
−0.6250 + 1.0825i
K=
    4.2969
poles=
  −2.7500
  −0.6250 + 1.0825i
  −0.6250−1.0825i
```

可见,根轨迹曲线与 $\zeta=0.5$ 直线的交点处的增益值 $K=4.2969$,对应的闭环极点为 $-0.6250\pm1.0825i$ 和 -2.75。

4.5 利用根轨迹分析系统性能

利用根轨迹,可以定性分析当系统某个参数变化时系统动态性能的变化趋势,在给定该参数值时可以确定相应的闭环极点,再加上闭环零点,可得到相应零、极点形式的闭环传递函数。本节讨论如何利用根轨迹分析、估算系统性能,同时分析附加开环零、极点对根轨迹及系统性能的影响。

4.5.1 闭环零极点的分布对系统动态响应的影响

利用根轨迹得到闭环零、极点在 s 平面上的分布情况,就可以写出系统的闭环传递函数,进行系统性能的分析。下面以系统的单位阶跃响应为例,考查闭环零、极点的分布对系统性能影响的一般规律。

设 n 阶系统的闭环传递函数为

$$\Phi(s) = \frac{C(s)}{R(s)} = \frac{K_\Phi^* \prod_{j=1}^{m}(s-z_j)}{\prod_{i=1}^{n}(s-\lambda_i)} \tag{4.28}$$

式(4.28)中，z_j、λ_i 和 K_Φ^* 分别为系统的闭环零点、极点和根轨迹增益。单位阶跃输入作用下系统输出的相函数为

$$C(s) = \Phi(s)R(s) = \frac{K_\Phi^* \prod_{j=1}^{m}(s-z_j)}{\prod_{i=1}^{n}(s-\lambda_i)} \frac{1}{s} \tag{4.29}$$

设闭环系统无重根，对式(4.29)进行部分分式展开，有

$$C(s) = \Phi(s)R(s) = \frac{K_\Phi^* \prod_{j=1}^{m}(s-z_j)}{\prod_{i=1}^{n}(s-\lambda_i)} \frac{1}{s} = \frac{A_0}{s} + \sum_{i=1}^{n}\frac{A_i}{s-\lambda_i} \tag{4.30}$$

式(4.30)中，$A_0 = \dfrac{K_\Phi^* \prod_{j=1}^{m}(-z_j)}{\prod_{i=1}^{n}(-\lambda_i)}$，$A_i = \dfrac{K_\Phi^* \prod_{j=1}^{m}(\lambda_i - z_j)}{\prod_{\substack{j=1 \\ j\neq i}}^{n}(\lambda_i - \lambda_j)} \dfrac{1}{\lambda_i}$。可见，$A_0$、$A_i$ 取决于系统

闭环零、极点的分布。

式(4.30)经拉普拉斯反变换，可求出系统的单位阶跃响应为

$$h(t) = A_0 + \sum_{i=1}^{n} A_i e^{\lambda_i t} \tag{4.31}$$

式(4.31)表明，系统在单位阶跃函数作用下的动态响应由 A_i、λ_i 决定，即与系统闭环零、极点的分布有关。分析上述各式，闭环零、极点的分布对系统性能影响的一般规律如下。

(1)稳定性。系统稳定要求其闭环极点 λ_i 位于左半 s 平面。如果系统根轨迹存在三条或者三条以上的渐近线，则必有一个 K^* 值，使系统处于临界稳定状态(根轨迹与虚轴存在交点)，这时系统最多是条件稳定的。闭环极点与虚轴之间的相对位置反映了系统稳定的程度，闭环极点离虚轴越远，系统的稳定程度越大；反之则越小。稳定性与闭环零点的分布无关。

(2)运动形态。如果系统的某个闭环零点和系统的某个闭环极点几乎重合，二者构成一个闭环偶极子。闭环偶极子中的闭环极点对应的系统输出响应分量可以忽略不计。设系统不存在闭环偶极子，如果闭环极点全部为实数，则系统的时间响应一定是单调的；如果系统存在闭环复数极点，则系统的时间响应一定是有振荡的。

(3)平稳性。系统输出响应的平稳性由系统阶跃响应的超调量度量。欲使系统响应平稳，系统的闭环复数极点的阻尼角应尽可能小。兼顾系统响应的快速性，闭环主导极点的阻尼角一般取 $\pm 45°$。

(4)快速性。要使系统具有好的响应快速性,其响应的各暂态分量应具有较大的衰减因子,且各暂态分量的系数应尽可能小。即系统的闭环极点应远离虚轴,或用闭环零点与虚轴附近的闭环极点构成闭环偶极子。

在工程实践中,利用根轨迹分析高阶系统时,常采用主导极点代替系统全部闭环极点来估算系统性能指标。具体方法:在全部闭环极点中,选择最靠近虚轴而又不十分靠近闭环零点的一个或几个闭环极点作为主导极点;略去不十分接近其他零极点的偶极子;略去比主导极点距虚轴远 6 倍以上的闭环零、极点(有时,比主导极点距虚轴远 2~3 倍的闭环零、极点也可略去)。经这样处理以后,绝大多数有实际意义的高阶系统,都可以化简为只有一、两个闭环零点和两、三个闭环极点的系统,从而可以用比较简便的方法来估算高阶系统的性能。

4.5.2　利用闭环主导极点估算系统的动态性能指标

如果高阶系统闭环极点满足具有闭环主导极点的分布规律,就可以忽略非主导极点及偶极子的影响,把高阶系统简化为阶数较低的系统,近似估算系统的性能指标。

【例 4-12】　系统闭环传递函数为

$$\Phi(s)=\frac{1}{(0.67s+1)(0.01s^2+0.08s+1)}$$

试近似计算系统的动态性能指标 $\sigma\%$ 和 t_s。

解　系统有三个闭环极点:$s_1=-1.4925$,$s_{2,3}=-4\pm j9.1652$,其极点分布如图 4.20 所示。极点 s_1 离虚轴最近,所以系统的主导极点为实数极点 s_1,而极点 $s_{2,3}$ 可忽略不计,这时系统可近似看成一阶系统

$$\Phi(s)\approx\frac{1}{(0.67s+1)}$$

时间常数 $T=0.67$ s。由一阶系统时域分析法可知,系统超调量 $\sigma\%=0$,调节时间 $t_s=3T=2$ s。

【例 4-13】　系统闭环传递函数为

$$\Phi(s)=\frac{(0.59s+1)}{(0.667s+1)(0.01s^2+0.08s+1)}$$

试近似计算系统的动态性能指标 $\sigma\%$ 和 t_s。

解　系统有三个闭环极点:$s_1=-1.4925$,$s_{2,3}=-4\pm j9.1652$;有一个闭环零点:$z_1=-1.6949$。其零、极点分布如图 4.21 所示。极点 s_1 与零点 z_1 构成偶极子,故主导极点不是 s_1,而是 $s_{2,3}$,则系统可近似为二阶系统

$$\Phi(s)\approx\frac{1}{0.01s^2+0.08s+1}$$

系统的阻尼比 $\zeta=0.4$,无阻尼自然振荡角频率 $\omega_n=30$ rad/s。由二阶系统时域分析可知,$\sigma\%=25\%$,$t_s=3.5/(\zeta\omega_n)=0.88$ s。

【例 4-14】　系统开环传递函数

$$G(s)=\frac{K}{s(s+1)(0.5s+1)}$$

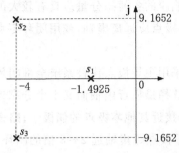
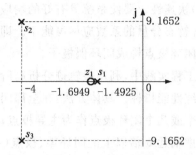

图 4.20　例 4-12 闭环极点分布图　　　　图 4.21　例 4-13 闭环零极点分布图

用根轨迹法分析系统的稳定性,并计算闭环主导极点具有阻尼比 $\zeta = 0.5$ 时的动态性能指标 $\sigma\%$ 和 t_s。

解　$G(s) = \dfrac{K^*}{s(s+1)(s+2)}$

(1)绘制根轨迹图。

起点:$p_1 = 0$、$p_2 = -1$、$p_3 = -2$。终点:均趋于无穷远。

实轴上的根轨迹区段:$[0, -1]$、$[-2, -\infty)$。

渐近线与实轴的夹角与交点:

$$
\begin{cases}
\varphi_a = \pm \dfrac{(2k+1)\pi}{3-0} = \pm 60°, 180° \\[2mm]
\sigma_a = \dfrac{(0) + (-1) + (-2)}{3-0} = -1
\end{cases}
$$

分离点坐标 d:$\dfrac{1}{d} + \dfrac{1}{d+1} + \dfrac{1}{d+2} = 0$

解得 $d_1 = -0.4226, d_2 = -1.5774$。舍去 d_2。

与虚轴的交点坐标:令 $s = j\omega$ 代入上式,得

$$D(j\omega) = (j\omega)^3 + 3(j\omega)^2 + 2(j\omega) + K^* = 0$$

即
$$
\begin{cases}
-\omega^3 + 2\omega = 0 \\
-3\omega^2 + K^* = 0
\end{cases}
$$

解得 $(\omega_1 = 0, K^* = 0)$,$(\omega_2 = \sqrt{2}, K^* = 6)$。$K^* = 6$ 时 $K = 3$。

系统根轨迹如图 4.22 所示。

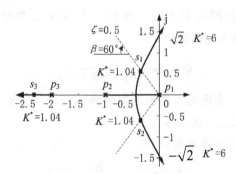

图 4.22　例 4-14 根轨迹图

(2)分析系统稳定性。

当系统开环增益 $K \geqslant 3$ 时,根轨迹有两个分支进入 s 右半平面,系统不稳定,所以使系统稳定的开环增益范围是 $0 < K < 3$。

(3)根据对阻尼比的要求,确定闭环主导极点 $s_{1,2}$ 的位置。

首先,在 s 平面上画出 $\zeta = 0.5$ 时的等阻尼线,使其与负实轴的夹角 $\beta = \csc^{-1} \zeta = \csc^{-1} 0.5 = 60°$,等阻尼线与根轨迹相交点的坐标设为 s_1,则从根轨迹图上可得 $s_1 = -0.33 + j0.58$,与 s_1 共轭的极点 $s_2 = -0.33 - j0.58$。

利用幅值条件方程可求得 s_1 点对应的开环增益 K

$$K^* = |s_1||s_1 + 1||s_1 + 2| = 0.667 \times 0.886 \times 1.77 = 1.04$$

故 $K = 0.525$。

根据根之和法则确定第三个极点的位置 s_3

$$s_3 = [p_1 + p_2 + p_3] - [s_1 + s_2]$$
$$= [0 + (-1) + (-2)] - [(-0.33 + j0.58) + (-0.33 - j0.58)] = -2.34$$

s_3 离虚轴的距离是 $s_{1,2}$ 离虚轴距离的 7 倍,可认为 $s_{1,2}$ 是主导极点。

这样,可根据闭环主导极点 $s_{1,2}$ 来估算系统的性能指标。闭环系统近似为二阶系统

$$\Phi(s) \approx \frac{0.445}{s^2 + 0.667s + 0.445}$$

系统的阻尼比 $\zeta = 0.5$,无阻尼自然振荡角频率 $\omega_n = 0.667$ rad/s。系统的动态性能指标为 $\sigma\% = 16.3\%$,$t_s = 10.5$ s。

4.5.3　系统的稳态性能分析

对于典型输入信号,系统的稳态误差与开环增益 K 和系统的型别 v 有关。在根轨迹图上,位于坐标原点处的根轨迹起点数就对应于系统的型别 v,而根轨迹增益 K^* 与开环增益 K 仅相差一个比例常数。具体说明如下

$$G(s)H(s) = \frac{K \prod_{j=1}^{m}(T_j s + 1)}{s^v \prod_{i=1}^{n-v}(\tau_i s + 1)} = \frac{K^* \prod_{j=1}^{m}(s - z_j)}{\prod_{i=1}^{n}(s - p_i)} \qquad (4.32)$$

式(4.32)中,$K = K^* \dfrac{\prod_{j=1}^{m}(-z_j)}{\prod_{i=1}^{n-v}(-p_i)}$,$T_j = -\dfrac{1}{z_j}$,$\tau_i = -\dfrac{1}{p_i}$。

由于 z_j、p_i 是已知的开环零、极点,因此 K^* 与 K 仅相差一个比例常数。根轨迹上的每一组闭环极点都唯一地对应一个 K^* 值(或者 K 值),知道了开环增益 K 和系统型别 v,就可以先求出稳态误差系数,然后利用误差系数得到典型输入信号作用下的稳态误差。

4.5.4　附加开环零极点的作用

开环零、极点的分布决定着系统根轨迹的形状。如果系统的性能不尽如人意,可以通过

调整控制器的结构和参数,改变相应的开环零、极点的分布,调整根轨迹的形状,改善系统的性能。

1. 附加开环极点的影响

设负反馈系统开环传递函数为

$$G(s)H(s)=\frac{K^*}{s(s+1)(s-p_3)}\qquad(4.33)$$

式(4.33)中,p_3为附加的开环实数极点,其值可在s左半平面内任意选择。

令p_3为不同数值,系统的闭环根轨迹如图4.23所示。从图4.23中可以看出,增加一个开环极点使系统的根轨迹向右偏移。这样,降低了系统的稳定度,不利于改善系统的动态性能,而且,开环负实数极点离虚轴越近,这种作用越显著。因此,一般不单独增加开环极点。但也有例外,如极点用于限制系统的频带宽度。如果附加的开环极点是具有负实部的共轭复数,其作用与负实数极点的作用完全相同。

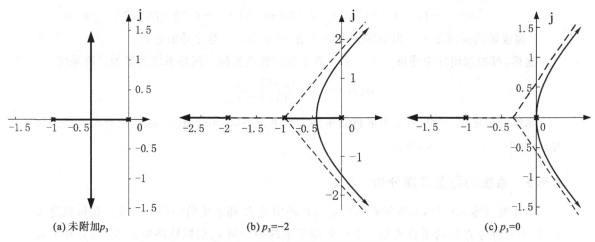

(a) 未附加p_3　　　(b) $p_3=-2$　　　(c) $p_3=0$

图 4.23　附加不同极点的根轨迹图

2. 附加开环零点的影响

设负反馈系统开环传递函数为

$$G(s)H(s)=\frac{K^*(s-z_1)}{s(s^2+2s+2)}\qquad(4.34)$$

式(4.34)中,z_1为附加的开环实数零点,其值可在s左半平面内任意选择。

令z_1为不同数值,系统的闭环根轨迹如图4.24所示。由图4.24可见,增加一个开环零点使系统的根轨迹向左偏移。这样,提高了系统的稳定度,有利于改善系统的动态性能,而且,开环负实数零点离虚轴越近,这种作用越显著。如果附加的开环零点是具有负实部的共轭复数,其作用与负实数零点的作用完全相同。因此,在s左半平面内的适当位置上附加开环零点,可以显著改善系统的稳定性。

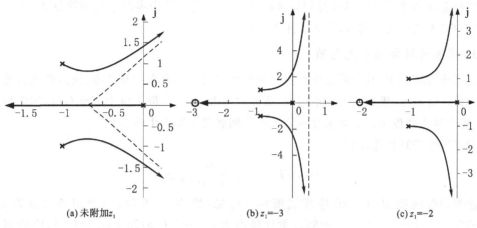

(a) 未附加 z_1　　　　　　(b) $z_1=-3$　　　　　　(c) $z_1=-2$

图 4.24　附加不同零点的根轨迹图

　　附加开环零点的目的,除了要求改善系统稳定性外,还要求对系统的动态性能有明显改善。然而,稳定性和动态性能对附加开环零点位置的要求,有时并不一致。为了说明这一问题,请参看图 4.25 中所表示的两种情况。图(a)表示附加开环负实数零点 z_1 位于负实数极点 p_2 和 p_3 之间的根轨迹上;图(b)表示 z_1 位于 p_1 和 p_2 之间的根轨迹上。从稳定度来看,图(b)优于图(a),然而从动态性能来看,却是图(a)优于图(b)。在图(a)中,当根轨迹增益为 K_1^* 时,复数极点 s_1 和 s_2 为闭环主导极点,实数极点 s_3 距虚轴较远,为非主导极点。在这种情况下,闭环系统近似为一个二阶系统,其过渡过程由于阻尼比适中而具有不大的超调量、较快的响应速度和不长的调节时间,正是设计一般随动系统所希望的动态特性。在图(b)中,当根轨迹增益为 K_1^* 时,实数极点 s_3 为闭环主导极点,此时系统近似为一阶系统,其动态过程虽然可能是单调的,但却具有较慢的响应速度和较长的调节时间。这里,需要对“可能”一词进行必要说明,不难理解,在前向通道增加开环零点也就是增加了闭环零点,闭环零点对系统动态性能的影响,相当于减小闭环系统的阻尼,从而使系统的过渡过程有出现超调的趋势,并且这种作用将随闭环零点接近坐标原点的程度而加强。此外,系统并非真正的一阶系统。因此当附加开环零点过分接近坐标原点时,也有可能使系统的过渡过程出现振荡。

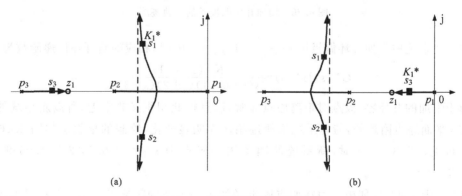

(a)　　　　　　　　　　　　　　　(b)

图 4.25　z_1 为不同数值的根轨迹图

　　从以上定性分析可以看出,只有当附加零点相对原有开环极点的位置选配得当,才能使系统的稳定性和动态性能同时得到显著改善。在随动系统中串联超前网络校正,在过程控制系统中引入比例微分调节,即属于此种情况。

3. 附加开环偶极子的影响

在系统的综合中,常在系统中附加一对非常接近坐标原点的开环零、极点来改善系统的稳态性能。这对零、极点彼此相距很近,又非常靠近原点,且极点位于零点右边,通常称这样的零、极点对为偶极子。下面来分析系统中附加偶极子所产生的影响。

设系统的开环传递函数为

$$G(s)H(s) = \frac{K^*}{s(s+2)(s+3)}$$

绘制的根轨迹如图 4.26 中虚线所示。可见,当 $K^* = 6$ 时,三个闭环极点为 $s_{1,2} = -0.5773 \pm j1.1077$,$s_3 = -3.8455$。主导极点为 $s_{1,2} = -0.5773 \pm j1.1077$,对应的阻尼比 $\zeta = 0.459$,无阻尼自然振荡频率 $\omega_n = 1.25$,超调量 $\sigma\% = 19.7\%$。系统的速度稳态误差系数 $K_v = 1$。

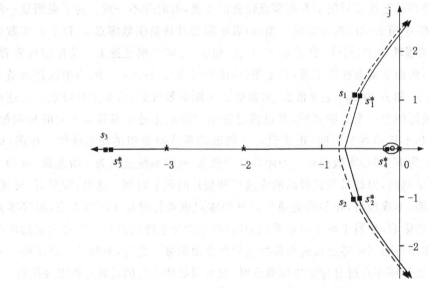

图 4.26 增加开环偶极子的根轨迹图

如果在系统中附加开环偶极子 $z_1 = -0.1$,$p_4 = -0.01$,相应的新开环传递函数为

$$G^*(s)H^*(s) = \frac{K^*(s+0.1)}{s(s+0.01)(s+2)(s+3)}$$

由于附加的开环零、极点对距离原点非常近,且彼此相距又非常近,所以新系统的根轨迹除在 s 平面原点附近外,与原系统根轨迹相比无明显变化,绘制的根轨迹如图 4.26 实线所示。可见,当 $K^* = 6$ 时,新系统的四个闭环极点为 $s_{1,2}^* = -0.5332 \pm j1.0669$,$s_3^* = -3.8335$,$s_4^* = -0.11$。

可见,因附加开环偶极子而在原点附近增加了一个新的闭环极点 s_4^*,它和附加的开环零点 z_1 组成一对闭环偶极子,它们对系统动态响应影响很小,故其影响也可以略去;而新系统的闭环极点 $s_{1,2}^*$、s_3^* 与原系统的闭环极点 $s_{1,2}$、s_3 相比变化不大,因此,新系统动态响应性能指标与原系统差不多。实际上,以 $s_{1,2}^*$ 为新系统的闭环主导极点,对应的阻尼比 $\zeta^* = 0.439$,无阻尼自然振荡频率 $\omega_n^* = 1.18$,$(\sigma\%)^* = 21.5\%$。

系统的速度稳态误差系数 $K_v^* = 10$,稳态误差系数有明显增加,即系统的稳态性能有明显提高。

从上面的分析可见,在系统中附加偶极子,可以在基本保持系统的稳定性和动态响应性能不变的情况下,显著改善系统的稳态性能。在随动系统的滞后校正中,即采用了这种方法来提高系统的稳态性能指标。因此,在分析系统的稳态性能时,要考虑所有闭环零极点的影响,而决不能忽略像偶极子这样的零极点对消的影响,尽管在分析动态性能指标时可近似认为它们的影响相互抵消。

4.6 拓 展

系统根轨迹设计工具 RLTool 的工程应用案例。

MATLAB 控制系统工具箱"control system toolbox 4.1"(对应于 MATLAB5.2)及以上版本中提供了一个基于根轨迹的系统设计工具 RLTool,该工具为控制系统的设计提供了一个交互式环境。它采用 GUI(图形用户界面),引入对象的模型后能自动显示根轨迹图,可以可视地设计控制器,从而使得控制系统的性能得到改善。

【例 4 - 15】 自动焊接头控制。

自动焊接头需要进行精确定位控制(焊接点的改变属于阶跃作用,焊接过程为匀速控制),其控制系统结构图如图 4.27 所示。图中,$G_1(s) = \dfrac{K_1}{s(s+2)}$,$H_1(s) = K_2 s$,$K_1$ 为放大器增益,K_2 为测速反馈增益。要求为用根轨迹法选择参数 K_1 和 K_2,使系统满足如下性能指标:

(1)系统对斜坡输入响应的稳态误差 $e_{ss} \leqslant$ 斜坡幅值的 35%;

(2)系统主导极点的阻尼比 $\zeta \geqslant 0.707$;

(3)系统阶跃响应的调节时间 $t_s \leqslant 3$ s($\Delta = 2\%$)。

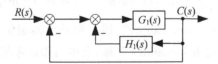

图 4.27 自动焊接头控制系统结构图

解 由图 4.27 知,系统开环传递函数为

$$G_0(s) = \frac{G_1(s)}{1 + G_1(s)H_1(s)} = \frac{K_1}{s(s+2+K_1K_2)}$$

显然,该系统为 I 型系统,在斜坡输入作用下,存在稳态误差。系统的误差信号为

$$E(s) = \frac{R(s)}{1 + G_0(s)} = \frac{s(s+2+K_1K_2)}{s^2 + (2+K_1K_2)s + K_1} R(s)$$

令 $R(s) = R/s^2$,则稳态误差为

$$e_{ss} = \lim_{t \to \infty} e(t) = \lim_{s \to 0} sE(s) = \frac{2+K_1K_2}{K_1} R$$

根据系统对稳态误差的性能指标要求，K_1 和 K_2 的选取应满足

$$\frac{e_{ss}}{R} = \frac{2 + K_1 K_2}{K_1} \leqslant 0.35$$

上式表明，为了获得较小的稳态误差，应该选择较大的 K_1 和较小的 K_2 值。

设待定参数 $\alpha = K_1$，$\beta = K_1 K_2$，则闭环特征方程为

$$D(s) = s^2 + (2 + K_1 K_2)s + K_1 = s^2 + 2s + \beta s + \alpha = 0$$

α 变化时的根轨迹方程为

$$1 + \frac{\alpha}{s(s + 2 + \beta)} = 0$$

β 变化时的根轨迹方程为

$$1 + \frac{\beta s}{s^2 + 2s + \alpha} = 0$$

可见，分别以 α 和 β 为参数的根轨迹是相互影响的。下面用系统根轨迹的设计工具 RL-Tool 来求 K_1 和 K_2，在 MATLAB 命令窗口中输入

```
num=1;den=conv([1 0],[1 2]);G=tf(num,den);
rltool(G)
```

则同时弹出两个窗口（根轨迹设计 GUI，控制与评估工具管理器），如图 4.28(a)、(b) 所示。管理器所示系统结构中，$G(s) = \frac{1}{s(s+2)}$，$C(s) = K_1$，$F(s) = H(s) = 1$。GUI 所示是开环传递函数 $\frac{K_1}{s(s+2)}$（$K_1 = 0 \rightarrow \infty$，"■"是 $K_1 = 1$ 时根轨迹上 2 个闭环极点的位置）的根轨迹。

根据图 4.27，需要修改系统结构。选择管理器菜单"Control Architecture..."，则弹出系统结构的选择窗口。选择第四种结构，反馈符号"S1"和"S2"不用修改，单击"OK"按钮确定，则系统结构如图 4.28 (c) 所示。其中，$G(s) = \frac{1}{s(s+2)}$，$C_1(s) = \alpha$，$C_2(s) = \beta$，$H(s) = 1$。对照图 4.27，应有 $G(s) = \frac{1}{s(s+2)}$，$C_1(s) = \alpha(\alpha = K_1)$，$C_2(s) = \beta s(\beta = K_1 K_2)$，$H(s) = 1$。

选择管理器菜单"Compensator Editor"，切换到补偿器编辑项。补偿器 $C_1(s)$ 不变，对 $C_2(s)$ 添加零点 $z = 0$。鼠标右击 Dynamics 区域，会弹出添加零极点的菜单。首先选择"Real Zero"项，然后选中 Dynamics 区域该零点对应的行，则出现实数零点位置的数据编辑区 Location，在此区域输入"0"，并修改补偿器的增益为 1 后，$C_2(s) = 1 \times \frac{s}{1}$，如图 4.28(d) 所示。

GUI 如图 4.28(e) 所示，是等效开环传递函数 $\frac{\alpha}{s(s+2+\beta)}$（$\beta = 1$，$\alpha = 0 \rightarrow \infty$，"■"是 $\alpha = 1$ 时根轨迹上 2 个闭环极点的位置）的根轨。

选择管理器菜单"Graphical Tuning"，切换到根轨迹 GUI 设置项。添加 $C_2(s)$ 参数变化的根轨迹项，如图 4.28 (f) 所示。GUI 如图 4.28(g) 所示，第一列仍是等效开环传递函数 $\frac{\alpha}{s(s+2+\beta)}$（$\beta = 1$，$\alpha = 0 \rightarrow \infty$，"■"是 $\alpha = 1$ 时根轨迹上 2 个闭环极点的位置）的根轨迹。第

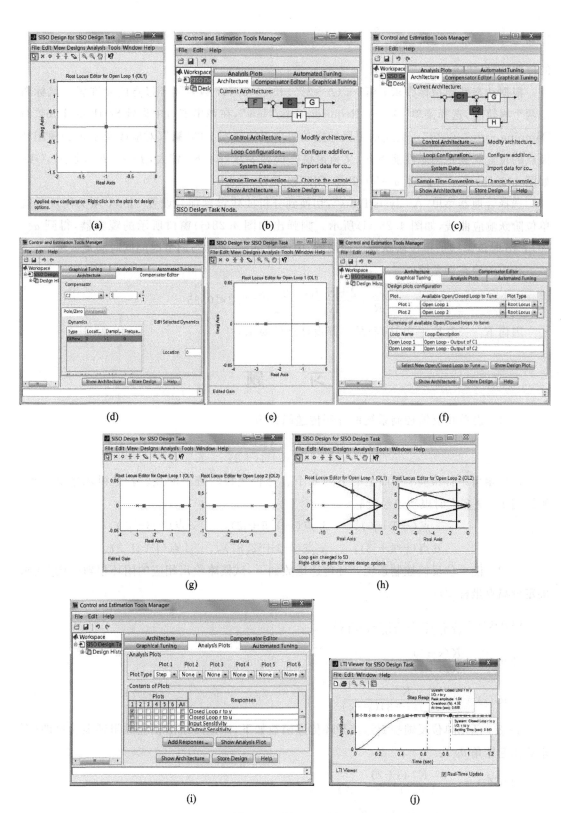

图 4.28 例 4 - 15 图

二列是等效开环传递函数 $\dfrac{\beta s}{s^2+2s+\alpha}$ ($\alpha=1$，$\beta=0\to\infty$，"■"是 $\beta=1$ 时根轨迹上 2 个闭环极点的位置)的根轨迹。

根据动态性能指标要求 $t_s\leqslant 3$ s ($\Delta=2\%$) 和 $\zeta\geqslant 0.707$ 设置闭环极点的允许区。鼠标右击两个根轨图，选择菜单"Design Requirements/New"，在弹出窗口中设置 Settling time<3；Damping ratio>0.707。交互地用鼠标拖动两个根轨迹图上的"■"(对应改变 α 和 β)使闭环极点的位置既满足动态性能指标，又满足稳态误差要求($\alpha=K_1$ 较大，$\beta=K_1 K_2$ 较小)，GUI 如图 4.28(h)所示。此时，$\alpha=50$，$\beta=8$，闭环极点为 $-5\pm 5\mathrm{i}$。

选择管理器菜单"Analysis Plots"，切换到分析曲线设置项。设置 Plot 1 项为闭环系统单位阶跃响应曲线，如图 4.28(i)所示。则弹出如图 4.28(j)窗口所示的观察器，得到 $\alpha=50$，$\beta=8$ 时该系统的单位阶跃响应曲线图，由图可见，超调量与调节时间同时满足要求。

相应的稳态误差值

$$\frac{e_{ss}}{R}=\frac{2+K_1 K_2}{K_1}=\frac{2+\beta}{\alpha}=0.2<0.35$$

因而 $K_1=50$，$K_2=0.16$，满足全部设计指标要求。

习　题

4-1　设单位反馈控制系统的开环传递函数为

$$G(s)=\frac{K^*(s+5)}{s(s^2+4s+8)}$$

试用相角条件检验 s 平面上的下列 6 个点是否是根轨迹上的点。若是根轨迹上的点，则说明 K^* 值多大时根轨迹经过它。

a 点($-1+\mathrm{j}0$)，　　b 点($-1.5+\mathrm{j}2$)，　　c 点($-6+\mathrm{j}0$)，

d 点($-4+\mathrm{j}3$)，　　e 点($-1+\mathrm{j}2.37$)，　　f 点($1+\mathrm{j}1.5$)。

4-2　设单位反馈控制系统开环传递函数如下，试概略绘出相应的闭环根轨迹图(要求确定分离点坐标 d)：

(1) $G(s)=\dfrac{K}{s(0.2s+1)(0.5s+1)}$；

(2) $G(s)=\dfrac{K(s+1)}{s(2s+1)}$；

(3) $G(s)=\dfrac{K^*}{s(s+1)(s+3)(s+4)}$。

4-3　已知单位反馈控制系统开环传递函数如下，试概略绘出相应的闭环根轨迹图(要求算出起始角 θ_{p_i})：

(1) $G(s)=\dfrac{K^*(s+2)}{(s+1+\mathrm{j}2)(s+1-\mathrm{j}2)}$；

(2) $G(s)=\dfrac{K^*(s+20)}{s(s+10+\mathrm{j}10)(s+10-\mathrm{j}10)}$。

4-4 已知开环零、极点分布如图 4.29 所示,试概略绘出相应的闭环根轨迹图。

4-5 已知单位负反馈控制系统的开环传递函数为

$$G(s)=\frac{K(s+a)}{s^2(s+1)}$$

当 $K=1/4$ 时,试绘制以 a 为参量的根轨迹($0<a<\infty$)。

4-6 已知单位负反馈控制系统的开环传递函数为

$$G(s)=\frac{K}{s(0.1s+1)(Ts+1)}$$

当 $K=2.6$ 时,试绘制时间常数 T 从零变到无穷时的闭环根轨迹。

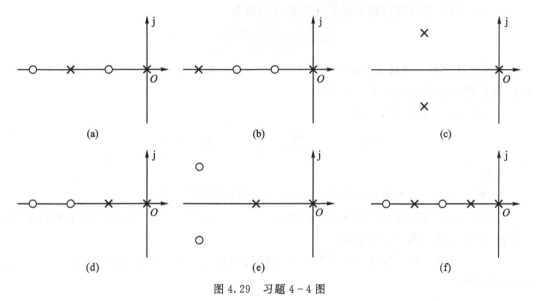

图 4.29 习题 4-4 图

4-7 设单位反馈控制系统的开环传递函数为

$$G(s)=\frac{K^*(1-s)}{s(s+2)}$$

试绘制其根轨迹图,并求出使系统产生重实根和纯虚根的 K^* 值。

4-8 设控制系统开环传递函数为

$$G(s)=\frac{K^*(s+1)}{s^2(s+2)(s+4)}$$

试分别画出正反馈系统和负反馈系统的根轨迹图,并指出它们的稳定情况有何不同。

4-9 某单位反馈控制系统的开环传递函数为

$$G(s)=\frac{K^*}{s(s+2)(s+4)}$$

(1)绘制闭环根轨迹图;

(2)确定系统为欠阻尼状态的 K^* 取值范围;

(3)系统的阶跃响应产生等幅振荡时的 K^* 值和振荡频率;

(4)求主导极点 $\zeta=0.5$ 时的 K^* 值。

4-10 已知单位负反馈系统的开环传递函数为

$$G(s) = \frac{K^*}{(s+16)(s^2+2s+2)}$$

试用根轨迹法确定使闭环主导极点的无阻尼自然振荡频率 $\omega_n = 2$ 时的 K^* 值。

4-11 某单位反馈控制系统的开环传递函数为

$$G(s) = \frac{K^*}{s(s+4)(s+6)}$$

若要求闭环系统单位阶跃响应的最大超调量 $\sigma\% \leqslant 18\%$，试确定增益 K^* 及开环增益 K 的取值范围。

4-12 设单位反馈控制系统的开环传递函数为

$$G(s) = \frac{K^*(s+2)}{s(s+1)(s+4)}$$

若要求其闭环主导极点的阻尼角 $\beta = 60°$，试用根轨迹法确定该系统的动态性能指标 $\sigma\%$ 和 t_s，并计算静态性能指标 K_p、K_v 和 K_a。

4-13 设反馈控制系统中

$$G(s) = \frac{K^*}{s^2(s+2)(s+5)}, \qquad H(s) = 1$$

要求：

(1)概略绘出系统的闭环根轨迹图，并判断闭环系统的稳定性；

(2)如果改变反馈通道传递函数，使 $H(s) = 1 + 2s$，试判断 $H(s)$ 改变后的系统稳定性，研究由于 $H(s)$ 改变所产生的影响。

4-14 已知控制系统结构图如图 4.30 所示，当校正装置 $G_c(s)$ 分别取如下形式时，分析系统的性能。

(1) $G_c(s) = K$；

(2) $G_c(s) = \dfrac{K}{s}$；

(3) $G_c(s) = K\left(\dfrac{1}{s} + \dfrac{10}{19}\right)$。

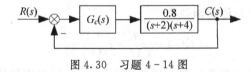

图 4.30 习题 4-14 图

4-15 某位置随动系统的开环传递函数为

$$G(s) = \frac{K}{s(5s+1)}$$

为了改善系统性能，分别采用在原系统中加比例微分串联校正和速度反馈两种不同方案。校正前后的具体结构参数图 4.31 所示。

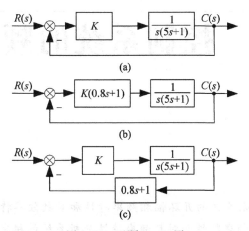

图 4.31 习题 4 - 15 图

(1)试分别绘制这三个系统 K 从 $0 \rightarrow \infty$ 的闭环根轨迹图;

(2)当 $K = 5$ 时,比较两种校正方案对系统性能的影响。

控制系统的频域分析法

第5章

教学目的与要求：掌握系统的开环幅相频率特性和对数频率特性的基本概念和绘制方法，并学会利用开环幅相频率特性和对数频率特性分析系统的稳定性——奈奎斯特稳定判据，会用开环幅相频率特性和对数频率特性分析系统的动态性能——控制系统的相对稳定性。掌握开环频率特性与控制系统性能指标的关系。

重点：会用频率特性的方法分析系统的稳定性、相对稳定性，以及开环频率特性与控制系统性能指标间的关系。

难点：系统的开环幅相曲线、对数曲线的概略绘制，系统开环传递函数的确定。

频率法所研究的问题，仍然是自动控制系统控制过程的性能，即稳定性、快速性、稳态精度，研究系统的控制性能最好是用时域特性进行度量。但对于高阶系统的时域特性很难用分析法确定，目前还没有直接按给出的时域指标，进行系统设计的通用方法。而频率法是一种间接地研究控制系统性能的工程方法。它研究系统的依据是频率特性，所以频率特性是控制系统的又一种数学模型。由于频率特性具有明确的物理意义，因此频率法可以通过实验方法进行研究，这正是频率法的优点，因为它提供了一种用实验确定元部件或者系统数学模型的方法。频率法不仅适用于线性定常系统的分析研究，而且可推广应用到某些非线性系统。所以，频率法在工程上得到了广泛的应用。

本章将介绍频率特性的定义以及几何表示方法，典型环节的频率特性、系统的开环频率特性，频率稳定判据，系统的开、闭环频域性能指标与系统阶跃响应时域性能指标的关系。

5.1 频率特性

5.1.1 频率特性的基本概念

1. 控制系统在正弦信号作用下的稳态输出响应

n 阶线性定常系统的闭环传递函数为

$$\Phi(s)=\frac{C(s)}{R(s)}=\frac{b_0 s^m+\cdots+b_m}{s^n+\cdots+a_n}=\frac{b_0 s^m+\cdots+b_m}{(s-s_1)\cdots(s-s_n)} \tag{5.1}$$

式(5.1)中，设 s_1、s_2、$\cdots$、s_n 为 n 个互异闭环特征根。

设输入信号 $r(t)=A_r\sin\omega t$。其中，A_r 为正弦输入信号的幅值，ω 为正弦输入信号的角

频率。其拉普拉斯变换式

$$R(s) = \frac{A_r \omega}{s^2 + \omega^2}$$

则

$$C(s) = \Phi(s)R(s) = \frac{b_0 s^m + \cdots + b_m}{(s - s_1) \cdots (s - s_n)} \cdot \frac{A_r \omega}{s^2 + \omega^2}$$

$$= \frac{C_1}{s - s_1} + \cdots + \frac{C_n}{s - s_n} + \frac{B}{s + j\omega} + \frac{D}{s - j\omega}$$

$$= \sum_{i=1}^{n} \frac{C_i}{s - s_i} + \frac{B}{s + j\omega} + \frac{D}{s - j\omega} \tag{5.2}$$

式(5.2)中,C_i 和 B、D 均为待定系数。将式(5.2)进行拉普拉斯反变换,得系统的输出响应

$$c(t) = \sum_{i=1}^{n} C_i e^{s_i t} + (B e^{-j\omega t} + D e^{j\omega t}) = c_t(t) + c_s(t) \tag{5.3}$$

式(5.3)中,第一项 $c_t(t)$ 为系统的暂态分量,若系统稳定,其特征根 s_i 均具有负实部,此项随着时间 t 趋于无穷而最后趋于零;第二项 $c_s(t)$ 系统的稳态分量,这正是需要求解的部分,下面对这部分进行推导。

$$c_s(t) = B e^{-j\omega t} + D e^{j\omega t} \tag{5.4}$$

其中

$$B = \Phi(s) \frac{A_r \omega}{s^2 + \omega^2} (s + j\omega) \Big|_{s = -j\omega} = \Phi(s) \frac{A_r \omega}{(s + j\omega)(s - j\omega)} (s + j\omega) \Big|_{s = -j\omega}$$

$$= \Phi(-j\omega) \frac{A_r}{-j2} = |\Phi(j\omega)| e^{-j \angle \Phi(j\omega)} A_r \frac{1}{-j2}$$

$$= \frac{|\Phi(j\omega)|}{2} A_r e^{-j[\angle \Phi(j\omega) - \pi/2]}$$

同理可得

$$D = \frac{|\Phi(j\omega)|}{2} A_r e^{j[\angle \Phi(j\omega) - \pi/2]}$$

将 B 和 D 代入式(5.4),则

$$c_s(t) = \frac{|\Phi(j\omega)|}{2} A_r (e^{-j[\omega t + \angle \Phi(j\omega) - \pi/2]} + e^{j[\omega t + \angle \Phi(j\omega) - \pi/2]})$$

$$= |\Phi(j\omega)| A_r \cos(\omega t + \angle \Phi(j\omega) - \pi/2)$$

$$= |\Phi(j\omega)| A_r \sin(\omega t + \angle \Phi(j\omega)) \tag{5.5}$$

　　由式(5.5)可见,线性定常系统在正弦信号作用下,输出响应的稳态分量是和输入信号同角频率的正弦信号。只是稳态输出响应的幅值和相位与输入信号不同。其稳态输出响应的幅值是输入信号幅值的 $|\Phi(j\omega)|$ 倍,稳态输出响应的相位与输入信号相位差 $\angle \Phi(j\omega)$ 度。

2. 频率特性的定义

　　在正弦信号作用下,线性定常系统稳态输出响应的振幅与输入信号振幅之比 $A(\omega)$ 称为幅频特性。稳态输出响应的相位与输入信号相位之差 $\varphi(\omega)$ 称为相频特性。即

$$A(\omega) = \frac{A_{cs}}{A_r} = \frac{|\Phi(j\omega)| A_r}{A_r} = |\Phi(j\omega)|$$

$$\varphi(\omega) = \varphi_{cs}(\omega) - \varphi_r(\omega) = [\omega t + \angle \Phi(j\omega)] - \omega t = \angle \Phi(j\omega)$$

并称其指数表达形式为幅相频率特性,即

$$A(\omega)e^{j\varphi(\omega)} = |\Phi(j\omega)|e^{j\angle\Phi(j\omega)} = \Phi(j\omega)$$

如果将输入信号、稳态输出响应的正弦函数用电路理论中的符号法表示,则稳态输出响应与输入信号的复数之比为

$$\frac{A_{cs}e^{j\varphi_{cs}(\omega)}}{A_r e^{j\varphi_r(\omega)}} = \frac{A_{cs}}{A_r}e^{j[\varphi_{cs}(\omega)-\varphi_r(\omega)]} = A(\omega)e^{j\varphi(\omega)} = |\Phi(j\omega)|e^{j\angle\Phi(j\omega)}$$

所以,频率特性可定义为,在正弦信号作用下,线性定常系统输出响应的稳态分量与输入信号的复数比,称为系统的频率特性(即为幅相频率特性,简称幅相特性)。频率特性描述了在不同频率下系统(或者元件)传递正弦信号的能力。

不难证明,频率特性与传递函数之间有着确切的简单关系。即

$$\Phi(s)|_{s=j\omega} = \Phi(j\omega) = |\Phi(j\omega)|e^{j\angle\Phi(j\omega)}$$

将传递函数中的复变量 s 用 $j\omega$ 代换后,即可得到频率特性表达式。

下面以如图 5.1 所示的 RC 网络为例,求频率特性。

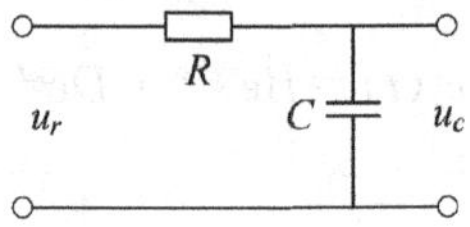

图 5.1 RC 网络

$$G(s) = \frac{U_c(s)}{U_r(s)} = \frac{1}{RCs+1} = \frac{1}{Ts+1} \tag{5.6}$$

式(5.6)中,$T=RC$。将式(5.6)中的 s 用 $j\omega$ 代换,得频率特性

$$G(s)|_{s=j\omega} = G(j\omega) = \frac{1}{jT\omega+1}$$

幅频特性
$$A(\omega) = |G(j\omega)| = \frac{1}{\sqrt{(T\omega)^2+1}} \tag{5.7}$$

相频特性
$$\varphi(\omega) = \angle G(j\omega) = -\arctan T\omega \tag{5.8}$$

由式(5.7)和式(5.8)可看出,幅频特性与相频特性都是输入正弦信号角频率 ω 的函数。

关于频率特性的几点说明:

(1)频率特性不只是对系统而言,其概念对控制元件、部件、控制装置均适用。

(2)频率特性只适用于线性定常系统,否则不能用拉普拉斯变换求解,也不存在这种稳态对应关系。

(3)前面在推导频率特性时,是在假定系统稳定的条件下导出的。

5.1.2 频率特性的几何表示方法

频率特性具有复数形式,因此和其他复数一样,其函数表达式可以表示为直角坐标式、极坐标式和指数式三种形式,并且三者之间满足如图 5.2 所示的矢量关系,其纵、横坐标分别表示幅相频率特性 $G(j\omega)$ 的虚部和实部。

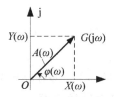

图 5.2　频率特性三种函数式的关系

显然,幅频特性 $A(\omega)$、相频特性 $\varphi(\omega)$ 与实频特性 $X(\omega)$、虚频特性 $Y(\omega)$ 之间的关系为

$$X(\omega)=A(\omega)\cos\varphi(\omega)\qquad Y(\omega)=A(\omega)\sin\varphi(\omega)$$

$$A(\omega)=\sqrt{X^2(\omega)+Y^2(\omega)}\qquad \varphi(\omega)=\arctan[Y(\omega)/X(\omega)]\tag{5.9}$$

用频率法分析、设计控制系统时,常常不是从频率特性的函数式出发,而是将频率特性绘制成一些曲线。借助于这些曲线对系统进行图解分析。因此,必须熟悉频率特性的各种图形表示方法和图解运算过程。这里以图 5.1 所示的 RC 电路为例。介绍控制工程中常见的四种频率特性图示法,如见表 5.1,其中第 2 和第 3 种图示方法在实际中应用最为广泛。

表 5.1　常用频率特性曲线及其坐标

序号	名　　　称		图形常用名	坐标系
1	频率特性曲线	幅频特性曲线	频率特性图	直角坐标
		相频特性曲线		
2	幅相频率持性曲线		极坐标图、奈奎斯特图	极坐标
3	对数频率特性曲线	对数幅频特性曲线	对数坐标图、伯德图	半对数坐标
		对数相频特性曲线		
4	对数幅相频率特性曲线		对数幅相图、尼柯尔斯图	对数幅相坐标

1. 频率特性曲线

频率特性曲线包括幅频特性曲线和相频特性曲线。幅频特性是幅值 $A(\omega)$ 随 ω 的变化规律;相频特性是相位 $\varphi(\omega)$ 随 ω 的变化规律。图 5.1 所示电路的频率特性如图 5.3 所示。

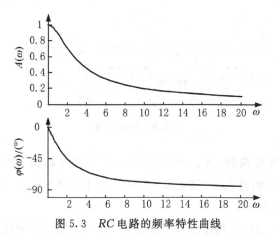

图 5.3　RC 电路的频率特性曲线

2. 幅相频率特性曲线

幅相频率特性曲线又称奈奎斯特(Nyquist)曲线,在复平面上以极坐标的形式表示。设系统的频率特性为

$$G(j\omega) = |G(j\omega)| \angle G(j\omega) = A(\omega)e^{j\varphi(\omega)} \tag{5.10}$$

把复数 $G(j\omega)$ 表示成矢量,$A(\omega)$ 为矢量的模,$\varphi(\omega)$ 为矢量的幅角。当 ω 从 $0 \to \infty$ 变化时,矢量 $G(j\omega)$ 的矢端在复平面上描绘出的轨迹就是幅相频率特性曲线。通常把 ω 作为参变量标在曲线的旁边,并用箭头表示 ω 增大时特性曲线的走向。

图 5.4 中实线就是图 5.1 所示电路的幅相频率特性曲线。

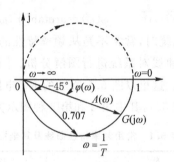

图 5.4　RC 电路的幅相频率特性

3. 对数频率特性曲线

对数频率特性曲线又叫伯德(Bode)曲线。它由对数幅频特性和对数相频特性两条曲线组成。

绘制伯德图时,为了作图和读数方便,常将两种曲线画在半对数坐标纸上,采用同一横坐标作为频率轴,其横坐标采用对数刻度(但以 ω 的实际值标定),单位为 rad/s(弧度/秒)。横坐标轴上任何两点 ω_1 和 ω_2(设 $\omega_2 > \omega_1$)之间的距离为 $\lg\omega_2 - \lg\omega_1$,而不是 $\omega_2 - \omega_1$。横坐标上若两对频率间距离相同,则其比值相等。

频率 ω 每变化 10 倍称为一个十倍频程,记作 dec。每个 dec 在横坐标上的间隔为一个单位长度,如图 5.5 所示。由于横坐标按 ω 的对数分度,故对 ω 而言是不均匀的,但对 $\lg\omega$ 却是均匀的线性刻度。

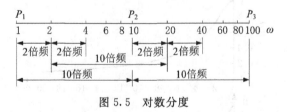

图 5.5　对数分度

对数幅频特性将对数幅值 $L(\omega) = 20\lg A(\omega)$ 作为纵坐标值,单位是 dB(分贝)。幅值 $A(\omega)$ 每增大 10 倍,对数幅值 $L(\omega)$ 就增加 20 dB。由于纵坐标 $L(\omega)$ 已作过对数转换,故纵坐标按分贝值是线性刻度的。

对数相频特性的纵坐标为相位 $\varphi(\omega)$,单位是 °(度),采用线性刻度。

图 5.1 所示电路的对数频率特性如图 5.6 所示。绘制方法将在 5.2 节介绍。

采用对数坐标图的优点较多,主要表现在下述四个方面。

(1)由于横坐标采用对数刻度,将低频段相对展宽了(低频段频率特性的形状对于控制系统性能的研究具有重要的意义),而将高频段相对压缩了。因此,可以在较宽的频段范围中研究系统的频率特性。

(2)由于对数可将乘除运算变成加减运算,当绘制由多个环节串联而成的开环系统的对数坐标图时,只要将各环节对数坐标图的纵坐标相加或者减即可,从而简化了画图的过程。

(3)在对数坐标图上,所有典型环节的对数幅频特性乃至系统的对数幅频特性均可用分段直线近似表示。这种近似具有相当的精确度。若对分段直线进行修正,即可得到精确的特性曲线。

(4)若将实验所得的频率特性数据整理并用分段直线画出对数频率特性,很容易写出实验对象的频率特性表达式或者传递函数。

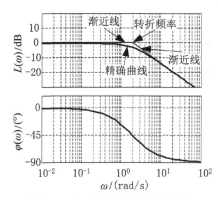

图 5.6 RC 电路的对数频率特性

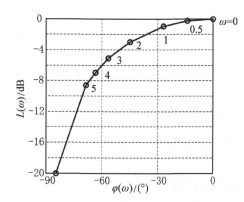

图 5.7 RC 电路的对数幅相特性

4. 对数幅相特性曲线

对数幅相特性曲线又称尼柯尔斯(Nichols)曲线。绘有这一特性曲线的图形称为对数幅相图或者尼柯尔斯图。

对数幅相特性是由对数幅频特性和对数相频特性合并而成的曲线。对数幅相坐标的横轴为相位 $\varphi(\omega)$,单位是°(度),纵轴为对数幅值 $L(\omega)=20\lg A(\omega)$,单位是 dB。横坐标和纵坐标均是线性刻度。图 5.1 所示电路的对数幅相特性如图 5.7 所示。

采用对数幅相特性可以利用尼柯尔斯图线方便地求得系统的闭环频率特性及其有关的特性参数,用以评估系统的性能。

5.2 幅相频率特性曲线的绘制

最小相位系统和非最小相位系统:在右半 s 平面上没有极点或者零点的传递函数,称为最小相位传递函数,相应的典型环节或者系统称最小相位典型环节或者最小相位系统;在右半 s 平面上有零点或者极点,则称为非最小相位传递函数、非最小相位典型环节或者非最小相位系统。含有延迟环节的传递函数,也称为非最小相位传递函数。

5.2.1 典型环节的幅相频率特性曲线绘制

1. 比例环节

比例环节的传递函数为

$$G(s) = K$$

频率特性为

$$G(j\omega) = K + j0 = Ke^{j0} \tag{5.11}$$

比例环节的幅相特性是复平面实轴上的一个点,如图 5.8 所示。表明比例环节稳态正弦响应的幅值是输入信号的 K 倍,且稳态输出响应与输入信号同相位。

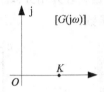

图 5.8 比例环节的幅相特性曲线

2. 微分环节

微分环节的传递函数为

$$G(s) = s$$

频率特性为

$$G(j\omega) = j\omega = \omega e^{j90°} \tag{5.12}$$

微分环节的幅值与 ω 成正比,相位恒为 $90°$。当 $\omega = 0^+ \to \infty$ 时,幅相特性从复平面的原点出发,一直沿虚轴趋于 $+j\infty$ 处,如图 5.9 中曲线①所示。

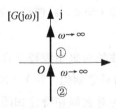

图 5.9 微(积)分环节的幅相特性曲线

3. 积分环节

积分环节的传递函数为

$$G(s) = \frac{1}{s}$$

频率特性为

$$G(j\omega) = \frac{1}{j\omega} = \frac{1}{\omega} e^{-j90°} \tag{5.13}$$

积分环节的幅值与 ω 成反比,相位恒为 $-90°$。当 $\omega=0^+ \to \infty$ 时,幅相特性从复平面的虚轴 $-j\infty$ 处出发,沿负虚轴逐渐趋于坐标原点,如图 5.9 中曲线②所示。

4. 惯性环节(一阶系统)

惯性环节的传递函数为

$$G(s)=\frac{1}{Ts+1}$$

频率特性为

$$G(j\omega)=\frac{1}{1+jT\omega}=\frac{1}{\sqrt{1+(T\omega)^2}}e^{-jarctanT\omega}$$

$$=\frac{1-jT\omega}{1+(T\omega)^2}=X(\omega)+jY(\omega) \qquad (5.14)$$

当 $\omega=0$ 时,幅值 $A(\omega)=1$,相位 $\varphi(\omega)=0°$;当 $\omega \to \infty$ 时,$A(\omega)=0$,$\varphi(\omega)=-90°$。

由图 $5-10(a)$ 分析 s 平面复向量 $\overrightarrow{s-p_1}$ 随 ω 增加时其幅值和相位的变化规律,可以确定幅相特性曲线的变化趋势,如图 5.10(b) 所示。

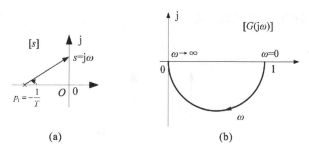

图 5.10 惯性环节的极点分布和幅相特性曲线

可以证明,惯性环节幅相特性曲线是一个以 $(0.5,j0)$ 为圆心、半径为 0.5 的半圆。

惯性环节是一种低通滤波器,低频信号容易通过,而高频信号通过后幅值衰减较大。

对于非最小相位惯性环节,其传递函数和频率特性为

$$G(s)=\frac{1}{Ts-1}$$

$$G(j\omega)=\frac{1}{-1+jT\omega}=\frac{1}{\sqrt{1+(T\omega)^2}}e^{-j(180°-arctanT\omega)}$$

$$=\frac{-1-jT\omega}{1+(T\omega)^2}=X(\omega)+jY(\omega) \qquad (5.15)$$

当 $\omega=0$ 时,幅值 $A(\omega)=1$,相位 $\varphi(\omega)=-180°$;当 $\omega \to \infty$ 时,$A(\omega)=0$,$\varphi(\omega)=-90°$。

由图 $5-11(a)$ 分析 s 平面复向量 $\overrightarrow{s-p_1}$ 随 ω 增加时其幅值和相位的变化规律,可以确定幅相特性曲线的变化趋势,如图 5.11(b) 所示。

可见,与最小相位惯性环节的幅相特性相比,非最小相位惯性环节的幅频特性与其相同,但相频特性不同。

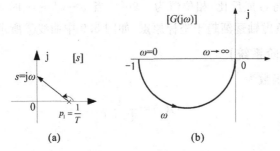

图 5.11 非最小相位惯性环节的极点分布和幅相特性曲线

5. 一阶微分环节

一阶微分环节的传递函数为

$$G(s) = Ts + 1$$

频率特性为

$$G(j\omega) = 1 + jT\omega = \sqrt{1 + (T\omega)^2}\, e^{j\arctan T\omega} \tag{5.16}$$

一阶微分环节幅相特性的实部为常数 1，虚部与 ω 成正比，如图 5.12 中曲线①所示。

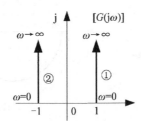

图 5.12 一阶微分环节的幅相特性曲线

对于非最小相位一阶微分环节，其传递函数和频率特性为

$$G(s) = Ts - 1$$

$$G(j\omega) = -1 + jT\omega = \sqrt{1 + (T\omega)^2}\, e^{j(80° - \arctan T\omega)} \tag{5.17}$$

幅相特性的实部为常数 -1，虚部与 ω 成正比，如图 5.12 中曲线②所示。

6. 振荡环节(二阶欠阻尼系统)

振荡环节的传递函数为

$$G(s) = \frac{1}{T^2 s^2 + 2\zeta Ts + 1} = \frac{\omega_n^2}{s^2 + 2\zeta\omega_n s + \omega_n^2}, \quad (\omega_n > 0, 1 > \zeta > 0)$$

式中，$\omega_n = 1/T$ 为振荡环节的无阻尼自然振荡角频率；ζ 为阻尼比。相应的频率特性为

$$G(j\omega) = \frac{1}{1 - \frac{\omega^2}{\omega_n^2} + j2\zeta\frac{\omega}{\omega_n}} = \frac{1}{\sqrt{(1 - \omega^2/\omega_n^2)^2 + 4\zeta^2\omega^2/\omega_n^2}}\, e^{-j\arctan\frac{2\zeta\omega/\omega_n}{1 - \omega^2/\omega_n^2}} \tag{5.18}$$

当 $\omega = 0$ 时，$G(j0) = 1\angle 0°$；当 $\omega = \omega_n$ 时，$G(j\omega_n) = 1/(2\zeta)\angle -90°$；当 $\omega = \infty$ 时，$G(j\infty) = 0\angle -180°$。

由图 5-13(a)分析振荡环节极点分布以及当 $s = j\omega = j0 \rightarrow j\infty$ 变化时，向量 $\overrightarrow{s - p_1}$ 和 $\overrightarrow{s - p_2}$

的模和相位的变化规律,可以绘制出 $G(j\omega)$ 的幅相特性曲线。振荡环节幅相特性的形状与 ζ 值有关,当 ζ 值分别取 0.3、0.5 和 0.7 时,幅相曲线如图 5.13(b)实线所示。

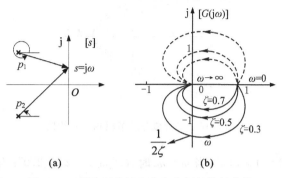

图 5.13 振荡环节极点分布和幅相特性曲线

对于非最小相位振荡环节,其传递函数和频率特性为

$$G(s)=\frac{1}{T^2 s^2-2\zeta T s+1}=\frac{\omega_n^2}{s^2-2\zeta\omega_n s+\omega_n^2},(\omega_n>0,1>\zeta>0)$$

$$G(j\omega)=\frac{1}{1-\frac{\omega^2}{\omega_n^2}-j2\zeta\frac{\omega}{\omega_n}}=\frac{1}{\sqrt{(1-\omega^2/\omega_n^2)^2+4\zeta^2\omega^2/\omega_n^2}}e^{-jarctan\frac{-2\zeta\omega/\omega_n}{1-\omega^2/\omega_n^2}}$$

$$=\frac{1}{\sqrt{(1-\omega^2/\omega_n^2)^2+4\zeta^2\omega^2/\omega_n^2}}e^{-j\left(360°-arctan\frac{2\zeta\omega/\omega_n}{1-\omega^2/\omega_n^2}\right)} \tag{5.19}$$

当 $\omega=0$ 时,$G(j0)=1\angle-360°$;当 $\omega=\omega_n$ 时,$G(j\omega_n)=1/(2\zeta)\angle-270°$;当 $\omega=\infty$ 时,$G(j\infty)=0\angle-180°$。

当 ζ 值分别取 0.3、0.5 和 0.7 时,幅相曲线如图 5.13 虚线所示。可见,与最小相位振荡环节的幅相特性相比,非最小相位振荡环节的幅频特性与其相同,但相频特性不同。

7. 二阶微分环节

二阶微分环节的传递函数和幅相频率特性为

$$G(s)=T^2 s^2+2\zeta T s+1=\frac{1}{\omega_n^2}s^2+\frac{2\zeta}{\omega_n}s+1,(\omega_n>0,1>\zeta>0)$$

$$G(j\omega)=1-\frac{\omega^2}{\omega_n^2}+j2\zeta\frac{\omega}{\omega_n}=\sqrt{(1-\omega^2/\omega_n^2)^2+4\zeta^2\omega^2/\omega_n^2}\ e^{jarctan\frac{2\zeta\omega/\omega_n}{1-\omega^2/\omega_n^2}} \tag{5.20}$$

当 $\omega=0$ 时,$G(j0)=1\angle0°$;当 $\omega=\omega_n$ 时,$G(j\omega_n)=2\zeta\angle90°$;当 $\omega=\infty$ 时,$G(j\infty)=\infty\angle180°$。当 ζ 值分别取 0.4、0.5 和 0.6 时,二阶微分环节的幅相特性曲线如图 5.14 实线所示。

对于非最小相位二阶微分环节,其传递函数和频率特性为

$$G(s)=T^2 s^2-2\zeta T s+1=\frac{1}{\omega_n^2}s^2-\frac{2\zeta}{\omega_n}s+1 \quad (\omega_n>0 \quad 0<\zeta<1)$$

$$G(j\omega)=1-\frac{\omega^2}{\omega_n^2}-j2\zeta\frac{\omega}{\omega_n}=\sqrt{(1-\omega^2/\omega_n^2)^2+4\zeta^2\omega^2/\omega_n^2}\ e^{j\ arctan\frac{-2\zeta\omega/\omega_n}{1-\omega^2/\omega_n^2}}$$

$$=\sqrt{(1-\omega^2/\omega_n^2)^2+4\zeta^2\omega^2/\omega_n^2}\ e^{j\left(360°-arctan\frac{2\zeta\omega/\omega_n}{1-\omega^2/\omega_n^2}\right)} \tag{5.21}$$

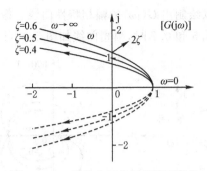

图 5.14　二阶微分环节幅相频率特性

当 $\omega=0$ 时,$G(j0)=1\angle 360°$;当 $\omega=\omega_n$ 时,$G(j\omega_n)=2\zeta\angle 270°$;当 $\omega=\infty$ 时,$G(j\infty)=\infty\angle 180°$。当 ζ 值分别取 0.4、0.5 和 0.6 时,幅相曲线如图 5.14 虚线所示。可见,与最小相位二阶微分环节的幅相特性相比,非最小相位二阶微分环节的幅频特性与其相同,但相频特性不同。

8. 延迟环节

延迟环节的输入输出间的关系为

$$c(t)=r(t-\tau)$$

传递函数和幅相频率特性为

$$G(s)=e^{-\tau s}$$

$$G(j\omega)=e^{-j\tau\omega} \tag{5.22}$$

幅相特性曲线是一个单位圆,当 $\omega=0\to\infty$ 时,$\varphi(\omega)$ 由 $0°\to-\infty$,如图 5.15 所示。

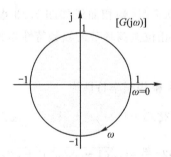

图 5.15　延迟环节幅相特性曲线

5.2.2　系统的开环幅相频率特性曲线绘制

如果已知开环频率特性函数式 $G(j\omega)$,可令 ω 由小到大取值,算出 $A(\omega)$ 和 $\varphi(\omega)$ 的相应值,在复平面上描点绘图,可以得到准确的系统开环幅相特性。

在实际系统的分析过程中,往往并不需要绘出准确曲线,只需要知道幅相特性的大致图形即可。可以将系统的开环传递函数在 s 平面上的零、极点分布图画出来,令 $s=j\omega$ 沿虚轴变化,当 $\omega=0\to\infty$ 时,分析各零、极点指向 $s=j\omega$ 的复向量的变化趋势,就可以概略画出系统的开环幅相特性曲线。

　　概略绘制的开环幅相曲线应反映开环频率特性的三个重要因素：①开环幅相曲线的起点($\omega=0$)和终点($\omega=\infty$)；②开环幅相曲线与实轴、虚轴的交点；③开环幅相曲线的变化范围（象限、单调性）。

　　设系统的开环传递函数及其频率特性为

$$G(s)=\frac{K\prod_{i=1}^{m}(\tau_i s+1)}{s^v\prod_{j=1}^{n-v}(T_j s+1)}\ ,(n\geqslant m)$$

$$G(j\omega)=\frac{K\prod_{i=1}^{m}(j\omega\tau_i+1)}{(j\omega)^v\prod_{j=1}^{n-v}(j\omega T_j+1)}=\frac{K\prod_{i=1}^{m}\tau_i(j\omega+1/\tau_i)}{(j\omega)^v\prod_{j=1}^{n-v}T_j(j\omega+1/T_j)} \tag{5.23}$$

开环幅相频率特性曲线的特征点。

　　(1)起点。$\lim\limits_{\omega\to0}G(j\omega)=\lim\limits_{\omega\to0}\dfrac{K}{(j\omega)^v}=\lim\limits_{\omega\to0}\dfrac{K}{\omega^v}\angle-90°\times v$，开环幅相频率特性曲线的起点取决于开环传递函数中积分环节个数 v 和开环增益 K。对于 0 型系统($v=0$)，$G(j0)=K\angle0°$，其起点在实轴上的 K 点；对于非 0 型系统($v\neq0$)，当 $\omega=0^+$ 时，$G(j0^+)=\infty\angle-90°\times v$，其起点在无穷远处、而相位角为 $-90°\times v$。

　　(2)终点。当 $n>m$ 时，$G(j\infty)=0\angle-90°\times(n-m)$，其终点在坐标原点处、而相位角为 $-90°\times(n-m)$；当 $n=m$ 时，$G(j\infty)=K\prod_{i=1}^{m}\tau_i/\prod_{j=1}^{n-v}T_j\angle0°=K^*\angle0°$，其终点在实轴上 K^* 点。

　　(3)与实轴的交点。令 $G(j\omega)$ 的虚部

$$\mathrm{Im}[G(j\omega)]=0$$

求出 $G(j\omega)$ 与实轴的交点频率 ω_R，将 ω_R 代入 $G(j\omega)$ 的实部 $\mathrm{Re}[G(j\omega_R)]$，其实部值为交点值 $G(j\omega_R)$。

　　同理，令 $G(j\omega)$ 的实部 $\mathrm{Re}[G(j\omega_I)]=0$，将求出的频率值 ω_I 代入 $G(j\omega)$ 的虚部 $\mathrm{Im}[G(j\omega_I)]$，其虚部值为 $G(j\omega)$ 与虚轴的交点值 $G(j\omega_I)$。

　　图 5.16 绘出了 0、1、2 和 3 型系统的开环幅相频率特性的起点、终点及大致形状。

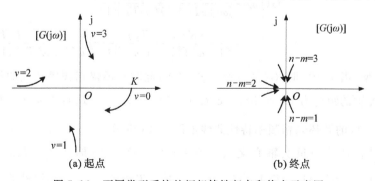

图 5.16　不同类型系统的幅相特性起点和终点示意图

下面举例说明开环幅相特性曲线图的画法。

【例 5 - 1】 设系统的开环传递函数为

$$G(s) = \frac{10}{(s+1)(0.1s+1)}$$

试绘制该系统的开环幅相频率特性曲线。

解 系统的开环频率特性为

$$G(j\omega) = \frac{10}{(j\omega+1)(j0.1\omega+1)} = \frac{10}{1-0.1\omega^2+j1.1\omega}$$

$$= \frac{10(1-0.1\omega^2-j1.1\omega)}{(1-0.1\omega^2)^2+(1.1\omega)^2}$$

系统为 0 型，当 $\omega=0$ 时，$G(j0)=10\angle 0°$；当 $\omega\to\infty$ 时，$G(j\infty)=0\angle-180°$。可见，该特性曲线与负虚轴有交点。

令 $\mathrm{Re}[G(j\omega)]=0$，即 $1-0.1\omega^2=0$，得 $\omega_I=\sqrt{10}$。代入 $\mathrm{Im}[G(j\omega)]=-j10\sqrt{10}/11\approx-j2.87$，得特性曲线与虚轴交点为 $-j2.87$。该系统的开环幅相频率特性曲线如图 5.17 所示。

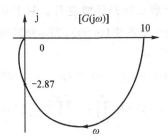

图 5.17 例 5-1 开环幅相特性曲线

【例 5 - 2】 设系统的开环传递函数为

$$G(s) = \frac{K}{s(T_1 s+1)(T_2 s+1)}, (K>0, T_1>T_2)$$

试绘制该系统的开环幅相频率特性曲线。

解 系统的开环频率特性为

$$G(j\omega) = \frac{K}{j\omega(j\omega T_1+1)(j\omega T_2+1)}$$

$$= \frac{-K(T_1+T_2)}{(1+\omega^2 T_1^2)(1+\omega^2 T_2^2)} - j\frac{K(1-T_1 T_2\omega^2)}{\omega(1+\omega^2 T_1^2)(1+\omega^2 T_2^2)}$$

系统为 1 型，当 $\omega=0^+$ 时，$G(j0^+)=\infty\angle-90°$，此时开环幅相频率特性曲线渐近线与负虚轴平行，与虚轴的距离为 $V_R=\lim\limits_{\omega\to 0^+}\mathrm{Re}[G(j\omega)]=-K(T_1+T_2)$；当 $\omega\to\infty$ 时，$G(j\infty)=0\angle-270°$。该系统的开环幅相频率特性曲线如图 5.18 所示。

可见，该特性曲线与负实轴有交点。令 $\mathrm{Im}[G(j\omega)]=0$，即 $1-T_1 T_2\omega^2=0$，得 $\omega_R=1/\sqrt{T_1 T_2}$。$\omega_R$ 代入 $\mathrm{Re}[G(j\omega)]$ 得 $\mathrm{Re}[G(j\omega)]=-KT_1 T_2/(T_1+T_2)$，得特性曲线与负实轴交点为 $-KT_1 T_2/(T_1+T_2)$。

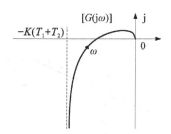

图 5.18 例 5-2 开环幅相特性曲线

【例 5-3】 设系统的开环传递函数为

$$G(s)=\frac{K(20s+1)}{s^2(50s+1)(2s+1)}, \quad (K>0)$$

试绘制该系统的开环幅相频率特性曲线。

解 系统的开环频率特性为

$$G(j\omega)=\frac{K(j20\omega+1)}{(j\omega)^2(j50\omega+1)(j2\omega+1)}$$

$$=\frac{-K(1+940\omega^2)}{\omega^2[1+2504\omega^2+10000\omega^4]}+j\frac{K(32+2000\omega^2)}{\omega[1+2504\omega^2+10000\omega^4]}$$

系统为 2 型,当 $\omega=0^+$ 时,$G(j0^+)=\infty\angle-180°$;当 $\omega\rightarrow\infty$ 时,$G(j\infty)=0\angle-270°$。特性曲线与负实轴无交点。取 $K=1$ 时,系统的开环幅相频率特性曲线如图 5.19 所示。

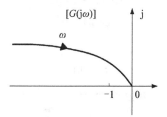

图 5.19 例 5-3 开环幅相特性曲线

【例 5-4】 设系统的开环传递函数为

$$G(s)=\frac{4}{s(s+1)(s^2+4)}$$

试绘制该系统的开环幅相频率特性曲线。

解 系统的开环频率特性为

$$G(j\omega)=\frac{4}{j\omega(j\omega+1)(j\omega+j2)(j\omega-j2)}$$

开环幅相曲线的起点:$G(j0^+)=\infty\angle-450°$;终点:$G(j\infty)=0\angle-360°$。

注意到系统含有振荡环节($\zeta=0, \omega_n=2$),当 $\omega=2$ 时,$A(2)\rightarrow\infty$,而相频特性

$$\varphi(2^-)=-450°-\arctan(2)\approx-513.4°$$

$$\varphi(2^+)=-270°-\arctan(2)\approx-333.4°$$

即 $\varphi(\omega)$ 在 $\omega=2$ 附近,相角突变 180°,幅相曲线在 $\omega=2$ 处呈现不连续现象。系统的概

略开环幅相曲线如图 5.20 所示。

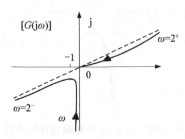

图 5.20 例 5-4 开环幅相特性曲线

5.3 对数频率特性曲线的绘制

5.3.1 典型环节的对数频率特性曲线绘制

1. 比例环节

比例环节的频率特性为

$$G(j\omega) = K$$

显然,它与频率无关,其对数幅频特性和对数相频特性分别为

$$L(\omega) = 20 \lg K \tag{5.24a}$$

$$\varphi(\omega) = 0° \tag{5.24b}$$

其伯德图如图 5.21 所示。

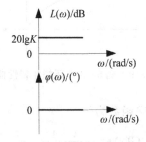

图 5.21 比例环节对数频率特性

2. 微分环节

微分环节的频率特性为

$$G(j\omega) = j\omega = \omega \angle 90°$$

其对数幅频特性和对数相频特性分别为

$$L(\omega) = 20 \lg \omega \tag{5.25a}$$

$$\varphi(\omega) = 90° \tag{5.25b}$$

对数幅频曲线在 $\omega = 1$ 处通过 0 dB 线,斜率为 20 dB/dec;对数相频特性为 90°直线。特性曲线如图 5.22 中曲线①所示。

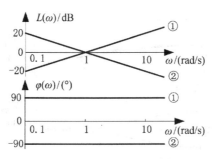

图 5.22　微、积分环节对数频率特性

3. 积分环节

积分环节的频率特性为

$$G(\mathrm{j}\omega)=1/(\mathrm{j}\omega)=1/\omega\angle-90°$$

其对数幅频特性和对数相频特性分别为

$$L(\omega)=-20\lg\omega \tag{5.26a}$$

$$\varphi(\omega)=-90° \tag{5.26b}$$

对数幅频曲线在 $\omega=1$ 处通过 0 dB 线,斜率为 -20 dB/dec;对数相频特性为 $-90°$ 直线。特性曲线如图 5.22 中曲线②所示。

积分环节与微分环节的传递函数成倒数关系,所以其伯德图关于频率轴对称。

4. 惯性环节(一阶系统)

惯性环节的频率特性为

$$G(\mathrm{j}\omega)=\frac{1}{1+\mathrm{j}T\omega}=\frac{1}{\sqrt{1+(T\omega)^2}}\mathrm{e}^{-\mathrm{j}\arctan T\omega}$$

其对数幅频特性和对数相频特性分别为

$$L(\omega)=-20\lg\sqrt{1+(T\omega)^2} \tag{5.27a}$$

$$\varphi(\omega)=-\arctan T\omega \tag{5.27b}$$

当 $\omega\ll1/T$ 时, $L(\omega)\approx-20\lg1=0$ dB,表明 $L(\omega)$ 的低频段的渐近线是 0 dB 水平线。当 $\omega\gg1/T$ 时, $L(\omega)\approx-20\lg T\omega$,表明 $L(\omega)$ 高频段的渐近线是斜率为 -20 dB/dec 的直线。两条渐近线的交点频率 $\omega=1/T$,称为转折频率。图 5.23 中曲线①绘出惯性环节对数幅频特性的渐近线与精确曲线,以及对数相频曲线。由图 5.23 可见,对数幅频特性曲线①最大幅值误差发生在 $\omega=1/T$ 处,其值近似等于 -3 dB。

惯性环节的对数相频特性从 $0°$ 变化到 $-90°$,并且关于点 $(1/T,-45°)$ 对称。

对于非最小相位惯性环节,对数幅频特性和对数相频特性分别为

$$L(\omega)=-20\lg\sqrt{1+(T\omega)^2} \tag{5.28a}$$

$$\varphi(\omega)=-\arctan(180°-T\omega) \tag{5.28b}$$

可见,非最小相位惯性环节与最小相位惯性环节的对数幅频特性相同。图 5.23 中曲线②为非最小相位惯性环节的对数幅频特性的渐近线与精确曲线及对数相频曲线。可见,与最小相位惯性环节的对数相频特性相比, $|\varphi_②(\omega)|>\varphi_①(\omega)|$ 。

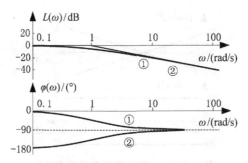

图 5.23 惯性环节的对数频率特性曲线

5. 一阶微分环节

一阶微分环节的频率特性为

$$G(j\omega)=1+jT\omega=\sqrt{1+(T\omega)^2}\,e^{jarctan T\omega}$$

其对数幅频特性和对数相频特性分别为

$$L(\omega)=20lg\sqrt{1+(T\omega)^2} \tag{5.29a}$$

$$\varphi(\omega)=arctan T\omega \tag{5.29b}$$

一阶微分环节与惯性环节的传递函数成倒数关系,所以其伯德图关于频率轴对称。图 5.24 中曲线①绘出一阶微分环节的对数幅频特性的渐近线与精确曲线,以及对数相频曲线。

对于非最小相位一阶微分环节,对数幅频特性和对数相频特性分别为

$$L(\omega)=20lg\sqrt{1+(T\omega)^2} \tag{5.30a}$$

$$\varphi(\omega)=180°-arctan T\omega \tag{5.30b}$$

图 5.24 中曲线②绘出非最小相位一阶微分环节对数幅频特性的渐近线与精确曲线,以及对数相频曲线。可见,与最小相位一阶微分环节的对数频率特性相比,非最小相位一阶微分环节的对数幅频特性与其相同,但相频特性 $|\varphi_②(\omega)|>|\varphi_①(\omega)|$。

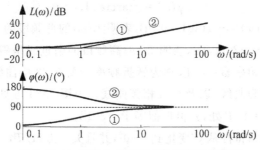

图 5.24 一阶微分环节的对数频率特性曲线

6. 振荡环节(二阶欠阻尼系统)

振荡环节的频率特性为

$$G(j\omega)=\frac{1}{1-\dfrac{\omega^2}{\omega_n^2}+j2\zeta\dfrac{\omega}{\omega_n}}=\frac{1}{\sqrt{(1-\omega^2/\omega_n^2)^2+4\zeta^2\omega^2/\omega_n^2}}e^{-jarctan\frac{2\zeta\omega/\omega_n}{1-\omega^2/\omega_n^2}}$$

其对数幅频特性和对数相频特性分别为

$$L(\omega) = -20\lg\sqrt{(1-\omega^2/\omega_n^2)^2+4\zeta^2\omega^2/\omega_n^2} \tag{5.31a}$$

$$\varphi(\omega) = -\arctan\frac{2\zeta\omega/\omega_n}{1-\omega^2/\omega_n^2} \tag{5.31b}$$

当 $\omega/\omega_n \ll 1$ 时,$L(\omega) \approx -20\lg 1 = 0$ dB,表明 $L(\omega)$ 的低频段的渐近线是 0 dB 水平线。当 $\omega/\omega_n \gg 1$ 时,$L(\omega) \approx -40\lg(\omega/\omega_n)$,表明 $L(\omega)$ 高频段的渐近线是斜率为 -40dB/dec 的直线。两条渐近线的交点频率 $\omega = \omega_n$ 称为转折频率。

振荡环节的对数幅频特性不仅与 ω/ω_n 有关,而且与阻尼比 ζ 有关,因此在转折频率附近一般不能简单地用渐近线近似代替,否则可能引起较大的误差。图 5.25 曲线①给出了当 ζ 取 0.1、0.3 和 0.8 时对数幅频特性的准确曲线和渐近线。当 $\zeta < 0.707$ 时,曲线出现谐振峰值,ζ 值越小,谐振峰值越大,它与渐近线之间的误差越大。

由式(5.31b)可知,相角 $\varphi(\omega)$ 也是 ω/ω_n 和 ζ 的函数,当 $\omega = 0$ 时,$\varphi(\omega) = 0$;当 $\omega \to \infty$ 时,$\varphi(\omega) = -180°$;当 $\omega = \omega_n$ 时,不管 ζ 值的大小,$\varphi(\omega_n)$ 总是等于 $-90°$,而且相频特性曲线关于 $(\omega_n, -90°)$ 点对称,如图 5.25 曲线①所示。

对于非最小相位振荡环节,对数幅频特性和对数相频特性分别为

$$L(\omega) = -20\lg\sqrt{(1-\omega^2/\omega_n^2)^2+4\zeta^2\omega^2/\omega_n^2} \tag{5.32a}$$

$$\varphi(\omega) = -\left(360° - \arctan\frac{2\zeta\omega/\omega_n}{1-\omega^2/\omega_n^2}\right) \tag{5.32b}$$

图 5.25 中曲线②绘出非最小相位振荡环节对数幅频特性的渐近线与精确曲线,以及对数相频曲线。可见,与最小相位振荡环节的对数频率特性相比,非最小相位振荡环节的对数幅频特性与其相同,但相频特性 $|\varphi_②(\omega)| > |\varphi_①(\omega)|$。

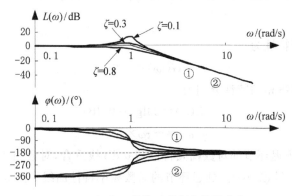

图 5.25 振荡环节的对数频率特性曲线

7. 二阶微分环节

二阶微分环节的频率特性为

$$G(j\omega) = 1-\frac{\omega^2}{\omega_n^2}+j2\zeta\frac{\omega}{\omega_n} = \sqrt{(1-\omega^2/\omega_n^2)^2+4\zeta^2\omega^2/\omega_n^2}\ \ e^{j\arctan\frac{2\zeta\omega/\omega_n}{1-\omega^2/\omega_n^2}}$$

其对数幅频特性和对数相频特性分别为

$$L(\omega) = 20\lg\sqrt{(1-\omega^2/\omega_n^2)^2+4\zeta^2\omega^2/\omega_n^2} \tag{5.33a}$$

$$\varphi(\omega) = \arctan \frac{2\zeta\omega/\omega_n}{1 - \omega^2/\omega_n^2} \tag{5.33b}$$

二阶微分环节与振荡环节的传递函数成倒数关系,所以其伯德图关于频率轴对称。图 5.26 中曲线①绘出 ζ 分别取 0.1、0.3 和 0.8 时对数幅频特性的渐近线与精确曲线,以及对数相频曲线。

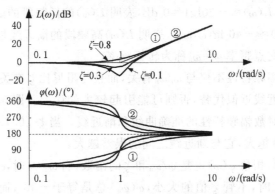

图 5.26　二阶微分环节的对数频率特性曲线

对于非最小相位二阶微分环节,对数幅频特性和对数相频特性分别为

$$L(\omega) = 20\lg \sqrt{(1 - \omega^2/\omega_n^2)^2 + 4\zeta^2\omega^2/\omega_n^2} \tag{5.34a}$$

$$\varphi(\omega) = 360° - \arctan \frac{2\zeta\omega/\omega_n}{1 - \omega^2/\omega_n^2} \tag{5.34b}$$

图 5.26 中曲线②绘出非最小相位二阶微分环节对数幅频特性的渐近线与精确曲线,以及对数相频曲线。可见,与最小相位二阶微分环节的对数频率特性相比,非最小相位二阶微分环节的对数幅频特性与其相同,但相频特性 $|\varphi_②(\omega)| > |\varphi_①(\omega)|$。

8. 延迟环节

延迟环节的频率特性为

$$G(j\omega) = e^{-j\omega}$$

其对数幅频特性和对数相频特性分别为

$$L(\omega) = 20\lg 1 = 0 \text{ dB} \tag{5.35a}$$

$$\varphi(\omega) = -\tau\omega \times 180°/\pi \tag{5.35b}$$

式(5.35)表明,延迟环节的对数幅频特性与 0 dB 线重合,对数相频特性值与 ω 成正比,当 $\omega \to \infty$ 时,相角迟后量也 $\to \infty$。延迟环节的对数频率特性曲线如图 5.27 所示。

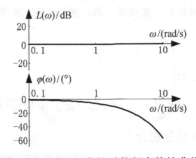

图 5.27　延迟环节的对数频率特性曲线

5.3.2　系统的开环对数频率特性曲线绘制

设系统的开环传递函数由 n 个串联典型环节的传递函数乘积组成,系统的开环频率特性为

$$G(j\omega) = G_1(j\omega)G_2(j\omega)\cdots G_n(j\omega)$$
$$= A_1(\omega)e^{j\varphi_1(\omega)}A_2(\omega)e^{j\varphi_2(\omega)}\cdots A_n(\omega)e^{j\varphi_n(\omega)}$$
$$= A(\omega)e^{j\varphi(\omega)}$$

式中,$A(\omega) = A_1(\omega)A_2(\omega)\cdots A_n(\omega)$。取对数后,有

$$L(\omega) = 20\lg A(\omega) = 20\lg A_1(\omega) + 20\lg A_2(\omega) + \cdots + 20\lg A_n(\omega)$$
$$= L_1(\omega) + L_2(\omega) + \cdots + L_n(\omega) \tag{5.36a}$$
$$\varphi(\omega) = \varphi_1(\omega) + \varphi_2(\omega) + \cdots + \varphi_n(\omega) \tag{5.36b}$$

$i = 1, 2, \cdots, n$,$L_i(\omega)$ 和 $\varphi_i(\omega)$ 分别表示各典型环节的对数幅频特性和对数相频特性。式 (5.36) 表明,只要作出 $G(j\omega)$ 所包含的各典型环节的对数幅频曲线和对数相频曲线,将它们分别进行代数相加,就可以求得系统的开环对数频率特性。

下面以例 5-2 为例,讨论开环对数频率特性的绘制。

该系统的开环传递函数为 $G(s) = \dfrac{K}{s(T_1 s + 1)(T_2 s + 1)}$,$(K > 0, T_1 > T_2)$,是由比例、积分和两个惯性环节串联组成的,其对数幅频特性为

$$L(\omega) = L_1(\omega) + L_2(\omega) + L_3(\omega) + L_4(\omega)$$

分别作出各环节的对数幅频特性渐近线 $L_i(\omega)$,$i = 1, 2, 3, 4$,如图 5.28 虚线所示。其中:

$L_1(\omega) = 20\lg K$,是一条平行于横轴的直线。

$L_2(\omega) = -20\lg\omega$,是在 $\omega = 1$ 处过 0 dB 线,斜率为 -20 dB/dec 的直线。

$L_3(\omega) = -20\lg\sqrt{1 + (T_1\omega)^2}$,$L_4(\omega) = -20\lg\sqrt{1 + (T_2\omega)^2}$。$L_3(\omega)$ 和 $L_4(\omega)$ 的转折频率分别为 $1/T_1$、$1/T_2$,其渐近线在转折频率处由 0 dB 线折为斜率等于 -20 dB/dec 的直线。

各环节的对数幅频特性渐近线叠加,得到的 $L(\omega)$ 如图 5.28 中实线所示。

对数相频特性为

$$\varphi(\omega) = -90° - \arctan T_1\omega - \arctan T_2\omega$$

同样道理,先分别绘制出各环节的 $\varphi_i(\omega)$,然后再叠加,就得到了系统开环对数相频特性,如图 5.28 所示。

考察所绘制的开环对数频率特性可知,与开环幅相频率特性一样,当 $\omega \to 0$ 时,$L(\omega)$ 取决于 $G(s)$ 中的 K/s^v:$L(\omega)$ 起始段($0 < \omega < \omega_1$,ω_1 为最小转折频率)的斜率为 $-20v$ dB/dec(v 是积分环节的个数,本例 $v = 1$)。若 $\omega_1 < 1$,则起始段的延长线在 $\omega = 1$ 处的幅值为 $20\lg K$。将起始段延长与 0 dB 线相交,则交点频率 $\omega = K^{1/v}$,说明 $L(\omega)$ 的位置由 K 确定。随着 ω 增加,每遇到一个转折频率,斜率就发生一次变化。

了解了这些特点,可以根据开环传递函数一次作出对数幅频特性渐近线,而不需要逐项叠加。由此得出,绘制开环对数频率特性曲线的步骤如下:

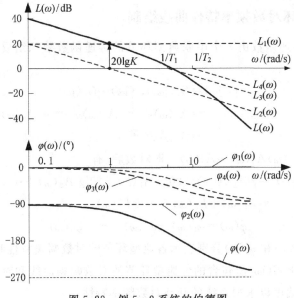

图 5.28 例 5 - 2 系统的伯德图

(1)将开环传递函数 $G(s)$ 写成各典型环节串联的尾 1 标准形式,确定系统开环增益 K,把各典型环节的转折频率由小到大依次标在频率轴上。

(2)绘制开环对数幅频特性的渐近线。由于低频段渐近线的频率特性为 $K/(\mathrm{j}\omega)^v$,因此,低频段渐近线为过点 $(1,20\lg K)$、斜率为 $-20v$ dB/dec 的直线(v 为积分环节数),如图 5.29 所示。

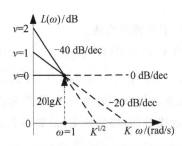

图 5.29 开环对数幅频特性的低频段渐近线

(3)随后沿频率增大的方向每遇到一个转折频率就改变一次斜率。其规律是,遇到惯性环节的转折频率,斜率变化量为 -20 dB/dec;遇到一阶微分环节的转折频率,斜率变化量为 $+20$ dB/dec;遇到二阶振荡环节的转折频率,斜率变化量为 -40 dB/dec 等;遇到二阶微分环节的转折频率,斜率变化量为 $+40$ dB/dec。渐近线最后一段(高频段)的斜率为 $-20(n-m)$ dB/dec,其中 n 和 m 分别为 $G(s)$ 分母、分子的阶数。

(4)若有必要,对 $L(\omega)$ 渐近线上各转折频率及其附近(两侧各十倍频程内)进行修正,以得到精确的对数幅频特性曲线。

$L(\omega)$ 通过 0 dB 线时的交点频率 ω_c,称为截止频率(或者穿越频率、剪切频率),它是频域分析及系统设计中的一个重要参数。

（5）绘制相频特性曲线。可按照前述的常规方法或者直接利用表达式绘出。对于最小相位系统,对数幅频特性与对数相频特性的渐近线之间有一一对应的关系,当 $\omega = 0 \to \infty$ 时, $\varphi(\omega) = -90° \times v \to -90° \times (n-m)$。非最小相位系统没有这样的对应关系。

下面通过实例说明系统的开环对数频率特性曲线的绘制过程。

【例 5 - 5】 设系统的开环传递函数为

$$G(s) = \frac{100(s+2)}{s(s+1)(s+20)}$$

试绘制该系统的开环对数频率特性曲线。

解　（1）将 $G(s)$ 转换为典型环节串联的尾一化标准形式,即

$$G(s) = \frac{10(0.5s+1)}{s(s+1)(0.05s+1)}$$

系统的开环增益 $K = 10$,把各典型环节的转折频率由小到大依次标在频率轴上,如图 5.30 所示。惯性环节 $\omega_1 = 1$,一阶微分环节 $\omega_2 = 1/0.5 = 2$,惯性环节 $\omega_3 = 1/0.05 = 20$。

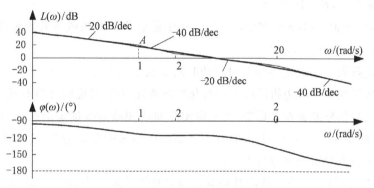

图 5.30　例 5 - 5 系统的伯德图

（2）由 $G(s)$ 可知, $v=1$, $K=10$,通过 A 点（$\omega = 1$, $L = 20\lg K = 20$ dB）作一条斜率为 -20 dB/dec 的直线,即 $L(\omega)$ 的低频段渐近线。

（3）在 $\omega_1 = 1$ 处,考虑惯性环节的作用,将渐近线斜率由 -20 dB/dec 转为 -40 dB/dec;在 $\omega_2 = 2$ 处,考虑一阶微分环节的作用,将渐近线斜率由 -40 dB/dec 转为 -20 dB/dec;在 $\omega_3 = 20$ 处,考虑惯性环节的作用,将渐近线斜率由 -20 dB/dec 转为 -40 dB/dec,即得开环对数幅频特性的渐近线, $L(\omega)$ 的渐近线与精确的对数幅频特性曲线如图 5.30 所示。在所绘制的 $L(\omega)$ 的渐近线上应标注出各频段对应的斜率。

（4）系统开环对数相频特性为

$$\varphi(\omega) = -90° + \arctan 0.5\omega - \arctan\omega - \arctan 0.05\omega$$

当 $\omega = 0 \to \infty$ 时, $\varphi(\omega) = -90° \to -180°$。计算各转折频率的相位,可采用描点法绘于图 5.30 中。

由图 5.30 可见, $L(\omega)$ 的渐近线在 ω_2 与 ω_3 之间穿越 0 dB 线,即 $L(\omega_c) = 0$ 或者 $A(\omega_c) = 1$。由于 $\omega_c > \omega_1 = 1$, $\omega_c > \omega_2 = 2$, $\omega_c < \omega_3 = 20$,则 $L(\omega)$ 的渐近线满足

$$A(\omega) = \frac{10\sqrt{(0.5\omega_c)^2+1}}{\omega_c\sqrt{\omega_c{}^2+1}\sqrt{(0.05\omega_c)^2+1}} \approx \frac{10 \times 0.5\omega_c}{\omega_c \times \omega_c \times 1} = 1$$

求得 $\omega_c \approx 5$,则

$$\varphi(\omega_c) = -90° + \arctan0.5 \times 5 - \arctan5 - \arctan0.05 \times 5 = 114.5°$$

5.3.3 传递函数的频域确定

前面介绍了由传递函数可以方便地得到系统的频率特性,反过来,由频率特性也可求得相应的传递函数。又由于最小相位系统的幅频特性和相频特性的渐近线是一一对应的,因而利用对数幅频特性就可写出最小相位系统的传递函数,并得到对应的对数相频特性。

对于最小相位系统,由对数幅频特性确定对应的传递函数的步骤如下:

(1)由低频段渐近线的斜率为 $-20v$ dB/dec 来确定 v。

(2)由低频段渐近线的位置来确定 K。由于当 $\omega \to 0$ 时,$L(\omega) = 20\lg(K/\omega^v) = 20\lg K - 20\lg\omega^v$,故可由以下两种方法确定 K。

①当 $\omega = 1$ 时,$L(\omega) = 20\lg K$,因此由低频段渐近线或者其延长线与垂线 $\omega = 1$ 交点处的幅值 $L(1)$ 可确定 K,$K = 10^{L(1)/20}$。

②当 $L(\omega) = 0$ 时,$20\lg K - 20\lg\omega^v = 0$,因此由低频段渐近线或者其延长线与 0 dB 线交点处的频率值 ω_0 可确定 K,$K = \omega_0^v$。

(3)由各转折频率 ω_i 确定各环节对应的时间常数 $T_i = 1/\omega_i$。

(4)由各转折频率处两边折线的斜率变化情况确定 T_i 所对应的环节形式。

(5)若为二阶微分或者振荡环节,可根据实际曲线和渐近线确定谐振峰值 L_r,进而确定 ζ,或者由转折频率 $\omega_i = 1/T_i$ 的修正值 $\Delta L = \pm 20\lg(2\zeta)$ 来确定 ζ,这时其他相邻环节对它有一定影响,相距较大时影响可忽略不计。

【例 5-6】 某最小相位系统的开环对数幅频特性的渐近线如图 5.31 所示,试写出系统的开环传递函数。

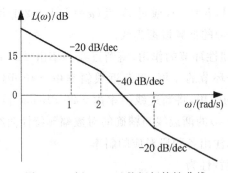

图 5.31 例 5-6 对数幅频特性曲线

解 (1)由图 5.31 可以看出,该系统由一个积分环节、一个惯性环节和一个一阶微分环节组成。

(2)写出开环传递函数的典型环节标准形式。

$$G(s) = \frac{K(T_2 s + 1)}{s(T_1 s + 1)}$$

(3)计算各环节参数。由 $\omega = 1$ 处低频渐近线的幅值 $L(1) = 15$ dB,可确定 $20\lg K = 15$,

$K=10^{15/20}=5.62$。由图可知,各转折频率 $\omega_1=2$,$T_1=1/2$,$\omega_2=7$,$T_2=1/7$。所以该系统的开环传递函数为

$$G(s)=\frac{5.62(s/7+1)}{s(s/2+1)}$$

【例 5 - 7】 某最小相位系统的开环对数幅频特性的渐近线如图 5.32 所示,图中点划线为修正后的精确曲线,试写出系统的开环传递函数。

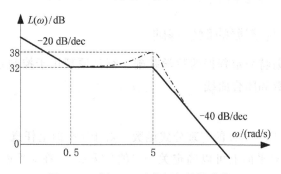

图 5.32　例 5 - 7 对数幅频特性曲线

解　(1)由图 5.32 可以看出,该系统由一个积分环节、一个一阶微分和一个振荡环节组成。

(2)写出传递函数的典型环节标准形式。

$$G(s)=\frac{K(T_1s+1)}{s(T_2^2s^2+2\zeta T_2s+1)}$$

(3)计算各环节参数:

①$\omega=0.5$ 处低频渐近线的幅值为 32 dB,则低频渐近线的延长线上 $\omega=1$ 时的幅值为 $20\lg K=32+20\lg0.5=26$ dB,得 $K=20$;

②由图可知,各转折频率 $\omega_1=0.5$,$T_1=2$,$\omega_2=5$,$T_2=0.2$。转折频率 $\omega_2=5$ 处的修正值为 $\Delta L=-20\lg(2\zeta)=38-32=6$,求得 $\zeta=0.25$。所以系统的开环传递函数为

$$G(s)=\frac{20(2s+1)}{s(0.04s^2+0.1s+1)}$$

值得注意的是,实际系统并不都是最小相位系统,而最小相位系统可以和某些非最小相位系统具有相同的对数幅频特性曲线,因此具有非最小相位环节和延迟环节的系统,还需依据上述环节对相频特性的影响并结合相频特性予以确定。

5.4　频域稳定判据

线性闭环控制系统稳定的充要条件:闭环特征方程的根(即闭环传递函数的极点)全为负实根或者具有负实部的共轭复根,即闭环特征方程的全部特征根都位于 s 平面的左半部。第 3 章介绍了利用闭环特征方程的系数判断系统稳定性的代数判据——劳斯稳定判据,其特点是利用闭环的信息来判断闭环系统的稳定性。这里要介绍的是利用系统的开环信息——开环频率特性 $G(j\omega)$ 来判断闭环系统的稳定性,这就是著名的奈奎斯特(Nyquist)稳

定判据,或者称频率法稳定判据。

频率法稳定判据是奈奎斯特于 1932 年提出的,它是频率分析法的重要内容。利用奈奎斯特稳定判据,不但可以判断系统是否稳定(绝对稳定性),也可以确定系统的稳定程度(相对稳定性),还可用于分析系统的动态性能及指出改善系统性能指标的途径。因此,奈奎斯特稳定判据是一种极其重要且实用的判据,在工程上获得了广泛采用。奈奎斯特稳定判据的数学基础是复变函数理论中的幅角原理。

5.4.1 奈奎斯特稳定判据的数学基础

幅角原理是奈奎斯特稳定判据的数学基础。幅角原理用于控制系统的稳定性判定,需要选择合适的辅助函数和闭合曲线。

1. 幅角原理

设 s 为复数变量,$F(s)$ 为 s 的有理分式函数。对于 s 平面上任意一点 s,通过复变函数 $F(s)$ 的映射关系,在 $F(s)$ 平面上可以确定关于 s 的象 $F(s)$。在 s 平面上任选一条闭合曲线 Γ,且不通过 $F(s)$ 的任一零点和极点,s 从闭合曲线 Γ 上任一点 s_1 起,沿 Γ 顺时针运动一周,再回到 s_1 点,则相应地,$F(s)$ 平面上从点 $F(s_1)$ 起顺时针运动一周,再回到 $F(s_1)$ 点,形成一条闭合曲线 Γ_F,如图 5.33 所示。为讨论方便,取 $F(s)$ 为下述简单形式

$$F(s) = \frac{K^*(s-z_1)(s-z_2)}{(s-p_1)(s-p_2)} \tag{5.37}$$

式(5.37)中,z_1、z_2 为 $F(s)$ 的零点,p_1、p_2 为 $F(s)$ 的极点。不失一般性,取 s 平面上 $F(s)$ 的零点和极点的位置以及闭合曲线 Γ 如图 5.33(a)所示,Γ 包围 $F(s)$ 的零点 z_1 和极点 p_1。

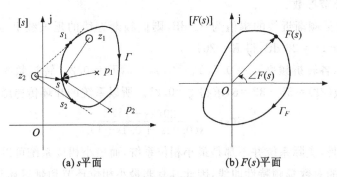

(a) s 平面   (b) $F(s)$ 平面

图 5.33 s 平面和 $F(s)$ 平面的映射关系

设复变量 s 沿闭合曲线 Γ 顺时针运动一周,研究 $F(s)$ 相角的变化情况

$$\delta \angle F(s) = \oint_{\Gamma} \angle F(s) \mathrm{d}s$$

由式(5.37)可知

$$\angle F(s) = [\angle(s-z_1) + \angle(s-z_2)] - [\angle(s-p_1) + \angle(s-p_2)]$$

故

$$\delta \angle F(s) = [\delta \angle(s-z_1) + \delta \angle(s-z_2)] - [\delta \angle(s-p_1) + \delta \angle(s-p_2)]$$

由于 z_1 和 p_1 被 Γ 包围,故按复平面向量的相角定义,逆时针旋转为正,顺时针旋转为

负,则

$$\delta\angle(s-z_1)=\delta\angle(s-p_1)=-2\pi$$

零点 z_2 未被 Γ 包围,过 z_2 作两条直线与闭合曲线 Γ 相切,设切点为 s_1、s_2,则在 Γ 的 $s_1 s_2$ 段,$s-z_2$ 的角度减小,在 Γ 的 $s_2 s_1$ 段,$s-z_2$ 的角度增大,且有

$$\delta\angle(s-z_2)=\oint_\Gamma \angle(s-z_2)\mathrm{d}s=\int_{\Gamma_{s_1 s_2}} \angle(s-z_2)\mathrm{d}s+\int_{\Gamma_{s_2 s_1}} \angle(s-z_2)\mathrm{d}s=0$$

p_2 未被 Γ 包围,同理可得 $\delta\angle(s-p_2)=0$。

上述讨论表明,当 s 沿 s 平面任意闭合曲线 Γ 顺时针运动一周时,$F(s)$ 绕 $F(s)$ 平面原点的圈数只与 $F(s)$ 被闭合曲线 Γ 所包围的零点的个数和极点的个数之差有关。上例中 $\delta\angle F(s)=0$。

幅角原理 设 s 平面上闭合曲线 Γ 包围 $F(s)$ 的 Z 个零点和 P 个极点,则 s 沿 Γ 顺时针运动一周时,在 $F(s)$ 平面上,$F(s)$ 闭合曲线 Γ_F 顺时针包围原点的圈数

$$R=Z-P$$

$R>0$ 和 $R<0$ 分别表示 Γ_F 顺时针包围和逆时针包围 $F(s)$ 平面的原点,$R=0$ 表示不包围 $F(s)$ 平面的原点。

2. 复变函数 $F(s)$ 的选择

控制系统的稳定性判定是在已知开环传递函数的条件下进行的,在应用幅角原理时选择

$$F(s)=1+G(s)H(s)=1+\frac{M(s)}{N(s)}=\frac{N(s)+M(s)}{N(s)}=\frac{D(s)}{N(s)} \tag{5.38}$$

由式(5.38)可知,$F(s)$ 具有以下特点:

(1)$F(s)$ 的零点为闭环传递函数的极点,$F(s)$ 的极点为开环传递函数的极点;

(2)因为开环传递函数分母多项式的阶次一般大于或者等于分子多项式的阶次,故 $F(s)$ 的零点和极点数目相同;

(3)s 沿闭合曲线 Γ 顺时针运动一周所产生的两条闭合曲线 Γ_F 和 Γ_{GH} 只相差常数 1。闭合曲线 Γ_F 包围 $F(s)$ 平面原点的圈数等于闭合曲线 Γ_{GH} 包围 $F(s)$ 平面 $(-1,\mathrm{j}0)$ 点的圈数。

由 $F(s)$ 的特点可以看出,$F(s)$ 取上述特定形式具有两个优点,其一是建立了系统的开环极点和闭环极点与 $F(s)$ 的零极点之间的直接联系;其二是建立了闭合曲线 Γ_F 和闭合曲线 Γ_{GH} 之间的转换关系。在已知开环传递函数 $G(s)H(s)$ 的条件下,上述优点为幅角原理的应用创造了条件。

3. s 平面闭合曲线 Γ 的选择

系统的稳定性取决于系统的闭环传递函数极点(即式(5.38)所示 $F(s)$ 的零点)的位置,因此当选择 s 平面闭合曲线 Γ 包围 s 平面的右半平面时,若 $Z=0$,则闭环系统稳定。考虑到前述闭合曲线 Γ 应不通过 $F(s)$ 的零极点的要求,Γ 可取图 5.34 所示的两种形式。

(1)当 $G(s)H(s)$ 无虚轴上的极点时,如图 5.34(a)所示,s 平面闭合曲线 Γ 由两部分组成:

① $s=\infty\mathrm{e}^{\mathrm{j}\theta}(\theta=+90°\rightarrow-90°)$,即圆心为原点、第 Ⅰ、Ⅳ 象限中半径为无穷大的半圆。

② $s=j\omega(\omega=-\infty\rightarrow+\infty)$,即虚轴。

（2）当$G(s)H(s)$在虚轴上有极点时,为避开虚轴上的开环极点,在图5.34(a)所选闭合曲线Γ的基础上加以扩展,构成图5.34(b)所示的闭合曲线Γ。

① 开环系统含有积分环节时,在原点附近,取$s=\varepsilon e^{j\theta}$($\varepsilon$为正无穷小量,$\theta=-90°\rightarrow+90°$),即圆心为原点、半径为无穷小的半圆。

② 开环系统含有零阻尼振荡环节时,在$\pm j\omega_n$附近,取$s=\pm j\omega_n+\varepsilon e^{j\theta}$($\varepsilon$为正无穷小量,$\theta=-90°\rightarrow+90°$),即圆心为$\pm j\omega_n$、半径为无穷小的半圆。

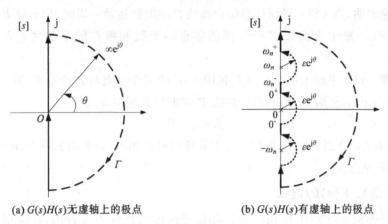

(a) $G(s)H(s)$无虚轴上的极点　　　　　　(b) $G(s)H(s)$有虚轴上的极点

图5.34　s平面的闭合曲线Γ

按照上述曲线Γ,函数$F(s)$位于s右半平面的极点数（即开环传递函数$G(s)H(s)$位于s右半平面的极点数）P应不包括$G(s)H(s)$位于s平面虚轴上的开环极点数。

4. $G(s)H(s)$闭合曲线的绘制

由图5.34可知,s平面闭合曲线Γ关于实轴对称,且$G(s)H(s)$为实系数有理分式函数,故闭合曲线Γ_{GH}也关于实轴对称,因此只需绘制Γ_{GH}在$\text{Im}[s]\geqslant0,s\in\Gamma$对应的曲线段,得到$G(s)H(s)$的半闭合曲线,称为奈奎斯特曲线,仍记为$\Gamma_{GH}$。

（1）$G(s)H(s)$无虚轴上极点。

在$s=j\omega,\omega=0\rightarrow+\infty$时,$\Gamma_{GH}$对应开环幅相特性曲线$G(j\omega)H(j\omega)$;在$s=\infty e^{j\theta},\theta=+90°\rightarrow0°$时,$\Gamma_{GH}$对应原点（$n>m$时）,或者($K^*$,j0)点（$n=m$时,$K^*$为系统根轨迹增益）。

（2）$G(s)H(s)$有虚轴上极点。

①开环系统含有v个积分环节时,设

$$G(s)H(s)=\frac{1}{s^v}G_1(s)\quad(v>0,|G_1(j0)|\neq\infty)$$

$$A(0^+)=\infty,\varphi(0^+)=\angle[G(j0^+)H(j0^+)]=-90°\times v+\angle[G_1(j0^+)]$$

在原点附近,闭合曲线Γ为$s=\varepsilon e^{j\theta},\theta=0°\rightarrow+90°$,且有$G_1(\varepsilon e^{j\theta})=G_1(j0)$,故

$$G(s)H(s)\big|_{s=\varepsilon e^{j\theta}}\approx\infty e^{j\left[\angle\frac{1}{(\varepsilon e^{j\theta})^v}+\angle G_1(\varepsilon e^{j\theta})\right]}=\infty e^{j[-\theta\times v+\angle G_1(j0)]}$$

对应的Γ_{GH}半闭合曲线为从$G_1(j0)$点起,半径为∞、圆心角为$-\theta\times v$的圆弧,即可从$G(j0^+)$ $H(j0^+)$点起逆时针作半径无穷大、圆心角为$90°\times v$的圆弧,如图5.35(a)中虚线所示。

②开环系统含有 v_1 个零阻尼振荡环节时,设

$$G(s)H(s)=\frac{1}{(s^2+\omega_n^2)^{v_1}}G_1(s) \quad (v_1>0,|G_1(\pm j\omega_n)|\neq\infty)$$

在 $j\omega_n$ 附近闭合曲线 Γ 为 $s=j\omega_n+\varepsilon e^{j\theta},\theta=-90°\rightarrow+90°$,且有 $G_1(j\omega_n+\varepsilon e^{j\theta})=G_1(j\omega_n)$,故

$$G(s)H(s)=\frac{1}{(j2\omega_n\varepsilon e^{j\theta}+\varepsilon^2 e^{j2\theta})^{v_1}}G_1(j\omega_n+\varepsilon e^{j\theta})\approx\frac{e^{-j(90°+\theta)\times v_1}}{(2\omega_n\varepsilon)^{v_1}}G_1(j\omega_n)$$

$$A(s)=\infty$$

$$\varphi(s)=\begin{cases}\angle G_1(j\omega_n) & , \quad \theta=-90° \\ \angle G_1(j\omega_n)-(90°+\theta)\times v_1 & , \quad \theta\in(-90°,+90°) \\ \angle G_1(j\omega_n)-180°\times v_1 & , \quad \theta=+90°\end{cases}$$

因此,s 沿 Γ 在 $j\omega_n$ 附近运动时,对应的 Γ_{GH} 半闭合曲线为半径无穷大,圆心角等于 $v_1\times$ 180°的圆弧,即应从 $G(j\omega_n^+)H(j\omega_n^+)$ 点起以半径为无穷大逆时针作 $v_1\times$ 180°的圆弧至 $G(j\omega_n^-)H(j\omega_n^-)$ 点,如图 5.35(b)中虚线所示。

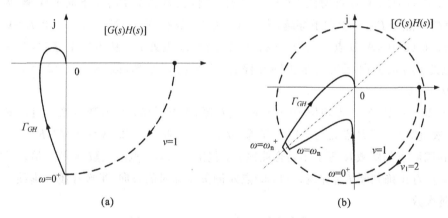

图 5.35　$G(s)H(s)$ 平面的半闭合曲线

上述分析表明,半闭合曲线 Γ_{GH} 由开环幅相曲线和根据虚轴上开环极点所补作的无穷大半径的虚线圆弧两部分组成。

5. 闭合曲线 Γ_{GH} 包围 $(-1,j0)$ 点圈数 R 的计算

根据半闭合曲线 Γ_{GH} 可获得 Γ_F 包围原点的圈数 R。设 N 为 Γ_{GH} 穿越 $(-1,j0)$ 点左侧负实轴的次数,N_+ 表示正穿越的次数之和(从上向下穿越),N_- 表示负穿越的次数之和(从下向上穿越),则

$$N=N_+-N_-$$

$$R=2N$$

在图 5.36 中,虚线为按积分环节的个数 v 或者零阻尼振荡环节的个数 v_1 补作的圆弧,点 A、B 为奈奎斯特曲线与负实轴的交点,按照穿越负实轴上 $(-\infty,-1)$ 段的方向,分别有

图 5.36(a)中,A 点位于 $(-1,j0)$ 点左侧,Γ_{GH} 从下向上穿越,为一次负穿越。故 $N_+=0,N_-=1,N=-1,R=-2$。

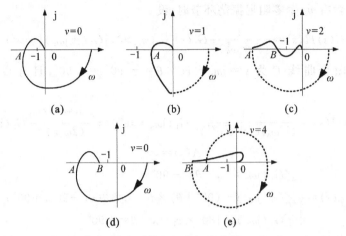

图 5.36　系统开环半闭合曲线 Γ_{GH}

图 5.36（b）中，A 点位于（-1,j0）点的右侧，$N_+=N_-=0$,$N=0$,$R=0$。

图 5.36（c）中，A、B 点均位于（-1,j0）点左侧，在 A 点处 Γ_{GH} 从下向上穿越，为一次负穿越；而在 B 点处 Γ_{GH} 从上向下穿越，为一次正穿越，故有 $N_+=N_-=1$,$N=0$,$R=0$。

图 5.36（d）中，A、B 点均位于（-1,j0）点左侧，A 点处 Γ_{GH} 从下向上穿越，为一次负穿越；B 点处 Γ_{GH} 从上向下运动至实轴并停止，为半次正穿越，故 $N_+=1/2$,$N_-=1$,$N=-1/2$,$R=-1$。

图 5.36（e）中，A、B 点均位于（-1,j0）点左侧，A 点对应 $\omega=0$,随 ω 增大，Γ_{GH} 离开负实轴，为半次负穿越，而 B 点处为一次负穿越，故 $N_+=0$,$N_-=3/2$,$N=-3/2$,$R=-3$。

Γ_F 包围原点的圈数 R 等于半闭合曲线 Γ_{GH} 包围（-1,j0）点的圈数 N 的 2 倍。计算 R 的过程中应注意正确判断 Γ_{GH} 穿越（-1,j0）点左侧负实轴时的方向、半次穿越和虚线圆弧所产生的穿越次数。

5.4.2　奈奎斯特稳定判据

由于选择闭合曲线 Γ 如图 5.34 所示，在已知系统在右半平面的开环极点数（不包括虚轴上的极点）和半闭合曲线 Γ_{GH} 的情况下，根据幅角原理和闭环系统的稳定条件，可得下述奈奎斯特稳定判据。

奈奎斯特稳定判据　反馈控制系统稳定的充分必要条件是半闭合曲线 Γ_{GH} 不穿过临界点（-1,j0），且逆时针包围（-1,j0）点的圈数 N 等于开环传递函数的正实部极点个数 P 的 $1/2$。

由幅角原理可知，闭合曲线 Γ 包围函数 $F(s)=1+G(s)H(s)$ 的零点数即反馈控制系统正实部极点数为

$$Z=P-2N \tag{5.39}$$

式（5.39）中，$N=N_+-N_-$。

当 $N\neq P/2$ 时，$Z\neq0$,系统闭环不稳定。当半闭合曲线 Γ_{GH} 穿过（-1,j0）点时，表明存在 $s=\pm j\omega_n$,使得

$$G(\pm j\omega_n)H(\pm j\omega_n)=-1$$

即系统闭环特征方程存在共轭纯虚根,则系统可能临界稳定或者不稳定。计算 Γ_{GH} 的穿越次数 N 时,应注意不计及 Γ_{GH} 穿越 $(-1,j0)$ 点的次数。

【例 5 - 8】 设系统的开环传递函数为

$$G(s)=\frac{52}{(s+2)(s^2+2s+5)}$$

试用奈奎斯特稳定判据判定闭环系统的稳定性。

解 绘出系统的开环幅相特性曲线如图 5.37 所示。当 $\omega=0$ 时,曲线起点在正实轴上,$G(j0)=5.2$。当 $\omega\to+\infty$ 时,终点在原点。当 $\omega=1.58$ 时,曲线与负虚轴相交于点 -5.05。当 $\omega=3$ 时,曲线与负实轴的交点为 -2。

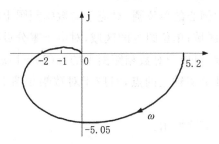

图 5.37　例 5 - 8 开环半闭合曲线 Γ_{GH}

s 右半平面上系统开环极点的个数 $P=0$。随着 $\omega=0$ 变化到 $\omega\to+\infty$ 时,开环频率特性 $G(j\omega)$ 顺时针围绕 $(-1,j0)$ 点一圈,即 $N_-=1$。由式 (5.39) 可求得系统在右半 s 平面的闭环极点数为

$$Z=P-2N=P-2(N_+-N_-)=0-2\times(0-1)=2$$

所以系统在 s 右半平面的闭环极点数为 2,系统不稳定。

【例 5 - 9】 设系统的开环传递函数为

$$G(s)=\frac{4.5}{s(2s+1)(s+1)}$$

试用奈奎斯特稳定判据判定闭环系统的稳定性。

解 系统的开环极点有一个为 0,半闭合曲线 Γ_{GH} 由开环幅相曲线和根据虚轴上开环极点所补作的无穷大半径的虚线圆弧两部分组成,如图 5.38 所示。

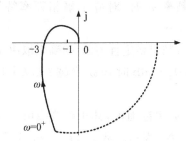

图 5.38　例 5 - 9 开环半闭合曲线 Γ_{GH}

当 $\omega=0^+$ 时,曲线起点在负虚轴上,$G(\mathrm{j}0^+)=\infty e^{-\mathrm{j}90°}$。当 $\omega\to+\infty$ 时,终点在原点。当 $\omega=0.7$ 时,曲线与负实轴相交于点 -3。由图 5.39 可知,$N_-=1$,而 $G(s)$ 没有 s 右半平面的极点,因此 $P=0$。由式(5.39)可求得

$$Z=P-2N=P-2(N_+-N_-)=0-2\times(0-1)=2$$

系统有两个正实部的闭环极点,故闭环系统不稳定。

5.4.3 对数频率稳定判据

由于复平面的半闭合曲线 Γ_{GH} 可以转换为半对数坐标下的曲线,因此可以推广运用奈奎斯特稳定判据,使绘图工作大大简化。

对照极坐标图和伯德图,有如下对应关系:

①极坐标图上以原点为圆心的单位圆,对应于对数幅频图上的零分贝线;单位圆外的区域,对应于零分贝线以上的区域;单位圆内的区域,对应于零分贝线以下的区域。

②极坐标图上的负实轴,对应于对数相频图上的 $\pm(2k+1)\pi$ 线。

③极坐标图上单位圆外负实轴上的点,对应于对数幅频图上的零分贝线以上和对数相频图上的 $\pm(2k+1)\pi$ 的点。

以上的对应关系,如图 5.39 所示。

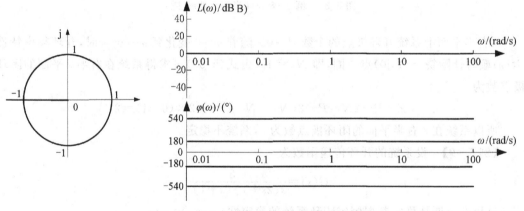

图 5.39 极坐标图与对数坐标图的对应关系

当频率取 ω_c(ω_c 称为截止频率)时,对应于幅相频率特性 $A(\omega_c)=1$ 和半对数幅频特性 $L(\omega_c)=0$ dB。当频率为穿越频率 ω_x 时,对应于幅相频率特性负实轴和半对数相频特性 $\varphi(\omega_x)=\pm(2k+1)\pi,k=0,1,2,\cdots$。

由复平面的半闭合曲线 Γ_{GH} 判定稳定性时 N 的确定取决于 $A(\omega)>1$ 时 Γ_{GH} 穿越负实轴的次数,也就是半对数平面 $L(\omega)>0$ dB 时 $\varphi(\omega)$ 穿越 $\pm(2k+1)\pi$ 线的次数,不过这时正、负穿越的含义是

正穿越:在 $L(\omega)>0$ dB 的频率范围内,其相频曲线由下往上穿过 $\pm(2k+1)\pi$ 线一次,称为一次正穿越,正穿越次数用 N_+ 表示。从 $\pm(2k+1)\pi$ 线开始往上称为半次正穿越。

负穿越:在 $L(\omega)>0$ dB 的频率范围内,其相频曲线由上往下穿过 $\pm(2k+1)\pi$ 线一次,称为一次负穿越,负穿越次数用 N_- 表示。从 $\pm(2k+1)\pi$ 线开始往下称为半次负穿越。

若开环系统存在积分环节 $\dfrac{1}{s^{v}}$ $(v>0)$，复数平面的 Γ_{GH} 曲线需从 $\omega=0^{+}$ 的开环幅相曲线的对应点 $G(\mathrm{j}0^{+})H(\mathrm{j}0^{+})$ 起，逆时针补作圆心角为 $v\times 90°$，半径为无穷大的虚圆弧。对应地，需从对数相频特性曲线 $\varphi(0^{+})$ 点处向上补作 $v\times 90°$ 的虚直线。

若开环系统存在零阻尼振荡环节 $\dfrac{1}{(s^{2}+\omega_{n}^{2})^{v_{1}}}$ $(v_{1}>0)$，复数平面的 Γ_{GH} 曲线需从 $\omega=\omega_{n}^{+}$ 的开环幅相曲线的对应点 $G(\mathrm{j}\omega_{n}^{+})H(\mathrm{j}\omega_{n}^{+})$ 起，逆时针补作圆心角为 $v_{1}\times 180°$，半径为无穷大的虚圆弧至 $\omega=\omega_{n}^{-}$ 的对应点 $G(\mathrm{j}\omega_{n}^{-})H(\mathrm{j}\omega_{n}^{-})$ 处。对应地，需从对数相频特性曲线 $\varphi(\omega_{n}^{+})$ 点起向上作补 $v_{1}\times 180°$ 的虚直线至 $\varphi(\omega_{n}^{-})$ 处。

应该指出的是，补作的虚直线所产生的穿越皆为负穿越。

对数频率稳定判据　设 P 为系统正实部的开环极点个数，反馈控制系统稳定的充分必要条件是 $\varphi(\omega_{c})\neq\pm(2k+1)\pi$，$k=0,1,2,\cdots$，且 $L(\omega)>0$ dB 时，对数相频特性曲线 $\varphi(\omega)$ 穿越 $\pm(2k+1)\pi$ 线的次数 N 满足

$$Z=P-2N=0 \tag{5.40}$$

式(5.40)中，$N=N_{+}-N_{-}$。

【例 5-10】　已知系统的开环传递的数为

$$G(s)=\dfrac{10(s+1)}{s^{2}(0.01s+1)}$$

试用对数频率稳定判据判别系统的稳定性。

解　依据伯德图的画法，可画出该系统的开环传递函数的伯德图，如图 5.40 实线所示。由于该系统开环含有两个积分环节，$v=2$，所以不能直接用实线判别系统的稳定性，必须先补一段如图 5.40 中所示的虚垂线。

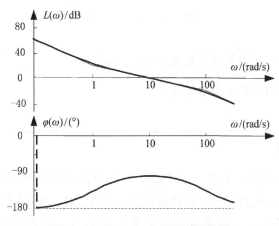

图 5.40　例 5-10 系统开环伯德图

显然，由于 $P=0$，且在 $L(\omega)>0$ dB 的频段内，对数相频曲线 $\varphi(\omega)$ 全部位于 $-180°$ 线之上，不存在正负穿越问题，由式(5.40)可求得

$$Z=P-2N=P-2(N_{+}-N_{-})=0-2\times(0-0)=0$$

因此该系统是闭环稳定的。

5.4.4 条件稳定系统

若开环传递函数在 s 右半平面的极点数 $P \geqslant 1$，当开环传递函数的某些参数（如开环增益 K）改变时，闭环系统的稳定性将发生变化。这种闭环有条件的稳定系统，称为条件稳定系统。

【例 5-11】 系统结构图如图 5.41(a)所示，试判断系统的稳定性，并讨论 K 值对系统稳定性的影响。

解 系统是一个非最小相位系统，开环传递函数在 s 右半平面上的极点个数 $P=1$。当 $\omega=0$ 时，曲线从负实轴 $(-K,j0)$ 点出发，当 $\omega \rightarrow +\infty$ 时，曲线以 $-90°$ 趋于坐标原点，幅相特性曲线如图 5.41(b)所示。幅相特性包围 $(-1,j0)$ 点的圈数 N 与 K 值有关。图中绘出了 $K=1.2$ 和 $K=0.8$ 的两条曲线，可见：

当 $K>1$ 时，曲线逆时针包围 $(-1,j0)$ 点 $1/2$ 圈，即 $N_+=1/2$，由式(5.39)可求得

$$Z=P-2N=P-2(N_+ - N_-)=1-2 \times (1/2-0)=0$$

系统有零个闭环极点在 s 右半平面，故闭环系统稳定。

当 $K<1$ 时，曲线不包围 $(-1,j0)$ 点，即 $N=0$，由式(5.39)可求得

$$Z=P-2N=1-2 \times 0=1$$

系统有一个闭环极点在 s 右半平面，故闭环系统不稳定。

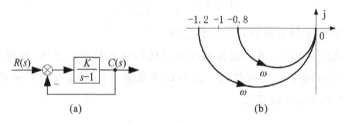

图 5.41 例 5-11 图

相应地，无论开环传递函数的系数怎样变化，例如 $G(s)=\dfrac{K}{s^2(Ts+1)}$，系统总是闭环不稳定的，这样的系统称为结构不稳定系统。

5.5 稳定裕度

控制系统稳定与否是绝对稳定性的概念。在控制系统设计时，不仅要求它必须是绝对稳定的，而且还应保证系统具有一定的稳定程度。只有这样，才能不致因系统参数变化而导致系统性能变差甚至不稳定。奈奎斯特稳定判据指出，若开环系统稳定 $(P=0)$，则系统闭环稳定的充要条件是半闭合曲线 Γ_{GH} 不包围 $(-1,j0)$ 点；如果 Γ_{GH} 曲线穿过 $(-1,j0)$ 点，则系统处于临界稳定状态。对于一个稳定的系统，Γ_{GH} 曲线距离 $(-1,j0)$ 点越近，稳定程度越低，系统的相对稳定性就越差。因此，可用 Γ_{GH} 曲线对 $(-1,j0)$ 点的接近程度来表示系统的相对稳定性。通常，这种接近程度是以相角裕度 γ 和幅值裕度 h 来表示的。

相角裕度和幅值裕度是系统的开环频率指标，它与闭环系统的动态性能密切相关。

1. 相角裕度

Γ_{GH} 曲线在 $A(\omega_c)=1$（ω_c 为截止频率）时，使系统达到临界稳定状态所需附加的相角滞后量，称为相角裕度，记为 γ，如图 5.42 所示。相角裕度定义为

$$\gamma=\varphi(\omega_c)-(-180°)=\varphi(\omega_c)+180° \tag{5.41}$$

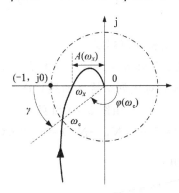

图 5.42　相角裕度和幅值裕度的定义

相角裕度 γ 的含义是，对于闭环稳定系统，如果系统开环相频持性 $\varphi(\omega_c)$ 再滞后 γ，则系统将处于临界稳定状态；若相角滞后大于 γ，则系统将变成不稳定的。

由于 $L(\omega_c)=20\lg A(\omega_c)=20\lg1=0$ dB，故在伯德图中，相角裕度表现为 $L(\omega)=0$ dB 处的相角 $\varphi(\omega_c)$ 与 $-180°$ 线之间的角度差，如图 5.43 所示。上述两图中的 γ 均为正值。

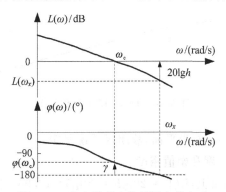

图 5.43　稳定裕度在伯德图上的表示

2. 幅值裕度

Γ_{GH} 曲线与负实轴交点处的频率 ω_x 称为相角穿越频率。此时 Γ_{GH} 曲线的幅值为 $A(\omega_x)$，如图 5.42 所示。幅值裕度是指 $(-1,j0)$ 点的幅值 1 与 $A(\omega_x)$ 之比，常用 h 表示，即

$$h=\frac{1}{A(\omega_x)} \tag{5.42}$$

幅值裕度的物理意义：稳定系统的开环增益再扩大 h 倍，则 $\omega=\omega_x$ 处的幅值 $A(\omega_x)$ 等于 1，Γ_{GH} 曲线正好穿越 $(-1,j0)$ 点，系统处于临界稳定状态；若开环增益扩大 h 倍以上，则系统将变成不稳定的。

在对数坐标图上，有

$$h_{dB} = 20\lg h = 0 - 20\lg A(\omega_x) = -L(\omega_x) \qquad (5.43)$$

即 h 的分贝值等于 0 dB 线与 $L(\omega_x)$ 的差值（0 dB 线以下为正），如图 5.43 所示。

【例 5-12】　某单位反馈系统的开环传递函数为

$$G(s) = \frac{K}{s(s+1)(0.1s+1)}$$

试求：

(1) $K=5$ 时，系统的相角裕度和幅值裕度。

(2) 用频率分析法求出系统处于临界稳定状态时的 K 值。

解　(1) 当 $K=5$ 时，开环系统对数频率特性曲线如图 5.44 所示。其中，对数幅频特性渐近线的转折频率为 $\omega_1=1$ 和 $\omega_2=10$。由图 5.44 可见

$$Z = P - 2N = P - 2(N_+ - N_-) = 0 - 2 \times (0-0) = 0$$

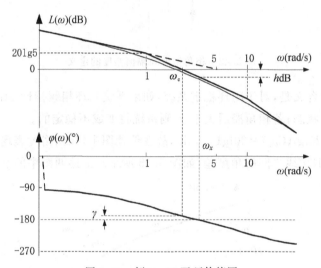

图 5.44　例 5-12 开环伯德图

系统有零个闭环极点在 s 右半平面，故闭环系统稳定。

下面求解系统的相角裕度和幅值裕度。

系统为 I 型系统，低频段上，$L(1) = 20\lg K = 20\lg 5 = 13.98$。低频段的延长线与 0 dB 线的交点频率为 $\omega_0 = K = 5$，因此截止频率 ω_c 在 $\omega_1=1$ 与 $\omega_0=5$ 之间。ω_c 所在频段的斜率为 -40 dB/dec，故

$$\frac{L(\omega_c) - L(1)}{\lg\omega_c - \lg 1} = -40$$

将 $L(\omega_c)=0$ 和 $L(1)=13.98$ 代入上式，得

$$\omega_c = \sqrt{5}$$

将 ω_c 代入系统的开环相频特性得

$$\varphi(\omega_c) = -90° - \arctan\sqrt{5} - \arctan 0.1 \times \sqrt{5} = -168.5°$$

根据式(5.41)，有

$$\gamma = \varphi(\omega_c) + 180° = 168.5° - 180° = 11.5°$$

由 $\varphi(\omega_x) = -90° - \arctan\omega_x - \arctan 0.1\omega_x = -180°$ 得

$$\omega_x = \sqrt{10}$$

将 ω_x 代入系统的开环幅频特性得

$$A(\omega_x) = \frac{5}{\omega_x\sqrt{\omega_x^2+1}\sqrt{(0.1\omega_x)^2+1}} = 0.473$$

根据式(5.42)式(5.43),有

$$h = \frac{1}{A(\omega_x)} = \frac{1}{0.473} = 2.112$$

$$h_{dB} = 20\lg h = -20\lg A(\omega_x) = 6.5 \text{ dB}$$

(2)由幅值裕度 h 的物理意义可知,将开环放大系数增大 2.112 倍,即 $K = 5 \times 2.112 = 10.56$,则系统处于临界稳定状态。

对于最小相角系统,要使系统稳定,要求相角裕度 $\gamma > 0°$,幅值裕度 $h > 1$(或者 $h_{dB} > 0$ dB)。为了保证系统具有一定的相对稳定性,稳定裕度不能太小。在工程设计中,一般取 $\gamma = 30° \sim 60°$,$h > 2$(或者 $h_{dB} > 6$ dB)。

对于最小相位系统,开环对数幅频特性曲线和开环对数相频特性曲线的渐近线斜率具有一一对应关系。当要求相角裕度 γ 取值为 $30° \sim 60°$ 时,意味着开环对数幅频特性曲线在截止频率 ω_c 附近的斜率应该大于 -40 dB/dec,且有一定宽度。在大多数实际系统中,要求 ω_c 附近斜率为 -20 dB/dec。如果此斜率设计为 -40 dB/dec,系统即使稳定,相位裕度也过小;如果此斜率设计为 -60 dB/dec 或者更小,则系统是不稳定的。

5.6　用频率法分析闭环系统的时域性能

5.6.1　用开环频率特性分析系统的时域性能

在频率域对系统进行分析、设计时,通常以频域性能指标作为依据,但是频域性能指标不如时域性能指标直接、精确。因此,必须进一步探讨频域性能指标与时域性能指标之间的关系。考虑到对数频率特性在控制工程中应用的广泛性,本节将基于伯德图,首先讨论开环对数幅频特性 $L(\omega)$ 的形状与频域性能指标的关系,然后根据频域性能指标与时域性能指标的关系估算出系统的时域响应性能。

实际系统的开环对数幅频特性 $L(\omega)$ 一般都符合图 5.45 所示的特征:左端(频率较低的部分)高,右端(频率较高的部分)低。将 $L(\omega)$ 人为地分为三个频段:低频段、中频段和高频段。低频段主要指第一个转折频率左边的频段,中频段是指截止频率 ω_c 所在的频段,高频段指最大的转折频率右边的频段。这三个频段包含了闭环系统性能不同方面的信息,需要分别进行讨论。

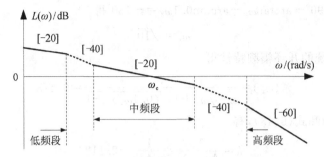

图 5.45　开环对数幅频特性的三个频段

1. $L(\omega)$ 低频渐近线与系统稳态误差的关系

系统开环传递函数中所含积分环节的个数（系统型别）v 确定了开环对数幅频特性的低频渐近线的斜率，而低频渐近线的高度则取决于开环增益 K 的大小。因此，$L(\omega)$ 低频段渐近线集中反映了系统跟踪控制信号的稳态精度信息。根据 $L(\omega)$ 低频段可以确定系统型别 v 和开环增益 K，利用第 3 章中介绍的静态误差系数法可以确定系统在给定输入作用下的稳态误差。

2. $L(\omega)$ 中频段特性与系统动态性能的关系

开环对数幅频特性的中频段是指截止频率 ω_c 所在的频段。设在 ω_c 处，对数幅频特性渐近线的斜率为 $-20\ \mathrm{dB/dec}$，则相频特性的渐近线为 $\varphi(\omega)=-90°$，因而相角裕度的渐近线为 $\gamma=90°$；若在 ω_c 处，对数幅频特性渐近线的斜率为 $-40\ \mathrm{dB/dec}$，则相频特性的渐近线为 $\varphi(\omega)=-180°$，因而相角裕度的渐近线为 $\gamma=0°$。

一般情况下，开环对数幅频特性的斜率在整个频率范围内是变化的，故截止频率 ω_c 处的相角裕度 γ 应由整个对数幅频特性中各段的斜率共同确定。在 ω_c 处，$L(\omega)$ 曲线的斜率对相角裕度 γ 的影响最大，远离 ω_c 的对数幅频特性，其斜率对 γ 的影响很小。

为了保证系统有满意的动态性能，希望 $L(\omega)$ 曲线以 $-20\ \mathrm{dB/dec}$ 的斜率穿过 $0\ \mathrm{dB}$ 线，并保持较宽的频段。

截止频率 ω_c 和相角裕度 γ 是系统的开环频域性能指标，主要由中频段决定，它与系统的时域动态性能指标之间存在着密切关系，因而频域性能指标是表征系统的时域动态性能的间接指标。

（1）二阶系统。典型二阶系统的开环传递函数为

$$G(s)=\frac{\omega_n^2}{s(s+2\zeta\omega_n)}\ ,(\omega_n>0,1>\zeta>0)$$

其闭环传递函数为

$$\Phi(s)=\frac{\omega_n^2}{s^2+2\zeta\omega_n s+\omega_n^2}$$

① $\gamma(\omega_c)$ 与 $\sigma\%$ 的关系。

系统的开环频率特性为

$$G(j\omega)=\frac{\omega_n^2}{j\omega(j\omega+2\zeta\omega_n)}$$

开环幅频特性和相频特性分别为

$$A(\omega) = \frac{\omega_n^2}{\omega\sqrt{\omega^2+(2\zeta\omega_n)^2}}$$

$$\varphi(\omega) = -90° - \arctan\frac{\omega}{2\zeta\omega_n}$$

相角裕度为

$$\gamma(\omega_c) = \varphi(\omega_c) + 180° = 90° - \arctan\frac{\omega_c}{2\zeta\omega_n} = \arctan\frac{2\zeta\omega_n}{\omega_c} \tag{5.44}$$

由 $A(\omega_c) = 1$ 解得

$$\omega_c = \sqrt{\sqrt{4\zeta^4+1} - 2\zeta^2}\,\omega_n \tag{5.45}$$

将式(5.45)代入式(5.44),得

$$\gamma(\omega_c) = \arctan\frac{2\zeta}{\sqrt{\sqrt{4\zeta^4+1}-2\zeta^2}} \tag{5.46}$$

这就是二阶系统频率性能指标相角裕度 $\gamma(\omega_c)$ 和系统特征参数阻尼比 ζ 之间的关系。这个关系可绘成曲线,如图 5.46 所示。

在第 3 章我们已经求得了系统的超调量 $\sigma\%$ 与系统阻尼比 ζ 之间的关系为

$$\sigma\% = e^{-\zeta\pi/\sqrt{1-\zeta^2}} \times 100\% \tag{5.47}$$

将式(5.47)也绘于图(5.46)中。根据给定的相角裕度 $\gamma(\omega_c)$,可以由曲线直接查得动态特性的最大超调量 $\sigma\%$。

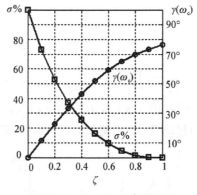

图 5.46 $\gamma(\omega_c)$ 与 $\sigma\%$ 的关系

② $\gamma(\omega_c)$ 与 t_s 的关系

在第 3 章中已经求得调节时间 t_s 的近似表达式

$$t_s \approx \frac{3.5}{\zeta\omega_n}, (\Delta = 5\%) \tag{5.48}$$

将式(5.48)与式(5.45)等式两边对应相乘,得

$$t_s\omega_c = \frac{3.5}{\zeta}\sqrt{\sqrt{4\zeta^4+1}-2\zeta^2} \tag{5.49}$$

将式(5.46)代入式(5.49)可以得到

$$t_s\omega_c = \frac{7}{\tan\gamma(\omega_c)} \tag{5.50}$$

这是二阶系统 $t_s\omega_c$ 与 $\gamma(\omega_c)$ 之间的关系,绘成曲线如图 5.47 所示。可以看出,调节时间 t_s 与相角裕度 $\gamma(\omega_c)$ 有关。如果有两个系统,其 $\gamma(\omega_c)$ 相同,那么它们的超调量大致是相同的,但它们的调节时间与截止频率 ω_c 成反比。ω_c 越大的系统,调节时间 t_s 越短。所以 ω_c 在对数频率特性中是一个重要的性能指标,它不仅影响系统的相角裕度,也影响系统的调节时间。

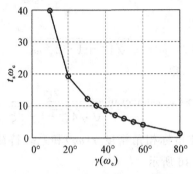

图 5.47 $t_s\omega_c$ 与 $\gamma(\omega_c)$ 的关系

(2)高阶系统。对于三阶或者三阶以上的高阶系统,要准确推导出开环频域性能指标(γ 和 ω_c)与时域性能指标($\sigma\%$ 和 t_s)之间的关系是很困难的,即使导出这样的关系式,使用起来也不方便,实用意义不大。在控制工程分析与设计中,通常采用式(5.51)和式(5.52)估算系统的时域动态性能指标。

$$\sigma\% = \left[0.16+0.4\left(\frac{1}{\sin\gamma}-1\right)\right]\times100\% \quad ,(35°<\gamma<90°) \tag{5.51}$$

$$t_s = \frac{\pi}{\omega_c}\left[2+1.5\left(\frac{1}{\sin\gamma}-1\right)+2.5\left(\frac{1}{\sin\gamma}-1\right)^2\right] \quad ,(35°<\gamma<90°) \tag{5.52}$$

根据式(5.51)和式(5.52)绘成图 5.48 所示的两条曲线,以供查用。图 5.48 中曲线表明,随着 γ 值增加,高阶系统的超调量 $\sigma\%$ 和调节时间 t_s(ω_c 一定时)都会降低。

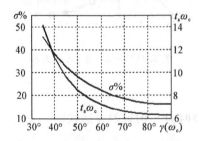

图 5.48 高阶系统 $\sigma\%$、t_s 与 γ 的关系

3. $L(\omega)$ 高频段对系统性能的影响

$L(\omega)$ 的高频段特性是由小时间常数的环节构成的,其转折频率均远离截止频率 ω_c,所以对系统的动态响应影响不大。但是,从系统抗干扰的角度出发,研究高频段的特性是具有

实际意义的。

单位反馈系统的开环频率特性 $G(j\omega)$ 与闭环频率特性 $\Phi(j\omega)$ 的关系为

$$\Phi(j\omega) = \frac{G(j\omega)}{1+G(j\omega)}$$

在高频段,一般有 $20\lg|G(j\omega)| \ll 0$ dB,即 $|G(j\omega)| \ll 1$。故由上式可得

$$|\Phi(j\omega)| = \frac{|G(j\omega)|}{|1+G(j\omega)|} \approx |G(j\omega)|$$

即高频段的闭环幅频特性近似等于开环幅频特性。

因此,$L(\omega)$ 特性高频段的幅值,直接反映出系统对输入端高频信号的抑制能力,高频段的分贝值越低,说明系统对高频信号的衰减作用越大,即系统的抗高频干扰能力越强。

综上所述,我们所希望的开环对数幅频特性应具有下述特点:

(1)如果要求系统具有一阶或者二阶无差度(即系统在阶跃或者斜坡作用下无稳态误差),则 $L(\omega)$ 特性的低频段应具有 -20 dB/dec 或者 -40 dB/dec 的斜率。为了保证系统的稳态精度,低频段应有较大的分贝值。

(2)$L(\omega)$ 特性应以 -20 dB/dec 的斜率穿过 0 dB 线,且具有一定的中频段宽度。这样,系统就有足够的稳定裕度,保证闭环系统具有较好的平稳性。

(3)$L(\omega)$ 特性应具有较大的截止频率 ω_c,以提高闭环系统的快速性。

(4)$L(\omega)$ 特性的高频段应有较大的斜率,以增强系统的抗高频干扰能力。

5.6.2　用闭环频率特性分析系统的时域性能

1. 闭环频率特性曲线的绘制

与系统的开环频率特性相同,也可以通过闭环频率特性来对系统进行研究,但是闭环频率特性的作图不方便。随着计算机技术的发展,近年来,多采用专门的计算工具来解决,而很少采用手工作图法来完成。

(1)基本关系

对于单位反馈控制系统,闭环频率特性与开环频率特性的关系为

$$\Phi(j\omega) = \frac{G(j\omega)}{1+G(j\omega)} = \left|\frac{G(j\omega)}{1+G(j\omega)}\right| \angle \frac{G(j\omega)}{1+G(j\omega)} = M(\omega)\angle\alpha(\omega)$$

由上式可见,闭环频率特性也可以表示成幅频特性和相频特性。

(2)矢量表示法

利用开环频率特性的极坐标图,可以得到闭环频率特性和开环频率特性的矢量关系,如图 5.49 所示。

由图 5.49 可得

$$\Phi(j\omega) = \frac{G(j\omega)}{1+G(j\omega)} = \frac{oA}{oA-(-1)} = \frac{oA}{PA}$$

所以

$$M(\omega) = \left|\frac{G(j\omega)}{1+G(j\omega)}\right| = \frac{|oA|}{|PA|}$$

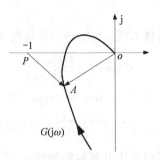

图 5.49 闭环频率特性和开环频率特性的矢量关系图

$$\alpha(\omega) = \angle oA - \angle PA$$

利用上述矢量关系,可以按照频率从小到大依次得到闭环频率特性的幅值和相角值,准确地绘出闭环频率特性。

对于非单位反馈控制系统,令

$$\Phi_1(j\omega) = \frac{G(j\omega)H(j\omega)}{1+G(j\omega)H(j\omega)}$$

$$= \left| \frac{G(j\omega)H(j\omega)}{1+G(j\omega)H(j\omega)} \right| \angle \frac{G(j\omega)H(j\omega)}{1+G(j\omega)H(j\omega)} = M_1(\omega)\angle\alpha_1(\omega)$$

则

$$\Phi(j\omega) = \Phi_1(j\omega)\frac{1}{H(j\omega)}$$

$$M(\omega) = \frac{M_1(\omega)}{|H(j\omega)|}$$

$$\alpha(\omega) = \alpha_1(\omega) - \angle H(j\omega)$$

先用单位反馈系统的方法绘出频率特性 $\Phi_1(j\omega) = \dfrac{G(j\omega)H(j\omega)}{1+G(j\omega)H(j\omega)} = M_1(\omega)\angle\alpha_1(\omega)$,
再根据上式绘制闭环频率特性 $\Phi(j\omega) = M(\omega)\angle\alpha(\omega)$。

(3)利用 MATLAB 绘制系统的闭环频率特性

闭环系统的一般结构形式如图 5.50(a)所示。以典型二阶系统 $G(s) = \dfrac{\omega_n^2}{s(s+2\zeta\omega_n)}$、
$H(s)=1$ 为例,设 $\omega_n=10$,$\zeta=0.5$,绘制系统闭环对数幅频特性的 MATLAB 程序如下。

```
wn=10;zeta=0.5;
num=wn^2;den=conv([1,0],[1,2*zeta*wn]);
g=tf(num,den);h=1;
phi=feedback(g,h);
h=bodeplot(phi);
setoptions(h,'PhaseVisible','off','MagUnits','abs');
axis([0.1,1000,0,1.4]);grid;
```

绘制的系统闭环幅频特性如图 5.50(b)示。

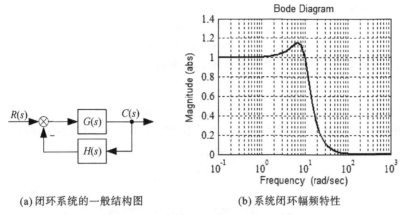

(a) 闭环系统的一般结构图   (b) 系统闭环幅频特性

图 5.50 利用 MATLAB 绘制闭环频率特性

2. 闭环频域性能指标

图 5.51 是闭环幅频特性 $M(\omega)$ 的典型形态。由图 5.51 可见,闭环幅频特性的低频部分变化缓慢,较为平滑,随着频率的不断增大,幅频特性可能出现极大值,继而以较大的陡度衰减至零。这种典型的闭环幅频特性可用下面几个性能指标来描述:

(1)零频幅值 M_0。$\omega=0$ 时的闭环幅频特性值,$M_0=M(0)$。

(2)谐振峰值 M_r。闭环幅频特性极大值。

(3)谐振频率 ω_r。出现谐振峰值时的频率,$M_r=M(\omega_r)$。

(4)系统带宽。闭环幅频特性的幅值减小到 $0.707 M_0$(或者 $20\lg M_0 - 3$ dB)时的频率,称为带宽频率,用 ω_b 表示,频率范围 $0\leqslant\omega\leqslant\omega_b$ 称为系统带宽。带宽大,表明系统能通过较高频率的输入信号;带宽小,表明系统只能通过较低频率的输入信号。因此,带宽大的系统,一方面重现输入信号的能力强;另一方面,抑制输入端高频噪声的能力弱。

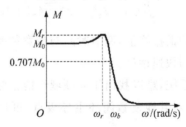

图 5.51 典型闭环幅频特性 $M(\omega)$

3. 闭环频域指标与时域性能指标的关系

(1)二阶系统。典型二阶系统的开环传递函数为

$$G(s)=\frac{\omega_n^2}{s(s+2\zeta\omega_n)} \quad ,(\omega_n>0,1>\zeta>0)$$

其闭环传递函数为

$$\Phi(s)=\frac{\omega_n^2}{s^2+2\zeta\omega_n s+\omega_n^2}$$

闭环频率特性为

$$\Phi(\mathrm{j}\omega) = \frac{\omega_n^2}{\omega_n^2 - \omega^2 + \mathrm{j}2\zeta\omega_n\omega}$$

① M_r 与 $\sigma\%$ 的关系。典型二阶系统的闭环幅频特性为

$$M(\omega) = \frac{\omega_n^2}{\sqrt{(\omega_n^2 - \omega^2)^2 + (2\zeta\omega_n\omega)^2}}$$

在 ζ 较小时,幅频特性出现峰值。其谐振峰值和谐振频率可用极值条件求得,即令

$$\frac{\mathrm{d}M(\omega)}{\mathrm{d}\omega} = 0$$

可得

$$\omega_r = \omega_n \sqrt{1 - 2\zeta^2}, \quad (0 \leqslant \zeta \leqslant \sqrt{2}/2) \tag{5.53}$$

$$M_r = \frac{1}{2\zeta\sqrt{1 - \zeta^2}}, \quad (0 \leqslant \zeta \leqslant \sqrt{2}/2) \tag{5.54}$$

当 $\zeta > \sqrt{2}/2$ 时,不存在谐振峰值,幅频特性单调衰减。由上式可得,M_r 越小,系统阻尼性能越好,ζ 越大,$\sigma\%$ 越小。如果 M_r 较高,$\sigma\%$ 较大,系统阶跃输出响应收敛慢,平稳性及快速性都差。当 $M_r = 1.2 \sim 1.5$ 时对应于 $\sigma\% = 20\% \sim 30\%$,这时可获得适度的振荡性能。

② M_r、ω_b 与 t_s 的关系。在带宽频率 ω_b 处,典型二阶系统闭环频率特性的幅值为

$$M(\omega_b) = \frac{\omega_n^2}{\sqrt{(\omega_n^2 - \omega_b^2)^2 + (2\zeta\omega_n\omega_b)^2}} = 0.707$$

则

$$\omega_b = \omega_n \sqrt{1 - 2\zeta^2 + \sqrt{2 - 4\zeta^2 + 4\zeta^4}} \tag{5.55}$$

由 $t_s = \dfrac{3.5}{\zeta\omega_n}$ 得

$$\omega_b t_s = \frac{3.5}{\zeta} \sqrt{1 - 2\zeta^2 + \sqrt{2 - 4\zeta^2 + 4\zeta^4}} \tag{5.56}$$

由式(5.56)可看出,对于给定的谐振峰值,调节时间与带宽频率成反比,说明系统自身的"惯性"很小,动作过程迅速,系统的快速性好。

(2)高阶系统。对于高阶系统,难以找出闭环频域性能指标和时域性能指标之间的确切关系。但如果高阶系统存在一对共轭复数闭环主导极点,可近似采用针对二阶系统建立的关系。

通过对大量系统的研究,归纳出了下面两个近似的关系式,即

$$\sigma\% = [0.16 + 0.4(M_r - 1)] \times 100\%, \quad (0 \leqslant M_r \leqslant 1.8) \tag{5.57}$$

$$t_s = \frac{b\pi}{\omega_c} \tag{5.58}$$

式中

$$b = 2 + 1.5(M_r - 1) + 2.5(M_r - 1)^2, \quad (0 \leqslant M_r \leqslant 1.8)$$

上式表明,高阶系统的 $\sigma\%$ 随着 M_r 增大而增大,调节时间 t_s 随 M_r 增大也增大,且随 ω_c 增大而减小。

5.6.3　开环频域指标与闭环频域指标的关系

1. γ 与 M_r 的关系

对于二阶系统,通过图 5.52 中的曲线可以看到 γ 与 M_r 之间的关系。对于高阶系统,可通过图 5.53 找出它们之间的关系。一般,M_r 出现在 ω_c 附近,可用 ω_c 代替 ω_r 来计算 M_r,并且当 γ 较小时,可近似认为 $AB = |1 + G(j\omega_c)|$,于是有

$$M_r = \frac{|G(j\omega_c)|}{|1 + G(j\omega_c)|} \approx \frac{|G(j\omega_c)|}{AB} = \frac{|G(j\omega_c)|}{|G(j\omega_c)|\sin\gamma} = \frac{1}{\sin\gamma} \tag{5.59}$$

当 γ 较小时,式(5.59)的准确性较高。

2. ω_c 与 ω_b 的关系

对于二阶系统,ω_c 与 ω_b 的关系可通过式(5.45)和式(5.55)得到,即

$$\frac{\omega_b}{\omega_c} = \sqrt{\frac{1 - 2\zeta^2 + \sqrt{2 - 4\zeta^2 + 4\zeta^4}}{-2\zeta^2 + \sqrt{4\zeta^4 + 1}}} \tag{5.60}$$

由式(5.60)可见,ω_b 与 ω_c 的比值是 ζ 的函数,有

$$\omega_b = 1.6\omega_c, \quad \zeta = 0.4 \tag{5.61}$$

$$\omega_b = 1.55\omega_c, \quad \zeta = 0.7 \tag{5.62}$$

对于高阶系统,初步设计时,可近似取 $\omega_b = 1.6\omega_c$。

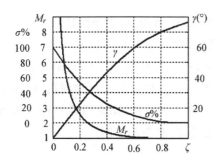

图 5.52　二阶系统 $\sigma\%$、γ、M_r 与 ζ 的关系

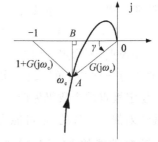

图 5.53　求取 M_r 与 γ 的关系

5.7　MATLAB 在控制系统频域分析法中的应用实例

利用 MATLAB 可以方便地绘制控制系统的开环伯德图、奈奎斯特图等,所用的函数主要是 Control System Toolbox 中的 bode、nyquist、ngrid 和 margin 等函数。

1. 稳定性的 MATLAB 频域分析

在 MATLAB 中,可以直接画出系统的开环奈奎斯特图或者伯德图,然后根据频域稳定判据就可判明系统的稳定性。下面举例说明。

【例 5 - 13】　已知某系统的开环传递的数为

$$G(s) = \frac{1}{s(3s+1)(4s+1)}$$

试画出系统的开环奈奎斯特图和伯德图,并判别系统的稳定性。

解 根据开环传递函数,在 MATLAB 的命令窗口中输入

```
num=1;den=conv(conv([1,0],[3,1]),[4,1]);
g=tf(num,den);
figure(1);nyquist (g)
figure(2);bode(g)
```

绘制的系统开环奈奎斯特图(见图 5.54),开环伯德图(见图 5.55)。

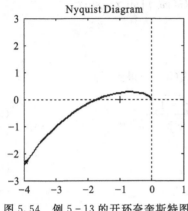

图 5.54　例 5 - 13 的开环奈奎斯特图

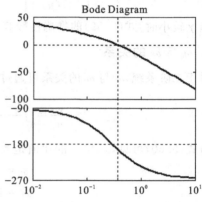

图 5.55　例 5 - 13 系统的开环伯德图

由开环传递函数知,系统开环稳定,$P=0$。从图 5.54 可看出,奈奎斯特曲线顺时针包围 $(-1,\mathrm{j}0)$ 点一圈,$N=-1,Z=0-2\times(-1)=2$,因此,根据奈奎斯特稳定判据,系统有两个正实部闭环极点,不稳定。同样可从图 5.55 可看出,在伯德图中 $L(\omega)>0$ dB 的频段内,对数相频曲线对 $-180°$ 线负穿越一次,$N=-1,N\neq P/2$,所以根据对数稳定判据,闭环系统不稳定,不稳定极点的个数仍为两个。由此表明,对于同一个系统,无论用哪一种方法判定稳定性,其结果都是一致的,不可能出现两种不同的结论,除非判断错误。

2. 动态性能的 MATLAB 频域分析

(1)开环频域性能指标获取

如果已知高阶系统的开环传递函数,就可利用 MATLAB 绘制较精确的开环伯德图曲线,并在图上点击捕获开环频域性能指标。

【例 5 - 14】 已知单位反馈系统的开环传递函数为

$$G(s)=\frac{0.5s+1}{s(s+1)(0.5s^2+s+1)}$$

试用 MATLAB 绘制开环伯德图曲线,并在图上点击捕获开环频域性能指标。

解 输入下列命令

```
num=[0.5,1];den=conv([1,1,0],[0.5,1,1]);
g=tf(num,den);
bode(g)
```

画出的开环伯德图曲线,如图 5.56 所示。图中还捕获了幅频图上的 0 dB 点和相频图

上的对应频率点。由此可得该系统的截止频率为 $0.802\ \text{rad/s}$，相位裕度为 $23°$。

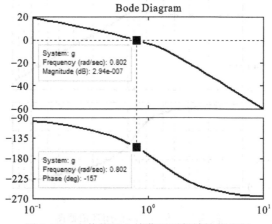

图 5.56　在伯德图上捕获开环频域性能指标

(2)闭环频域性能指标的计算

谐振峰值是闭环频率响应的最大幅值(dB)，谐振频率是产生最大幅值的频率。

求谐振峰值和谐振频率的 MATLAB 命令如下

```
[mag,phase,w]=bode(phi,w);
[Mr,k]=max(mag);
MrdB=20 * log10(Mr)
wr=w(k)
```

通过在程序中输入下列命令，可以求出带宽。

```
while 20 * log10(mag(n))>=-3;
    n=n+1;
end
wb=w(n)
```

【例 5 - 15】　已知单位反馈系统的开环传递函数为

$$G(s)=\frac{1}{s(0.5s+1)(s+1)}$$

试利用 MATLAB 绘制闭环传递函数的伯德图，并求谐振峰值、谐振频率和带宽。

解　输入下列 MATLAB 命令

```
num=1;den=conv(conv([1,0],[0.5,1]),[1,1]);
g=tf(num,den);phi=feedback(g,1);
w=logspace(-1,1);
bode(phi,w);grid;
```

画出的开环伯德图曲线，如图 5.57 所示。

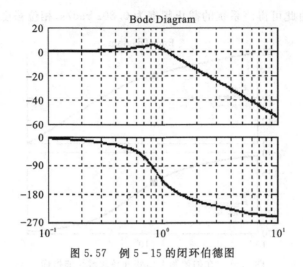

图 5.57　例 5 – 15 的闭环伯德图

求谐振峰值和谐振频率的 MATLAB 命令如下

```
[mag,phase,w]=bode(phi,w);
[Mr,k]=max(mag);
MrdB=20 * log10(Mr)
MrdB=
    5.2388
wr=w(k)
wr=
    0.7906
```

通过在程序中输入下列命令，可以求出带宽 ω_b。

```
n=1;
while 20 * log10(mag(n))>=-3;
        n=n+1;
end
wb=w(n)
wb=
    1.2649
```

3. 稳定裕度的 MATLAB 频域计算

利用 margin( )函数可以计算给定线性系统的相位裕度和幅值裕度。该函数的调用格式是

```
[gm,pm,wg,wc]=margin(g)
```

式中，g 是给定系统的开环传递函数模型；(gm,wg)为幅值裕度及对应频率；(pm,wc)为相位裕度及对应频率。若得出的裕度为无穷大，则给出的值为 Inf,对应的频率为 NaN(表示非数值)。

若不带输出参数,则生成带有裕度标记(垂直线)的伯德图,并且在曲线上方给出相应的增益裕度和相位裕度,以及对应的频率。

【例 5 – 16】　已知系统的开环传递函数为

$$G(s)=\frac{5}{s(s+4)(s+6)}$$

试计算该系统的相位裕度和幅值裕度。

解　根据开环传递函数,在 MATLAB 的命令窗口中输入

```
z=[ ];p=[0,-4,-6];k=5;
g=zpk(z,p,k);
[gm,pm,wg,wc]=margin(g);
[gm,pm,wg,wc]
ans=
    48.0000  85.0404   4.8990   0.2079
```

因此,该系统的幅值裕度为 48,对应相位穿越频率为 4.8990 rad/s;相位裕度为 85°,对应幅值穿越频率为 0.2079 rad/s。

实际上,稳定裕度也可以在伯德图上直接求取。若要生成带有裕度标记的伯德图,将程序中

```
[gm,pm,wg,wc]=margin(g);
[gm,pm,wg,wc]
```

改为

```
margin(g)
```

此时的伯德图如图 5.58 的所示。

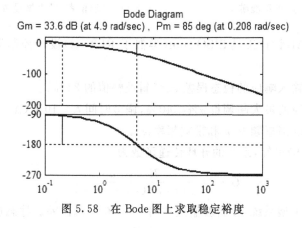

图 5.58　在 Bode 图上求取稳定裕度

上述表明,利用 MATLAB 不仅可以减轻系统分析的工作量和任务难度,而且大大提高了工作效率和分析精度,是一种简单、实用且有效的方法。

5.8　拓　　展

MATLAB 设计工具 SISOTool 的工程应用案例

【例 5 – 17】　火星漫游车转向控制。

人类对地球的近邻——火星一直非常感兴趣。航天技术发展起来后,苏联和美国都开始发射火星探测器。人类向火星已发射了 30 多个探测器,既有环绕火星飞行的轨道探测器,也有登陆火星的探测器。登陆火星最早的是美国于 1997 年 7 月 4 日发射的"火星探路者",最近的是美国于 2012 年 8 月 6 日发射的"火星科学实验室"。

"火星探路者"上执行火星探测使命的"逗留者号"火星漫游车如图 5.59 所示,其以太阳能作动力,是一个有六个轮子的小机器人,可由地球上发出的路径控制信号实施遥控。漫游车的两组车轮以不同的速度运行,以便实现整个装置的转向。

本例仅研究"逗留者号"火星漫游车的转向控制,其结构如图 5.60 所示。

图 5.59　"逗留者号"火星漫游车

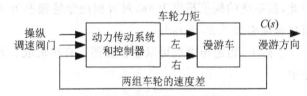

(a) 双轮组漫游车的转向控制系统

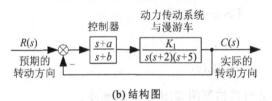

(b) 结构图

图 5.60　"逗留者号"火星漫游车的转向控制

要求用 MATLAB 设计工具 SISOTool(类似于 RLTool)设计控制器,使系统满足如下性能指标:

(1)系统对斜坡输入响应的稳态误差 $e_{ss} \leqslant$ 斜坡幅值的 24%;

(2)系统阶跃响应的最大超调量 $\sigma\% \leqslant 40\%$,调节时间 $t_s \leqslant 10\ \text{s}$ ($\Delta = 2\%$);

(3)求闭环系统的谐振频率 ω_r 和带宽频率 ω_b。

解　由图 5.60(b)可知,系统的开环传递函数为

$$G_o(s) = \frac{K_1(s+a)}{s(s+b)(s+2)(s+5)}$$

显然,该系统为 I 型系统,在斜坡输入作用下,存在稳态误差。静态速度误差系数 K_v 为

$$K_v = \frac{aK_1}{10b}$$

若 $r(t) = Vt$,则稳态误差为

$$e_{ss} = \frac{V}{K_v} = \frac{10b}{aK_1}V$$

根据系统对稳态误差的性能指标要求，K_1、a 和 b 的选取应满足 $\dfrac{e_{ss}}{V} = \dfrac{10b}{aK_1} \leqslant 0.24$。

上式表明，为了获得较小的稳态误差，应该选择较大的 K_1、a 和较小的 b 值。

下面用 MATLAB 设计工具 SISOTool 来求 K_1、a 和 b，在 MATLAB 命令窗口中输入

```
z=[ ];p=[0,-2,-5];k=1;G=zpk(z,p,k);
sisotool(G);
```

则同时弹出如图 5.61(a)、(b) 所示的两个窗口（GUI，管理器）。管理器所示系统结构中，$C(s) = K_1$，$F(s) = H(s) = 1$，$G(s) = \dfrac{1}{s(s+2)(s+5)}$。GUI 是开环传递函数 $\dfrac{K_1}{s(s+2)(s+5)}$ 的根轨迹图（$K_1 = 0 \rightarrow \infty$，"■"是当 $K_1 = 1$ 时根轨迹上三个闭环极点的位置）和开环系统的伯德图（$K_1 = 1$）。

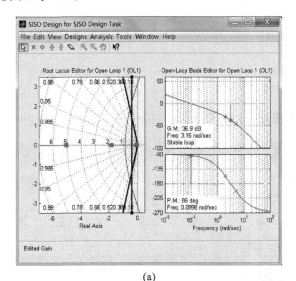

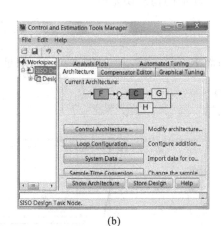

(a)　　　　　　　　　　　(b)

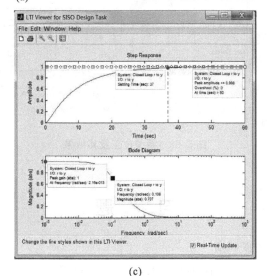

(c)

图 5.61　系统分析

选择管理器菜单"Analysis Plots"切换到分析曲线设置项，设置 Plot 1 项为闭环系统单位阶跃响应曲线，Plot 2 项为闭环系统伯德曲线。观察器是 $K_1=1$ 时系统的单位阶跃响应曲线图和闭环系统伯德曲线图，如图 5.61(c)所示。由图可见，超调量与调节时间不能同时满足要求。

选择 GUI 主菜单"Designs"→"Edit Compensator"，切换到管理器的补偿器设计项，添加实数零极点，可以将补偿器初步设计为 $C(s)=1\times\dfrac{(1+10s)}{(1+100s)}$。交互地用鼠标拖动开环系统伯德图曲线（或者根轨迹图上的"■"）（对应 K_1）、"○"（对应 a）和"×"（对应 b），使闭环系统既满足动态性能指标，又满足稳态误差要求（K_1 和 a 较大，b 较小）。校正后系统的 GUI 如图 5.62(a)所示，单位阶跃响应曲线和闭环系统伯德曲线图如图 5.62(b)所示。由图可见，超调量与调节时间同时满足要求，闭环系统的谐振频率 $\omega_r=0.975$ rad/s，带宽频率 $\omega_b=1.81$ rad/s。此时补偿器 $C(s)=45\times\dfrac{(1+5s)}{(1+20s)}$。

相应的稳态误差值

$$\frac{e_{ss}}{V}=\frac{10b}{aK_1}=0.222<0.24$$

因而 $K_1=11.25$，$a=0.2$，$b=0.05$，满足全部设计指标要求。

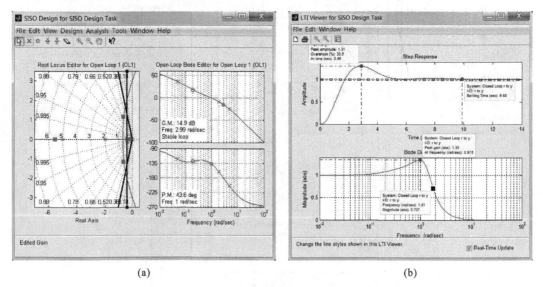

(a) (b)

图 5.62　系统校正及其结果

习　　题

5-1　若系统单位阶跃响应

$$h(t)=1-1.8e^{-4t}+0.8e^{-9t}$$

试确定系统的频率特性。

5－2 设系统结构图如图 5.63 所示，试确定输入信号

$$r(t)=\sin(t+30°)-\cos(2t-45°)$$

作用下，系统的稳态误差 $e_s(t)$。

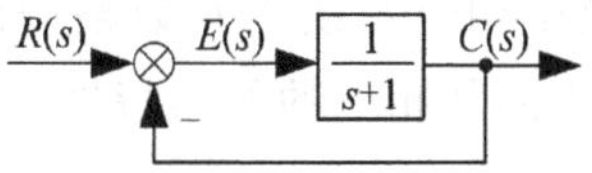

图 5.63 习题 5－2 系统结构图

5－3 典型二阶系统的开环传递函数

$$G(s)=\frac{\omega_n^2}{s(s+2\zeta\omega_n)}$$

当 $r(t)=2\sin(t)$ 时，系统的稳态输出

$$c_s(t)=2\sin(t-45°)$$

试确定系统参数 ω_n,ζ。

5－4 已知系统开环传递函数 $G(s)=\frac{K(\tau s+1)}{s^2(Ts+1)}$。试分析并绘制 $\tau>T$ 和 $T>\tau$ 情况下的概略开环幅相曲线。

5－5 已知系统开环传递函数 $G(s)=\frac{1}{s^v(s+1)(s+2)}$，试分别绘制 $v=1,2,3,4$ 时系统的概略开环幅相曲线。

5－6 已知系统开环传递函数

$$G(s)=\frac{K(-T_2s+1)}{s(T_1s+1)},(K、T_1、T_2>0)$$

当取 $\omega=1$ 时，$\angle G(j\omega)=-180°$，$|G(j\omega)|=0.5$。当输入为单位速度信号时，系统的稳态误差为 0.1，试写出系统开环频率特性表达式 $G(j\omega)$。

5－7 已知系统开环传递函数 $G(s)H(s)=\frac{10}{s(2s+1)(s^2+0.5s+1)}$。试分别计算 $\omega=0.5$ 和 $\omega=2$ 时，开环频率特性的幅值 $A(\omega)$ 和相位 $\varphi(\omega)$。

5－8 已知系统开环传递函数 $G(s)H(s)=\frac{10}{s(s+1)(s^2/4+1)}$。试绘制系统概略开环幅相曲线。

5－9 已知系统开环传递函数为

$$G(s)H(s)=\frac{(s+1)}{s\left(\frac{s}{2}+1\right)\left(\frac{s^2}{9}+\frac{s}{3}+1\right)},$$

求选样频率点。列表计算 $A(\omega)$、$L(\omega)$ 和 $\varphi(\omega)$，并据此在半对数坐标纸上绘制系统开环对数频率特性曲线。

5－10 绘制下列传递函数的对数幅频渐近特性曲线。

$(1)G(s)H(s)=\frac{10}{(2s+1)(8s+1)}$；

$(2)G(s)H(s)=\frac{200}{s^2(s+1)(10s+1)}$；

$$(3)G(s)H(s)=\frac{8\left(\frac{s}{0.1}+1\right)}{s\left(\frac{s}{2}+1\right)(s^2+s+1)};\qquad (4)G(s)H(s)=\frac{10\left(\frac{s^2}{400}+\frac{s}{10}+1\right)}{s(s+1)\left(\frac{s}{0.1}+1\right)}.$$

5-11 已知由实验求得的最小相位系统的对数幅频渐近特性曲线如图 5.64 所示,试确定系统的开环传递函数。分别绘制其相应的相频特性,并判断这些系统是否稳定。

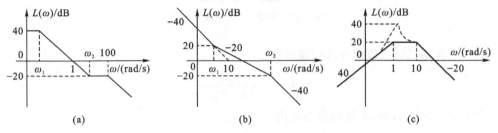

图 5.64 习题 5-11 系统的开环对数幅频渐近特性

5-12 试用奈奎斯特稳定判据分别判断习题 5-4、习题 5-5 系统的闭环稳定性。

5-13 已知下列闭环系统的开环传递函数(参数 K、T、$T_i>0,i=1,2,\cdots,6$):

$$(1)G(s)=\frac{K}{(T_1s+1)(T_2s+1)(T_3s+1)};\qquad (2)G(s)=\frac{K}{s(T_1s+1)(T_2s+1)};$$

$$(3)G(s)=\frac{K}{s^2(Ts+1)};\qquad (4)G(s)=\frac{K(T_1s+1)}{s^2(T_2s+1)};$$

$$(5)G(s)=\frac{K}{s^3};\qquad (6)G(s)=\frac{K(T_1s+1)(T_2s+1)}{s^3};$$

$$(7)G(s)=\frac{K(T_5s+1)(T_6s+1)}{s(T_1s+1)(T_2s+1)(T_3s+1)(T_4s+1)};\qquad (8)G(s)=\frac{K}{Ts-1};$$

$$(9)G(s)=\frac{-K}{-Ts+1};\qquad (10)G(s)=\frac{K}{s(Ts-1)}.$$

其开环幅相曲线分别如图 5.65(1)~(10)所示,试根据奈奎斯特稳定判据判定各系统的闭环稳定性,若系统闭环不稳定,确定其 s 右半平面的闭环极点数。

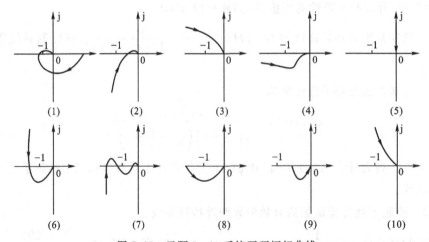

图 5.65 习题 5-13 系统开环幅相曲线

5-14　根据奈奎斯特稳定判据确定习题 5-8 系统的闭环稳定性。

5-15　已知系统开环传递函数

$$G(s) = \frac{K}{s(Ts+1)(s+1)} \ , (K、T > 0)$$

试根据奈奎斯特稳定判据确定其闭环稳定条件：

(1) $T=2$ 时，K 值的范围；

(2) $K=10$ 时，T 值的范围；

(3) K、T 值的范围。

5-16　已知系统开环传递函数分别为

$$(1) G(s) = \frac{6}{s(0.25s+1)(0.06s+1)} \qquad (2) G(s) = \frac{75(0.2s+1)}{s(0.025s+1)(0.006s+1)}$$

试绘制波德图，判断闭环系统的稳定性，并求相位裕度及幅值裕度。

5-17　已知单位反馈系统的开环传递函数分别为

$$(1) G(s) = \frac{16}{s(s+2)} \qquad (2) G(s) = \frac{60(0.5s+1)}{s(5s+1)}。$$

试绘制系统的闭环幅频频率特性，计算系统的谐振频率及谐振峰值。

5-18　已知系统开环传递函数

$$G(s) = \frac{48(s+1)}{s(8s+1)(0.05s+1)}$$

试按 γ 和 ω_c 的值估算系统的时域指标 $\sigma\%$ 和 t_s。

5-19　已知单位反馈系统的开环传递函数

$$G(s) = \frac{14}{s(0.1s+1)}$$

试求开环频率特性的 γ、ω_c 值以及闭环频率特性的 M_r、ω_b，并分别用两组特征量估算出系统的时域指标 $\sigma\%$ 和 t_s。

线性系统的频域校正法

第6章

教学目的与要求：了解控制系统的设计步骤，了解性能指标与校正方法的关系；理解校正的概念；掌握校正的基本方式、基本规律。掌握超前、滞后、滞后-超前无源校正装置传递函数的形式，理解超前、滞后、滞后-超前无源校正装置的伯德图的特点；掌握PID有源校正装置传递函数的形式，理解PID有源校正装置的伯德图的特点。理解串联超前校正、串联滞后校正、串联滞后-超前校正的方法步骤；掌握期望频率特性曲线法串联校正的方法步骤；理解工程法串联校正的方法步骤。了解反馈校正的应用场合，理解反馈校正的方法步骤。了解复合校正的应用场合，理解复合校正的方法步骤。理解线性系统校正的MATLAB应用。

重点：校正的基本方式、基本规律；超前校正装置、滞后校正装置、滞后-超前校正装置的特性及其应用；串联校正的方法步骤。

难点：校正方式、校正装置的选择。

根据被控对象及给定的技术指标要求设计自动控制系统，需要考虑的问题是多方面的。既要保证所设计的系统具有良好的性能，满足给定技术指标要求；又要照顾到便于加工，经济性好，可靠性高。在设计过程中，既要有理论指导，也要重视实践经验。所谓校正，就是在系统中引入一些参数可以根据需要而改变的机构或装置，使系统整个特性发生变化，从而满足给定的各项性能指标。本章将主要介绍目前工程实践中常用的三种校正方法：串联校正、反馈校正和复合校正。

6.1 系统的设计与校正问题

当被控对象给定后，按照被控对象的工作条件，被控量应具有的最大速度和加速度要求等，可以初步选定执行元件的型式、特性和参数。然后根据测量精度、抗干扰能力、被测变量的物理性质、测量过程中的惯性及非线性等因素，选择合适的测量变送元件。在此基础上，设计增益可调的前置放大器和功率放大器。这些初步选定的元件以及被控对象，构成系统中的固有部分。设计控制系统的目的是将系统中的固有部分适当组合起来，使之满足表征系统的控制精度、阻尼程度和响应速度的性能指标要求。如果通过调整放大器增益仍然不能全面满足设计要求的性能指标，就需要在系统中引入一些参数及特性可按需要改变的校正装置，使系统性能全面满足设计要求。这就是控制系统设计中的校正问题。

6.1.1　控制系统的性能指标

进行控制系统的校正设计,除了已知系统固有部分的特性与参数外,还需要已知对系统提出的全部性能指标。不同的控制系统对性能指标的要求应有不同侧重。例如,调速系统对平稳性和稳态精度要求较高,而随动系统则侧重于快速性要求。

在控制系统的设计中,采用的设计方法一般依据性能指标的形式而定。如果性能指标以单位阶跃响应的峰值时间、超调量、阻尼比、稳态误差等时域特征量给出时,一般采用时域法校正;如果性能指标以系统的相角裕度、幅值裕度、谐振峰值、闭环带宽、静态误差系数等频域特征量给出时,一般采用频域法校正。目前,工程技术界多习惯采用频域法,故通常通过近似公式进行两种性能指标的互换。由第 5 章可知,有如下关系成立。

1. 二阶系统频域性能指标与时域性能指标的关系

谐振峰值　　　　$Mr = \dfrac{1}{2\zeta\sqrt{1-\zeta^2}}$,$(\zeta \leqslant 0.707)$　　　　　　　　(6.1)

谐振频率　　　　$\omega_r = \omega_n\sqrt{1-2\zeta^2}$,$(\zeta \leqslant 0.707)$　　　　　　(6.2)

带宽频率　　　　$\omega_b = \omega_n\sqrt{1-2\zeta^2+\sqrt{2-4\zeta^2+4\zeta^4}}$　　　　(6.3)

截止频率　　　　$\omega_c = \omega_n\sqrt{\sqrt{1+4\zeta^4}-2\zeta^2}$　　　　　　　(6.4)

相角裕度　　　　$\gamma = \arctan\dfrac{2\zeta}{\sqrt{\sqrt{1+4\zeta^4}-2\zeta^2}}$　　　　　　(6.5)

超调量　　　　　$\sigma\% = e^{\frac{-\pi\zeta}{\sqrt{1-\zeta^2}}} \times 100\%$　　　　　　　　　(6.6)

调节时间　　　　$t_s = \dfrac{3.5}{\zeta\omega_n}$,$(\Delta = 5\%)$　　　或者 $t_s = \dfrac{4.4}{\zeta\omega_n}$,$(\Delta = 2\%)$　(6.7)

2. 高阶系统频域性能指标与时域性能指标的关系

谐振峰值　　　　$M_r = \dfrac{1}{|\sin\gamma|}$　　　　　　　　　　　　　(6.8)

超调量　　　　　$\sigma\% = [0.16+0.4(M_r-1)] \times 100\%$,$(1 \leqslant M_r \leqslant 1.8)$　(6.9)

调节时间　　　　$t_s = \dfrac{k\pi}{\omega_c}$,$(\Delta = 5\%)$　　　　　　　　　(6.10)

$$k = 2+1.5(M_r-1)+2.5(M_r-1)^2 , (1 \leqslant M_r \leqslant 1.8)$$

6.1.2　控制系统的一般设计步骤

无论采用哪种校正方式,都要求校正后的系统既能以所需精度跟踪输入信号,又能抑制噪声扰动信号。在控制系统实际运行中,输入信号一般是低频信号,而噪声信号一般是高频信号。因此,合理选择控制系统的带宽,在系统设计中是一个很重要的问题。

显然,为了使系统能够准确复现输入信号,要求系统具有较大的带宽;然而从抑制噪声角度来看,又不希望系统的带宽过大。此外,为了使系统具有较高的稳定裕度,希望系统开环对数幅频特性在截止频率 ω_c 处的斜率为 -20 dB/dec,但从要求系统具有较强的从噪声中辨识信号的能力来考虑,却又希望 ω_c 处的斜率小于 -20 dB/dec。由于不同的系统截止频率

ω_c 对应于不同的闭环系统带宽频率 ω_b，因此在系统设计时，必须选择切合实际的系统带宽。

通常，一个设计良好的实际运行系统，其相角裕度具有 $45°$ 左右的数值。要实现 $45°$ 左右的相角裕度要求，开环对数幅频特性在中频段的斜率应为 -20 dB/dec，同时要求中频段占据一定的频率范围，以保证在系统参数变化时，相角裕度变化不大。过此中频段后，要求系统幅频特性迅速衰减，以削弱噪声对系统的影响。这是选择系统带宽应该考虑的一个方面。另一方面，进入系统的信号，既有给定输入信号 $r(t)$ 又有噪声输入信号 $n(t)$，如果给定输入信号的带宽为 $0 \sim \omega_M$，噪声输入信号集中起作用的频带为 $\omega_1 \sim \omega_n$，则控制系统的带宽频率通常取为

$$\omega_b = (5 \sim 10)\omega_M \tag{6.11}$$

且使 $\omega_1 \sim \omega_n$ 处于 $0 \sim \omega_b$ 范围之外，如图 6.1 所示。

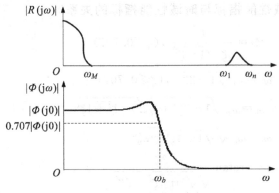

图 6.1　系统宽带的确定

6.1.3　校正的基本方式

按照校正装置在系统中的连接方式，控制系统的校正方式可分为串联校正、反馈校正、前馈校正和复合校正四种。

串联校正装置一般接在系统误差量之后和放大器之前，串接于系统的前向通道之中。串联校正与反馈校正连接方法如图 6.2 所示。

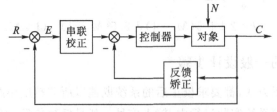

图 6.2　串联校正与反馈校正

前馈校正又称顺馈校正，是在系统主反馈回路之外采用的校正方式。前馈校正装置接在系统给定量（或指令，参考输入信号）之后及主反馈作用点之前的前向通道上，如图 6.3(a)所示，这种校正装置的作用相当于对给定量信号进行整形或滤波后，再送入反馈系统，因此又称为前置滤波器。另一种前馈校正装置接在系统可测扰动作用点与误差量之间，对扰动

信号进行直接或间接测量,并经过变换后可接入系统,形成一条附加的对扰动影响进行补偿的通道,如图 6.3(b)所示。前馈校正可以单独作用于开环控制系统,也可以作为反馈控制系统的附加校正而复合控制系统。

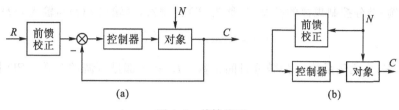

图 6.3　前馈校正

复合校正方式是在反馈控制回路中,加入前馈校正通道,组成一个有机整体,如图 6.4 所示。其中图 6.4(a)为按扰动补偿的复合校正方式,图 6.4(b)为按给定补偿的复合校正方式。

在控制系统设计中,常用的校正方式为串联校正、反馈校正和复合校正三种。究竟选用哪种方式,取决于系统中的信号性质、技术实现的方便性、可供选用的元件、抗干扰要求、经济性要求、环境使用条件以及设计者的经验等因素。

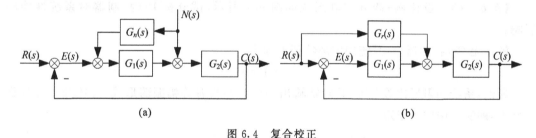

图 6.4　复合校正

6.1.4　基本控制规律

确定校正装置的具体形式时,应先了解校正装置所需提供的控制规律,以便选择相应的原件。包含校正装置在内的控制器,常常采用比例、微分、积分等基本控制规律,或者采用这些基本控制规律的某些组合,比如比例-微分、比例-积分、比例-积分-微分等组合控制规律,以实现对被控对象的有效控制。

1. 比例(P)控制规律

具有比例控制规律的控制器,称为 P 控制器,如图 6.5 所示。其中 K_P 称为 P 控制器的增益。

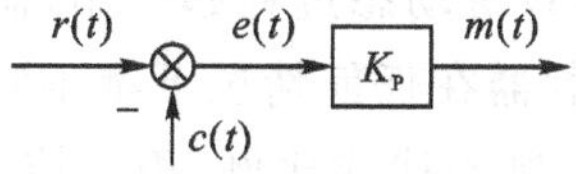

图 6.5　P 控制器

P 控制器实质上是一个具有可调增益的放大器。在信号的传递过程中,P 控制器只改变信号的增益而不影响其相位。在串联校正中,增大 P 控制器的增益 K_P,可以提高系统的开环增益,减小系统的稳态误差,从而提高系统的控制精度,但会降低系统的相对稳定性,甚至可能造成闭环系统不稳定。因此,在系统校正中,很少单独使用比例控制规律。

2. 比例-微分(PD)控制规律

具有比例-微分控制规律的控制器,称为 PD 控制器,其输出 $u(t)$ 与输入 $e(t)$ 的关系为

$$u(t) = K_P e(t) + K_P \tau \frac{de(t)}{dt} \tag{6.12}$$

式(6.12)中,K_P 为比例系数,τ 为微分时间常数。K_P 和 τ 都是可调的参数。PD 控制器如图 6.6 所示。

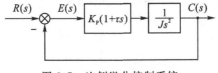

图 6.6　PD 控制器

PD 控制器中的微分控制规律,能反应输入信号的变化趋势,产生有效的早期修正效果,以增加系统的阻尼程度,从而改善系统的稳定性。在串联校正时,可使系统增加一个开环零点 $-\frac{1}{\tau}$,使系统的相角裕度提高,因而有助于系统动态性能的改善。

【**例 6-1**】　设比例-微分控制系统如图 6.7 所示,试分析 PD 控制器对系统性能的影响。

解　无 PD 控制器时,系统的闭环特征方程为

$$J s^2 + 1 = 0$$

显然,系统的阻尼比等于零,其阶跃输出响应 $c(t)$ 具有等幅振荡形式,系统处于临界稳定状态,即实际中的不稳定。

$$R(s) \longrightarrow \otimes \xrightarrow{E(s)} \boxed{K_P(1+\tau s)} \longrightarrow \boxed{\dfrac{1}{Js^2}} \xrightarrow{C(s)}$$

图 6.7　比例微分控制系统

接入 PD 控制器后,闭环系统特征方程为

$$J s^2 + K_P \tau s + K_P = 0$$

其阻尼比 $\zeta = \dfrac{\tau \sqrt{K_P}}{2\sqrt{J}} > 0$,因此闭环系统稳定。PD 控制器提高系统的阻尼程度,可通过参数 K_P 和 τ 来调整。

需要指出,因为微分控制作用只对动态过程起作用,而对稳态过程没有影响,且对系统噪声非常敏感,所以单一的 D 控制器在任何情况下都不宜与被控对象串联起来单独作用。通常,微分控制规律总是与比例控制规律或比例-积分控制规律结合起来,构成 PD 或 PID 控制器,应用于实际控制系统。

3. 积分(I)控制规律

具有积分控制规律的控制器,称为 I 控制器。I 控制器的输出信号 $u(t)$ 与其输入信号

$e(t)$的积分成正比,即

$$u(t) = K_{\text{I}} \int_0^t e(t)\,\mathrm{d}t \tag{6.13}$$

式(6.13)中,K_{I}为可调系数。I 控制器如图 6.8 所示。由于 I 控制器的积分作用,当其输入 $e(t)$消失后,输出信号 $u(t)$有可能是一个不为 0 的常量。

在串联校正时,采用 I 控制器可以提高系统的型别(无差度),有利于系统稳态性能的提高,但积分控制使系统增加了一个位于原点的开环极点,使信号产生 90°的相角滞后,于系统的稳定性不利。因此在控制系统的校正中,通常不宜采用单一的 I 控制器。

4. 比例–积分(PI)控制规律

具有比例–积分控制规律的控制器,称 PI 控制器,其输出信号 $u(t)$同时成比例地反应输入信号 $e(t)$及其积分,即

$$u(t) = K_{\text{P}}e(t) + \frac{K_{\text{P}}}{T_{\text{I}}} \int_0^t e(t)\,\mathrm{d}t \tag{6.14}$$

式(6.14)中,K_{P}为可调比例系数,T_{I}为可调积分常数。PI 控制器如图 6.9 所示。

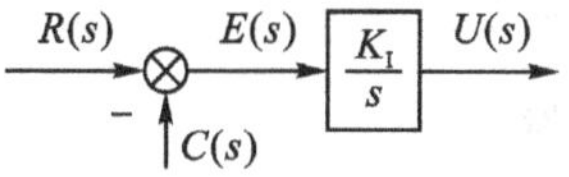

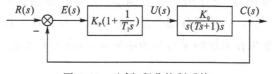

图 6.8 I 控制器 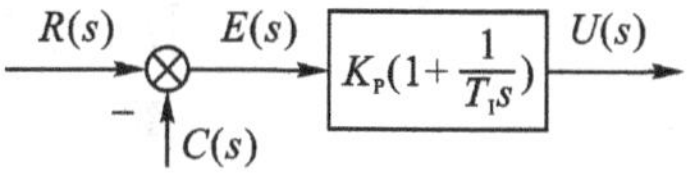   图 6.9 PI 控制器

在串联校正时,PI 控制器相当于在系统中增加了一个位于原点的开环极点,同时也增加了一个位于 s 左半平面的开环零点。位于原点的极点可以提高系统的型别,以消除或减小系统的稳态误差,改善系统的稳态性能;而增加的负实数零点则可减少系统的阻尼程度,缓解 PI 控制器极点对系统稳定性及动态过程产生的不利影响。只要积分时间常数 T_{I}足够大,PI 控制器对系统稳定性的不利影响可大为减弱。在控制工程实践中,PI 控制器主要用来改善控制系统的稳态性能。

【**例 6 - 2**】 设比例–积分控制系统如图 6.10 所示。其中不可变部分的传递函数为

$$G_0(s) = \frac{K_0}{s(Ts+1)}$$

试分析 PI 控制器对系统稳态性能的改善作用。

图 6.10 比例–积分控制系统

解 由图 6.10 知,系统的不可变部分与 PI 控制器串联后,其开环传递函数为

$$G(s) = \frac{K_0 K_{\text{P}}(T_{\text{I}}s+1)}{T_{\text{I}}s^2(Ts+1)}$$

可见,系统由原来的 I 型提高到含 PI 控制器时的 II 型。若系统的输入信号为斜坡函数

$r(t) = Rt$,则无 PI 控制器时,系统的稳态误差为 $\dfrac{R}{K_0}$,而接入 PI 控制器后,系统的稳态误差为零。表明 I 型系统采用 PI 控制器后,可以消除系统对斜坡输入信号的稳态误差,控制准确度大为改善。

采用 PI 控制器后,系统的特征方程为

$$T_1 T s^3 + T_I s^2 + K_P K_0 T_I s + K_P K_0 = 0$$

其中,参数 T、K_0、K_P、T_I 都是正数。由劳斯判据可知,调整 PI 控制器的积分时间常数 T_I,使 $T_I > T$,可以保证闭环系统的稳定性。

5. 比例-积分-微分(PID)控制规律

具有比例-积分-微分控制规律的控制器,称为 PID 控制器。PID 控制器如图 6.11 所示。这种组合具有三种基本控制规律各自的特点,其运动方程为

$$u(t) = K_P e(t) + \frac{K_P}{T_I} \int_o^t e(t) \mathrm{d}t + K_P \tau \frac{\mathrm{d}e(t)}{\mathrm{d}t} \qquad (6.15)$$

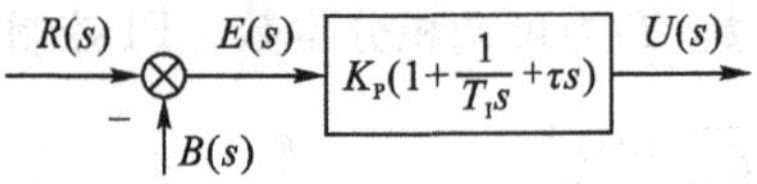

图 6.11　PID 控制器

传递函数为

$$G_c(s) = K_P \left(1 + \frac{1}{T_I s} + \tau s\right) = \frac{K_P}{T_I} \cdot \frac{T_I \tau s^2 + T_I s + 1}{s} \qquad (6.16)$$

若 $\dfrac{4\tau}{T_I} < 1$,式(6.16)还可写成

$$G_c(s) = \frac{K_P}{T_I} \cdot \frac{(\tau_1 s + 1)(\tau_2 s + 1)}{s} \qquad (6.17)$$

式(6.17)中,$\tau_1 = \dfrac{1}{2} T_I \left[1 + \sqrt{1 - \dfrac{4\tau}{T_I}}\right]$,$\tau_2 = \dfrac{1}{2} T_I \left[1 - \sqrt{1 - \dfrac{4\tau}{T_I}}\right]$。

由式(6.17)可见,当利用 PID 控制器进行串联校正时,除可使系统的型别提高一级外,还将提供两个负实数零点。与 PI 控制器相比,PID 控制器除了同样具有提高系统的稳态性能的优点外,还多提供一个负实数零点,从而在提高系统性能方面,具有更大的优越性。因此,在工业过程控制系统中,广泛使用 PID 控制器。PID 控制器各部分参数的选择,在系统现场调试中最后确定。通常,应使积分部分发生在系统频率特性的低频段,以提高系统的稳态性能,而使微分部分发生在系统频率特性的中频段,以改善系统的动态性能。

6.2　常用校正装置及其频率特性

校正装置分为无源和有源两类。无源校正装置通常由 RC 无源网络构成,结构简单、成本低廉,但会使信号在变换过程中产生幅值衰减,且其输入阻抗较低,输出阻抗又较高,因此常常需要附加放大器,以补偿其幅值衰减,并进行阻抗匹配。有源校正装置由运算放大器和

RC 网络组成,其参数可以根据需要调整,因此在工业自动化设备中,经常采用由电动(或气动)单元构成的 PID 控制器(或称 PID 调节器),它由比例单元、微分单元和积分单元组合而成,可以实现各种要求的控制规律。

本节集中介绍常用无源和有源校正装置的电路形式、传递函数、对数频率特性,以便控制系统校正时使用。

6.2.1　无源校正装置

无源校正装置有如下三种基本形式。

1. 无源超前网络

图 6.12 是无源超前网络的电路图。如果输入信号源的内阻为零,且输出端的负载阻抗为无穷大,则超前网络的传递函数为

$$G_c(s) = \frac{1}{a} \frac{1+aTs}{1+Ts}$$

或者

$$aG_c(s) = \frac{1+aTs}{1+Ts} \tag{6.18}$$

式(6.18)中,$a = \dfrac{R_1+R_2}{R_2} > 1$,$T = \dfrac{R_1 R_2}{R_1+R_2} C$。通常 a 称为分度系数,T 称为时间常数。由式(6.18)可见,采用无源超前网络进行串联校正时,系统的开环增益衰减 a 倍,因此需要提高放大器增益加以补偿。

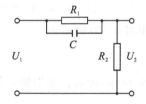

图 6.12　无源超前网络的电路图

根据式(6.18),可画出无源超前网络 $aG_c(s)$ 的对数频率特性,如图 6.13(a)所示。显然,超前网络 $aG_c(s)$ 对 $\omega = \dfrac{1}{aT} \sim \dfrac{1}{T}$ 频率范围的输入信号有明显的微分作用。输出信号相角比输入信号相角超前,超前网络的名称由此而得。

图 6.13(a)表明,在最大超前相角频率 ω_m 处,具有最大超前角 φ_m,且 ω_m 正好处于 $\dfrac{1}{aT}$ 和 $\dfrac{1}{T}$ 的几何中心。证明如下:

式(6.18)的相频特性为

$$\varphi_c(\omega) = \arctan aT\omega - \arctan T\omega = \arctan \frac{(a-1)T\omega}{1+aT^2\omega^2} \tag{6.19}$$

将式(6.19)对 ω 求导并令其为零,得最大超前角频率

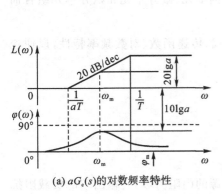

(a) $aG_c(s)$的对数频率特性

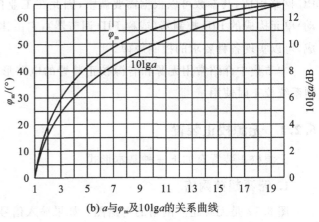

(b) a与φ_m及$10\lg a$的关系曲线

图 6.13 无源超前网络特性

$$\omega_m = \frac{1}{T\sqrt{a}} \qquad (6.20)$$

将式(6.20)代入式(6.19),得最大超前角

$$\varphi_m = \arctan\frac{a-1}{2\sqrt{a}} = \arcsin\frac{a-1}{a+1} \qquad (6.21)$$

式(6.21)表明:最大超前角 φ_m 仅与分度系数 a 有关。a 值越大,超前网络的微分效应越强,为了保持较高的系统信噪比,实际选用的 a 值一般不超过 20。

此外,由图 6.13(a)可以明显看出 ω_m 处的对数幅频值

$$L_c(\omega_m) = 20\lg|aG_c(\mathrm{j}\omega_m)| = 10\lg a \qquad (6.22)$$

a 与 φ_m 及 $10\lg a$ 的关系曲线如图 6.13(b)所示。

2. 无源滞后网络

无源滞后网络的电路图如图 6.14(a)所示。如果输入信号源的内阻为零,负载阻抗为无穷大,则滞后网络的传递函数为

$$G_c(s) = \frac{1+bTs}{1+Ts} \qquad (6.23)$$

式(6.23)中,$b = \dfrac{R_2}{R_1+R_2} < 1$,$T = (R_1+R_2)C$。通常,$b$ 称为滞后网络的分度系数,表示滞后深度。

无源滞后网络的对数频率特性曲线如图 6.14(b)所示。由图 6.14(b)可见,滞后网络在频率 $\dfrac{1}{T} \sim \dfrac{1}{bT}$ 之间呈积分效应,而对数相频特性呈滞后特性。

与超前网络类似,最大滞后角 φ_m 发生在最大滞后角频率 ω_m 处,且 ω_m 正好是 $\dfrac{1}{T}$ 和 $\dfrac{1}{bT}$ 的几何中心。计算 ω_m 及 φ_m 的计算公式分别为

$$\omega_m = \frac{1}{T\sqrt{b}} \qquad (6.24)$$

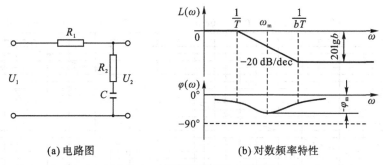

(a) 电路图　　　　　　　(b) 对数频率特性

图 6.14　无源滞后网络及其特性

$$\varphi_m = \arcsin \frac{b-1}{1+b} \qquad (6.25)$$

图 6.14(b)还表明,滞后网络对低频有用信号不产生衰减,而对高频噪声信号有削弱作用,b 值越小,通过网络的噪声电平越低。

采用无源滞后网络进行串联校正时,主要是利用其高频幅值衰减的特性,以降低系统的开环截止频率,提高系统的相角裕度。因此,力求避免最大滞后角发生在校正后系统开环截止频率 ω_c 附近。选择滞后网络参数时,通常使网络的交接频率 $\dfrac{1}{bT}$ 远小于 ω_c,一般取

$$\frac{1}{bT} = \frac{\omega_c}{10} \qquad (6.26)$$

此时,滞后网络在 ω_c 处产生的相角滞后按下式确定:

$$\varphi_c(\omega_c) = \arctan bT\omega_c - \arctan T\omega_c$$

得

$$\tan\varphi_c(\omega_c) = \frac{bT\omega_c - T\omega_c}{1 + bT^2 (\omega_c)^2}$$

代入式(6.26),并考虑到 $b<1$,上式可化简为

$$\varphi_c(\omega_c) \approx \arctan[0.1(b-1)] \qquad (6.27)$$

b 与 $\varphi_c(\omega_c)$ 及 $20\lg b$ 的关系曲线见图 6.15。考虑到使用方便,图 6.15 曲线画在对数坐标系中。

3. 无源滞后-超前网络

无源滞后-超前网络的电路图如图 6.16(a)所示,其传递函数为

$$G_c(s) = \frac{(1+T_a s)(1+T_b s)}{T_a T_b s^2 + (T_a + T_b + T_{ab})s + 1} \qquad (6.28)$$

式(6.28)中,$T_a = R_1 C_1$,$T_b = R_2 C_2$,$T_{ab} = R_1 C_2$。令式(6.28)的分母二项式有两个不等的负实根,则式(6.28)可写为

$$G_c(s) = \frac{(1+T_a s)(1+T_b s)}{(1+T_1 s)(1+T_2 s)} \qquad (6.29)$$

比较式(6.28)和式(6.29),可得

$$T_1 T_2 = T_a T_b$$
$$T_1 + T_2 = T_a + T_b + T_a T_b$$

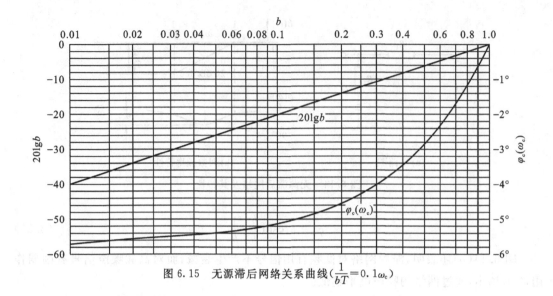

图 6.15 无源滞后网络关系曲线($\frac{1}{bT}=0.1\omega_c$)

设 $T_1 > T_a$，$\dfrac{T_a}{T_1} = \dfrac{T_2}{T_b} = \dfrac{1}{a}$，其中 $a > 1$。则有

$$T_1 = aT_a$$

$$T_2 = T_b/a$$

于是，无源滞后-超前网络的传递函数最终可表示为

$$G_c(s) = \frac{(1+T_a s)(1+T_b s)}{(1+aT_a s)\left(1+\dfrac{T_b}{a}s\right)} \tag{6.30}$$

式(6.30)中，$\dfrac{1+T_a s}{1+aT_a s}$ 为网络的滞后部分；$\dfrac{1+T_b s}{1+\dfrac{T_b}{a}s}$ 为网络的超前部分。无源滞后-超前网络的

对数幅频渐近特性如图 6.16(b)所示，其低频部分和高频部分均起于和终于零分贝水平线。由图 6.16(b)可见，只要确定 ω_a、ω_b 和 a，或者确定 T_a、T_b 和 a 三个独立变量，图 6.16(b)的形状即可确定。

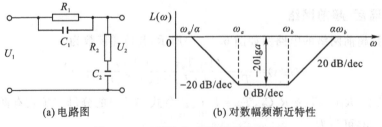

(a) 电路图   (b) 对数幅频渐近特性

图 6.16 无源滞后-超前网络及其特性

常用无源校正网络的电路图、传递函数及对数幅频渐近特性，见表 6.1。

表 6.1　常用无源校正网络

电　路　图	传　递　函　数	对数幅频渐近特性
R_1、C、R_2 电路	$G(s)=\dfrac{T_2 s}{T_1 s+1}$ 其中，$T_1=(R_1+R_2)C$， $T_2=R_2 C$	20 dB/dec；转折频率 $\dfrac{1}{T_1}$；$20\lg\dfrac{1}{1+R_1/R_2}$
R_1、C、R_2、R_3 电路	$G(s)=K_1\,\dfrac{T_1 s+1}{T_2 s+1}$ 其中，$K_1=\dfrac{R_3}{R_1+R_2+R_3}$， $T_1=R_2 C$， $T_2=\dfrac{(R_1+R_3)R_2}{R_1+R_2+R_3}C$	$20\lg G_1$；转折频率 $\dfrac{1}{T_1}$、$\dfrac{1}{T_2}$；20 dB/dec；$20\lg\dfrac{R_3}{R_2+R_1}$
C_1、C_2、R_1、R_2 电路	$G(s)=\dfrac{T_1 T_2 s^2}{T_1 T_2 s^2+(T_1+T_2+R_1 C_2)s+1}$ $\approx\dfrac{T_1 T_2 s^2}{(T_1 s+1)(T_2 s+1)}$（$R_1 C_2$ 可忽略时） 其中，$T_1=R_1 C_1$， $T_2=R_2 C_2$	转折频率 $\dfrac{1}{T_1}$、$\dfrac{1}{T_2}$；20 dB/dec；40 dB/dec
R_1、R_2、R_3、C 电路	$G(s)=K_0\,\dfrac{T_2 s+1}{T_1 s+1}$ 其中，$K_0=R_3/(R_1+R_3)$ $T_1=\left(R_2+\dfrac{R_1 R_3}{R_1+R_3}\right)C$， $T_2=R_2 C$	$20\lg G_0$；转折频率 $\dfrac{1}{T_1}$、$\dfrac{1}{T_2}$；−20 dB/dec；$-20\lg\left(1+\dfrac{R_1}{R_2}+\dfrac{R_1}{R_3}\right)$
R_1、R_2、C_1、C_2 电路	$G(s)=\dfrac{1}{T_1 T_2 s^2+\left[T_2\left(1+\dfrac{R_1}{R_2}\right)+T_1\right]s+1}$ 其中，$T_1=R_1 C_1$， $T_2=R_2 C_2$	转折频率 $\dfrac{1}{T_1}$、$\dfrac{1}{T_2}$；−20 dB/dec；−40 dB/dec
R_1、R_2、R_3、C、R_4 电路	$G(s)=\dfrac{1}{K_0'}\cdot\dfrac{T_2 s+1}{T_1 s+1}$ 其中，$K_0'=1+\dfrac{R_1}{R_2+R_3}+\dfrac{R_1}{R_4}$ $T_2=[R_2 R_3/R_2+R_3]C$， $T_1=\dfrac{1+R_1/R_2+R_1/R_4}{1+R_1/(R_2+R_3)+R_1/R_4}T_2$	$20\lg G_0$；转折频率 $\dfrac{1}{T_1}$、$\dfrac{1}{T_2}$；−20 dB/dec；$-20\lg\left(1+\dfrac{R_1}{R_2}+\dfrac{R_1}{R_4}\right)$

电 路 图	传 递 函 数	对数幅频渐近特性
(circuit with R_3, R_2, C_2, R_1, C_1)	$$G(s)=$$ $$\frac{(T_1s+1)(T_2s+1)}{T_1T_2\left(1+\dfrac{R_3}{R_1}\right)s^2+\left[T_2+T_1\left(1+\dfrac{R_2}{R_1}+\dfrac{R_3}{R_1}\right)\right]s+1}$$ 其中，$T_1=R_1C_1$， $T_2=R_2C_2$	$L(\omega)$ 图，$\dfrac{1}{T_a}$ $\dfrac{1}{T_1}$ $\dfrac{1}{T_2}$ $\dfrac{1}{T_b}$ L_∞，-20 dB/dec，20 dB/dec，$L_\infty=-20\lg(1+\dfrac{R_3}{R_1})$
(circuit with C_1, R_1, R_2, C_2)	$$G(s)=\frac{T_1T_2s^2+T_2s+1}{T_1T_2s^2+\left[T_1\left(1+\dfrac{R_1}{R_2}\right)+T_2\right]s+1}$$ 其中，$T_1=\dfrac{R_1R_2}{R_1+R_2}C_2$， $T_2=(R_1+R_2)C_1$	$L(\omega)$ 图，$\omega=\dfrac{1}{\sqrt{T_1+T_2}}$，$h$，$-20$ dB/dec，20 dB/dec，$h=-20\lg[\dfrac{T_2}{T_1^2}(1+\dfrac{R_2}{R_1})+1]$

6.2.2 有源校正装置

实际控制系统中广泛采用无源网络进行校正，但在放大器级间引入无源校正网络后，由于负载效应问题，有时难以实现希望的控制。此外，复杂网络的设计和调整也不方便。因此，有时需要采用有源校正装置，在工业过程控制系统中，尤其如此。

1. 有源超前网络

如图 6.17(a)所示为一个反相输入的超前(微分)校正网络原理图。为了分析该电路网络的方便，给出了一些中间变量及其参考方向，如图 6.17(b)所示。反相输入有源校正网络的特点是，输入信号与输出信号反相，这种性质在使用时必须注意。

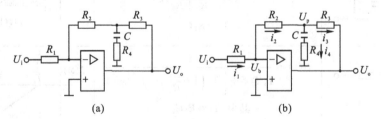

(a)　　　　　　　　(b)

图 6.17　有源超前网络

根据基尔霍夫定律有

$$i_1=i_2=i_3+i_4$$

若用复数阻抗表示，则

$$\frac{U_i(s)-U_b(s)}{R_1}=\frac{U_b(s)-U_p(s)}{R_2}$$

$$\frac{U_b(s)-U_p(s)}{R_2}=\frac{U_p(s)-U_o(s)}{R_3}+\frac{U_p(s)}{\dfrac{1}{Cs}+R_4}$$

考虑到运算放大器工作时,$U_b \approx 0$,故可将以上两式改写为

$$\frac{U_i(s)}{R_1} = -\frac{U_p(s)}{R_2}$$

$$-\frac{U_p(s)}{R_2} = \frac{U_p(s) - U_o(s)}{R_3} + \frac{U_p(s)}{\frac{1}{Cs} + R_4}$$

消去中间变量得

$$G_c(s) = \frac{U_o(s)}{U_i(s)} = -K_c \frac{1 + T_1 s}{1 + T_2 s} \tag{6.31}$$

式(6.31)中,$K_c = \frac{R_2 + R_3}{R_1}$,$T_1 = (\frac{R_2 R_3}{R_2 + R_3} + R_4)C > T_2 = R_4 C$。若选择合适的电阻值,使 $R_2 + R_3 = R_1$,则 $K_c = 1$。此时,该有源超前网络的传递函数只与两个时间常数有关。

比较有源及无源超前网络的传递函数,其形式相同,只是符号相反,若采用上述有源网络时,在线路上再加一级倒相器,则两种网络的传递函数就具有了完全相同的形式。

2. 有源滞后网络

一种由运算放大器构成的有源滞后网络如图 6.18 所示。

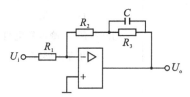

图 6.18 有源滞后网络

该网络的传递函数为

$$G_c(s) = \frac{U_o(s)}{U_i(s)} = -K_c \frac{1 + T_1 s}{1 + T_2 s} \tag{6.32}$$

式(6.32)中,$K_c = \frac{R_2 + R_3}{R_1}$,$T_1 = \frac{R_2}{R_2 + R_3} R_3 C < T_2 = R_3 C$。

3. 有源滞后-超前网络

一种由运算放大器构成的有源滞后-超前网络如图 6.19 所示。

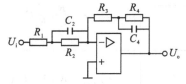

图 6.19 有源滞后-超前网络

该网络的传递函数为

$$G_c(s) = \frac{U_o(s)}{U_i(s)} = -K_c \frac{(1 + \tau_1 s)(1 + \tau_2 s)}{(1 + T_1 s)(1 + T_2 s)} \tag{6.33}$$

式(6.33)中,$K_c = \dfrac{R_3 + R_4}{R_1 + R_2}$,$\tau_1 = \dfrac{R_3 R_4}{R_3 + R_4} C_4$,$\tau_2 = R_2 C_2$,$T_1 = R_4 C_4$,$T_2 = \dfrac{R_1 R_2}{R_1 + R_2} C_2$。选择适当的网络参数值,使 $K_c = 1$,且使 $T_1 > \tau_1 > \tau_2 > T_2$,即在其对数频率特性图上使 ω 在 $\dfrac{1}{T_1} \sim \dfrac{1}{\tau_1}$ 区间为滞后,在 $\dfrac{1}{\tau_2} \sim \dfrac{1}{T_2}$ 区间为超前。

常用有源校正装置如表 6.2 所示。

表 6.2 常用有源校正装置

类别	电路图	传递函数	对数频率特性曲线
比例 (P)		$G(s) = K$ 其中,$K = \dfrac{R_2}{R_1}$	
微分 (D)		$G(s) = K_t s$ 其中,K_t 为测速发电机 办理出斜率	
积分 (I)		$G(s) = \dfrac{1}{Ts}$ 其中,$T = R_1 C$	
比例-微分 (PD)		$G(s) = K(1 + \tau s)$ 其中,$K = \dfrac{R_2 + R_3}{R_1}$, $\tau = \dfrac{R_2 R_3}{R_2 + R_3} C$	
比例-积分 (PI)		$G(s) = \dfrac{K}{T}\left(\dfrac{1 + Ts}{s}\right)$ 其中,$K = \dfrac{R_2}{R_1}$, $T = R_2 C$	

续表

类别	电路图	传递函数	对数频率特性曲线
比例-积分-微分 （PID）		$G(s)=K\dfrac{(1+T_s)(1+\tau s)}{Ts}$ 其中,$K=\dfrac{R_2}{R_1}$, $T=R_2C_2$, $\tau=R_1C_1$	
滤波型调节器 （惯性环节）		$G(s)=\dfrac{K}{1+T_s}$ 其中,$K=\dfrac{R_2}{R_1}$, $T=R_2C$	

6.3　串联校正

　　如果系统设计要求满足的性能指标属频域特征量,则通常采用频域校正方法。本节介绍在系统的开环对数频率特性基础上,以满足稳态误差、截止频率和相角裕度等要求为出发点,进行串联校正的方法。

6.3.1　频率响应法校正设计

　　在线性控制系统设计中,常用的校正装置设计方法有分析法和综合法两种。

　　分析法又称试探法。用分析法设计校正装置比较直观,在物理上易于实现,但要求设计者有一定的工程设计经验,设计过程带有试探性。目前工程技术界多采用分析法进行系统设计。

　　综合法又称期望特性法。这种设计方法从闭环系统性能与系统开环频率特性密切相关这一概念出发,根据规定的性能指标要求确定系统期望的开环频率特性形状,然后与系统原有开环频率特性相比较,从而确定校正方式、校正装置的形式和参数。综合法有广泛的理论意义,但希望的校正装置传递函数可能相当复杂,在物理上难以实现。

　　应当指出,不论是分析法还是综合法,其设计过程一般仅适用于最小相位系统。

　　在频域进行系统设计,是一种间接设计方法,因为设计结果满足的是一些频域性能指标,而不是时域性能指标。然而,在频域进行设计又是一种简便的方法,在伯德图上虽然不能严格定量地给出系统的动态性能,但却能方便地根据频域性能指标确定校正装置的参数,特别是对校正后系统的高频特性有要求时,采用频域法校正较其他方法更为方便。频域设计的这种简便性,是由于系统的开环频率特性与闭环系统的时间响应有关。一般地,开环频率特性的低频段表征了闭环系统的稳态性能,开环频率特性的中频段表征了闭环系统的动态性能,开环频率特性的高频段表征了闭环系统的复杂性和噪声抑制性能。因此,用频域法设计控制系统的实质,就是在闭环系统中引入频率特性形状合适的校正装置,使系统的开环频率特性形状变成所期望的形状:低频段增益充分增大,以保证稳态误差要求;中频段对数幅频渐近线斜率一般为-20 dB/dec,并占据充分宽的频带,以保证具备适当的相角裕度;高频段增益尽快减小,以削弱噪声影响,若系统原有部分高频段已符合该种要求,则校正时可保证高频段形状不变以简化校正装置的形式。

6.3.2　分析法

1. 串联超前校正

利用超前网络或 PD 控制器进行串联校正的基本原理,是利用超前网络或者 PD 控制器的相角超前特性。只要正确地将超前网络的交接频率$\frac{1}{aT}$和$\frac{1}{T}$选在校正后系统截止频率的两旁,并适当选择参数a和T,就可以使校正后系统的截止频率和相角裕度满足性能指标要求,从而改善闭环系统的动态性能。闭环系统的稳态性能要求可通过选择校正后系统的开环增益来保证。用频域法设计无源超前网络的步骤如下:

(1)根据稳态误差要求,确定开环增益K。

(2)利用已确定的开环增益K,绘制待校正系统的开环对数幅频特性$L_0(\omega)$,并计算待校正系统的截止频率ω_{c0}、相角裕度$\gamma_0(\omega_{c0})$和幅值裕度h_{dB0}。

(3)根据截止频率ω_c的要求,计算超前网络参数a和T。在该步骤中,关键是选择最大超前角频率等于要求的系统截止频率,即$\omega_m=\omega_c$,以保证系统的响应速度,并充分利用网络的相角超前特性。显然,$\omega_m=\omega_c$成立的条件是

$$-L_0(\omega_c)=L_c(\omega_m)=10\lg a \tag{6.34}$$

根据式(6.34)不难求出a值,然后由

$$T=\frac{1}{\omega_m\sqrt{a}} \tag{6.35}$$

确定T值。

(4)验算校正后系统的相角裕度$\gamma(\omega_c)$。验算时,将式(6.34)算出的a代入式(6.21)求出φ_m值,再由已知的ω_c算出$\gamma_0(\omega_c)$。按下式算出

$$\gamma(\omega_c)=\varphi_m+\gamma_0(\omega_c) \tag{6.36}$$

当验算结果$\gamma(\omega_c)$不满足指标要求时,需重选ω_m值,一般使$\omega_m(=\omega_c)$值增大,然后重复以上计算步骤。

【例 6-3】　设控制系统如图 6.20 所示。若要求系统在单位斜坡输入信号作用时,位置输入稳态误差$e_{ss}(\infty)\leqslant0.1$ rad,截止频率$\omega_c\geqslant4.4$ rad/s,相角裕度$\gamma\geqslant45°$,幅值裕度$h_{dB}\geqslant$ 10 dB,试设计串联无源超前网络。

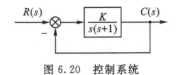

图 6.20　控制系统

解　(1)调整开环增益。因为

$$e_{ss}(\infty)=\frac{1}{K}\leqslant 0.1$$

故取 $K=10$,则待校正系统的开环传递函数为

$$G_0(s)=\frac{10}{s(s+1)}$$

(2)待校正系统是最小相位系统,因此只需画出其开环对数幅频渐近特性 $L_0(\omega)$,如图 6.21 所示。由图中 $L_0(\omega)$ 得待校正系统的 $\omega_{c0}=3.1$,算出待校正系统的相角裕度

$$\gamma_0(\omega_{c0})=180°-90°-\arctan\omega_{c0}=17.9°$$

因为待校正系统的开环对数相频特性不可能以有限值与 $-180°$ 线相交,其幅值裕度为 ∞ dB。

相角裕度小的原因,是因为待校正系统的开环对数幅频特性的中频段斜率为 -40 dB/dec。由于截止频率和相角裕度均低于指标要求,故采用串联超前校正是合适的。

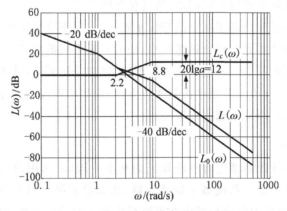

图 6.21　例 6 - 3 系统对数幅频特性

(3)计算超前网络参数。试选 $\omega_m=\omega_c=4.4$,由图 6.21 查得 $L_0(\omega_c)=-6$ dB,由式 (6.34)算得 $a=4$,由式(6.35)算得 $T=0.114$。因此,超前网络传递函数为

$$4G_c(s)=\frac{1+0.456 s}{1+0.114s}$$

为了补偿无源超前网络产生的增益衰减,放大器的增益需提高 4 倍,否则不能保证稳态误差要求。

(4)超前网络参数确定后,校正后系统的开环传递函数为

$$G_o(s)G_c(s)=\frac{10(1+0.456s)}{s(1+0.114s)(1+s)}$$

对应的开环对数幅频特性如图 6.21 中 $L(\omega)$ 所示。显然,校正后系统 $\omega_c=4.4$,算得校正后

系统的相角裕度

$$\gamma = \varphi_m + \gamma_0(\omega_c) = 36.9° + 12.8° = 49.7° > 45°$$

因为校正后系统的开环对数相频特性不可能以有限值与 $-180°$ 线相交,其幅值裕度仍为 ∞ dB。

此时,全部性能指标均已满足。

最后确定无源超前网络的元件参数。由图 6.12(a)及式(6.18)可知,$a = \dfrac{R_1 + R_2}{R_2} = 4$,$T = \dfrac{R_1 R_2}{R_1 + R_2} C = 0.114$。通常先选定电容值,如选择 C = 1 μF,则可解得 $R_1 = 456$ kΩ,$R_2 = 152$ kΩ,取标准值分别为 $R_1 = 470$ kΩ,$R_2 = 150$ kΩ,C = 1 μF。

本例表明:系统经串联超前校正后,中频段斜率变为 -20 dB/dec,并占据 6.6 rad/s 的频带范围,从而系统相角裕度增大,动态过程超调量下降。因此,在实际的控制系统中,中频段斜率大多具有 -20 dB/dec 的斜率。由本例可见,串联超前校正可使系统的截止频率增大,从而闭环系统带宽也增大,使响应速度加快。

应当指出,在有些情况下采用串联超前校正是无效的,它受以下两个因素限制:

(1)闭环带宽要求。若待校正系统不稳定,为了得到规定的相角裕度,需要超前网络提供很大的相角超前量。这样,超前网络的 a 值必然选得很大,从而造成校正后系统带宽过大,使得通过系统的高频噪声电平很高,很可能使系统失控。

(2)在截止频率附近相角迅速减小的待校正系统,一般不宜采用串联超前校正。因为随着截止频率的增大,待校正系统相角迅速减小,使校正后系统的相角裕度改善不大。

在上述情况下,系统可采用其他方法进行校正,例如采用两级(或者两级以上)的串联超前网络(若选用无源网络,中间需要串接隔离放大器)进行串联超前校正,或者采用滞后网络进行串联滞后校正,也可以采用测速反馈校正。

2. 串联滞后校正

利用滞后网络或 PI 控制器进行串联校正的基本原理,是利用滞后网络或 PI 控制器的高频幅值衰减特性,使校正后系统截止频率下降,从而使系统获得足够的相角裕度。因此,滞后网络的最大滞后角应力求避免发生在系统截止频率附近。在系统响应速度要求不高而抑制噪声电平性能要求较高的情况下,可考虑采用串联滞后校正。此外,如果待校正系统已具备满意的动态性能,仅稳态性能不满足指标要求,也可以采用串联滞后校正以提高系统的稳态精度,同时保持其动态性能仍然能满足性能指标。

如果所研究的系统为单位反馈最小相位系统,则应用频域法设计串联无源滞后网络的步骤如下:

(1)根据稳态误差要求,确定开环增益 K。

(2)利用已确定的开环增益 K,画出待校正系统的开环对数幅频特性 $L_0(\omega)$,确定待校正系统的截止频率 ω_{c0}、相角裕度 $\gamma_0(\omega_{c0})$ 和幅值裕度 h_{dB0}。

(3)绘制待校正系统的开环对数相频特性 $\varphi_0(\omega)$ 曲线。

(4)根据相角裕度 $\gamma(\omega_c)$ 要求,选择校正后系统的截止频率 ω_c。考虑到滞后网络在新的

截止频率 ω_c 处会产生一定的相角滞后 $\varphi_c(\omega_c)$，因此下式成立：

$$\gamma(\omega_c)=\varphi_c(\omega_c)+\varphi_0(\omega_c)+180° \qquad (6.37)$$

式(6.37)中，$\gamma(\omega_c)$ 是指标要求值，$\varphi_c(\omega_c)$ 在确定 ω_c 前可取为 $-6°$。于是，根据式(6.37)的计算结果，在 $\varphi_0(\omega)$ 曲线上可查出相应的 ω_c 值。

(5)根据下述关系式确定滞后网络参数 b 和 T

$$20\lg b+L_0(\omega_c)=0 \qquad (6.38)$$

$$\frac{1}{bT}=0.1\omega_c \qquad (6.39)$$

式(6.38)成立原因是显然的，因为要保证校正后系统的截止频率为上一步所选的 ω_c 值，就必须是滞后网络的衰减量 $20\lg b$ 在数值上等于待校正系统在新截止频率 ω_c 上的开环对数幅频值 $L_0(\omega_c)$，该值在待校正系统的开环对数幅频曲线上可以查出，于是由式(6.38)可以算出 b 值。

根据式(6.39)，由已确定的 ω_c 和 b 值可算出滞后网络的 T 值。如果求得的 T 值过大难以实现，则可将式(6.39)中的系数 0.1 适当加大，例如在 $0.1\sim0.25$ 范围内选取，而 $\varphi_c(\omega_c)$ 的估计值相应在 $-6°\sim-14°$ 范围内确定。

(6)验算校正后系统的相角裕度和幅值裕度。

【例 6 - 4】 设控制系统结构如图 6.22 所示。若要求校正后系统的静态速度误差系数等于 $30\ \mathrm{s}^{-1}$，相角裕度不低于 $40°$，幅值裕度不低于 $10\ \mathrm{dB}$，截止频率不小于 $2.3\ \mathrm{rad/s}$，试设计串联校正装置。

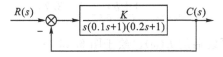

图 6.22 例 6 - 4 控制系统结构图

解 (1)确定开环增益 K，由于

$$K_v=\lim_{s\to0}sG(s)=K=30$$

故待校正系统的开环传递函数为

$$G_0(s)=\frac{30}{s(1+0.1s)(1+0.2s)}$$

(2)画出待校正系统的开环对数幅频渐近特性 $L_0(\omega)$，如图 6.23 所示。由图得 $\omega_{c0}=12$，算出

$$\gamma_0(\omega_{c0})=180°-90°-\arctan(0.1\omega_{c0})-\arctan(0.2\omega_{c0})=-25°$$

说明待校正系统不稳定，且截止频率远大于要求值。在这种情况下，采用串联超前校正是无效的。可以证明，当超前网络的 a 值取到 100 时，系统的相角裕度仍不满足 $40°$，而截止频率却增至 26。考虑到本例对系统截止频率值要求不大，故选用串联滞后校正可以满足需要的性能指标。

(3)计算 $\varphi_0(\omega)$：

$$\varphi_0(\omega)=-90°-\arctan(0.1\omega)-\arctan(0.2\omega)$$

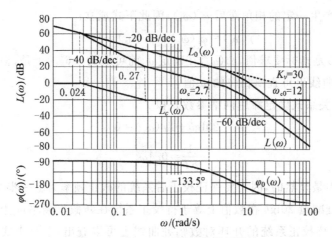

图 6.23 例 6-4 系统对数幅频特性

并将 $\varphi_0(\omega)$ 曲线绘在图 6.23 中。

(4)根据 $\gamma(\omega_c) \geqslant 40°$ 的要求和 $\varphi_c(\omega_c) = -6°$ 的估值,按式(6.37)求得 $\varphi_0(\omega_c) \geqslant -134°$。于是,取 $\varphi_0(\omega_c) = -133.5°$,由 $\varphi_0(\omega)$ 曲线查得 $\omega_c = 2.7$。由于指标要求 $\omega_c \geqslant 2.3$,故 ω_c 值可在 $2.3 \sim 2.7$ 范围内任取。考虑到 ω_c 取值较大时,校正后系统响应速度较快,且滞后网络时间常数 T 值较小,便于实现,故选取 $\omega_c = 2.7$。

(5)在图 6.23 上查出,当 $\omega_c = 2.7$ 时,有 $L_0(\omega_c) = 20$ dB,故可由式(6.38)求出 $b = 0.1$,再由式(6.39)算出 $T = 37$,则滞后网络的传递函数

$$G_c(s) = \frac{1+bTs}{1+Ts} = \frac{1+3.7s}{1+37s}$$

校正网络的 $L_c(\omega)$ 和校正系统后的 $L(\omega)$ 已绘于图 6.23 中。

(6)校验相角裕度和幅值裕度。由式(6.27)及 $b = 0.1$ 算得 $\varphi_c(\omega_c) = -5.14°$,于是求出 $\gamma(\omega_c) = 41.4°$,满足性能指标要求。然后用试算法可得校正后系统对数相频特性为 $-180°$ 时的频率为 6.8,求出校正后系统的幅值裕度为 13.2 dB,完全符合要求。

最后确定元件参数。由图 6.14(a)及式(6.23)可知,$b = \dfrac{R_2}{R_1+R_2} = 0.1$,$T = (R_1 + R_2)C$。若取电容 $C = 100$ μF,则有 $R_1 = 333$ kΩ,$R_2 = 37$ kΩ。

采用串联滞后校正,既能提高系统稳态精度,又基本不改变系统动态性能的原因是明显的。以图 6.23 为例,如果将校正后系统的开环对数幅频特性向上平移 21 dB,则校正前后的相角裕度和截止频率基本相同,但开环增益却增大 11 倍。

串联滞后校正与串联超前校正两种方法,在完成系统校正任务方面是相同的,但有以下不同之处:

(1)超前校正是利用超前网络的相角超前特性,而滞后校正则是利用滞后网络的高频幅值衰减特性。

(2)为了满足严格的稳态性能要求,当采用无源校正网络时,超前校正要求一定的附加增益,而滞后校正一般不需要附加增益。

(3)对于同一个系统,采用超前校正的系统带宽大于采用滞后校正的系统带宽。从提高

系统响应速度的观点来看,希望系统带宽越大越好;与此同时,带宽越大则系统越易受到噪声干扰的影响,因此如果系统输入端噪声电平较高,一般不宜选用超前校正。

最后指出,在有些应用方面,采用滞后校正可能会得出时间常数大到不能实现的结果。这种不良后果的出现,是由于需要在足够小的频率值上安置滞后网络第一个交接频率 $\frac{1}{T}$,以保证在需要的频率范围内产生有效的高频幅值衰减特性所致。在这种情况下,最好采用串联滞后-超前校正。

3. 串联滞后-超前校正

这种校正方法兼有滞后校正和超前校正的优点,即校正后系统响应速度较快,超调量较小,抑制高频噪声的性能也较好。当待校正系统不稳定,且要求校正后系统的响应速度、相角裕度和稳态精度较高时,以采用串联滞后-超前校正为宜。其基本原理是利用滞后-超前网络的超前部分来增大系统的相角裕度,同时利用滞后部分来改善系统的稳态性能。串联滞后-超前校正的设计步骤如下:

(1)根据稳态性能要求确定开环增益 K。

(2)绘制待校正系统的开环对数幅频特性 $L_0(\omega)$,求出待校正系统的截止频率 ω_{c0}、相角裕度 $\gamma_0(\omega_{c0})$ 及幅值裕度 h_{dB0}。

(3)在待校正系统的开环对数幅频特性上,选择斜率从 $-20\ \text{dB/dec}$ 变为 $-40\ \text{dB/dec}$ 的交接频率作为校正网络超前部分的交接频率 ω_b。ω_b 的这种选法,可以降低校正后系统的阶次,且可保证中频段斜率为期望的 $-20\ \text{dB/dec}$,并占据较宽的频带。

(4)根据响应速度要求,选择系统的截止频率 ω_c 和校正网络衰减因子 $\frac{1}{a}$。要保证校正后系统的截止频率为所选的 ω_c,则下式应成立。

$$-20\lg a + L_0(\omega_c) + 20\lg T_b\omega_c = 0 \tag{6.40}$$

式(6.40)中,$T_b=\frac{1}{\omega_b}$,$L_0(\omega_c)+20\lg T_b\omega_c$ 可由待校正系统的开环对数幅频特性的 $-20\ \text{dB/dec}$ 延长线在 ω_c 处的数值确定。因此,由式(6.40)可以求出 a 的值。

(5)根据相角裕度要求,估算校正网络滞后部分的交接频率 ω_a(或者 T_a)。

(6)校验校正后系统的各项性能指标。

【例 6-5】 设待校正系统开环传递函数为

$$G_0(s)=\frac{K_v}{s(\frac{1}{6}s+1)(\frac{1}{2}s+1)}$$

要求设计校正装置,使系统满足下列性能指标:

(1)校正后系统的静态速度误差系数为 $180\ \text{s}^{-1}$;

(2)相角裕度为 $45°\pm3°$;

(3)幅值裕度不低于 $10\ \text{dB}$;

(4)动态过程调解时间不超过 $3\ \text{s}$。

解 (1)确定开环增益。由题意,取

$$K = K_v = 180$$

(2)作待校正系统的开环对数幅频渐近特性 $L_0(\omega)$，如图 6.24 所示。图中，最低频段为 -20 dB/dec 斜率直线，其延长线交 ω 轴于 180，该值即 K_v 的数值。由图得待校正系统的截止频率 $\omega_{c0} = 12.9$，算出待校正系统的相角裕度 $\gamma_0(\omega_{c0}) = -56.2°$，幅值裕度 $h_{dB0} = -27$ dB，表明待校正系统不稳定。

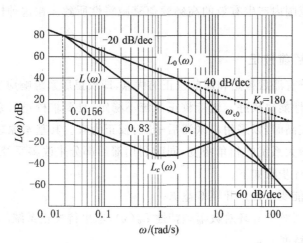

图 6.24　例 6-5 系统对数幅频特性

由于待校正系统在截止频率处的相角滞后远小于 $-180°$，且响应速度有一定要求，故应优先考虑采用串联滞后-超前校正。结论如下：

首先，考虑采用串联超前校正。要把待校正系统的相角裕度从 $-55.5°$ 提高到 $45°$，至少选用两级串联超前网络，使系统结构复杂化。

其次，若采用串联滞后校正，可以使系统的相角裕度提高到 $45°$ 左右，但是对于本例高性能系统，会产生两个很严重的缺点：①滞后网络时间常数过大，这是因为静态速度误差系数越大所需要的滞后网络时间常数越大之故。对于本例，要求选 $\omega_c = 1$，相应地 $L_0(\omega_c) = 45.1$，根据式(6.38)求出 $b = \dfrac{1}{200}$，若取 $\dfrac{1}{bT} = 0.1\omega_c$，可得 $T = 200$，这样大的时间常数，实际上是无法实现的。②响应速度指标不满足，由于滞后校正极大地减小了系统的截止频率，使得系统响应滞缓。对于本例，粗略估算的调节时间约为 9.6 s，该值远大于性能指标的要求值。

以上分析证表明，纯超前校正和纯滞后校正都不宜采用，应当选用串联滞后-超前校正。

(3)为了利用滞后-超前网络的超前部分微分段的特性，研究图 6.24 发现，可取 $\omega_b = 2$，于是待校正系统的开环对数幅频特性在 $\omega \leqslant 6$ 区间，其斜率均为 -20 dB/dec。

(4)根据 $t_s \leqslant 3$ s 和 $\gamma = 45°$ 的性能指标要求，不难算得 $\omega_c \geqslant 3.2$。考虑到要求中频段斜率为 -20 dB/dec，故 ω_c 应在 $3.2 \sim 6$ 范围内选取。由于 -20 dB/dec 的中频段占据一定宽度，故不妨选 $\omega_c = 3.5$，相应地 $L_0(\omega_c) + 20\lg T_b\omega_c = 32$ dB。由式(6.40)可算出 $a = 40$。此时，滞后-超前校正网络的传递函数可写为

$$G_c(s) = \frac{(1+T_a s)(1+T_b s)}{(1+aT_a s)\left(1+\dfrac{T_b}{a}s\right)} = \frac{(1+T_a s)(1+0.5s)}{(1+40T_a s)(1+0.0125s)}$$

校正后系统的开环传递函数为

$$G_c(s)G_0(s)=\frac{180(1+T_as)}{s(\frac{1}{6}s+1)(1+40T_as)(1+0.0125s)}$$

(5)利用相角裕度指标要求,可以确定校正网络参数 T_a。校正后系统的相角裕度

$$\gamma=180°+\arctan T_a\omega_c-90°-\arctan\frac{\omega_c}{6}-\arctan40T_a\omega_c-\arctan0.0125\omega_c$$

$$=57.8°+\arctan3.5T_a-\arctan140T_a=45°$$

由此可解得 $T_a=1.2$。于是,校正网络的传递函数和校正后系统的开环传递函数分别为

$$G_c(s)=\frac{(1+1.2s)(1+0.5s)}{(1+48s)(1+0.0125s)}$$

$$G_c(s)G_0(s)=\frac{180(1+1.2s)}{(\frac{1}{6}s+1)(1+48s)(1+0.0125s)}$$

校正网络的对数幅频特性 $L_c(\omega)$ 和校正后系统的开环对数幅频特性 $L(\omega)$ 已分别画在图 6.24 中。

(6)验算校正后系统的相角裕度和幅值裕度指标,求得 $\gamma(\omega_c)=45.5°$, $h_{dB}=27$ dB,完全满足性能指标的要求。

6.3.3　期望频率特性法校正

期望频率特性校正方法是,将性能指标要求转化为期望开环对数幅频渐近线 $L(\omega)$,再与待校正系统的开环对数幅频渐近线 $L_0(\omega)$ 比较,从而得到串联校正装置的对数幅频渐近线

$$L_c(\omega)=L(\omega)-L_0(\omega)$$

然后根据 $L_c(\omega)$,确定校正装置传递函数的形式和参数。该方法适用于最小相位系统。

对于调节系统和随动系统,期望的开环对数频率特性曲线的一般性状如图 6.25 所示。该图中,期望的开环对数幅频渐近线的中频段斜率为 $-40\sim-20\sim-40$,相应的传递函数为

$$G(s)=\frac{K(1+\frac{1}{\omega_2}s)}{s^2(1+\frac{1}{\omega_3}s)} \tag{6.41}$$

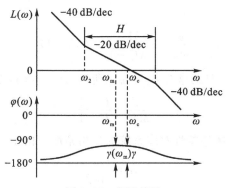

图 6.25　期望特性

其相频率特性

$$\varphi(\omega)=-180°+\arctan\frac{\omega}{\omega_2}-\arctan\frac{\omega}{\omega_3}$$

因而

$$\gamma(\omega)=180°+\varphi(\omega)=\arctan\frac{\omega}{\omega_2}-\arctan\frac{\omega}{\omega_3} \tag{6.42}$$

由 $\frac{d\gamma(\omega)}{d\omega}=0$，解出产生 γ_{max} 的角频率

$$\omega_m=\sqrt{\omega_2\omega_3} \tag{6.43}$$

表明 ω_m 正好是交接频率 ω_2 和 ω_3 的几何中心。

将式(6.43)代入式(6.42)中，得

$$\tan\gamma(\omega_m)=\frac{\omega_m/\omega_2-\omega_m/\omega_3}{1+\omega_m^2/\omega_2\omega_3}=\frac{\omega_3-\omega_2}{2\sqrt{\omega_2\omega_3}}$$

因而

$$\sin\gamma(\omega_m)=\frac{\omega_3-\omega_2}{\omega_3+\omega_2} \tag{6.44}$$

若令 $H=\omega_3/\omega_2=T_2/T_3$，$H$ 表示开环对数幅频特性曲线 $20\lg|G(j\omega))|$ 上斜率为 -20 dB/dec的中频段宽度，则式(6.44)可写为

$$\gamma_{max}=\gamma(\omega_m)=\arcsin\frac{H-1}{H+1}$$

或者

$$\frac{1}{\sin\gamma(\omega_m)}=\frac{H+1}{H-1} \tag{6.45}$$

下面分析最大相角裕度角频率 ω_m 与截止频率 ω_c 的关系。由图 6.25 不难求出

$$\frac{\omega_c}{\omega_m}=|G(j\omega_m)| \tag{6.46}$$

若取 $M_r=M_1>1$，如图 6.26 所示。由图 6.26 可算出

$$|G(j\omega_m)|=0P=\frac{M_1}{\sqrt{M_1^2-1}} \tag{6.47}$$

因此有

$$\frac{\omega_c}{\omega_m}=\frac{M_r}{\sqrt{M_r^2-1}}\ ,\ (M_r>1) \tag{6.48}$$

式(6.48)说明，$\omega_m<\omega_c$，且通常有 $\omega_m\approx\omega_c$。所以，$\gamma(\omega_m)\approx\gamma$，故式(6.45)可近似为

$$\frac{1}{\sin\gamma}=\frac{H+1}{H-1} \tag{6.49}$$

式(6.49)中，γ 为期望开环频率特性对应系统的相角裕度。由于

$$M_r\approx\frac{1}{\sin\gamma} \tag{6.50}$$

故有

$$M_r = \frac{H+1}{H-1} \tag{6.51}$$

或者

$$H = \frac{M_r+1}{M_r-1} \tag{6.52}$$

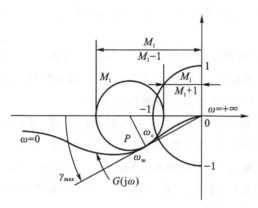

图 6.26　由等 M 图确定 $|G(j\omega_m)|$

式(6.51)和式(6.52)表明,中频段宽度 H 与谐振峰值 M_r 一样,均是描述系统阻尼程度的频域性能指标。

在图 6.25 中,交接频率 ω_2、ω_3 与截止频率 ω_c 的关系,可由式(6.48)和式(6.51)确定。将式(6.43)代入式(6.48),得

$$\omega_c = \sqrt{\omega_2\omega_3}\,\frac{M_r}{\sqrt{M_r^2-1}}$$

再将式(6.51)及 $H=\omega_3/\omega_2$ 代入上式,有

$$\omega_2 = \omega_c\,\frac{2}{H+1} \tag{6.53}$$

由式(6.53)及 $\omega_3 = H\omega_2$ 得

$$\omega_3 = \omega_c\,\frac{2H}{H+1} \tag{6.54}$$

为了保证系统具有以 H 表征的阻尼程度,通常选取

$$\omega_2 \leqslant \omega_c\,\frac{2}{H+1} \tag{6.55}$$

$$\omega_3 \geqslant \omega_c\,\frac{2H}{H+1} \tag{6.56}$$

由式(6.51)得

$$\frac{M_r-1}{M_r} = \frac{2}{H+1}\,, \quad \frac{M_r+1}{M_r} = \frac{2H}{H+1}$$

因此,关于参数 ω_2、ω_3 和 ω_c 的选择,若采用 M_r 最小法,即把闭环系统的谐振性能指标 M_r 放在开环系统截止频率 ω_c 处,使期望开环对数幅频特性对应的闭环系统具有最小的 M_r 值。则各待选参数之间有如下关系:

$$\omega_2 \leqslant \omega_c \frac{M_r-1}{M_r} \qquad (6.57)$$

$$\omega_3 \geqslant \omega_c \frac{M_r+1}{M_r} \qquad (6.58)$$

典型形式的期望对数幅频特性的求法如下：

(1)根据对系统型别及稳态误差要求，通过性能指标中 v 及开环增益 K，绘制期望开环幅频特性的低频段。

(2)根据对系统响应速度及阻尼程度要求，通过截止频率 ω_c、相角裕度 γ、中频段宽度 H、中频段特性上下限交接频率 ω_2 与 ω_3 绘制期望开环幅频特性的中频段，并取中频段特性的斜率为 -20 dB/dec，以确保系统具有足够的相角裕度。

(3)绘制期望开环幅频特性低、中频段之间的衔接频段，其斜率一般与前、后频段相差 -20 dB/dec，否则对期望开环幅频特性的性能有较大影响。

(4)根据对系统幅值裕度 h_{dB} 及抑制高频噪声的要求，绘制期望开环幅频特性的高频段。通常，为使校正装置比较简单，便于实现，一般使期望开环幅频特性的高频段斜率与待校正系统的高频段斜率一致，或者完全重合。

(5)绘制期望开环幅频特性的中、高频段之间的衔接频段，其斜率一般取 -40 dB/dec。

【例 6-6】 设单位反馈系统的开环传递函数为

$$G_0(s) = \frac{K}{s(1+0.12s)(1+0.02s)}$$

使用串联综合校正方法设计串联校正装置，使系统满足：$K_v \geqslant 70 \text{ s}^{-1}$，$t_s \leqslant 1 \text{ s}$，$\sigma\% \leqslant 40\%$。

解 本例可按如下步骤求解：

(1)取 $K=70$，画待校正系统的开环对数幅频特性渐近线 $L_0(\omega)$，如图 6.27 所示。求得待校正系统的截止频率 $\omega_{c0}=24$。

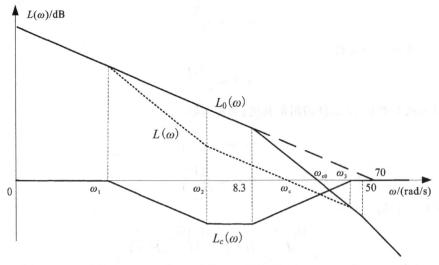

图 6.27 例 6-6 系统特性

（2）绘制期望开环对数幅频特性。

低频段：I 型系统，斜率为 -20 dB/dec，与低频段重合，延长线与 0 dB 线交于 $\omega_0 = 70$。

中频段：由式（6.9）及式（6.10）将 $\sigma\%$ 及 t_s 转换为相应的频域性能指标，并取

$$M_r = 1.6, \omega_c = 13$$

按式（6.57）和式（6.58）估算，得

$$\omega_2 \leqslant 4.88, \omega_3 \geqslant 21.13$$

在 $\omega_c = 13$ 处，过 0 dB 线作 -20 dB/dec 斜率直线，交 $L_0(\omega)$ 于 $\omega = 45$ 处，如图 6.27 所示。取

$$\omega_2 = 4, \omega_3 = 45$$

此时，$H = \dfrac{\omega_3}{\omega_2} = 11.25$。由式（6.49）得

$$\gamma = \arcsin \frac{H-1}{H+1} = 56.8°$$

中低频段的衔接段：在中频段与过 $\omega_2 = 4$ 垂线的交点上，作斜率为 -40 dB/dec 直线，交期望特性低频段于 $\omega_1 = 0.75$ 处。

高频段及衔接段：在 $\omega_3 = 45$ 垂线与中频段的交点上，作斜率为 -40 dB/dec 直线，交 $L_0(\omega)$ 于 $\omega_4 = 50$ 处。$\omega \geqslant \omega_4$ 之后，取 $L(\omega)$ 与 $L_0(\omega)$ 一致。

于是，期望开环对数幅频特性的参数为 $\omega_1 = 0.75$、$\omega_2 = 4$、$\omega_3 = 45$、$\omega_4 = 50$、$\omega_c = 13$、$H = 11.25$。

（3）将 $L(\omega)$ 与 $L_0(\omega)$ 相减，得串联校正装置的对数幅频渐近线 $L_c(\omega)$，如图 6.27 所示。串联校正装置的传递函数为

$$G_c(s) = \frac{(1+0.25s)(1+0.12s)}{(1+1.33s)(1+0.022s)}$$

（4）验算性能指标。校正后系统开环传递函数

$$G(s) = \frac{70(1+0.25s)}{s(1+1.33s)(1+0.02s)(1+0.022s)}$$

直接算得：$\omega_c = 13$、$\gamma = 45.6°$、$M_r = 1.4$、$\sigma\% = 32\%$、$t_s = 0.73$。完全满足设计要求。

6.3.4　串联工程设计法

在串联综合校正方法的基础上，将期望特性进一步规范化和简单化，使系统期望开环对数幅频特性成为图 6.25 所示的形状，从而期望开环传递函数如式（6.41）所示，并以式（6.41）取得的最佳性能来确定其参数。这就是工程设计法的主导思想。

工程设计法的一般步骤是先设定串联校正装置 $G_c(s)$ 为 P、PI 或者 PID 等控制器的形式，然后按最佳性能的要求，选择对应于 P、PI 或 PID 控制规律的 $G_c(s)$ 的参数。这种设计方法简单，易于工程实现，常用来设计自动调节系统和随动系统。常用的工程设计方法有三阶最佳设计法和最小 M_r 设计法。

1. 三阶最佳设计

按待校正系统不同的开环传递函数 $G_0(s)$，选择 P、PI 或者 PID 等控制器 $G_c(s)$ 作为串联校正装置，使校正后的开环传递函数 $G(s) = G_0(s)G_c(s)$ 成为式（6.41）的形式，然后以式

(6.41)能取得最大相角裕度,并用尽可能快的响应速度来选择期望开环传递函数 $G(s)$ 的参数,一般取

$$H = \frac{\omega_3}{\omega_2} = 4, \quad T_2 = HT_3, \quad K = \frac{1}{8T_3^2} \tag{6.59}$$

较为适宜。式(6.59)中, $T_2 = \frac{1}{\omega_2}$ 、 $T_3 = \frac{1}{\omega_3}$ 。从而期望开环传递函数为

$$G(s) = \frac{K(1+T_2s)}{s^2(1+T_3s)} = \frac{(1+4T_3s)}{8T_3^2s^2(1+T_3s)} \tag{6.60}$$

然后根据式(6.59)确定相应 PID 控制器 $G_c(s)$ 的参数。常见的选择方式如下。

(1)若待校正系统的开环传递函数为

$$G_0(s) = \frac{K_0}{s(1+T_0s)}$$

则可选 PI 控制器,即

$$G_c(s) = \frac{1+\tau s}{Ts}$$

使得校正后系统的开环传递函数为

$$G(s) = \frac{K_0}{T} \frac{(1+\tau s)}{s^2(1+T_0s)}$$

根据式(6.59),PI 控制器的参数选为

$$\tau = 4T_0, \quad T = 8K_0T_0^2 \tag{6.61}$$

(2)若待校正系统的开环传递函数为

$$G_0(s) = \frac{K_0}{(1+T_{01}s)(1+T_{02}s)}, \quad T_{01} \gg T_{02}$$

则将 $G_0(s)$ 简化为

$$G_0(s) \approx \frac{K_0}{T_{01}s(1+T_{02}s)}$$

仍可按第一种情况处理,即选择 PI 控制器,其

$$G_c(s) = \frac{1+\tau s}{Ts}$$

使校正后系统的开环传递函数为

$$G(s) = \frac{K_0}{TT_{01}} \frac{(1+\tau s)}{s^2(1+T_{02}s)}$$

此时,PI 控制器参数选为

$$\tau = 4T_{02}, \quad T = \frac{8K_0T_{02}^2}{T_{01}} \tag{6.62}$$

(3)若待校正系统的开环传递函数为

$$G_0(s) = \frac{K_0}{s(1+T_{01}s)(1+T_{02}s)}$$

则可选 PID 控制器,即

$$G_c(s) = \frac{(1+\tau_1s)(1+\tau_2s)}{Ts}$$

并令 $\tau_2 = T_{01}$(或者 T_{02}),使校正后系统的开环传递函数为

$$G(s) = \frac{K_0}{T} \frac{(1+\tau_1 s)}{s^2(1+T_{01}s)}$$

PID 控制器参数选为

$$\tau_1 = 4T_{01}, \quad \tau_2 = T_{02}, \quad T = 8K_0 T_{01}^2 \tag{6.63}$$

(4)若待校正系统的开环传递函数为

$$G_0(s) = \frac{K_0}{(1+T_{01}s)(1+T_{02}s)(1+T_{03}s)}, \quad T_{03} \gg T_{01}、T_{02}$$

则按第二种情况的简化方法,将 $G_0(s)$ 化为

$$G_0(s) \approx \frac{K_0}{T_{03}s(1+T_{01}s)(1+T_{02}s)}$$

此时,可按第三种情况处理,选 PID 控制器,其参数为

$$\tau_1 = 4T_{01}, \quad \tau_2 = T_{02}, \quad T = \frac{8K_0 T_{01}^2}{T_{03}} \tag{6.64}$$

(5)若待校正系统的开环传递函数为

$$G_0(s) = \frac{K_0}{s(1+T_{01}s)(1+T_{03}s)(1+T_{04}s)(1+T_{05}s)}$$

且 $T_{03}、T_{04}、T_{05}$ 均远小于 T_{01},则可将这些小时间常数的惯性环节,合并为一个惯性环节,即

$$G_0(s) \approx \frac{K_0}{s(1+T_{01}s)(1+T_{02}s)}$$

上式中,$T_{02} = T_{03} + T_{04} + T_{05}$。此时,便可按第三种情况处理,选用 PID 控制器,其参数按式(6.63)确定。

2. 最小 M_r 设计

这种方法与三阶最佳设计法基本相同,仅选择参数的出发点不同。此时,期望特性参数的选择是使式(6.41)对应的闭环系统具有最小的 M_r 值,并同时考虑对系统的响应速度和抗扰性能等要求。期望特性的形式仍为

$$G(s) = G_0(s)G_c(s) = \frac{K(1+T_2 s)}{s^2(1+T_3 s)}$$

但参数选择公式为

$$T_2 = HT_3, \quad K = \frac{H+1}{2H^2 T_3^2} \tag{6.65}$$

上式中 $H = \omega_3/\omega_2 = T_2/T_3$,一般取为 5。

【**例 6-7**】 设单位反馈待校正系统的开环传递函数为 $G_0(s) = \dfrac{40}{s(1+0.003s)}$。试用工程设计方法确定串联校正装置 $G_c(s)$。

解 (1)分析待校正系统的性能。本例待校正系统为二阶系统,其中 $\zeta = 1.44$,$\omega_n = 115.5$。显然,待校正系统为过阻尼二阶系统,其性能

$$\gamma = 83.2°、\omega_{c0} = 40、t_s = 0.07$$

由于待校正系统为 I 型系统,在斜坡函数输入下必然存在稳态误差。因此,可考虑采用

工程设计法,使系统成为Ⅱ型系统。

(2)采用三阶最佳工程设计法。本例属于三阶最佳设计法的第一种情况,已知 $K_0=40$, $T_0=0.003$,故可选 PI 控制器作为串联校正装置,其参数可按式(6.61)确定,得

$$\tau=0.012 , \quad T=0.0029$$

于是,PI 控制器

$$G_c(s)=\frac{1+0.012s}{0.0029s}=4.14(1+\frac{1}{0.012s})$$

即 PI 控制器的比例系数 $K_p=4.14$,积分时间常数 $T_I=0.012$。

校正后系统的开环传递函数

$$G(s)=\frac{13793.1(1+0.012s)}{s^2(1+0.003s)}$$

(3)采用最小 M_r 设计法。利用式(6.65),取 $H=5$,得 PI 控制器的传递函数为

$$G_c(s)=\frac{1+0.015s}{0.003s}=5(1+\frac{1}{0.015s})$$

6.4 局部反馈校正

在工程实践中,当被控对象的数学模型比较复杂时,采用串联校正的方法通常无法满足设计要求。此时,一般选择局部反馈的校正方法,用于改变被控对象的动态特性,并且可以得到与串联校正相同的校正效果。在频域进行局部反馈校正与串联校正类似,也有分析法和综合法两种。这里主要介绍综合法,即期望特性法。

局部反馈校正的控制系统的一般形式如图 6.28 所示。由图可见,待校正系统的开环传递函数为

$$G_0(s)=G_1(s)G_2(s)G_3(s) \tag{6.66}$$

校正后系统的开环传递函数为

$$G(s)=\frac{G_0(s)}{1+G_2(s)G_c(s)} \tag{6.67}$$

在 $20\lg|G_2(j\omega)G_c(j\omega)|<0$ dB 时,由式(6.67)得

$$G(s)\approx G_0(s) \tag{6.68}$$

表明在 $|G_2(j\omega)G_c(j\omega)|<1$ 的频带范围内,校正后系统开环频率特性与待校正系统开环频率特性近似相同;而在 $20\lg|G_2(j\omega)G_c(j\omega)|>0$ dB 时,由式(6.67)知

$$G(s)\approx\frac{G_0(s)}{G_2(s)G_c(s)} \tag{6.69}$$

或者

$$G_2(s)G_c(s)\approx\frac{G_0(s)}{G(s)} \tag{6.70}$$

表明在 $|G_2(j\omega)G_c(j\omega)|>1$ 的频带范围内,画出待校正系统的开环对数幅频特性 $L_0(\omega)$,然后减去按性能指标要求求出的期望开环对数幅频特性 $L(\omega)$,可以获得近似的 $L_{2c}(\omega)$。由于 $G_2(s)$ 是已知的,因此反馈校正装置 $G_c(s)$ 可立即求得。

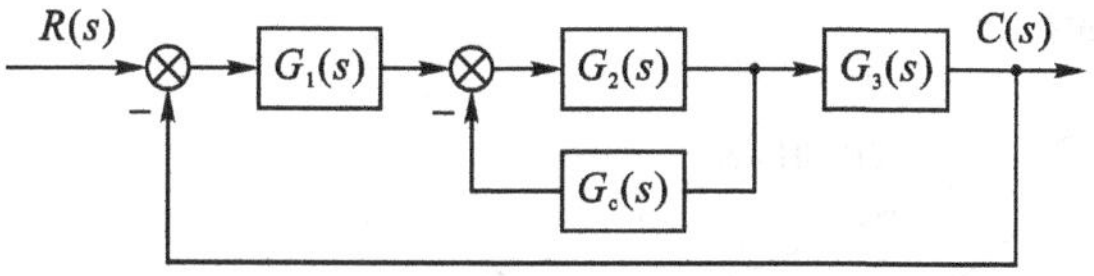

图 6.28　反馈校正控制系统

在反馈校正过程中,应当注意两点:一是在 $20\lg|G_2(j\omega)G_c(j\omega)|>0$ dB 的受校正频段内,应使

$$L_0(\omega)>L(\omega) \tag{6.71}$$

式(6.71)两边差距越多,则校正精度越高,这一要求通常均能满足;二是局部反馈回路必须稳定。

综合法局部反馈校正设计步骤如下。必须指出,以下设计步骤与分析法设计过程一样,仅适用于最小相位系统。

(1)按稳态性能指标要求,绘制待校正系统的开环对数幅频特性 $L_0(\omega)=20\lg|G_0(j\omega)|$。

(2)根据给定性能指标要求,绘制期望开环对数幅频特性 $L(\omega)$。

(3)由下式求得 $G_2(s)G_c(s)$ 传递函数

$20\lg|G_2(j\omega)G_c(j\omega)|=L_0(\omega)-L(\omega)$,且 $[L_0(\omega)-L(\omega)]>0$ dB

(4)检验局部反馈回路的稳定性,并检查 $20\lg|G_2(j\omega)G_c(j\omega)|$ 在期望开环截止频率 ω_c 附近大于零的程度。

(5)由 $G_2(s)G_c(s)$ 求出 $G_c(s)$。

(6)检验校正后系统的性能指标是否满足要求。

(7)考虑 $G_c(s)$ 的工程实现。

【例 6 - 8】　系统结构图如图 6.28 所示。图中 $G_1(s)=\dfrac{K_1}{0.014s+1}$,$G_2(s)=$

$\dfrac{12}{(0.1s+1)(0.02s+1)}$,$G_3(s)=\dfrac{0.0025}{s}$。K_1 在 6000 以内可调。试设计反馈校正装置特性 $G_c(s)$,使系统满足下列性能指标:

(1)静态速度误差系数 $K_v\geqslant150$;

(2)单位阶跃输入下的超调量 $\sigma\%\leqslant40\%$;

(3)单位阶跃输入下的调节时间 $t_s\leqslant1$ s$(\Delta=2\%)$。

解　本例可按如下步骤求解:

(1)令 $K_1=5000$,画出待校正系统

$$G_0(s)=G_1(s)G_2(s)G_3(s)=\frac{150}{s(0.014s+1)(0.02s+1)(0.1s+1)}$$

的对数幅频特性 $L_0(\omega)$,如图 6.29 所示,得 $\omega_{c0}=38.7$。

(2)绘期望对数幅频特性。

①中频段:与例 6 - 6 相同,将 $\sigma\%$ 和 t_s 转换为相应的频域指标,并且取 $M_r=1.6$,$\omega_c=13$。为使校正装置简单,取

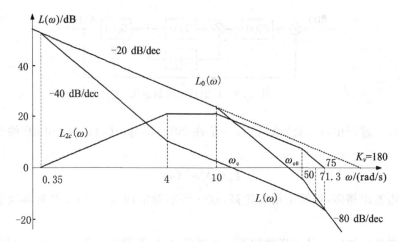

图 6.29 例 6-8 系统对数幅频特性

$$\omega_3 = \frac{1}{0.014} = 71.3$$

过 $\omega_c = 13$，作 -20 dB/dec 斜率直线，并取 $\omega_2 = 4$，使中频段宽度 $H = \omega_3/\omega_2 = 17.8$。由式 (6.49)，相应的相角裕度

$$\gamma = \arcsin\frac{H-1}{H+1} = 63.3°$$

在 $\omega_3 = 71.3$ 处，作 -40 dB/dec 斜率直线，交 $L_0(\omega)$ 于 $\omega_4 = 75$。

②低频段：I 型系统，在 $\omega = 1$ 时，有

$$20\lg K_v = 43.5$$

斜率为 -20 dB/dec，与 $L_0(\omega)$ 的低频段重合。过 $\omega_2 = 4$ 作 -40 dB/dec 斜率直线与低频段相交，取交点频率 $\omega_1 = 0.35$。

③高频段：在 $\omega \geqslant \omega_4$ 范围，取 $L(\omega)$ 与 $L_0(\omega)$ 特性一致。于是，期望特性为

$$G(s) = \frac{150(0.25s+1)}{s(2.86s+1)(0.013s+1)(0.014s+1)}$$

(3)求 $G_2(s)G_c(s)$ 特性。在图 6.29 中，作

$$L_{2c}(\omega) = L_0(\omega) - L(\omega)$$

为使 $G_2(s)G_c(s)$ 特性简单，取

$$G_2(s)G_c(s) = \frac{2.86s}{(0.25s+1)(0.1s+1)(0.02s+1)}$$

(4)检验内环的稳定性。主要检验 $\omega = \omega_4 = 75$ rad/s 处的相角裕度：

$$\gamma(\omega_4) = 180° + 90° - \arctan 0.25\omega_4 - \arctan 0.1\omega_4 - \arctan 0.02\omega_4 = 44.3°$$

故内环稳定。再检验内环在 $\omega_c = 13$ rad/s 处幅值：

$$20\lg\left|\frac{2.86\omega_c}{0.25 \times 0.1 \times \omega_c^2}\right| = 18.9 \text{ dB}$$

基本满足 $|G_2(s)G_c(s)| \gg 1$ 的要求，表明近似程度较高。

(5)求取反馈校正装置传递函数 $G_c(s)$。在求出的 $G_2G_c(s)$ 传递函数中，代入已知的

$G_2(s)$可得

$$G_c(s)=\frac{0.238s}{0.25s+1}=0.95\,\frac{0.25s}{0.25s+1}$$

(6)验算设计指标要求。进行 MATLAB 仿真,作校正后系统开环和闭环伯德图,可得

$$K_v=150\ \text{s}^{-1},\omega_c=12.3\ \text{rad/s},\gamma=56.6°,M_r=1.24,\omega_b=21.6\ \text{rad/s}$$

再作校正后系统的单位阶跃响应和单位斜坡响应测得

$$\sigma\%=19.9\%,t_p=0.2596\text{s},t_s=0.693\text{s},e_{ss}=6.67\times10^{-3}$$

全部满足设计要求。

6.5　复合校正

串联校正和局部反馈校正,是控制系统工程中两种常用的校正方法,在一定程度上可以使校正后系统满足给定的性能指标要求。然而,如果控制系统中存在强扰动,特别是低频强扰动,或者系统的稳态精度和响应速度要求很高,则一般的串联校正和局部反馈校正方法难以满足要求。目前在工程实践中,例如在高速、高精度火炮控制系统中,还广泛采用一种把前馈控制和反馈控制有机结合起来的校正方法,这就是复合控制校正。

为了减小或消除系统在特定输入作用下的稳态误差,可以提高系统的开环增益,或者采用高型别系统。但是,这两种方法都将影响系统的稳定性,并会降低系统的动态性能,甚至使系统失去稳定。此外,通过适当选择系统带宽的方法,可以抑制高频扰动,但对低频扰动却无能为力;采用比例-积分反馈校正,虽可抑制来自系统输入端的扰动,但反馈校正装置的设计比较困难,且难以满足系统的高性能要求。如果在系统的反馈控制回路中加入前馈通道,组成一个前馈控制和反馈控制相组合的系统,只要系统参数选择得当,不但可以保持系统稳定,极大地减小乃至消除稳态误差,而且可以抑制几乎所有的可量测扰动,其中包括低频强扰动。这样的系统称之为复合控制系统,相应的控制方式称为复合控制。把复合控制的思路用于系统设计,就是所谓复合校正。在高精度的控制系统中,复合控制得到了广泛的应用。复合校正的前馈装置是按不变性原理进行设计的,可分为按扰动补偿和按输入补偿两种方式。

6.5.1　按扰动补偿的复合校正

设按扰动补偿的复合控制系统如图 6.30 所示。图中,$N(s)$为可量测扰动,$G_1(s)$和 $G_2(s)$为反馈部分的前向通道传递函数,$G_n(s)$为前馈补偿装置传递函数。

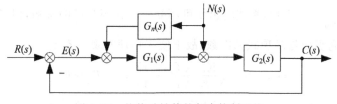

图 6.30　按扰动补偿的复合控制系统

复合校正的目的是通过恰当选择 $G_n(s)$，使扰动 $N(s)$ 经过 $G_n(s)$ 对系统输出 $C(s)$ 产生补偿作用，以抵消扰动 $N(s)$ 通过 $G_2(s)$ 对输出 $C(s)$ 的影响。由图 6.30 可知，扰动作用下的输出为

$$C(s) = \frac{G_2(s)\left[1 + G_1(s)G_n(s)\right]}{1 + G_1(s)G_2(s)} N(s) \tag{6.72}$$

扰动作用下的误差为

$$E(s) = -C(s) = -\frac{G_2(s)\left[1 + G_1(s)G_n(s)\right]}{1 + G_1(s)G_2(s)} N(s) \tag{6.73}$$

若选择前馈补偿装置的传递函数

$$G_n(s) = -\frac{1}{G_1(s)} \tag{6.74}$$

则由式（6.72）和式（6.73）知，必有 $C_n(s) = 0$ 及 $E_n(s) = 0$。因此，式（6.74）称为对扰动的误差全补偿条件。

具体设计时，可以选择 $G_1(s)$（可加入串联校正装置 $G_c(s)$）的形式与参数，使系统获得满意的动态性能和稳态性能；然后按式（6.74）确定前馈补偿装置的传递函数 $G_n(s)$，使系统完全不受可量测扰动的影响。然而，误差全补偿条件式（6.74）在物理上往往无法准确实现，因为对由物理装置实现的 $G_1(s)$ 来说，其分母多项式次数总是大于或等于分子多项式的次数。因此在实际使用时，多在对系统性能起主要影响的频段内采用近似全补偿，或者采用稳态全补偿，以使前馈补偿装置易于物理实现。

从补偿原理来看，由于前馈补偿实际上是采用开环控制方式去补偿可量测的扰动信号，因此前馈补偿并不改变反馈控制系统的特性。从抑制扰动的角度来看，前馈控制可以减轻反馈控制的负担，所以反馈控制系统的增益可以取得小一些，以有利于系统的稳定性。所有这些都是用复合校正方法设计控制系统的有利因素。

【例 6-9】　设按扰动补偿的复合校正随动系统如图 6.31 所示。图中，K_1 为综合放大器的增益，$\frac{1}{T_1 s + 1}$ 为滤波器的传递函数，$\frac{K_m}{s(T_m s + 1)}$ 为伺服电机的传递函数，$N(s)$ 为负载转矩扰动。试设计前馈补偿装置 $G_n(s)$，使系统输出不受扰动影响。

解　由图 6.31 可见，扰动对系统输出的影响为

$$C_n(s) = \frac{\left[\dfrac{K_n}{K_m} + G_n(s)\dfrac{K_1}{T_1 s + 1}\right]\dfrac{K_m}{s(T_m s + 1)}}{1 + \dfrac{K_1}{T_1 s + 1}\dfrac{K_m}{s(T_m s + 1)}} N(s)$$

令 $G_n(s) = -\dfrac{K_n}{K_1 K_m}(T_1 s + 1)$，系统输出便可不受负载转矩扰动的影响，但是由于 $G_n(s)$ 的分子多项式的次数高于分母多项式的次数，故不便于物理实现。若令

$$G_n(s) = -\frac{K_n}{K_1 K_m}\frac{(T_1 s + 1)}{(T_2 s + 1)}, \quad (T_1 \gg T_2)$$

则 $G_n(s)$ 在物理上能够实现，且达到近似全补偿要求，即在扰动信号作用的主要频段内进行了全补偿。此外，若取

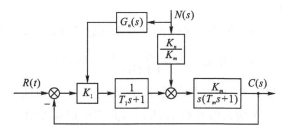

图 6.31　带前馈补偿的随动系统

$$G_n(s) = -\frac{K_n}{K_1 K_m}$$

则由扰动输出影响的表达式可见:在稳态时,系统输出完全不受扰动的影响。这就是所谓稳态全补偿,它在物理上更易于实现。

　　由上述分析可知,采用前馈控制补偿扰动信号对系统输出的影响,是提高系统控制准确度的有效措施。但是,采用前馈补偿,首先要求扰动信号可以量测,其次要求前馈补偿装置在物理上是可实现的,并应力求简单。在实际应用中,多采用近似全补偿或稳态全补偿的方案。一般来说,主要扰动引起的误差,由前馈控制进行全部或者部分补偿;次要扰动引起的误差,由反馈控制予以抑制。这样,在不提高开环增益的情况下,各种扰动引起的误差均可得到补偿,从而有利于同时兼顾提高系统稳定性和减小系统稳态误差的要求。此外,由于前馈控制是一种开环控制,因此要求构成前馈补偿装置的元部件具有较高的参数稳定性,否则将削弱补偿效果,并给系统输出造成新的误差。

6.5.2　按输入补偿的复合校正

　　设按输入补偿的复合控制系统如图 6.32 所示。图中,$G(s)$ 为反馈系统的开环传递函数,$G_r(s)$ 为前馈补偿装置的传递函数。由图 6.32 可得,系统的输出量为

$$C(s) = \frac{[1 + G_r(s)]G(s)}{1 + G(s)} R(s) \tag{6.75}$$

　　如果选择前馈补偿装置的传递函数

$$G_r(s) = \frac{1}{G(s)} \tag{6.76}$$

则式(6.75)变为

$$C(s) = R(s)$$

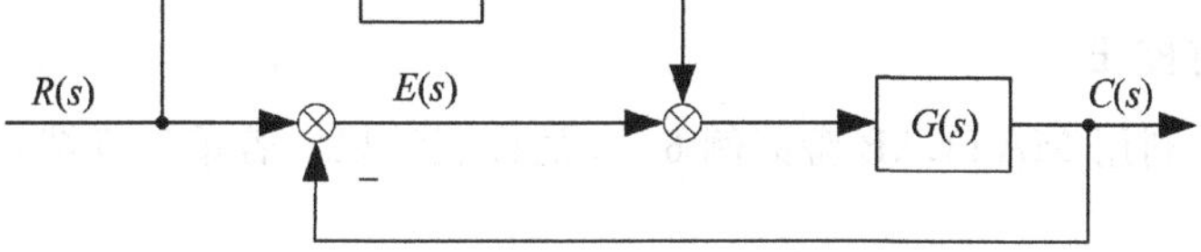

图 6.32　按输入补偿的复合控制系统

表明在式(6.76)成立的条件下,系统的输出量在任何时刻都可以完全无误地复现输入量,具

有理想的时间响应特性。

为了说明前馈补偿装置能够完全消除误差的物理意义,由图 6.32 可得

$$E(s)=\frac{[1-G_r(s)G(s)]}{1+G(s)}R(s) \tag{6.77}$$

式(6.77)表明,在式(6.76)成立的条件下,恒有 $E(s)=0$;前馈补偿装置 $G_r(s)$ 的存在,相当于在系统中增加了一个输入信号 $G_r(s)R(s)$,其产生的误差信号与原输入信号 $R(s)$ 产生的误差信号大小相等而方向相反。故式(6.76)称为对输入信号的误差全补偿条件。

由于 $G(s)$ 一般均具有比较复杂的形式,故全补偿条件式(6.76)的物理实现相当困难。在工程实践中,大多采用满足跟踪精度要求的部分补偿条件,或者在对系统性能起主要影响的频段内实现近似全补偿,以使 $G_r(s)$ 的形式简单并易于物理实现。

有时,前馈补偿信号不是加在系统的输入端,而是加在系统的前向通道上某个环节的输入端,以简化误差全补偿条件,如图 6.33 所示。由图 6.33 可知,复合控制系统的输出量

$$C(s)=\frac{[G_1(s)+G_r(s)]G_2(s)}{1+G_1(s)G_2(s)}R(s) \tag{6.78}$$

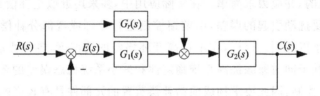

图 6.33　按输入补偿的复合控制系统

误差量

$$E(s)=\frac{1-G_r(s)G_2(s)}{1+G_1(s)G_2(s)}R(s) \tag{6.79}$$

由式(6.78)和式(6.79)可见,当取

$$G_r(s)=\frac{1}{G_2(s)} \tag{6.80}$$

时,复合控制系统将实现误差全补偿。基于同样的理由,完全实现全补偿条件式(6.80)是困难的。为了使 $G_r(s)$ 在物理上能够实现,通常只进行部分补偿,将系统误差减小至允许范围内即可。

6.6　MATLAB 在线性系统频域法校正中的应用实例

1. 串联超前校正

【例 6 - 10】　利用 MATLAB 验证例 6 - 3 的校正结果。若单位反馈系统的开环传递函数为

$$G_0(s)=\frac{K}{s(s+1)}$$

要求校正后系统的速度误差系数为 10,开环系统穿越频率大于等于 4.4 rad/s,相角裕

度大于等于 45°,试确定串联超前网络的传递函数。

解 根据要求的 $K_v=10$,可得 $K=K_v=10$。

利用 MATLAB 绘制未校正系统的 Bode 图,如图 6.34 所示,并计算其穿越频率和相角裕度。MATLAB 命令为

```
num=10;den=[1 1 0];
bode(num,den);grid on;
```

其结果为,相角裕量 $\gamma_0=18°$,穿越频率 $\omega_{c0}=3.08$ rad/s。

由例 6-3 可知,校正网络的传递函数为

$$4G_c(s)=\frac{1+0.456s}{1+0.114s}$$

校正后系统的传递函数为

$$G_o(s)G_c(s)=\frac{10(1+0.456s)}{s(1+0.114s)(1+s)}$$

利用 MATLAB 绘制校正后系统的 Bode 图,如图 6.35 所示,并计算其穿越频率和相角裕度。MATLAB 命令与未校正系统的类似。

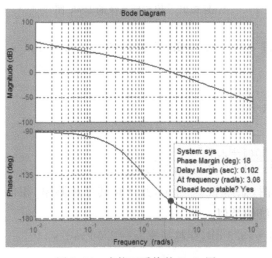

图 6.34 未校正系统的 Bode 图

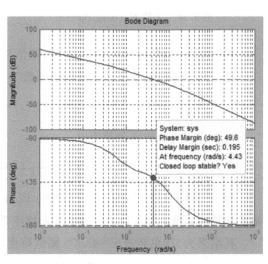

图 6.35 校正后系统的 Bode 图

其结果为:相角裕量 $\gamma=49.6°$,穿越频率 $\omega_c=4.43$ rad/s。

2. 串联滞后校正

【例 6-11】 利用 MATLAB 验证例 6-4 的校正结果。若单位反馈系统的开环传递函数为

$$G_0(s)=\frac{K}{s(0.1s+1)(0.2s+1)}$$

要求校正后系统的速度误差系数为 30,开环系统穿越频率大于等于 2.3 rad/s,相角裕度大于等于 40°,幅值裕度大于等于 10 dB,试确定串联滞后网络的传递函数。

解 根据要求的 $K_v=30$,可得 $K=K_v=30$。利用 MATLAB 绘制未校正系统的 Bode

图,如图 6.36 所示,并计算其穿越频率、相角裕度和幅值裕度。MATLAB 命令为

```
num=30;den=[0.02 0.3 1 0];
margin(num,den);grid on;
```

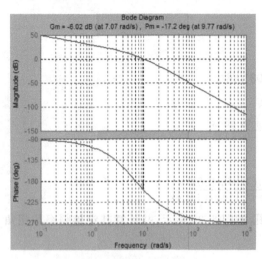
图 6.36   未校正系统的 Bode 图

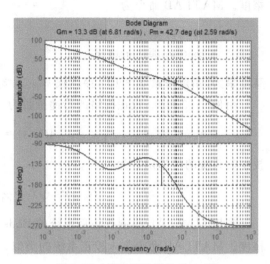
图 6.37   校正后系统的 Bode 图

其结果为,相角裕量 $\gamma_0 = -17.2°$,幅值裕度 $h_0 = -6.02$ dB,穿越频率 $\omega_{c0} = 9.77$ rad/s。

由例 6-4 可知,校正网络的传递函数为

$$G_c(s) = \frac{1+3.7s}{1+37s}$$

校正后系统的传递函数为

$$G_0(s)G_c(s) = \frac{30(1+3.7s)}{s(1+0.1s)(1+0.2s)(1+37s)}$$

利用 MATLAB 绘制校正后系统的 Bode 图,如图 6.37 所示,并计算其穿越频率、相角裕度和幅值裕度。MATLAB 命令与未校正系统的类似。

其结果为,相角裕量 $\gamma = 42.7°$,幅值裕度 $h = 13.3$ dB,穿越频率 $\omega_c = 2.59$ rad/s。

3. 串联滞后-超前校正

【例 6-12】   利用 MATLAB 验证例 6-5 的校正结果。若单位反馈系统的开环传递函数为

$$G_0(s) = \frac{K}{s(s/6+1)(s/2+1)}$$

要求校正后系统的速度误差系数为 180,相角裕度为 $45°±3°$,幅值裕度大于等于 10 dB,动态过程调节时间不超过 3 s,试确定串联滞后网络的传递函数。

解   根据要求的 $K_v = 180$,可得 $K = K_v = 180$。

利用 MATLAB 绘制未校正系统的 Bode 图,如图 6.38 所示,并得到其相角裕度和幅值裕度。MATLAB 命令为

num=180;den=[1/12 2/3 1 0];

margin (num,den);grid on;

其结果为,相角裕量 $\gamma_0 = -55.1°$,幅值裕度 $h_0 = -27$ dB。

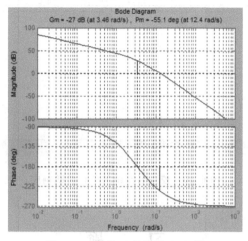

图 6.38 未校正系统的 Bode 图

由例 6−5 可知,校正网络的传递函数为

$$G_c(s) = \frac{(1+1.2s)(1+0.5s)}{(1+48s)(1+0.0125s)}$$

校正后系统的传递函数为

$$G_o(s)G_c(s) = \frac{180(1+1.2s)}{s(1+s/6)(1+48s)(1+0.0125s)}$$

利用 MATLAB 绘制校正后系统的 Bode 图,如图 6.39 所示,并得到其相角裕度和幅值裕度。其结果为,相角裕量 $\gamma = 42.6°$,幅值裕度 $h = 24.3$ dB,穿越频率 $\omega_c = 3.87$ rad/s。利用 MATLAB 绘制校正后系统的单位阶跃响应,如图 6.40 所示,可得调节时间 $t_s = 1.36$ s ($\Delta = 5\%$),满足要求。

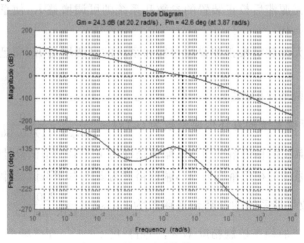

图 6.39 校正后系统的 Bode 图

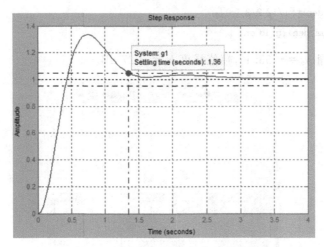

图 6.40 校正后系统的单位阶跃响应

习 题

6-1 单位反馈系统的开环传递函数为 $G_0(s) = \dfrac{2.5}{s(s+1)(0.25s+1)}$。为使系统具有 $45° \pm 5°$ 的相角裕度,试确定:(1)串联超前校正装置;(2)串联滞后校正装置;(3)串联滞后-超前校正装置。

6-2 某伺服系统被控对象的开环传递函数为 $G_0(s) = \dfrac{K}{s(0.4s+1)(0.167s+1)}$。式中,$K$ 是可调增益。试决定 K 的取值和无源滞后校正装置的参数,使系统的速度误差系数 $K_v = 10$,相角裕度 $\gamma = 45°$。

6-3 某单位反馈系统的开环传递函数为 $G_0(s) = \dfrac{K}{s(s+1)}$。

(1)试设计串联无源滞后校正装置的参数和系统的可调增益 K,使系统的速度误差系数 $K_v = 12$,相角裕度 $\gamma = 40°$。

(2)试设计串联无源超前校正装置的参数和系统的可调增益 K,满足与①中相同的性能指标。

(3)比较校正后两系统的性能。

6-4 设单位反馈系统的开环传递函数为 $G_0(s) = \dfrac{40}{s(0.2s+1)(0.0625s+1)}$。

(1)要求校正后系统的相角裕度为 $30°$,幅值裕度为 $10 \sim 12$ dB,试设计串联超前校正装置;

(2)要求校正后系统的相角裕度为 $50°$,幅值裕度为 $30 \sim 40$ dB,试设计串联滞后校正装置。

6-5 已知单位反馈系统的开环传递函数为 $G_0(s) = \dfrac{200}{s(0.1s+1)}$。试用频率特性法决定校正装置,保持系统的稳态控制精度不变,相角裕度 $\gamma \geqslant 45°$,穿越频率 $\omega_c \geqslant 55$ rad/s。

6-6 某单位反馈小功率随动系统的对象特征为 $G_0(s) = \dfrac{5}{s(s+1)(0.1s+1)}$。若要求系统具有如下性能指标:输人速度为 1 rad/s 时的稳态误差小于 2.5,最大超调量小于 25%,调节时间小于 1 s,试确定串联校正装置特性。

6-7 控制系统如图 6.41 所示。(1)试确定校正装置的参数 k、T_1、T_2,使系统单位斜坡输入下的稳态误差 $e_{ss}=0.1$,闭环传递函数为无零点的二阶振荡系统,调节时间 $t_s=0.7$ s (按 ±5% 误差带计算)。(2)计算校正后系统阶跃响应的超调量 $\sigma\%=$?

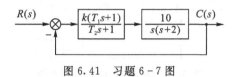

图 6.41 习题 6-7 图

6-8 设单位反馈系统的开环传递函数为 $G_0(s)=\dfrac{8}{s(2s+1)}$。若采用滞后-超前校正装置 $G_c(s)=\dfrac{(10s+1)(2s+1)}{(100s+1)(0.2s+1)}$ 对系统进行串联校正,试绘制系统校正前后的对数幅频渐近特性,并计算系统校正前后的相角裕度。

6-9 单位反馈系统校正前的开环传递函数为 $G_0(s)=\dfrac{1000}{s(0.01s+1)}$。引入串联校正装置后系统的对数幅频特性渐近曲线如图 6.42 所示。

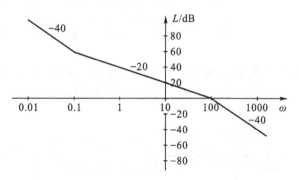

图 6.42 习题 6-9 对数幅频特性渐近曲线

① 在上图中画出系统校正前开环传递函数和校正环节的对数幅频特性的渐近曲线,计算校正前系统的相角裕度。

② 写出校正装置的传递函数,它是何种校正装置? 计算校正后系统的相角裕度。

③ 计算校正前闭环系统阶跃响应的超调量、峰值时间和调节时间,估算校正后闭环系统阶跃响应的超调量、峰值时间和调节时间,并用校正前后系统开环幅频特性的变化对系统动态特性的变化进行解释。

6-10 某系统的开环传递函数为 $G_0(s)=\dfrac{K}{s(0.1s+1)(0.05s+1)}$。按希望特性设计滞后-超前校正调节器的参数,使系统的速度误差系数 $K_v \geq 50$,相角裕度 $\gamma \geq 40°$,幅值穿越频率 $\omega_c \geq 10$。

6-11 设单位反馈系统的开环传递函数为 $G_0(s)=\dfrac{1}{s^2(0.01s+1)}$。为使系统具有如下性能指标:加速度误差系数 $K_a=100$ s^{-2},谐振峰值 $M_r \leq 1.3$,谐振频率 $\omega_r=15$ rad·s^{-1}。

试用期望对数频率法确定串联校正装置的形式和特性。

6-12 系统结构如图 6.43 所示,其中 $G_1(s)=10$,$G_2(s)=\dfrac{10}{s(0.25s+1)(0.05s+1)}$。要求校正后系统开环传递函数为 $G_k(s)=\dfrac{100(1.25s+1)}{s(16.67s+1)(0.03s+1)^2}$。试确定校正装置 $H(s)$ 的特性。

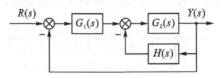

图 6.43　习题 6-12 系统结构图

6-13 某系统结构图如图 6.44 所示,其中 $G_1(s)=200$,$G_2(s)=\dfrac{10}{(0.1s+1)(0.01s+1)}$,$G_3(s)=\dfrac{0.1}{s}$。要求校正后系统具有如下性能:速度误差系数 $K_v=200$,超调量小于等于 25%,调节时间小于等于 2 s,试确定局部反馈校正装置 $H(s)$ 的特性。

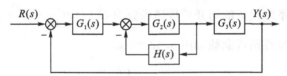

图 6.44　习题 6-13 系统结构图

6-14 设复合校正控制系统如图 6.45 所示。若要求闭环回路过阻尼,且系统在斜坡输入作用下的稳态误差为零,试确定 K 值及前馈补偿装置 $G_r(s)$。

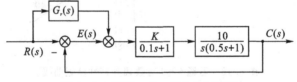

图 6.45　习题 6-14 复合控制系统

6-15 设复合校正控制系统如图 6.46 所示,其中 $N(s)$ 为可测扰动,K_1、K_2、T 均为大于 0 的常数。若要求系统输出 $C(s)$ 完全不受 $N(s)$ 的影响,且跟踪阶跃指令的误差为零,试确定前馈补偿装置 $G_{c1}(s)$ 和串联校正装置 $G_{c2}(s)$。

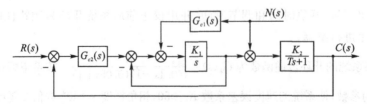

图 6.46　习题 6-15 复合控制系统

线性离散系统的分析与校正

第 7 章

教学目的与要求：了解离散控制系统的基本概念、离散控制系统的基本组成及其特点，了解采样过程及采样定理。掌握 z 变换、z 反变换的方法、掌握脉冲传递函数的意义及求取方法；掌握离散控制系统稳定性、稳态误差、动态性能的分析方法，掌握离散控制系统校正设计方法。

重点：采样定理、z 变换、z 反变换、差分方程、脉冲传递函数、离散控制系统稳定性、稳态误差、动态性能的分析方法。

难点：z 变换、z 反变换。

随着计算机技术的迅速发展，离散控制系统在生产、科研等领域得到广泛应用，并成为现代控制系统的一种重要形式。基于工程实践的需要，作为分析与设计数字控制系统的基础理论，离散系统理论的研究显得十分必要。

线性离散系统与线性连续系统相比，虽然在本质上有所不同，但与线性连续系统的分析研究方法有很大程度的相似性，利用 z 变换法研究离散系统，可以把连续系统中的许多概念和方法，推广应用于线性离散系统。

7.1 离散系统的基本概念

在控制系统中，如果所有信号都是时间变量的连续函数，即这些信号在全部时间上是已知的，这样的系统称为连续时间系统，简称连续系统；如果控制系统中有一处或多处信号是一串幅值调制的脉冲或二进制数码，即这些信号仅定义在离散时间上，这样的系统称为离散时间系统，简称离散系统。一般把离散信号是幅值调制的脉冲序列形式的离散系统，称为采样控制系统或脉冲控制系统；把离散量是数字序列形式的离散系统，称为数字控制系统或计算机控制系统。通常，将采样控制系统和数字控制系统统称为离散控制系统或离散系统。

1. 采样控制系统

采样控制广泛应用于对某些惯性很大或具有时滞特性的对象的控制中，如工业炉的温度调节、锅炉中温度、液位和压力调节等。

【例 7 - 1】 图 7.1 所示为工业炉温自动控制系统。

当炉温 θ 偏离给定值时，测量电阻的阻值发生变化，使电桥失去平衡，检流计有电流流过，指针发生偏转，设转角为 β。检流计是高灵敏度的元件，不允许指针与电位器之间存在摩

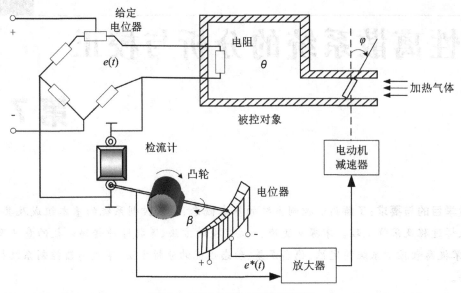

图 7.1　工业炉温自动控制系统

擦力,故设计一个同步电动机,通过减速器驱动凸轮旋转,使指针周期性地上下运动,且每隔时间 T 与电位器接触一次,每次接触时间为 τ。其中,T 称为采样周期,τ 称为采样持续时间。当炉温连续变化时,给定电位器与电桥输出的误差信号 $e(t)$ 也是连续变化的,如图 7.2(a)所示。但通过指针和旋转凸轮的作用后,电位器的输出是一串宽度为 τ、周期为 T 的离散脉冲电压信号 $e_\tau^*(t)$,如图 7.2(c)所示。$e_\tau^*(t)$ 经过放大器、电动机、减速器去控制炉门角 φ 的大小,以改变加热气体的进气量,使炉温趋于给定值。炉温的给定值由给定电位器给出。

　　该系统借助于指针、凸轮对连续误差信号 $e(t)$ 进行采样,将连续信号转换成了脉冲序列 $e_\tau^*(t)$,凸轮就成了采样器(采样开关),如图 7.2(b)所示。有了诸如指针、凸轮这样的元件后,使得原来的系统至少有一处存在离散信号,这时系统成为采样控制系统。

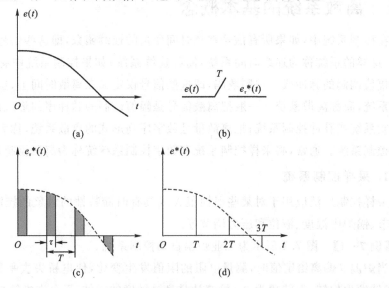

图 7.2　采样过程

在炉温控制过程中,如果采用连续控制方式,则无法解决控制精度与动态性能之间的矛盾。因为该系统中工业炉是具有时滞特性的惯性环节,其滞后时间可长达数秒甚至数十秒,时间常数可长达千秒以上。当增大开环增益以提高系统的控制精度时,由于系统的灵敏度相应提高,在炉温低于给定值的情况下,电动机将迅速增加阀门开度,给炉子供应更多的加热气体。但因炉温上升缓慢,在炉温升到给定值时,电动机已将阀门的开度开得更大了,从而炉温继续上升,结果造成反方向调节,引起炉温大幅度振荡。在炉温高于给定值情况下,具有类似的调节过程。当减小开环增益时,系统则很迟钝,只有当误差较大时,产生的控制作用才克服电动机的"死区"而推动阀门动作。这样虽不引起振荡. 但调节时间很长且误差较大。

现在考察采样控制,误差信号出现时,这个信号只有在采样开关闭合时才能通过,该信号经放大推动电动机调节阀门开度。当采样开关断开时,尽管误差并未消除,但执行电动机马上停下来,等待炉温变化一段时间,直到下次采样开关闭合,才检验误差是否仍然存在,并根据那时的误差信号的大小和符号再进行调节。在等待时间里,电动机不旋转,保持一定的阀门开度,等待炉温缓慢变化,所以调节过程中超调现象大为减小,甚至在较大开环增益情况下,不但能保证系统稳定,而且能使炉温调节过程无超调。由于采用了采样控制,解决了连续控制方式无法解决的控制精度和动态性能之间的矛盾,达到了较好的控制效果。

显而易见,这类系统的基本特点是系统中既有时间上和幅值上都连续的模拟信号,又有时间上离散而幅值上连续的采样信号。为了使两种信号在系统中能相互传递,在连续信号和脉冲序列之间要用采样器,而在脉冲序列和连续信号之间要用保持器,以实现两种信号的转换。采样器和保持器是采样控制系统中的两个特殊环节。

(1)信号采样和复现。

在采样控制系统中,把连续信号转变为脉冲序列的过程称为采样过程,简称采样。实现采样的装置称为采样器,或称采样开关。用 T 表示采样周期,单位为 s;$f_s = 1/T$ 表示采样频率,单位为 $1/s$;$\omega_s = 2\pi f_s = 2\pi/T$ 表示采样角频率,单位为 rad/s。在实际应用中,采样开关多为电子开关,闭合时间极短,采样持续时间 τ 远小于采样周期 T,也远小于系统连续部分的最大时间常数。为了简化分析,可将采样过程理想化:认为 τ 趋于零,其采样瞬时的脉冲幅值等于相应采样瞬时的误差信号 $e(t)$ 的幅值,采样开关输出的采样信号为脉冲序列 $e^*(t)$,如图 7.2(d)所示。$e^*(t)$ 在时间上是断续的,而在幅值上是连续的,是离散的模拟信号。

在采样控制系统中,把脉冲序列转变为连续信号的过程称为信号复现。实现复现过程的装置称为保持器。采用保持器不仅因为需要实现两种信号之间的转换,也是因为采样器输出的是脉冲序列 $e^*(t)$,如果直接加到连续系统上,则 $e^*(t)$ 中的高频分量会给系统中的连续部分引入噪声,影响控制质量,严重时还会加剧机械部件的磨损。因此,需要在采样器后面串联一个保持器,以使脉冲序列 $e^*(t)$ 复原成连续信号,再加到系统的连续部分。最简单的保持器是零阶保持器,可把脉冲信号 $e^*(t)$ 复现成阶梯信号 $e_h(t)$,如图 7.3 所示。由图可见,当采样频率足够高时,$e_h(t)$ 接近于连续信号 $e(t)$。

(2)采样系统的典型结构图。

根据采样器在系统中所处的位置不同,可以构成各种采样系统。用得最多的是误差采

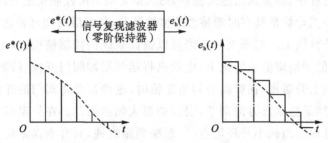

图 7.3 保持器的输入与输出信号

样控制的闭环采样系统,其典型结构图如图 7.4 所示。图中,S 为理想采样开关,其采样瞬时的脉冲幅值,等于相应采样瞬时的误差信号 $e(t)$ 的幅值,且采样持续时间 τ 趋于零;$G_h(s)$ 为保持器的传递函数,$G_o(s)$ 为被控对象的传递函数,$H(s)$ 为测量变送反馈元件的传递函数。

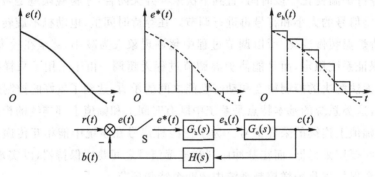

图 7.4 采样系统的典型结构图

由图 7.4 可见,采样开关 S 的输出 $e^*(t)$ 的幅值,与其输入 $e(t)$ 的幅值之间存在线性关系。当采样开关和系统其余部分的传递函数都具有线性特性时,系统就称为线性采样系统。

2. 数字控制系统

数字控制系统是一种以数字计算机为控制器去控制具有连续工作状态的被控对象的闭环控制系统。因此,数字控制系统包括工作于离散状态下的数字计算机和工作于连续状态下的被控对象两大部分。由于数字控制系统具有一系列的优越性,所以在军事、航空及工业过程控制中,得到了广泛的应用。

【**例 7-2**】 图 7.5 是小口径高炮高精度数字伺服系统原理图。

现代的高炮伺服系统,已由数字系统模式取代了原来的模拟系统,使系统获得了高速、高精度、无超调的特性,其性能大大超过了原有的高炮伺服系统。如美国多管火炮反导系统"密集阵""守门员"等,均采用了数字伺服系统。

本例系统采用 MCS-96 系列单片机作为数字控制器,并结合 PWM(脉宽调制)直流伺服系统形成数字控制系统,具有低速性能好、稳态精度高、快速响应性好、抗扰能力强等特点。整个系统主要由控制计算机、被控对象和位置反馈三部分组成。控制计算机以 16 位单片机 MCS-96 为主体,按最小系统原则设计,具有 3 个输入接口和 5 个输出接口。

数字信号发生器给出的 16 位数字输入信号 θ_i 经两片 8255 的口 A 进入控制计算机,系

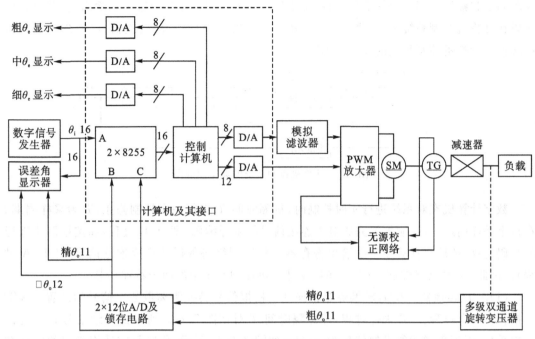

图 7.5　小口径高炮高精度伺服系统

统输出角 θ_o（模拟量）经 110XFS1/32 多极双通道旋转变压器和 2×12XSZ741 A/D 变换器及其锁存电路完成绝对式轴角编码的任务，将输出角模拟量 θ_o 转换成二进制数码粗、精各 12 位，该数码经锁存后，取粗 12 位、精 11 位由 8255 的口 B 和口 C 进入控制计算机。经计算机软件运算，将精、粗合并，得到 16 位数字量的系统输出角 θ_o。

控制计算机的 5 个输出接口分别为主控输出口、前馈输出口和 3 个误差角 $\theta_e=\theta_i-\theta_o$ 显示口。主控输出口由 12 位 D/A 转换芯片 DAC1210 等组成，其中包含与系统误差角 θ_e 及其一阶差分 $\Delta\theta_e$ 成正比的信号，同时也包含与系统输入角 θ_i 的一阶差分 $\Delta\theta_i$ 成正比的复合控制信号，从而构成系统的模拟量主控信号，通过 PWM 放大器，驱动伺服电机，带动减速器与小口径高炮，使其输出转角 θ_o 跟踪数字指令 θ_i。

前馈输出口由 8 位 D/A 转换芯片 DAC0832 等组成，可将与系统输入角的二阶差分 $\Delta^2\theta_i$ 成正，比并经数字滤波器滤波后的数字前馈信号转换为相应的模拟信号，再经模拟滤波器滤波后加入 PWM 放大器，作为系统控制量的组成部分作用于系统，主要用来提高系统的控制精度。

误差角显示口用于系统运行时的实时观测。粗 θ_e 显示口由 8 位 D/A 转换芯片 DAC0832 等组成，可将数字粗 θ_e 量转换为模拟粗 θ_e 量，接入显示器，以实时观测系统误差值。中 θ_e 和精 θ_e 显示口也分别由 8 位 D/A 转换芯片 DAC0832 等组成，将数字误差量转换为模拟误差量，以显示不同误差范围下的误差角 θ_e。

PWM 放大器（包括前置放大器）、伺服电机 ZK-21G、减速器、负载（小口径高炮）、测速发电机 45CY003，以及速度和加速度无源反馈校正网络，构成了闭环连续被控对象。

上例表明，计算机作为系统的控制器，其输入和输出只能是二进制编码的数字信号，即在时间上和幅值上都离散的信号,而系统中被控对象和测量元件的输入和输出是连续信号,所以在计算机控制系统中,需要应用 A/D(模/数)和 D/A(数/模)转换器,以实现两种信号的转换。计算机控制系统的典型原理图如图 7.6 所示。

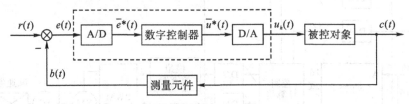

图 7.6　计算机控制系统的典型原理图

数字计算机在对系统进行实时控制时,每隔时间 T 进行一次控制修正,T 为采样周期。在每个采样周期中,控制器要完成对于连续信号的采样编码(即 A/D 过程)和按控制律进行的数码运算,然后将计算结果由输出寄存器经解码网络将数码转换成连续信号(即 D/A 过程)。因此,A/D 转换器和 D/A 转换器是计算机控制系统中的两个特殊环节。

(1)A/D 转换器。A/D 转换器是把连续的模拟信号转换为离散数字信号的装置。A/D 转换包括两个过程:一是采样过程,即每隔时间 T 对如图 7.7(a)所示的连续信号 $e(t)$ 进行一次采样,得到采样后的模拟信号为 $e^*(t)$,如图 7.7(b)所示,所以数字计算机中的信号在时间上是断续的;二是量化过程,因为在计算机中,任何数值的离散信号必须表示成最小位二进制的整数倍,成为数字信号,才能进行运算,采样信号 $e^*(t)$ 经量化后变成数字信号 $\bar{e}^*(t)$ 的过程,如图 7.7(c)所示,也称编码过程,所以数字计算机中信号的断续性还表现在幅值上。

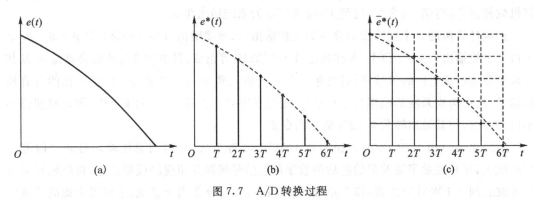

图 7.7　A/D 转换过程

(2)D/A 转换器。D/A 转换器是把离散的数字信号转换为连续模拟信号的装置。D/A 转换也经历两个过程:一是解码过程,即把离散数字信号 $\bar{u}^*(t)$ 转换为离散的模拟信号 $u^*(t)$,如图 7.8(a)所示;二是复现过程,因为离散的模拟信号 $u^*(t)$ 无法直接控制连续的被控对象,需要经过保持器将离散模拟信号复现为连续的模拟信号 $u_h(t)$,如图 7.8(b)所示。

计算机的输出寄存器和解码网络起到信号保持器的作用。显然,在图 7.8(b)中的 $u_h(t)$ 只是一个阶梯信号,但是当采样频率足够高时,$u_h(t)$ 将趋近于连续信号。

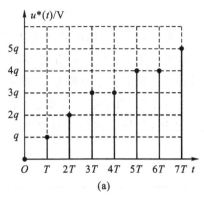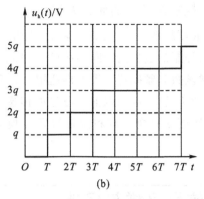

图 7.8　D/A 转换过程

（3）数字控制系统的典型结构图。通常，A/D 转换器有足够的字长来表示数码，且量化单位 q 足够小，故由量化引起的幅值的断续性（即量化误差）可以忽略。此外，若认为采样编码过程瞬时完成，并用理想脉冲的幅值来等效代替数字信号的大小，则 A/D 转换器就可以用一个每隔时间 T 瞬时闭合一次的理想采样开关 S 来代替。同理，D/A 转换器可以用保持器取代，其传递函数为 $G_h(s)$。图 7.9 中数字控制器的功能是按照一定的控制规律，将采样后的误差信号 $e^*(t)$ 加工成所需的数字信号，并以一定的周期 T 给出运算后的数字信号 $\bar{u}^*(t)$，所以数字控制器实质上是一个数字校正装置，在结构图中可以等效为一个传递函数为 $G_c(s)$ 的脉冲控制器与一个周期为 T 的理想采样开关相串联，用采样开关每隔时间 T 输出的脉冲幅值 $\bar{u}^*(t)$ 来表示数字控制器每隔时间 T 输出的数字量 $\bar{u}^*(t)$。如果再令被控对象的传递函数为 $G_o(s)$，测量元件的传递函数为 $H(s)$，则图 7.6 的等效采样系统结构如图 7.9 所示。实际上，图 7.9 也是数字控制系统的常见典型结构图。

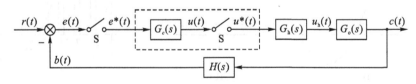

图 7.9　数字控制系统的典型结构图

3. 离散控制系统的特点

采样和数字控制技术在自动控制领域得到越来越广泛的应用，其主要原因是离散系统，特别是数字控制系统与连续控制系统相比具有以下特点。

（1）在很多场合，其结构比连续系统简单；

（2）其检测部分具有较高的灵敏度；

（3）离散信号，特别是数字信号的传递可以有效地抑制噪声，显著提高系统的抗干扰能力，同时信号传递和转换精度高；

（4）数字控制器软件编程灵活，可方便地改变控制规律，控制功能强；

（5）可用一台计算机分时控制若干个系统，提高了设备利用率，经济性好；

（6）对于具有传输延迟，特别是大延迟的控制系统，可以引入采样的方式稳定。

4. 离散控制系统的研究方法

在离散控制系统中,系统至少有一处信号是一个脉冲序列,其作用的过程从时间来看是不连续的,控制的过程是断断续续的。因此,研究连续线性系统所用的方法,例如拉普拉斯变换、传递函数和频率特性等不再适用。研究离散控制系统的数学基础是 z 变换,通过 z 变换这个数学工具,可以把以前学习过的传递函数、频率特性、根轨迹法等概念应用于离散控制系统。因而 z 变换具有和拉普拉斯变换同等的作用,是研究离散线性系统的重要数学工具。

7.2 信号采样与保持

采样器与保持器是离散系统的两个基本环节,为了定量研究离散系统,必须用数学方法对信号的采样过程和保持过程加以描述。在各种采样方式中,最简单而又最普遍的是采样间隔相等的周期采样,以下就此进行讨论。

7.2.1 信号的采样

1. 采样过程及其数学描述

把连续信号转换成离散信号的过程称为采样,实现采样的装置称为采样器或采样开关。将连续信号 $e(t)$ 加到采样开关的输入端,采样开关每个周期 T 闭合一次,闭合持续时间为 τ,于是采样开关输出端得到周期为 T、宽度为 τ 的脉冲序列 $e^*(t)$,如图 7.10 所示。

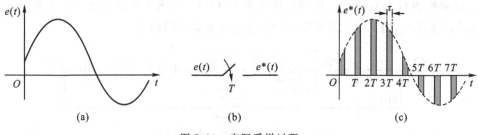

图 7.10 实际采样过程

对于具有有限脉冲宽度的采样系统来说,要准确进行数学分析是非常复杂的,且无此必要。考虑到采样开关闭合时间 τ 很小,通常远远小于采样周期 T 及系统的最大时间常数,因此可以略去,这样,$e^*(t)$ 可近似为一串宽度趋于零,高度为 $e(nT)$ 的脉冲。其数学描述写成:

$$e^*(t) = e(nT), \quad (n=0,1,2,\cdots)$$

由于理想单位脉冲序列 $\delta_T(t)$ 可以表示成

$$\delta_T(t) = \sum_{n=-\infty}^{+\infty} \delta(t - nT) \tag{7.1}$$

其中 $\delta(t-nT)$ 表示一个单位脉冲,其脉冲发生在 $t=nT$ 时刻,脉冲强度(即面积)为 1。

所以,采样函数 $e^*(t)$ 可以写成

$$e^*(t) = e(t)\delta_T(t) \tag{7.2}$$

由于 $e(t)$ 的数值仅在采样瞬时才有意义，所以上式又可表示为

$$e^*(t) = \sum_{n=-\infty}^{+\infty} e(nT)\delta_T(t-nT)$$

这样，理想采样过程可以看成是一个幅值调制过程。理想采样器可以看成是一个载波为理想单位脉冲序列 $\delta_T(t)$ 的幅值调制器，如图 7.11(b) 所示。图 7.11(c) 所示的理想采样器的输出信号 $e^*(t)$，可以认为是图 7.11(a) 所示的输入连续信号 $e(t)$ 调制在载波 $\delta_T(t)$ 上的结果，而各脉肿强度（即面积）用其高度来表示，它们等于相应采样瞬时 $t=nT$ 时 $e(t)$ 的幅值。

对于实际控制系统，连续信号 $e(t)$ 满足

$$e(t) = 0, \quad \forall t < 0$$

因此脉冲序列从零开始，即

$$e^*(t) = \sum_{n=0}^{+\infty} e(nT)\delta_T(t-nT)$$

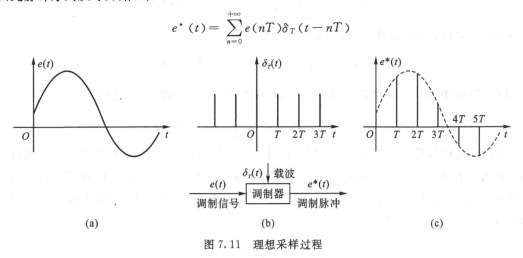

(a)　　　　　　　　　　　(b)　　　　　　　　　　　(c)

图 7.11　理想采样过程

2. 香农采样定理

连续信号 $e(t)$ 经过采样后，只能给出采样点上的数值，不能知道各采样时刻之间的数值，因此，从时域上看，采样过程损失了 $e(t)$ 所含的部分信息。怎样才能使采样信号 $e^*(t)$ 大体上反映连续信号 $e(t)$ 的变化规律呢？或者说，能否根据采样信号 $e^*(t)$ 无失真地恢复原来的连续信号 $e(t)$？如果能，采样过程需要满足什么条件？下面通过采样过程中信号频谱的变化来说明。

一般来说，连续信号 $e(t)$ 的频谱 $|E(j\omega)|$ 是单一的带宽有限的连续频谱，其中 ω_{max} 为连续频谱 $|E(j\omega)|$ 中的最大角频率，设连续信号 $e(t)$ 的频谱 $|E(j\omega)|$ 如图 7.12 所示。信号 $e(t)$ 经过采样后变为 $e^*(t)$，从频域上看 $E^*(j\omega)$ 发生的变化，就要研究采样信号 $e^*(t)$ 的频谱，目的是找出 $E^*(j\omega)$ 与 $E(j\omega)$ 之间的相互联系。

式(7.1)表明，理想单位脉冲序列 $\delta_T(t)$ 是一个以 T 为周期的周期函数，可以展开为如下傅氏级数形式

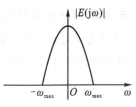

图 7.12　连续信号频谱

$$\delta_T(t) = \sum_{n=-\infty}^{+\infty} C_n \mathrm{e}^{jn\omega_s t} \tag{7.3}$$

式(7.3)中，$\omega_s = 2\pi/T$，为采样角频率；C_n 为傅里叶系数，其值为

$$C_n = \frac{1}{T} \int_{-T/2}^{T/2} \delta_T(t) \mathrm{e}^{-jn\omega_s t} \mathrm{d}t$$

由于在 $[-T/2, +T/2]$ 区间，$\delta_T(t)$ 仅在 $t=0$ 处不等于零，且 $\mathrm{e}^{-jn\omega_s t}|_{t=0} = 1$，故

$$C_n = \frac{1}{T} \int_{0-}^{0+} \delta_T(t) \mathrm{d}t = \frac{1}{T} \tag{7.4}$$

将式(7.4)代入式(7.3)有

$$\delta_T(t) = \sum_{n=-\infty}^{+\infty} \frac{1}{T} \mathrm{e}^{jn\omega_s t} \tag{7.5}$$

将式(7.5)代入式(7.2)有

$$e^*(t) = e(t) \sum_{n=-\infty}^{+\infty} \frac{1}{T} \mathrm{e}^{jn\omega_s t} = \frac{1}{T} \sum_{n=-\infty}^{+\infty} e(t) \mathrm{e}^{jn\omega_s t} \tag{7.6}$$

对式(7.6)取拉普拉斯变换，并运用复位移定理得

$$E^*(s) = L[e^*(t)] = \frac{1}{T} \sum_{n=-\infty}^{+\infty} E(s + jn\omega_s) \tag{7.7}$$

由式(7.7)可知，$E^*(s)$ 是周期函数，令 $s = j\omega$，可得采样信号的傅里叶变换为

$$E^*(j\omega) = F[e^*(t)] = \frac{1}{T} \sum_{n=-\infty}^{+\infty} E[j(\omega + n\omega_s)] \tag{7.8}$$

可见，采样信号 $e^*(t)$ 的频谱 $|E^*(j\omega)|$ 具有以采样角频率 ω_s 为周期的无穷多个频谱分量，如图7.13所示。式(7.8)中，当 $n=0$ 时，$|E^*(j\omega)| = (1/T)|E(j\omega)|$，称为 $|E^*(j\omega)|$ 的主分量；其余 $n \neq 0$ 时的频谱分量，称为 $|E^*(j\omega)|$ 的补分量，它们是在采样过程中产生的高频分量。

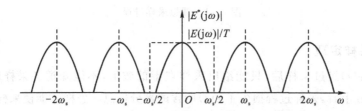

图7.13 $\omega_s < 2\omega_{max}$ 时采样信号频谱（$\omega_s \geqslant 2\omega_{max}$）

由图7.13可以看出，如果 $\omega_s > 2\omega_{max}$ 或 $T < \pi/\omega_{max}$，则 $|E^*(j\omega)|$ 的各频谱分量彼此不发生重叠，利用图7.15所示的理想低通滤波器滤掉 $e^*(t)$ 的高频分量后，就能复现原连续信号的频谱。反之，如果 $\omega_s < 2\omega_{max}$，则 $|E^*(j\omega)|$ 的主分量与高频分量彼此重叠在一起，如图7.14所示，这时即使采用理想滤波器也无法恢复原来连续信号的频谱。因此，要能从采样信号 $e^*(t)$ 中完全复现出采样前的连续信号 $e(t)$，采样角频率必须满足 $\omega_s \geqslant 2\omega_{max}$，这就是采样定理，也称为**香农(Shannon)采样定理**。

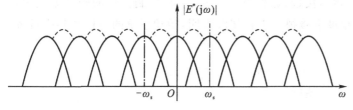

图 7.14　$\omega_s < 2\omega_{\max}$ 时采样信号频谱

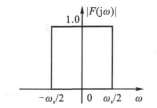

图 7.15　理想滤波器的幅频特性

采样定理表达式 $\omega_s \geqslant 2\omega_{\max}$ 与 $T \leqslant \pi/\omega_{\max}$ 是等价的。由图 7.13 可见,在满足香农采样定理的条件下,要想不失真地复现采样器的输入信号,需要采用图 7.15 所示的理想滤波器,其幅频特性 $|F(j\omega)|$ 必须在 $\omega = \omega_s/2$ 处突然截止,在理想滤波器的输出端才可以准确得到 $|E(j\omega)|/T$ 的连续频谱,除了幅值变化 $1/T$ 倍外,频谱形状没有畸变。

应当指出,香农采样定理只是给出了一个选择采样周期 T 或采样频率 ω_s 的指导原则,它给出的是由采样脉冲序列无失真地再现原连续信号所允许的最大采样周期,或最低采样频率。在控制工程实践中,一般总是取 $\omega_s > 2\omega_{\max}$,而不取恰好等于 $2\omega_{\max}$ 的情形。

3. 采样周期的选取

采样定理只是给出了采样周期选择的基本原则,并未给出选择采样周期的具体计算公式。显然,采样周期 T 选得越小,即采样角频率 ω_s 选得越高,对控制过程的信息便获得越多,控制效果也会越好。但是,采样周期 T 选得过小,将增加不必要的计算负担,造成实现较复杂控制规律的困难,而且采样周期 T 小到一定的程度后,再减小就没有多大实际意义了。反之,采样周期 T 选得过大,又会给控制过程带来较大的误差,降低系统的动态性能,甚至有可能导致整个控制系统失去稳定。

在一般工业过程控制中,微型计算机所能提供的运算速度,对于采样周期的选择来说,回旋余地较大。工程实践表明,根据表 7.1 给出的参考数据选择采样周期 T,可以取得满意的控制效果。但是,对于快速随动系统,采样周期 T 的选择将是系统设计中必须予以认真考虑的问题。采样周期的选取,在很大程度上取决于系统的性能指标。

表 7.1　工业过程采样周期 T 的选择

控制过程	采样周期 T/s
流量	1
压力	5
液位	5
温度	20
成分	20

从频域性能指标来看,控制系统的闭环频率响应通常具有低通滤波特性,当随动系统输入信号的频率高于其闭环幅频特性的谐振频率 ω_r 时,信号通过系统将会很快衰减,因此可认为通过系统的控制信号的最高频率分量为 ω_r。在随动系统中,一般认为开环系统的截止

频率 ω_c 与闭环系统的谐振频率 ω_r 相当接近,近似有 $\omega_c=\omega_r$,故在控制信号的频率分量中,超过 ω_c 的分量通过系统后将被大幅度衰减掉。工程实践表明,随动系统的采样角频率可近似取为

$$\omega_s=10\omega_c$$

由于 $T=2\pi/\omega_s$,所以采样周期可按下式选取

$$T=\frac{\pi}{5}\cdot\frac{1}{\omega_c}$$

从时域性能指标来看,采样周期 T 可通过单位阶跃响应的上升时间 t_r 或调节时间 t_s 按下列经验公式选取

$$T=\frac{1}{10}t_r$$

或者

$$T=\frac{1}{40}t_s$$

采样周期选择得当,是连续信号 $e(t)$ 可以从采样信号 $e^*(t)$ 中完全复现的前提。

7.2.2　信号的保持

为了对连续信号进行控制,需要通过如图 7.15 所示的理想滤波器将脉冲 $e^*(t)$ 复原成连续信号再加到系统中去。但是理想滤波器物理上是无法实现的。工程上,通常只能采用接近理想滤波器性能的保持器来代替。

1. 保持器的数学描述

从数学上说,保持器的任务是解决各采样点之间的插值问题。由采样过程的数学描述可知,在采样时刻,连续信号的函数值与脉冲序列的脉冲强度相等。在 nT 时刻,有

$$e(t)|_{t=nT}=e(nT)=e^*(nT)$$

而在 $(n+1)T$ 时刻,则有

$$e(t)|_{t=(n+1)T}=e[(n+1)T]=e^*[(n+1)T]$$

然而,在由脉冲序列 $e^*(t)$ 向连续信号 $e(t)$ 的转换过程中,在 nT 与 $(n+1)T$ 时刻之间,即当 $0<\Delta t<T$ 时,连续信号 $e(nT+\Delta t)$ 究竟有多大? 它与 $e(nT)$ 的关系如何? 这就是保持器要解决的问题。

实际上,保持器是具有外推功能的元件。保持器的外推作用,表现为现在时刻的输出信号取决于过去时刻离散信号的外推。通常,采用如下多项式外推公式描述保持器:

$$e(nT+\Delta t)=a_0+a_1\Delta t+a_2(\Delta t)^2+\cdots+a_m(\Delta t)^m \tag{7.9}$$

式中,Δt 是以 nT 时刻为原点的坐标。式(7.9)表示:现在时刻的输出 $e(nT+\Delta t)$ 值,取决于 $\Delta t=0$、$-T$、$-2T$、$\cdots$、$-mT$ 各过去时刻的离散信号 $e^*(nT)$、$e^*[(n-1)T]$、$e^*[(n-2)T]$、$\cdots$、$e^*[(n-m)T]$ 的 $(m+1)$ 个值。外推公式中 $(m+1)$ 个待定系数 $a_i(i=0,1,\cdots,m)$,唯一地由过去各采样时刻的 $(m+1)$ 个离散信号值 $e^*[(n-i)T](i=0、1、\cdots、m)$ 来确定,故系数 a_i 有唯一解。这样保持器称为 m 阶保持器。若取 $m=0$,则称零阶保持器;$m=1$,称一阶保持器。在工程实践中,普遍采用零阶保持器。

2. 零阶保持器

零阶保持器的外推公式为

$$e(nT+\Delta t)=a_0$$

显然，$\Delta t=0$ 时，上式也成立。所以

$$a_0=e(nT)$$

从而，零阶保持器的数学表达式为

$$e(nT+\Delta t)=e(nT)，\quad (0\leqslant\Delta t<T) \tag{7.10}$$

式(7.10)说明，零阶保持器是一种按常值外推的保持器，它把前一采样时刻 nT 的采样值 $e(nT)$（因为在各采样点上，$e^*(nT)=e(nT)$）一直保持到下一采样时刻 $(n+1)T$ 到来之前，从而使采样信号 $e^*(t)$ 变成阶梯信号 $e_{\mathrm{h}}(t)$，如图 7.16 所示。

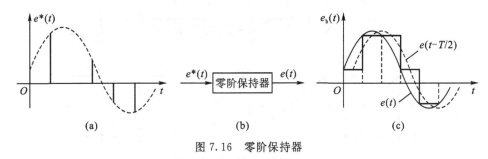

图 7.16　零阶保持器

如果把阶梯信号 $e_{\mathrm{h}}(t)$ 的中点连接起来，如图 7.16 中虚线所示，则可以得到与连续信号 $e(t)$ 形状一致但在时间上落后 $T/2$ 的响应 $e(t-T/2)$。

式(7.10)还表明：零阶保持过程是理想脉冲 $e(nT)\delta(t-nT)$ 的作用结果。如果给零阶保持器输入一个理想单位脉冲 $\delta(t)$，则其脉冲响应函数 $g_{\mathrm{h}}(t)$ 是幅值为 1 持续时间为 T 的矩形脉冲，并可分解为两个单位阶跃函数的和，即

$$g_{\mathrm{h}}(t)=1(t)-1(t-T)$$

对脉冲响应函数 $g_{\mathrm{h}}(t)$ 取拉普拉斯变换，可得零阶保持器的传递函数为

$$G_{\mathrm{h}}(s)=\frac{1}{s}-\frac{\mathrm{e}^{-Ts}}{s}=\frac{1-\mathrm{e}^{-Ts}}{s} \tag{7.11}$$

在式(7.11)中，令 $s=\mathrm{j}\omega$，得零阶保持器的频率特性为

$$G_{\mathrm{h}}(\mathrm{j}\omega)=\frac{1-\mathrm{e}^{-\mathrm{j}\omega T}}{\mathrm{j}\omega}=\frac{2\mathrm{e}^{-\mathrm{j}\omega T/2}(\mathrm{e}^{\mathrm{j}\omega T/2}-\mathrm{e}^{-\mathrm{j}\omega T/2})}{2\mathrm{j}\omega}=T\frac{\sin(\omega T/2)}{\omega T/2}\mathrm{e}^{-\mathrm{j}\omega T/2}$$

若以采样角频率 $\omega_{\mathrm{s}}=2\pi/T$ 来表示，则上式可表示为

$$G_{\mathrm{h}}(\mathrm{j}\omega)=\frac{2\pi}{\omega_{\mathrm{s}}}\frac{\sin\pi(\omega/\omega_{\mathrm{s}})}{\pi(\omega/\omega_{\mathrm{s}})}\mathrm{e}^{-\mathrm{j}\pi(\omega/\omega_{\mathrm{s}})}$$

根据上式，可画出零阶保持器的幅频特性 $|G_{\mathrm{h}}(\mathrm{j}\omega)|$ 和相频特性 $\angle G_{\mathrm{h}}(\mathrm{j}\omega)$，如图 7.17 所示。由图 7.16 和图 7.17 可见，零阶保持器具有如下特性。

(1)低通特性。由于幅频特性的幅值随频率值的增大而迅速衰减，说明零阶保持器基本上是一个低通滤波器，但与理想滤波器特性相比，在 $\omega=\omega_{\mathrm{s}}/2$ 时，其幅值只有初值的 63.7%，且截止频率不止一个，所以零阶保持器除允许主频谱分量通过外，还允许部分高频频谱分量

通过,从而造成数字控制系统的输出中存在纹波。

（2）相角滞后特性。由相频特性可见,零阶保持器产生相角滞后,且随 ω 的增大而加大,在 $\omega=\omega_s$ 处,相角滞后可达 $-180°$,从而使闭环系统的稳定性变差。

（3）时间滞后特性。零阶保持器的输出为阶梯信号 $e_h(t)$,其平均响应为 $e(t-T/2)$,表明其输出比输入在时间上要滞后 $T/2$,相当于给系统增加了一个延迟时间为 $T/2$ 的延迟环节,使系统总的相角滞后增大,对系统的稳定性不利;此外,零阶保持器的阶梯输出也同时增加了系统输出中的纹波。

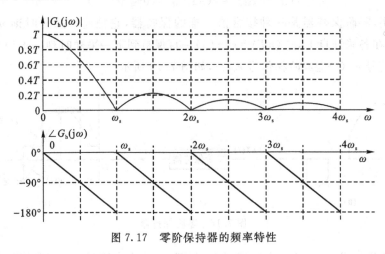

图 7.17　零阶保持器的频率特性

3. 一阶保持器

对于一阶保持器,其外推公式为

$$e(nT+\Delta t)=a_0+a_1\Delta t$$

将 $\Delta t=0$ 和 $\Delta t=-T$ 代入上式,有

$$e(nT)=a_0$$

$$e[(n-1)T]=a_0-a_1 T$$

解联立方程,得

$$a_0=e(nT)$$

$$a_1=[e(nT)-e(n-1)T]/T$$

于是,一阶保持器的数学表达式为

$$e(nT+\Delta t)= e(nT)+ \frac{e(nT)-e[(n-1)T]}{T}\Delta t, \quad (0\leqslant\Delta t<T)$$

上式表明,一阶保持器是一种按线性外推规律得到的保持器,其输出持性如图 7.18 所示。

采用类似的方法,可以导出一阶保持器的传递函数和频率特性

$$G_h(s)=T(1+Ts)\left(\frac{1-e^{-Ts}}{Ts}\right)^2$$

$$G_h(j\omega)=T\sqrt{1+(\omega T)^2}\left[\frac{\sin(\omega T/2)}{\omega T/2}\right]^2 e^{-j[\omega T-\arctan(\omega T)]}$$

与零阶保持器相比,一阶保持器复现原信号的准确度较高。然而,一阶保持器的幅频特

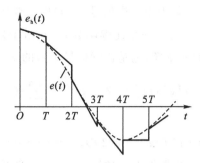

图 7.18 一阶保持器的输出特性

性普遍较大,允许通过的信号高频分量较多,更易造成纹波。此外,一阶保持器的相角滞后比零阶保持器大,在 $\omega = \omega_s$ 处,相角滞后可达 $-280°$,对系统的稳定性更加不利,因此在数字控制系统中,一般很少采用一阶保持器,更不采用高阶保持器,而普遍采用零阶保持器。

在工程实践中,零阶保持器可用输出寄存器实现。在正常情况下,还应附加模拟滤波器(如例 7-2),以有效地去除在采样频率及其谐波频率附近的高频分量。

由于数字计算机的广泛应用,计算机控制系统的 D/A 转换器所实现的功能就是零阶保持器的功能。D/A 转换器输出阶梯信号,再对该信号进行简单的 RC 网络滤波做平滑处理,滤去高频成分,就可以得到与离散序列 $e^*(t)$ 相应的连续时间信号 $e(t)$。

7.3 z 变换理论

z 变换是从拉普拉斯变换引申出来的一种变换方法,是研究线性离散系统的重要数学工具。

7.3.1 z 变换定义

已知连续信号 $e(t)$,它的理想采样信号为 $e^*(t)$,其表达式为

$$e^*(t) = \sum_{n=0}^{+\infty} e(nT)\delta(t-nT)$$

对上式两边进行拉普拉斯变换,可得

$$E^*(s) = L\Big[\sum_{n=0}^{+\infty} e(nT)\delta(t-nT)\Big] = \sum_{n=0}^{+\infty} e(nT)\mathrm{e}^{-nTs} \tag{7.12}$$

式(7.12)中的指数函数因子 e^{-Ts} 不是 s 的有理函数,而是一个超越函数,因此引入新的变量

$$z = \mathrm{e}^{Ts} \tag{7.13}$$

$$s = (1/T)\ln z \tag{7.14}$$

将式(7.13)代入式(7.12),可得以 z 为变量的函数 $E(z)$,其表达式为

$$E(z) = \sum_{n=0}^{+\infty} e(nT)z^{-n} \tag{7.15}$$

式(7.15)即为 z 变换的定义式。式中,$e(nT)$ 为第 n 个采样时刻的采样值,z 为变换算子,是一个复变量。称 $E(z)$ 为 $e^*(t)$ 的 z 变换,记作 $Z[e^*(t)] = E(z)$。

需要指出的是,$E(z)$实际上是理想采样信号$e^*(t)$的z变换。从定义上看,$E(z)$只是考虑了采样时刻的信号值$e(nT)$。对于一个连续函数$e(t)$,由于采样时刻的值就是$e(nT)$,因此$E(z)$既是采样信号$e^*(t)$的z变换,也是连续信号$e(t)$的z变换,即

$$E(z) = Z[e^*(t)] = Z[e(t)] = \sum_{n=0}^{+\infty} e(nT)z^{-n} \tag{7.16}$$

将式(7.16)展开,有

$$E(z) = e(0) + e(T)z^{-1} + e(2T)z^{-2} + \cdots + e(nT)z^{-n} + \cdots \tag{7.17}$$

可以看出,采样函数的z变换是关于z的幂级数,其一般项$e(nT)z^{-n}$有明确的物理意义,即$e(nT)$表征采样脉冲的幅值,z次幂表征采样脉冲出现的时刻。因此,它既包含了量值信息$e(nT)$,又包含了时间信息z^{-n},具有清晰的采样节拍感。从另一意义看,z变换实际上是拉普拉斯变换的一种演化,目的是使$E(z)$为z变量的有理函数,而原来的$E^*(s)$则为e^{Ts}的超越函数,这样便于对离散系统进行分析和设计。

7.3.2 z变换方法

常用的z变换方法有级数求和法和部分分式法。

1. 级数求和法

级数求和法实际上是按z变换的定义将离散函数z变换展成无穷级数的形式,然后进行级数求和运算,也称为直接法。

由z变换的定义展开式(7.17)可知,只要知道连续函数$e(t)$在采样时刻nT($n=1$、2、$\cdots$)的采样值$e(nT)$,就可以得到z变换的级数形式。为便于运算,必须将级数求和写成闭合形式。通常函数z变换的级数形式都是收敛的,下面举例说明已知函数z变换的级数求和法。

【例 7-3】 试求单位阶跃信号$e(t) = 1(t)$的z变换。

解 $e(nT) = 1(nT) = 1$, ($n = 0, 1, 2, \cdots$)

由z变换定义求得

$$E(z) = \sum_{n=0}^{+\infty} e(nT)z^{-n} = \sum_{n=0}^{+\infty} z^{-n} = 1 + z^{-1} + z^{-2} + z^{-3} + \cdots$$

这是公比为z^{-1}的等比级数,若$|z^{-1}| < 1$,则其收敛和为

$$E(z) = \frac{z}{z-1} , \quad (|z-1| < 1)$$

【例 7-4】 已知连续时间函数$e(t) = \begin{cases} a^t, & (t \geqslant 0) \\ 0, & (t < 0) \end{cases}$,按周期$T=1$进行采样,试求$E(z)$。

解 $e(nT) = a^{nT}|_{T=1} = a^n$, ($n = 0$、1、2、$\cdots$)

由z变换定义求得

$$E(z) = \sum_{n=0}^{+\infty} e(nT)z^{-n} = \sum_{n=0}^{+\infty} (az^{-1})^n = 1 + az^{-1} + (az^{-1})^2 + (az^{-1})^3 + \cdots$$

上式是公比为az^{-1}的等比级数,若$|az^{-1}| < 1$,则其收敛和为

$$E(z) = \frac{z}{z-a}, \quad (|az^{-1}| < 1)$$

【例 7 - 5】　求指数函数 $e(t) = e^{-at}$ 的 z 变换（$a > 0$）。

解　$e(nT) = e^{-anT}, \quad (n = 0, 1, 2, \cdots)$

由 z 变换定义

$$E(z) = \sum_{n=0}^{+\infty} e(nT) z^{-n} = \sum_{n=0}^{+\infty} (e^{-aT} z^{-1})^n = 1 + e^{-aT} z^{-1} + (e^{-aT} z^{-1})^2 + (e^{-aT} z^{-1})^3 + \cdots$$

上式是公比为 $e^{-aT} z^{-1}$ 的等比级数。若 $|e^{-aT} z^{-1}| < 1$，则其收敛和为

$$E(z) = \frac{1}{1 - e^{-aT} z^{-1}} = \frac{z}{z - e^{-aT}}$$

利用级数求和法求 z 变换时，需要把无穷级数写成闭合形式。只要函数的 z 变换的无穷项级数 $E(z)$ 在 z 平面的某一区域是收敛的，则在应用 z 变换法求解离散控制系统问题时，并不需要指出 $E(z)$ 在什么区域收敛。

2. 部分分式法

如果已知连续函数 $e(t)$ 的拉普拉斯变换 $E(s)$，首先将 $E(s)$ 按展开为部分分式和的形式，然后用拉普拉斯反变换求出每一个部分分式的原时间函数，再分别求出或查表得出每一项的 z 变换，最后做通分化简运算，即可求得其 z 变换。

【例 7 - 6】　已知连续函数的拉普拉斯变换为 $E(s) = \dfrac{s+2}{s(s+1)}$，试求相应的 z 变换 $E(z)$。

解　将 $E(s)$ 展成部分分式，得

$$E(s) = \frac{2}{s} - \frac{1}{s+1}$$

对上式取拉普拉斯反变换，可得

$$e(t) = L^{-1}\left[\frac{2}{s} - \frac{1}{s+1}\right] = 2 \cdot 1(t) - e^{-t}$$

将例 7 - 3 和例 7 - 5 的结果代入上式，得

$$E(z) = \frac{2z}{z-1} - \frac{z}{z - e^{-T}} = \frac{z^2 + [1 - 2e^{-T}]z}{(z-1)^2 (z - e^{-T})}$$

常用时间函数的 z 变换如表 7.2 所示。由该表可见，这些函数的 z 变换都是 z 的真有理分式，且各 z 变换真有理分式中，分母 z 多项式的最高次数与相应传递函数分母 s 多项式的最高次数相等。

表 7.2　z 变换表

序号	拉普拉斯变换 $E(s)$	时间函数 $e(t)$	z 变换 $E(z)$
1	e^{-nTs}	$\delta(t-nT)$	z^{-n}
2	1	$\delta(t)$	1
3	$\dfrac{1}{s}$	$1(t)$	$\dfrac{z}{z-1}$

续表

序号	拉普拉斯变换 $E(s)$	时间函数 $e(t)$	z 变换 $E(z)$
4	$\dfrac{1}{s^2}$	t	$\dfrac{Tz}{(z-1)^2}$
5	$\dfrac{1}{s^3}$	$\dfrac{t^2}{2!}$	$\dfrac{T^2 z(z+1)}{2\,(z-1)^3}$
6	$\dfrac{1}{s^4}$	$\dfrac{t^3}{3!}$	$\dfrac{T^3\,(z^2+4z+1)}{6\,(z-1)^4}$
7	$\dfrac{1}{s-(1/T)\ln a}$	$a^{t/T}$	$\dfrac{z}{z-a}$
8	$\dfrac{1}{s+a}$	e^{-at}	$\dfrac{z}{z-\mathrm{e}^{-aT}}$
9	$\dfrac{1}{(s+a)^2}$	$t\mathrm{e}^{-at}$	$\dfrac{Tz\mathrm{e}^{-aT}}{(z-\mathrm{e}^{-aT})^2}$
10	$\dfrac{1}{(s+a)^3}$	$\dfrac{1}{2}t^2\mathrm{e}^{-at}$	$\dfrac{T^2\,z\mathrm{e}^{-aT}}{2\,(z-\mathrm{e}^{-aT})^2}+\dfrac{T^2 z\mathrm{e}^{-2aT}}{(z-\mathrm{e}^{-aT})^3}$
11	$\dfrac{a}{s(s+a)}$	$1-\mathrm{e}^{-at}$	$\dfrac{(1-\mathrm{e}^{-aT})z}{(z-1)(z-\mathrm{e}^{-aT})}$
12	$\dfrac{a}{s^2(s+a)}$	$t-\dfrac{1}{a}(1-\mathrm{e}^{-at})$	$\dfrac{Tz}{(z-1)^2}-\dfrac{(1-\mathrm{e}^{-aT})z}{a\,(z-1)(z-\mathrm{e}^{-aT})}$
13	$\dfrac{b-a}{(s+a)(s+b)}$	$\mathrm{e}^{-at}-\mathrm{e}^{-bt}$	$\dfrac{z}{z-\mathrm{e}^{-aT}}-\dfrac{z}{z-\mathrm{e}^{-bT}}$
14	$\dfrac{a^2 b^2}{s^2(s+a)(s+b)}$	$abt-(a+b)+\dfrac{b^2\mathrm{e}^{-at}}{b-a}-\dfrac{a^2\mathrm{e}^{-bt}}{b-a}$	$\dfrac{abTz}{(z-1)^2}-\dfrac{(a+b)z}{z-1}+$ $\dfrac{b^2 z}{(b-a)(z-\mathrm{e}^{-aT})}-$ $\dfrac{a^2 z}{(b-a)(z-\mathrm{e}^{-bT})}$
15	$\dfrac{1}{(s+a)(s+b)(s+c)}$	$\dfrac{\mathrm{e}^{-at}}{(b-a)(c-a)}+\dfrac{\mathrm{e}^{-bt}}{(a-b)(c-b)}$ $+\dfrac{\mathrm{e}^{-ct}}{(a-c)(b-c)}$	$\dfrac{z}{(b-a)(c-a)(z-\mathrm{e}^{-aT})}+$ $\dfrac{z}{(a-b)(c-b)(z-\mathrm{e}^{-bT})}+$ $\dfrac{z}{(a-c)(b-c)(z-\mathrm{e}^{-cT})}$
16	$\dfrac{s+d}{(s+a)(s+b)(s+c)}$	$\dfrac{(d-a)\mathrm{e}^{-at}}{(b-a)(c-a)}+$ $\dfrac{(d-b)\mathrm{e}^{-bt}}{(a-b)(c-b)}+$ $\dfrac{(d-c)\mathrm{e}^{-ct}}{(a-c)(b-c)}$	$\dfrac{(d-a)z}{(b-a)(c-a)(z-\mathrm{e}^{-aT})}+$ $\dfrac{(d-b)z}{(a-b)(c-b)(z-\mathrm{e}^{-bT})}+$ $\dfrac{(d-c)z}{(a-c)(b-c)(z-\mathrm{e}^{-cT})}$

续表

序号	拉普拉斯变换 $E(s)$	时间函数 $e(t)$	z 变换 $E(z)$
17	$\dfrac{abc}{s(s+a)(s+b)(s+c)}$	$1-\dfrac{bce^{-at}}{(b-a)(c-a)}-$ $\dfrac{ace^{-bt}}{(a-b)(c-b)}-$ $\dfrac{abe^{-ct}}{(a-c)(b-c)}$	$\dfrac{z}{z-1}-\dfrac{bcz}{(b-a)(c-a)(z-e^{-aT})}$ $-\dfrac{acz}{(a-b)(c-b)(z-e^{-bT})}$ $-\dfrac{abz}{(a-c)(b-c)(z-e^{-cT})}$
18	$\dfrac{\omega}{s^2+\omega^2}$	$\sin\omega t$	$\dfrac{z\sin\omega T}{z^2-2z\cos\omega T+1}$
19	$\dfrac{s}{s^2+\omega^2}$	$\cos\omega t$	$\dfrac{z(z-\cos\omega T)}{z^2-2z\cos\omega T+1}$
20	$\dfrac{\omega}{s^2-\omega^2}$	$\sinh\omega t$	$\dfrac{z\sinh\omega T}{z^2-2z\cosh\omega T+1}$
21	$\dfrac{s}{s^2-\omega^2}$	$\cosh\omega t$	$\dfrac{z(z-\cosh\omega T)}{z^2-2z\cosh\omega T+1}$
22	$\dfrac{\omega^2}{s(s^2+\omega^2)}$	$1-\cos\omega t$	$\dfrac{z}{z-1}-\dfrac{z(z-\cos\omega T)}{z^2-2z\cos\omega T+1}$
23	$\dfrac{\omega}{(s+a)^2+\omega^2}$	$e^{-at}\sin\omega t$	$\dfrac{ze^{-aT}\sin\omega T}{z^2-2ze^{-aT}\cos\omega T+e^{-2aT}}$
24	$\dfrac{s+a}{(s+a)^2+\omega^2}$	$e^{-at}\cos\omega t$	$\dfrac{z(z-e^{-aT}\cos\omega T)}{z^2-2z\cos\omega T+e^{-2aT}}$

7.3.3　z 变换性质

z 变换和拉普拉斯变换一样,也有一些重要性质,这些性质由 z 变换的一些基本定理所反映,运用这些基本定理可使 z 变换运算变得简单和方便。

1. 线性定理

设连续函数 $e_1(t)$ 和 $e_2(t)$ 的 z 变换分别为 $E_1(z)$ 和 $E_2(z)$,且 a_1、a_2 为常数,则有

$$Z[a_1e_1(t)\pm a_2e_2(t)]=a_1E_1(z)\pm a_2E_2(z) \tag{7.18}$$

证明　由 z 变换的定义可得

$$Z[a_1e_1(t)\pm a_2e_2(t)]=\sum_{n=0}^{\infty}[a_1e_1(nT)\pm a_2e_2(nT)]z^{-n}$$

$$=a_1\sum_{n=0}^{\infty}e_1(nT)z^{-n}\pm a_2\sum_{n=0}^{\infty}e_2(nT)z^{-n}$$

$$=a_1E_1(z)\pm a_2E_2(z)$$

从而式(7.18)得证。

2. 实位移定理

如果连续函数 $e(t)$ 的 z 变换为 $E(z)$,则 $e(t)$ 时序后移的 z 变换为(延迟定理)

$$Z[e(t-kT)]=z^{-k}E(z),\quad(k\text{ 为正整数}) \tag{7.19}$$

而且，$e(t)$ 时序前移的 z 变换为（超前定理）

$$Z[e(t+kT)] = z^k\left[E(z) - \sum_{n=0}^{k-1} e(nT)z^{-n}\right], \quad (k \text{ 为正整数}) \qquad (7.20)$$

证明　根据 z 变换定义有

$$Z[e(t-kT)] = \sum_{n=0}^{\infty} e(nT-kT)z^{-n} = \sum_{n=0}^{\infty} e(nT-kT)z^{-(n-k)}z^{-k}$$

令 $n-k=m$，代入上式，得

$$Z[e(t-kT)] = z^{-k}\sum_{m=-k}^{\infty} e(mT)z^{-m}$$

由于 z 变换的单边性，当 $m<0$ 时，有 $e(mT)=0$，所以上式可写成

$$Z[e(t-kT)] = z^{-k}\sum_{m=0}^{\infty} e(mT)z^{-m}$$

从而式(7.19)得证。

又由于　　$Z[e(t+kT)] = \sum_{n=0}^{\infty} e(nT+kT)z^{-n}$

当 $k=1$ 时，有　　$Z[e(t+T)] = \sum_{n=0}^{\infty} e(nT+T)z^{-n} = z\sum_{n=0}^{\infty} e[(n+1)T]z^{-(n+1)}$

令 $n+1=m$，代入上式，得

$$Z[e(t+T)] = z\sum_{m=1}^{\infty} e(mT)z^{-m} = z\left[\sum_{m=0}^{\infty} e(mT)z^{-m} - e(0)\right]$$

$$= z[E(z)-e(0)]$$

同理，当 $k=2$ 时，有

$$Z[e(t+2T)] = z^2\sum_{m=-2}^{\infty} e(mT)z^{-m} = z^2\left[\sum_{m=0}^{\infty} e(mT)z^{-m} - e(0) - z^{-1}e(T)\right]$$

$$= z^2\left[E(z) - \sum_{m=0}^{1} e(mT)z^{-m}\right]$$

依此类推，必有

$$Z[e(t+kT)] = z^k\left[E(z) - \sum_{n=0}^{k-1} e(nT)z^{-n}\right]$$

从而式(7.20)得证。

在实位移定理中，算子 z 有明确的物理意义：z^{-k} 代表时域中的时滞环节，它将采样信号滞后 k 个采样周期；同理，z^k 代表超前环节，它把采样信号超前 k 个采样周期。但是，超前环节 z^k 仅用于运算，在实际物理系统中并不存在。

【例 7 - 7】　试用延迟定理求滞后一个采样周期的单位斜坡函数的 z 变换，已知 $e(t) = t-T$。

解　根据延迟定理，有

$$Z[e(t)] = Z[t-T] = z^{-1}Z[t]$$

将单位斜坡函数的 z 变换代入上式，得

$$E(z) = z^{-1} \frac{Tz}{(z-1)^2} = \frac{T}{(z-1)^2}$$

3. 复位移定理

设连续函数 $e(t)$ 的 z 变换为 $E(z)$，则

$$Z[e(t)e^{\mp at}] = E(ze^{\pm aT}) \tag{7.21}$$

证明 根据 z 变换的定义，有

$$Z[e(t)e^{\mp at}] = \sum_{n=0}^{\infty} e(nT)e^{\mp anT}z^{-n}$$

$$= \sum_{n=0}^{\infty} e(nT)(e^{\pm aT}z)^{-n}$$

令 $e^{\pm aT} = z_1$，代入上式，则有

$$Z[e(t)e^{\mp at}] = \sum_{n=0}^{\infty} e(nT)z_1^{-n} = E(z_1) = E(ze^{\pm aT})$$

从而式(7.21)得证。

【例 7-8】 试运用复位移定理，求 $e(t) = te^{-at}$ 的 z 变换。

解 已知 $Z[t] = \dfrac{Tz}{(z-1)^2}$

根据复位移定理则有

$$Z[te^{-at}] = \frac{Tze^{aT}}{(ze^{aT}-1)^2} = \frac{Tze^{-aT}}{(z-e^{-aT})^2}$$

4. 初值定理

如果连续函数 $e(t)$ 的 z 变换为 $E(z)$，且极限 $\lim\limits_{z \to \infty} E(z)$ 存在，则有

$$e(0) = \lim_{t \to 0} e^*(t) = \lim_{z \to \infty} E(z) \tag{7.22}$$

即离散序列的初值可由 z 域求得。

证明 根据 z 变换定义，有

$$E(z) = e(0) + e(T)z^{-1} + e(2T)z^{-2} + \cdots$$

对上式两边取极限，并令 $z \to \infty$，可得

$$\lim_{z \to \infty} E(z) = e(0)$$

从而式(7.22)得证。

5. 终值定理

如果连续函数 $e(t)$ 的 z 变换为 $E(z)$，且 $E(z)$ 在 z 平面的单位圆上没有二重以上极点，在单位圆外无极点，则

$$\lim_{t \to \infty} e^*(t) = \lim_{n \to \infty} e(nT) = \lim_{z \to 1} (z-1)E(z) \tag{7.23}$$

即离散序列的终值可由 z 域求得。

证明 由实位移定理得

$$Z[e(t+T)] = zE(z) - ze(0) = \sum_{n=0}^{\infty} e[(n+1)T]z^{-n}$$

因此有 $\quad zE(z)-ze(0)-E(z)=\sum_{n=0}^{\infty}e[(n+1)T]z^{-n}-\sum_{n=0}^{\infty}e(nT)z^{-n}$

从而可得到 $\quad (z-1)E(z)=ze(0)+\sum_{n=0}^{\infty}\{e[(n+1)T]-e(nT)\}z^{-n}$

上式两边取 $z\to 1$ 时的极限,得

$$\lim_{z\to 1}(z-1)E(z)=e(0)+\sum_{n=0}^{\infty}\{e[(n+1)T]-e(nT)\}$$
$$=e(0)+e(\infty)-e(0)=\lim_{t\to\infty}e^*(t)$$

从而式(7.23)得证。

z 变换的终值定理形式也可表示为

$$e(\infty)=\lim_{n\to\infty}e(nT)=\lim_{z\to 1}(z-1)E(z) \qquad (7.24)$$

以上两个定理的应用,类似于拉普拉斯变换中初值定理和终值定理。如果已知 $e(t)$ 的 z 变换,在不求反变换的情况下,可以方便地求出 $e(t)$ 的初值和终值。

【例 7-9】 设 z 变换函数为 $E(z)=\dfrac{0.792z^2}{(z-1)(z^2-0.416z+0.208)}$,试利用终值定理,求 $e(nT)$ 的终值。

解 试利用终值定理式(7.24)可得

$$e(\infty)=\lim_{z\to 1}(z-1)\frac{0.792z^2}{(z-1)(z^2-0.416z+0.208)}=1$$

6. 卷积定理

设 $c(t)$、$g(t)$、$r(t)$ 的 z 变换分别为 $C(z)$、$G(z)$、$R(z)$,并且当 $t<0$ 时,$c(t)=g(t)=r(t)=0$。如果

$$c(nT)=\sum_{k=0}^{n}g(nT-kT)r(kT) \qquad (7.25)$$

则有

$$C(z)=G(z)R(z) \qquad (7.26)$$

式(7.25)也称为两个采样函数 $g(nT)$、$r(nT)$ 的离散卷积,记为

$$g(nT)^*r(nT)=\sum_{k=0}^{n}g(nT-kT)r(kT)=\sum_{k=0}^{n}g(kT)r(nT-kT)$$

证明 由 z 变换定义

$$C(z)=\sum_{n=0}^{\infty}c(nT)z^{-n}$$

因为当 $k>n$ 时,$g(nT-kT)=0$,所以 $c(nT)$ 可以写成

$$c(nT)=\sum_{k=0}^{n}g(nT-kT)r(kT)=\sum_{k=0}^{\infty}g(nT-kT)r(kT)$$

将上式代入 $C(z)=\sum_{n=0}^{\infty}c(nT)z^{-n}$,并令 $n-k=m$,则

$$C(z) = \sum_{n=0}^{\infty} \sum_{k=0}^{\infty} g(nT-kT)r(kT)z^{-n} = \sum_{m=-k}^{\infty} \sum_{k=0}^{\infty} g(mT)r(kT)z^{-(m+k)}$$

$$= \sum_{m=0}^{\infty} \sum_{k=0}^{\infty} g(mT)r(kT)z^{-(m+k)} = \sum_{m=0}^{\infty} g(mT)z^{-m} \sum_{k=0}^{\infty} r(kT)z^{-k}$$

$$= G(z)R(z)$$

从而式(7.26)得证。

卷积定理指出,两个采样函数卷积的 z 变换,就等于该两个采样函数相应 z 变换的乘积。

7.3.3　z 反变换

同连续系统应用拉普拉斯变换法一样,对于离散系统,通常在 z 域进行分析计算后,需用反变换确定时域解。

所谓 z 反变换,是由已知 z 变换表达式 $E(z)$ 求得相应离散时间序列 $e(nT)$ 的过程,记作

$$e(nT) = Z^{-1}[E(z)]$$

下面介绍三种比较常用的 z 反变换方法。

1. 部分分式法

大部分连续时间信号都是由基本信号组合而成的,而基本信号的 z 变换大都可以借用 z 变换表查得。因此,可以将 $E(z)$ 分解为对应于基本信号的部分分式,再查表求其 z 反变换。由于基本信号的 z 变换都带有因子 z,所以应该首先将 $E(z)/z$ 分解为部分分式,然后对分解后的各项乘上因子 z 后再查 z 变换表。

【例 7 - 10】 已知 $E(z)$ 为 $E(z) = \dfrac{10z}{(z-1)(z-2)}$,用部分分式法求 z 反变换 $e(nT)$。

解　$E(z)$ 有两个极点 $z_1 = 1$、$z_2 = 2$,可以分解为两项部分分式之和

$$\frac{E(z)}{z} = \frac{10}{(z-1)(z-2)} = \frac{-10}{z-1} + \frac{10}{z-2}$$

将部分分式每项乘以因子 z,得

$$E(z) = \frac{-10z}{z-1} + \frac{10z}{z-2}$$

查 z 变换表 7.2 有

$$Z^{-1}\left[\frac{z}{z-1}\right] = 1, \quad Z^{-1}\left[\frac{z}{z-2}\right] = 2^n$$

最后可得 $E(z)$ 的 z 反变换为

$$e(nT) = 10[-1 + 2^n], \quad (n = 1, 2, 3, \cdots)$$

2. 幂级数展开法

幂级数展开法又称为长除法。由于序列 $e^*(t)$ 的 z 变换 $E(z)$ 一般为有理分式形式,因此,通过长除法可以求出按 z^{-n} 降幂次序排列的级数展开,根据系数即可得出时间序列 $e(nT)$。这种方法较为简单,但不容易得出 $e(nT)$ 的一般表达式。

设 $E(z)$ 的有理分式表达式为

$$E(z)=\frac{b_m z^m+b_{m-1}z^{m-1}+\cdots+b_0}{a_n z^n+a_{n-1}z^{n-1}+\cdots+a_0}$$

通常 $m\leqslant n$，用分母除分子，可得

$$E(z)=c_0+c_1 z^{-1}+c_2 z^{-2}+\cdots+c_n z^{-n}+\cdots=\sum_{n=0}^{\infty}c_n z^{-n} \qquad (7.27)$$

式(7.27)的 z 反变换式为

$$e^*(t)=c_0\delta(t)+c_1\delta(t-T)+c_2\delta(t-2T)+\cdots+c_n\delta(t-nT)+\cdots=\sum_{n=0}^{\infty}c_n\delta(t-nT)$$

【**例 7-11**】 已知 $E(z)$ 为 $E(z)=\dfrac{z^2+z}{z^3-3z^2+3z-1}$，用幂级数法求 z 反变换 $e^*(t)$。

解 应用长除法，用分子多项式除以分母多项式求得

$$E(z)=0z^0+1z^{-1}+4z^{-2}+9z^{-3}+\cdots$$

其 z 反变换为

$$e^*(t)=0\delta(t)+1\delta(t-T)+4\delta(t-2T)+9\delta(t-3T)+\cdots$$

3. 留数计算法

留数计算法又称为反演积分法。在实际问题中遇到的 z 变换函数 $E(z)$，除了有理分式外，有可能是超越函数，此时无法应用部分分式法及长除法来求 z 反变换，而只能采用反演积分法。当然，反演积分法对 $E(z)$ 为有理分式的情况同样适用。

根据 z 变换的定义

$$E(z)=\sum_{k=0}^{+\infty}e(kT)z^{-k}=e(0)+e(T)z^{-1}+\cdots+e(kT)z^{-k}+\cdots$$

用 z^{k-1} 乘上式两边，可得

$$E(z)z^{k-1}=e(0)z^{k-1}+e(T)z^{k-2}+\cdots+[e(k-1)T]z^0+e(kT)z^{-1}+\cdots$$

由复变函数积分理论可知，已知离散时间序列 $e(kT)$ 的 z 变换 $E(z)$，可通过计算 z 域的围线积分求得 $e(kT)$，即

$$e(kT)=\frac{1}{2\pi j}\oint_C E(z)z^{k-1}dz$$

其中围线 C 为包围 $E(z)z^{k-1}$ 所有极点的封闭曲线。

在复变函数积分理论中，积分值通常是借助于留数定理来计算的。由于围线 C 包围了 $E(z)z^{k-1}$ 的所有极点，所以利用留数定理可以得到

$$e(kT)=\frac{1}{2\pi j}\oint_C E(z)z^{k-1}dz=\sum_{i=1}^{f}\text{Re}s[E(z)z^{k-1}]|_{z=z_i}=\sum_{i=1}^{f}R_i \qquad (7.28)$$

式(7.28)中，z_i 为 $E(z)z^{k-1}$ 的极点，R_i 为 $E(z)z^{k-1}$ 在极点 $z=z_i$ 处的留数，f 为 $E(z)z^{k-1}$ 的极点在复数平面上的位置数。式(7.28)表明，$e(kT)$ 等于 $E(z)z^{k-1}$ 在其所有极点上的留数之和。

单重极点 z_i 的留数为

$$R_i=\lim_{z\to z_i}(z-z_i)[E(z)z^{k-1}]$$

m 重极点 z_j 的留数为

$$R_j = \frac{1}{(m-1)!} \lim_{z \to z_j} \frac{\mathrm{d}^{m-1}}{\mathrm{d}z^{m-1}} \left[(z-z_j)^m E(z) z^{k-1} \right]$$

【例 7 – 12】 已知 $E(z)$ 为 $E(z) = \dfrac{z^3}{(z-1)(z-5)^2}$，试用留数法求取 z 反变换 $e(kT)$。

解 $E(z)$ 有一个单重极点 $z_1 = 1$，一个二重极点 $z_2 = 5$，根据式(7.28)有

$$\mathrm{Re}\,s \left[\frac{z^3}{(z-1)(z-5)^2} z^{k-1} \right] \bigg|_{z=1} = (z-1) \frac{z^3}{(z-1)(z-5)^2} z^{k-1} \bigg|_{z=1} = \frac{1}{16}$$

$$\mathrm{Re}\,s \left[\frac{z^3}{(z-1)(z-5)^2} z^{k-1} \right] \bigg|_{z=5} = \frac{1}{(2-1)!} \frac{\mathrm{d}^{2-1}}{\mathrm{d}z^{2-1}} \left[(z-5)^2 \frac{z^3}{(z-1)(z-5)^2} z^{k-1} \right] \bigg|_{z=5}$$

$$= \frac{(4k+3) \times 5^{k+1}}{16}$$

$$e(kT) = \frac{1 + (4k+3) \times 5^{k+1}}{16}$$

【例 7 – 13】 已知 z 域函数为 $E(z) = \dfrac{(1-\mathrm{e}^{-aT})z}{(z-1)(z-\mathrm{e}^{-aT})}$，试用留数法求取 z 反变换 $e(kT)$。

解 $E(z)$ 有两个极点 $z_1 = 1$，$z_2 = \mathrm{e}^{-aT}$，根据式(7.28)有

$$e(kT) = \sum_{i=1}^{2} R_i$$

$$= (z-1) \frac{(1-\mathrm{e}^{-aT})z}{(z-1)(z-\mathrm{e}^{-aT})} z^{k-1} \bigg|_{z=1} + (z-\mathrm{e}^{-aT}) \frac{(1-\mathrm{e}^{-aT})z}{(z-1)(z-\mathrm{e}^{-aT})} z^{k-1} \bigg|_{z=\mathrm{e}^{-aT}}$$

$$= 1 - \mathrm{e}^{-akT}$$

应该指出的是，上述 z 变换的应用有局限性。首先，它只能表征连续函数在采样时刻的特性，而不能反映其在采样时刻之间的特性；其次，当采样系统中包含时滞环节，而滞后时间不是采样周期的整数倍时，直接应用上述方法比较困难。为此，人们在应用延迟定理的基础上，提出了一种广义 z 变换。例如，为了求取两个采样时刻之间的信息，可以设想在采样系统中加入某种假想的滞后，并利用延迟定理求解。读者可参阅有关文献了解这部分内容。

7.4　线性离散系统的数学模型

分析研究离散控制系统，必须要建立系统的数学模型。类似于连续系统的数学描述，线性离散控制系统可以用差分方程和脉冲传递函数来表示。

7.4.1　差分方程

连续系统的输入和输出信号都是连续时间的函数，描述它们内在运动规律的是微分方程。而离散系统的输入和输出信号都是离散时间的函数，即以脉冲序列形式表示为 $r(kT)$ $(k=0,1,2,\cdots)$，这种系统行为不能再用时间的微分方程来描述，它的运算规律取决于前后序列数，必须用差分方程来描述。描述离散系统的数学模型就称为差分方程，它反映离散系

统输入输出序列之间的运算关系。

对于一个单输入单输出的线性离散系统,设输入脉冲序列用 $r(kT)$ 表示,输出脉冲序列用 $c(kT)$ 表示,为了简便,通常也可省 T 而直接写成 $r(k)$ 或 $c(k)$ 等。很显然,在某一采样时刻 $t=kT$ 的输出 $c(k)$,不仅与 k 时刻的输入 $r(k)$ 有关,而且与 k 时刻以前的输入 $r(k-1)$、$r(k-2)$、$\cdots$、以及 k 时刻以前的输出 $c(k-1)$、$c(k-2)$、$\cdots$ 有关,这种关系一般可以用下列 n 阶后向差分方程来描述

$$c(k)+a_1c(k-1)+a_2c(k-2)+\cdots+a_{n-1}c(k-n+1)+a_nc(k-n)$$
$$=b_0r(k)+b_1r(k-1)+b_2r(k-2)+\cdots+b_{m-1}r(k-m+1)+b_mr(k-m)$$

或者

$$c(k)=-\sum_{i=1}^{n}a_ic(k-i)+\sum_{j=0}^{m}b_jr(k-j)\ ,\quad (m\leqslant n) \tag{7.29}$$

式(7.29)中,$a_i(i=1,2,\cdots,n)$ 和 $b_j(j=1,2,\cdots,m)$ 为常系数。式(7.29)是 n 阶线性常系数差分方程。它在数学上代表一个线性定常离散系统。

线性定常离散系统也可以用如下 n 阶前向差分方程来描述

$$c(k+n)+a_1c(k+n-1)+a_2c(k+n-2)+\cdots+a_{n-1}c(k+1)+a_nc(k)$$
$$=b_0r(k+m)+b_1r(k+m-1)+b_2r(k+m-2)+\cdots+b_{m-1}r(k+1)+b_mr(k)$$

或者

$$c(k+n)=-\sum_{i=1}^{n}a_ic(k+n-i)+\sum_{j=0}^{m}b_jr(k+m-j)\ ,\quad (m\leqslant n) \tag{7.30}$$

值得注意的是,差分方程的阶次应是输出的最高差分与最低差分之差。式(7.30)中,最高差分为 $c(k+n)$,最低差分为 $c(k)$,所以方程阶次为 $k+n-k=n$ 阶。

线性常系数差分方程的求解方法有经典法、迭代法和 z 变换法。与微分方程的经典解法类似,差分方程的经典解法也要求出相应齐次方程的通解和非齐次方程的一个特解,非常不便。下面通过实例说明迭代法和 z 变换法。

【例 7 - 14】 已知二阶差分方程

$$c(k)=r(k)+5c(k-1)-6c(k-2)$$

输入序列 $r(k)=1$,初始条件为 $c(0)=0,c(1)=1$,试用迭代法求输出序列 $c(k)$,$k=0,1,2,$
$3,4,5,\cdots$。

解 根据条件及递推关系,得

$$c(0)=0$$
$$c(1)=1$$
$$c(2)=r(2)+5c(1)-6c(0)=6$$
$$c(3)=r(3)+5c(2)-6c(1)=25$$
$$c(4)=r(4)+5c(3)-6c(2)=90$$
$$c(5)=r(5)+5c(4)-6c(3)=301$$

【例 7 - 15】 试用 z 变换法解下列二阶差分方程:

$$c(k+2)-2c(k+1)+c(k)=0$$

设初始条件 $c(0)=0,c(0)=1$。

解 对差分方程的每一项进行 z 变换,根据实数位移定理,有

$$Z[c(k+2)]=z^2C(z)-z^2c(0)-zc(1)=z^2C(z)-z$$

$$Z[-2c(k+1)]=-2zC(z)+2zc(0)=-2zC(z)$$

$$Z[c(k)]=C(z)$$

于是,差分方程变换为关于 z 的代数方程

$$z^2C(z)-2zC(z)+C(z)=z$$

所以

$$C(z)=\frac{z}{z^2-2z+1}=\frac{z}{(z-1)^2}$$

由 z 反变换的留数法,得

$$c(k)=\frac{1}{(2-1)!}\frac{\mathrm{d}^{2-1}}{\mathrm{d}z^{2-1}}\left[(z-1)^2\frac{z}{(z-1)^2}z^{k-1}\right]\bigg|_{z=1}=k$$

7.4.2 脉冲传递函数

如果把 z 变换的作用仅仅理解为求解线性常系数差分方程,显然是不够的。在连续系统中由时域函数及其拉普拉斯变换之间的关系所建立起的传递函数,是经典控制理论中研究系统控制性能的基础。对于离散系统来说,通过 z 变换导出线性离散系统的脉冲传递函数,以此来分析和设计离散控制系统。

1. 脉冲传递函数的定义

设一开环离散控制系统如图 7.19 所示,连续系统的传递函数为 $G(z)$。如果系统的初始条件为零,输入信号 $r(t)$,经采样后 $r^*(t)$ 的 z 变换为 $R(z)$,连续部分输出为 $c(t)$,采样后 $c^*(t)$ 的 z 变换为 $C(z)$,将离散系统的脉冲传递函数定义为在零初始条件下,系统输出采样信号的 z 变换与输入采样信号的 z 变换之比,记为 $G(z)$,即

$$G(z)=\frac{C(z)}{R(z)} \tag{7.31}$$

所谓零初始条件,是指在 $t<0$ 时,输入脉冲序列各采样值 $r(-T)$、$r(-2T)$、$\cdots$;以及输出脉冲序列各采样值 $c(-T)$、$c(-2T)$、$\cdots$ 均为零。

式(7.31)中,如果已知系统的脉冲传递函数 $G(z)$ 及输入信号的 z 变换 $R(z)$,那么输出的采样信号就可以求得

$$c^*(t)=Z^{-1}[C(z)]=Z^{-1}[G(z)R(z)]$$

可见与连续系统类似,求解 $c^*(t)$ 的关键是求出系统的脉冲传递函数 $G(z)$。

实际上,大多数离散系统的输出往往是连续信号 $c(t)$,而不是采样信号 $c^*(t)$。此时,可以在输出端虚设一个采样开关,如图 7.20 中虚线所示,它与输入采样开关同步,并具有相同的采样周期。必须指出,虚设的采样开关是不存在的,它只是表明脉冲传递函数能够描述的,应该是输出连续函数 $c(t)$ 在采样时刻上的离散值 $c^*(t)$。如果系统的实际输出 $c(t)$ 比较平滑,且采样频率较高,则用 $c^*(t)$ 近似描述 $c(t)$。

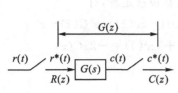

图 7.19 开环离散控制系统

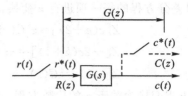

图 7.20 实际开环离散系统

2. 开环系统脉冲传递函数

设开环系统结构如图 7.20 所示,下面根据离散系统单位脉冲响应来推导脉冲传递函数,以便从概念上理解它的物理意义。

由线性连续系统的理论可知,当输入为单位脉冲信号 $\delta(t)$ 时,连续系统 $G(s)$ 的输出称为单位脉冲响应,以 $g(t)$ 表示。设输入信号 $r(t)$ 被采样后为如下脉冲序列:

$$r^*(t) = \sum_{n=0}^{\infty} r(nT)\delta(t-nT)$$

$$= r(0)\delta(t) + r(T)\delta(t-T) + \cdots + r(nT)\delta(t-nT) + \cdots$$

这一系列脉冲作用于 $G(s)$ 时,该系统的输出 $c(t)$ 为各脉冲响应之和。

在 $0 \leqslant t < T$ 时间间隔内,作用于 $G(s)$ 的输入只有 $t=0$ 时刻加入的那个脉冲 $r(0)$,则系统在这段时间内的输出响应为

$$c(t) = r(0)g(t) \qquad (0 \leqslant t < T)$$

在 $T \leqslant t < 2T$ 时间间隔内,系统有两个脉冲的作用,一个是 $t=0$ 时的 $r(0)$ 脉冲作用,它产生的作用依然存在;另一个是 $t=T$ 时的 $r(T)$ 脉冲作用,所以在此区间内的输出响应为

$$c(t) = r(0)g(t) + r(T)g(t-T) \quad (T \leqslant t < 2T)$$

在 $kT \leqslant t < (k+1)T$ 时间间隔内,输出响应为

$$c(t) = r(0)g(t) + r(T)g(t-T) + \cdots + r(kT)g(t-kT)$$

$$= \sum_{n=0}^{k} g(t-nT)r(nT)$$

式中

$$g(t-nT) = \begin{cases} g(t-nT) & (t \geqslant nT) \\ 0 & (t < nT) \end{cases}$$

所以,当系统输入为一系列脉冲时,输出为各脉冲响应之和。

现在讨论系统输出在采样时刻的值,如 $t=kT$ 时刻的输出脉冲值,它是 kT 时刻以及 kT 时刻以前的所有输入脉冲在该时刻的脉冲响应值的总和,所以

$$c(kT) = \sum_{n=0}^{k} g(kT-nT)r(nT)$$

当 $n > k$ 时,$g[(k-n)T] = 0$。上式也可写成

$$c(kT) = \sum_{n=0}^{\infty} g[(k-n)T]r(nT)$$

根据卷积定理,由上式可得

$$C(z) = G(z)R(z) = \sum_{m=0}^{\infty} g(mT)z^{-m} \sum_{k=0}^{\infty} g(kT)z^{-k}$$

即得

$$G(z) = \frac{C(z)}{R(z)}$$

这就是开环系统的脉冲传递函数,显然有

$$G(z) = \sum_{n=0}^{\infty} g(nT)z^{-n}$$

所以,脉冲传递函数 $G(z)$ 就是连续系统脉冲响应函数 $g(t)$ 经采样后 $g^*(t)$ 的 z 变换。因此,开环系统脉冲传递函数的一般计算步骤应为

(1) 已知系统的传递函数 $G(s)$,求取系统的脉冲响应函数 $g(t)$;

(2) 对 $g(t)$ 作采样,得采样信号表达式 $g^*(t)$;

(3) 由 z 变换定义式求脉冲传递函数 $G(z)$。

实际上,利用 z 变换可省去从 $G(s)$ 求 $g(t)$ 的步骤。如将 $G(s)$ 展开成部分分式后,可直接求得 $G(z)$。

【例 7-16】　设系统结构如图 7.20 所示,其中连续部分传递函数为 $G(s) = \dfrac{a}{s(s+a)}$,试求该开环系统的脉冲传递函数 $G(z)$。

解　由于

$$g(t) = L^{-1}[G(s)] = L^{-1}\left[\frac{a}{s(s+a)}\right] = L^{-1}\left[\frac{1}{s} - \frac{1}{(s+a)}\right] = 1 - e^{-at}$$

所以

$$g^*(t) = \sum_{n=0}^{\infty} [1(nT) - e^{-anT}]\delta[t - nT]$$

其 z 变换为

$$G(z) = \sum_{n=0}^{\infty} [1(nT) - e^{-anT}]z^{-n} = \sum_{n=0}^{\infty} 1 \cdot z^{-n} - \sum_{n=0}^{\infty} e^{-anT} \cdot z^{-n}$$

$$= \frac{z}{z-1} - \frac{z}{z - e^{-aT}} = \frac{z(1 - e^{-aT})}{(z-1)(z - e^{-aT})}$$

此例也可由 $G(s) = \dfrac{1}{s} - \dfrac{1}{(s+a)}$ 直接查 z 变换表 7.2 得

$$G(z) = \frac{z}{z-1} - \frac{z}{z - e^{-aT}} = \frac{z(1 - e^{-aT})}{(z-1)(z - e^{-aT})}$$

应当指出,用 z 变换分析采样系统时,系统传递函数 $G(s)$ 的极点数目必须比零点数目多两个以上,这样,$t=0$ 瞬间的系统脉冲响应没有跃变;否则,用 z 变换方法得到的系统响应有较大的误差,有时甚至是不正确的。

3. 串联环节的脉冲传递函数

如果开环离散系统由串联环节构成,则开环系统脉冲传递函数的求法与连续系统情况不完全相同。这是因为在两个环节串联时,有两种不同的情况。

(1)串联环节之间有采样开关

设开环离散系统如图 7.21(a)所示,在两个串联连续环节 $G_1(s)$ 和 $G_2(s)$ 之间,有理想采样开关隔开。根据脉冲传递函数定义,由图 7.21(a)可得

$$D(z)=G_1(z)R(z) \qquad C(z)=G_2(z)D(z)$$

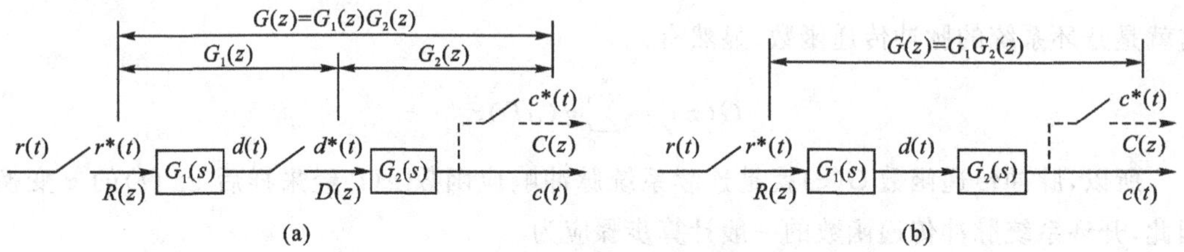

图 7.21   环节串联的开环离散系统

其中,$G_1(z)$ 和 $G_2(z)$ 分别为 $G_1(s)$ 和 $G_2(s)$ 的脉冲传递函数。于是有

$$C(z)=G_2(z)G_1(z)R(z)$$

因此,开环系统脉冲传递函数

$$G(z)=\frac{C(z)}{R(z)}=G_1(z)G_2(z) \tag{7.32}$$

式(7.32)表明,有理想采样开关隔开的两个线性连续环节串联时的脉冲传递函数,等于这两个环节各自的脉冲传递函数之积。这一结论,可以推广到类似的 n 个环节串联时的情况。

(2)串联环节之间无采样开关

设开环离散系统如图 7.21(b)所示,在两个串联连续环节 $G_1(s)$ 和 $G_2(s)$ 之间,没有理想采样开关隔开。显然,串联连续环节的总传递函数为

$$G(s)=G_1(s)G_2(s)$$

则脉冲传递函数 $G(z)$ 为 $G(s)$ 的 z 变换,即

$$G(z)=Z[G(s)]=Z[G_1(s)G_2(s)]=G_1G_2(z) \tag{7.33}$$

即为图 7.21(b)所示开环系统的脉冲传递函数。式中,$G_1G_2(z)$ 定义为 $G_1(s)$ 和 $G_2(s)$ 乘积的 z 变换。

式(7.33)表明,没有理想采样开关隔开的两个线性连续环节串联时的脉冲传递函数等于这两个环节传递函数相乘后的相应 z 变换。这一结论也可以推广到类似的 n 个环节串联时的情况。

显然,式(7.32)与式(7.33)是不等的,即

$$G_1(z)G_2(z)\neq G_1G_2(z)$$

从这种意义上说,z 变换无串联性。下例可以说明这一点。

【例 7-17】 设开环离散系统如图 7.21(a)和(b)所示,其中 $G_1(s)=\dfrac{1}{s}$、$G_2(s)=\dfrac{a}{s+a}$,输入信号 $r(t)=1(t)$,试求系统(a)和(b)的脉冲传递函数 $G(z)$ 和输出的 z 变换 $C(z)$。

解   查 z 变换表 7.2,输入 $r(t)=1(t)$ 的 z 变换为 $R(z)=\dfrac{z}{z-1}$

对于系统(a),有

$$G_1(z) = Z\left[\frac{1}{s}\right] = \frac{z}{z-1}, \quad G_2(z) = Z\left[\frac{a}{s+a}\right] = \frac{az}{z - e^{-aT}}$$

因此

$$G(z) = G_1(z)G_2(z) = \frac{az^2}{(z-1)(z - e^{-aT})}$$

$$C(z) = G(z)R(z) = \frac{az^3}{(z-1)^2(z - e^{-aT})}$$

对于系统(b),有

$$G_1(s)G_2(s) = \frac{a}{s(s+a)}, \quad G(z) = G_1 G_2 = Z\left[\frac{a}{s(s+a)}\right] = \frac{z(1 - e^{-aT})}{(z-1)(z - e^{-aT})}$$

$$C(z) = G(z)R(z) = \frac{z^2(1 - e^{-aT})}{(z-1)^2(z - e^{-aT})}$$

　　显然,在串联环节之间有无理想采样开关隔开,其总的脉冲传递函数和输出 z 变换是不相同的。但是,不同之处仅表现在其零点不同,极点仍然一样。这也是离散系统特有的现象。

　　(3)有零阶保持器的开环系统脉冲传递函数

　　设有零阶保持器的开环离散系统如图 7.22 所示。图中,$G_h(s)$ 为零阶保持器传递函数,$G_p(s)$ 为系统环节传递函数,两个串联环节之间无理想采样开关隔开。由于 $G_h(s)$ 不是 s 的有理分式函数,因此不便于用式(7.33)求出开环系统脉冲传递函数。但考虑到零阶保持器传递函数的特点,可以把它与系统环节传递函数 $G_p(s)$ 一起考虑。

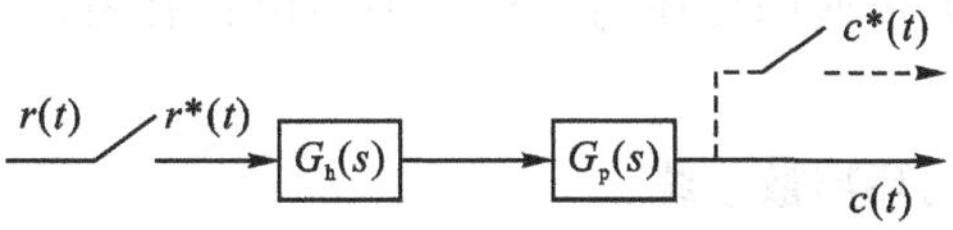

图 7.22　有零阶保持器的开环离散系统

　　由图 7.22 可知,开环系统的脉冲传递函数为

$$G(z) = Z\left[\frac{1 - e^{-Ts}}{s} G_p(s)\right]$$

由 z 变换的线性定理得

$$G(z) = Z\left[\frac{1}{s} G_p(s)\right] - Z\left[\frac{1}{s} G_p(s) e^{-Ts}\right]$$

由于 e^{-Ts} 为滞后一个采样周期的延迟因子,根据 z 变换的实位移定理,上式第二项可以写为

$$Z\left[\frac{1}{s} G_p(s) e^{-Ts}\right] = z^{-1} Z\left[\frac{1}{s} G_p(s)\right]$$

所以,有零阶保持器的开环系统脉冲传递函数为

$$G(z) = Z\left[\frac{1}{s} G_p(s)\right] - z^{-1} Z\left[\frac{1}{s} G_p(s)\right] = (1 - z^{-1}) Z\left[\frac{1}{s} G_p(s)\right] \tag{7.34}$$

　　当 $G_p(s)$ 为 s 的有理分式时,式(7.34)中的 z 变换 $Z[G_p(s)/s]$ 也必然是 z 的有理分式函数。从上面的分析可以看出,零阶保持器 $G_h(s) = (1 - e^{-Ts})/s$ 与系统环节 $G_p(s)$ 的串联可以

等效为 $(1-\mathrm{e}^{-Ts})$ 与 $G_\mathrm{p}(s)/s$ 的串联,通过利用 e^{-Ts} 延迟因子的性质,可求取开环系统脉冲传递函数。

【例 7 - 18】 设离散系统如图 7.22 所示,已知 $G_\mathrm{p}(s)=\dfrac{a}{s(s+a)}$,试求系统的脉冲传递函数 $G(z)$ 。

解　$\dfrac{G_\mathrm{p}(s)}{s}=\dfrac{a}{s^2(s+a)}=\dfrac{1}{s^2}-\dfrac{1}{a}\left(\dfrac{1}{s}-\dfrac{1}{s+a}\right)$

查 z 变换表 7.2,有

$$Z\left[\frac{G_\mathrm{p}(s)}{s}\right]=\frac{Tz}{(z-1)^2}-\frac{1}{a}\left(\frac{z}{z-1}-\frac{z}{z-\mathrm{e}^{-aT}}\right)$$

$$=\frac{\dfrac{1}{a}z\left[(\mathrm{e}^{-aT}+aT-1)z+(1-aT\mathrm{e}^{-aT}-\mathrm{e}^{-aT})\right]}{(z-1)^2(z-\mathrm{e}^{-aT})}$$

因此,有零阶保持器的开环系统脉冲传递函数

$$G(z)=(1-z^{-1})Z\left[\frac{1}{s}G_\mathrm{p}(s)\right]=\frac{\dfrac{1}{a}\left[(\mathrm{e}^{-aT}+aT-1)z+(1-aT\mathrm{e}^{-aT}-\mathrm{e}^{-aT})\right]}{(z-1)(z-\mathrm{e}^{-aT})}$$

与例 7.17 相比,可看出 $G(z)$ 的极点完全相同,仅零点不同。所以,引入零阶保持器后,只改变 $G(z)$ 的分子,不影响离散系统脉冲传递函数的极点。

3. 闭环系统脉冲传递函数

在连续系统中,闭环系统的闭环传递函数和系统的开环传递函数之间有着确定的关系。而在离散系统中,闭环脉冲传递函数还与采样开关的位置有关。下面推导几种典型闭环系统的脉冲传递函数。

(1)典型误差采样的闭环离散系统

图 7.23 是一种比较常见的误差采样闭环离散系统结构图。因为 z 变换是对离散信号进行的一种数学变换,所以系统中的连续信号都假设离散化了。用虚线表示采样开关,均以周期 T 同步工作。

由图 7.23 可得

$$E(s)=R(s)-B(s),\quad B(s)=G(s)H(s)E^*(s)$$

对以上两式取 z 变换得

$$E(z)=R(z)-B(z),\quad B(z)=GH(z)E(z)$$

即　　$E(z)=R(z)-GH(z)E(z)$

$$E(z)=\frac{R(z)}{1+GH(z)}$$

定义闭环系统误差脉冲传递函数为

$$\Phi_e(z)=\frac{E(z)}{R(z)}=\frac{1}{1+GH(z)}\tag{7.35}$$

系统输出

$$C(s)=G(s)E^*(s)$$

取 z 变换后,得
$$C(z)=G(z)E(z)$$

定义闭环系统脉冲传递函数为
$$\Phi(z)=\frac{C(z)}{R(z)}=\frac{G(z)}{1+GH(z)} \tag{7.36}$$

式(7.35)和式(7.36)是研究闭环离散系统时经常用到的两个闭环脉冲传递函数。与连续系统相类似,令 $\Phi(z)$ 或 $\Phi_e(z)$ 的分母多项式为零,便可得到闭环离散系统的特征方程:
$$D(z)=1+GH(z)=0$$

式中,$GH(z)$ 为开环离散系统脉冲传递函数。

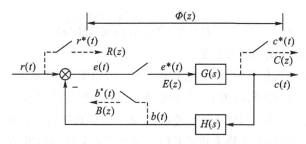

图 7.23 闭环离散系统结构图

需要指出,闭环离散系统脉冲传递函数不能从 $\Phi(s)$ 和 $\Phi_e(s)$ 求 z 变换得到,即
$$\Phi(z)\neq Z[\Phi(s)], \qquad \Phi_e(z)\neq Z[\Phi_e(s)]$$
其原因也是由于采样器在闭环系统中有多种配置。

通过与上面类似的方法,还可以推导出采样器为不同配置形式的其他闭环系统的脉冲传递函数。但是,只要误差信号 $e(t)$ 处没有采样开关,输入采样信号 $r^*(t)$(包括虚构的 $r^*(t)$)便不存在,此时不可能求出闭环离散系统对于输入信号的脉冲传递函数,而只能求出输出采样信号的 z 变换函数 $C(z)$。

(2)具有数字校正装置的闭环离散系统

图 7.24 为典型的具有数字校正装置的闭环离散系统。在该系统的前向通道中,脉冲传递函数 $G_1(z)$ 代表数字校正装置,其作用与连续系统的串联校正环节相同,其校正作用可由计算机软件来实现。

与前述相同,在综合点处
$$E(z)=R(z)-B(z)$$

从前向、反馈通道可得
$$B(z)=G_2H(z)D(z), \quad D(z)=G_1(z)E(z)$$

故有
$$B(z)=G_2H(z)G_1(z)E(z)$$

化简得,误差脉冲传递函数为
$$\Phi_e(z)=\frac{E(z)}{R(z)}=\frac{1}{1+G_1(z)G_2H(z)}$$

在前向通道中,又因为系统的输出

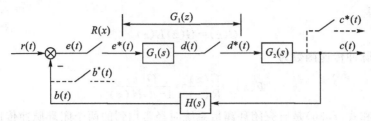

图 7.24 具有数字校正装置的闭环离散系统

$$C(z) = G_1(z)G_2(z)E(z)$$

闭环脉冲传递函数为

$$\Phi(z) = \frac{C(z)}{R(z)} = \frac{G_1(z)G_2(z)}{1 + G_1(z)G_2 H(z)}$$

(3)扰动信号作用的闭环离散系统

离散系统除给定输入信号外,尚有扰动信号输入,如图 7.25 所示。同分析连续系统一样,为求出 $C^*(s)$ 与 $N(s)$ 之间的关系,首先把图 7.25(a)所示的系统等效变换,等效系统的结构如图 7.25(b)所示。在这个系统中,连续的输入信号直接进入连续环节 $G_2(s)$,在这种情况下,只能求输出信号的 z 变换表达式 $C(z)$,而求不出系统的脉冲传递函数 $C(z)/N(z)$。

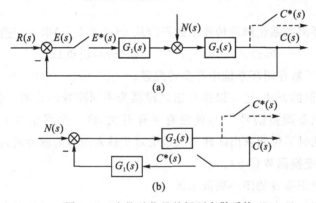

图 7.25 有扰动信号的闭环离散系统

由图 7.25(b)得

$$C(s) = G_2(s)E(s), \quad E(s) = N(s) - G_1(s)C^*(s)$$

所以

$$C(s) = G_2(s)N(s) - G_2(s)G_1(s)C^*(s)$$

对上式采样离散化,有

$$C^*(s) = [G_2(s)N(s)]^* - [G_2(s)G_1(s)]^* C^*(s)$$

解得

$$C^*(s) = \frac{[G_2(s)N(s)]^*}{1 + [G_2(s)G_1(s)]^*}$$

取 z 变换为

$$C(z) = \frac{G_2 N(z)}{1 + G_1 G_2(z)}$$

7.5　离散系统的性能分析

7.5.1　离散系统的稳定性

1. 离散系统稳定的充分必要条件

假设离散系统输出 $c^*(t)$ 的 z 变换可以写为

$$C(z) = \Phi(z)R(z) = \frac{M(z)}{D(z)}R(z)$$

式中，$M(z)$ 和 $D(z)$ 是 z 的多项式，并且 $D(z)$ 的次数 n 高于 $M(z)$ 的次数 m。

设系统在单位理想脉冲作用下，则有

$$C(z) = \Phi(z) = \frac{M(z)}{D(z)}$$

当 $C(z)$ 无重极点时（如果有重极点，所得结论也正确），$C(z)$ 可部分分式展开为

$$C(z) = \sum_{i=1}^{n} \frac{a_i z}{z - p_i}$$

式中，$p_i(i=1,2,3,\cdots,n)$ 为 $C(z)$ 的单重极点。

对上式求 z 反变换，得

$$c(kT) = \sum_{i=1}^{n} a_i p_i^k$$

若 $|p_i| < 1 (i=1,2,3,\cdots,n)$，则

$$\lim_{k \to \infty} c(kT) = 0$$

按照第 3 章关于稳定的定义，系统是稳定的；只要 $C(z)$ 至少有一个极点的模值大于 1，则

$$\lim_{k \to \infty} c(kT) = \infty$$

系统便是不稳定的；若 $C(z)$ 有模值为 1 的单极点，则系统处于临界稳定；若 $C(z)$ 有模值为 1 的任何重极点，则系统是不稳定的。

根据 z 变换的定义，有

$$C^*(s) = C(z) \big|_{z = e^{Ts}}$$

如果系统是稳定的，那么

$$\lim_{t \to \infty} c^*(t) = \lim_{k \to \infty} c(kT) = 0$$

$C^*(s)$ 的所有极点都应在 s 平面的左半部分。

令 $s = \sigma + j\omega$，则有

$$z = e^{T(\sigma + j\omega)} = e^{T\sigma} e^{jT\omega}$$

$$|z| = e^{T\sigma} \qquad \angle z = T\omega$$

若 $\sigma < 0$（即 s 位于左半复平面），则

$$|z| < 1$$

即，若 $C^*(s)$ 的极点都位于 s 平面的左半平面，则 $C(z)$ 的极点都位于 z 平面上以原点为圆心

的单位圆内,如图 7.26 所示。

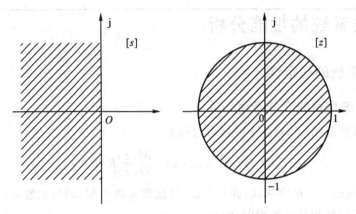

图 7.26 s 平面到 z 平面的映射

从上面的分析可知,离散系统稳定的充分必要条件是系统的特征方程
$$D(z)=0$$
的根都在 z 平面上以原点为圆心的单位圆内。

【例 7-19】 设采样控制系统的结构如图 7.27 所示。其中 $G(s)=\dfrac{1}{s(s+4)}$,$T=$ 0.25 (s)。试判断系统的稳定性。

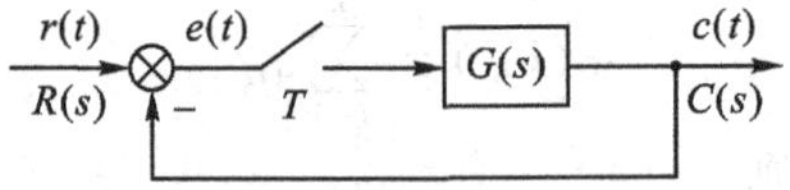

图 7.27 采样控制系统的结构

解 $G(z)=Z\left[\dfrac{1}{s(s+4)}\right]=Z\left[\dfrac{1}{4}\left(\dfrac{1}{s}-\dfrac{1}{s+4}\right)\right]=\dfrac{1}{4}\left(\dfrac{z}{z-1}-\dfrac{z}{z-\mathrm{e}^{-4T}}\right)=\dfrac{z(1-\mathrm{e}^{-4T})/4}{(z-1)(z-\mathrm{e}^{-4T})}$

$$\Phi(z)=\frac{G(z)}{1+G(z)}=\frac{z(1-\mathrm{e}^{-4T})/4}{(z-1)(z-\mathrm{e}^{-4T})+z(1-\mathrm{e}^{-4T})/4}$$

特征方程式为
$$D(z)=(z-1)(z-\mathrm{e}^{-4T})+z(1-\mathrm{e}^{-4T})/4=0$$
代入 $T=0.25$ s,即
$$z^2-1.21z+0.368=0$$
解方程得
$$z_{1,2}=0.605\pm j0.044$$
因为
$$|z_1|=|z_2|<1$$
所以系统是稳定的。

与分析连续系统的稳定性一样,当离散系统阶数较高时,用直接求解特征方程的根来判断系统的稳定性往往比较困难。因此,可以像连续系统那样,不直接求出其特征根,而是根据特征方程的系数得到相应的稳定性判据,用于判别离散系统的稳定性。

2. 离散系统的稳定判据

(1)朱利稳定判据。朱利(Jury)判据是直接在 z 域内应用的稳定性判据,类似连续系统中的赫尔维茨判据,朱利判据是根据离散系统的闭环特征方程 $D(z)=0$ 的系数,判别其根是否位于 z 平面上的单位圆内,从而判断该离散系统是否稳定。

设 n 阶离散系统的闭环特征方程为

$$D(z)=a_0+a_1z+a_2z^2+\cdots+a_nz^n=0, a_n>0$$

利用特征方程的系数,按照下述方法构造 $2(n-1)$ 行、$(n+1)$ 列朱利阵列,见表 7.3。

表 7.3 朱利阵列

行号	z^0	z^1	z^2	$\cdots$	z^{n-k}	$\cdots$	$\cdots$	z^{n-1}	z^n
1	a_0	a_1	a_2	$\cdots$	a_{n-k}	$\cdots$	$\cdots$	a_{n-1}	a_n
2	a_n	a_{n-1}	a_{n-2}	$\cdots$	a_k	$\cdots$	$\cdots$	a_1	a_0
3	b_0	b_1	b_2	$\cdots$	b_{n-k}	$\cdots$	$\cdots$	b_{n-1}	
4	b_{n-1}	b_{n-2}	b_{n-3}	$\cdots$	b_{k-1}	$\cdots$	$\cdots$	b_0	
5	c_0	c_1	c_2	$\cdots$	c_{n-k}	$\cdots$	c_{n-2}		
6	c_{n-2}	c_{n-3}	c_{n-4}	$\cdots$	c_{k-2}	$\cdots$	c_0		
$\vdots$	$\vdots$	$\vdots$	$\vdots$	$\vdots$	$\vdots$	$\vdots$			
$\vdots$	$\vdots$	$\vdots$	$\vdots$	$\vdots$	$\vdots$				
$2(n-1)-3$	p_0	p_1	p_2	p_3					
$2(n-1)-2$	p_3	p_2	p_1	p_0					
$2(n-1)-1$	q_0	q_1	q_2						
$2(n-1)$	q_2	q_1	q_0						

在朱利阵列中,第 $2k+2$ 行各元,是第 $2k+1$ 行各元的反序排列。从第三行起,阵列中各元的定义如下

$$\boldsymbol{b}_k=\begin{vmatrix} a_0 & a_{n-k} \\ a_n & a_k \end{vmatrix}; \qquad k=0,1,\cdots,n-1$$

$$\boldsymbol{c}_k=\begin{vmatrix} b_0 & b_{n-1-k} \\ b_{n-1} & b_k \end{vmatrix}; \qquad k=0,1,\cdots,n-2$$

$$\boldsymbol{d}_k=\begin{vmatrix} c_0 & c_{n-2-k} \\ c_{n-2} & c_k \end{vmatrix}; \qquad k=0,1,\cdots,n-3$$

$$\vdots$$

$$\boldsymbol{q}_0=\begin{vmatrix} p_0 & p_3 \\ p_3 & p_0 \end{vmatrix}, \boldsymbol{q}_1=\begin{vmatrix} p_0 & p_2 \\ p_3 & p_1 \end{vmatrix}, \boldsymbol{q}_2=\begin{vmatrix} p_0 & p_1 \\ p_3 & p_2 \end{vmatrix}$$

朱利稳定判据 特征方程 $D(z)=0$ 的根,全部位于 z 平面上单位圆内的充分必要条件是

$$D(1)>0, \quad (-1)^nD(-1)>0$$

且朱利阵列的第一列满足下列$(n-1)$个约束条件

$$|a_0| < a_n$$

$$|b_0| > |b_{n-1}|、\quad |c_0| > |c_{n-2}|、\quad |d_0| > |d_{n-3}|、\cdots、\quad |q_0| > |q_2|$$

只有当上述诸条件均满足时,离散系统才是稳定的,否则系统不稳定。

【例 7 - 20】 已知离散系统闭环特征方程为 $D(z) = z^4 - 1.368z^3 + 0.4z^2 + 0.08z + 0.002 = 0$,试用朱利判据判断系统的稳定性。

解 由于 $n = 4, 2(n-1) = 6$、$(n+1) = 5$,故朱利阵列有 6 行 5 列。根据给定的 $D(z)$ 知

$$a_0 = 0.002, \quad a_1 = 0.08, \quad a_2 = 0.4, \quad a_3 = -1.368, \quad a_4 = 1$$

计算朱利阵列中的元素 b_k 和 c_k:

$$b_0 = \begin{vmatrix} a_0 & a_4 \\ a_4 & a_0 \end{vmatrix} = -1, \qquad b_1 = \begin{vmatrix} a_0 & a_3 \\ a_4 & a_1 \end{vmatrix} = 1.368,$$

$$b_2 = \begin{vmatrix} a_0 & a_2 \\ a_4 & a_2 \end{vmatrix} = -0.399, \qquad b_3 = \begin{vmatrix} a_0 & a_1 \\ a_4 & a_3 \end{vmatrix} = -0.082$$

$$c_0 = \begin{vmatrix} b_0 & b_3 \\ b_3 & b_0 \end{vmatrix} = 0.993, \qquad c_1 = \begin{vmatrix} b_0 & b_2 \\ b_3 & b_1 \end{vmatrix} = -1.401, \quad c_2 = \begin{vmatrix} b_0 & b_1 \\ b_3 & b_2 \end{vmatrix} = 0.511$$

作出如下朱利阵列:

行号	z^0	z^1	z^2	z^3	z^4
1	0.002	0.08	0.4	-1.368	1
2	1	-1.368	0.4	0.08	0.002
3	-1	1.368	-0.339	-0.082	
4	-0.082	-0.339	1.368	-1	
5	0.993	-1.401	0.511		
6	0.511	-1.401	0.993		

因为

$$D(1) = 0.114 > 0, \quad (-1)^4 D(-1) = 2.69 > 0$$

且朱利阵列的第一列满足

$$|a_0| = 0.002 < a_4 = 1$$

$$|b_0| = 1 > |b_3| = 0.082, \qquad |c_0| = 0.993 > |c_2| = 0.511$$

故由朱利稳定判据可知,该离散系统是稳定的。

(2)劳斯稳定判据。虽然朱利判据可以判断离散系统的稳定性,但当系统不稳定时却不能判断有几个特征根位于单位圆外。在分析连续系统时,曾应用劳斯稳定判据判断系统的特征根位于 s 右半平面的个数,并依此来判断系统的稳定性。对于离散系统,也可用劳斯判据分析其稳定性,但由于在 z 域中稳定区域是单位圆内。而不是左半平面,因此不能直接应用劳斯判据。为此引入如下双线性交换

$$z = \frac{w+1}{w-1} \qquad (7.37)$$

$$w = \frac{z+1}{z-1} \tag{7.38}$$

令复变量 $z = x + \mathrm{j}y$，$w = u + \mathrm{j}v$。将 $z = x + \mathrm{j}y$ 代入式(7.38)，则

$$w = \frac{(x+\mathrm{j}y)+1}{(x+\mathrm{j}y)-1} = \frac{(x^2+y^2)-1}{(x-1)^2+y^2} - \mathrm{j}\,\frac{2y}{(x-1)^2+y^2}$$

显然，上述变换将 z 域中的单位圆内的区域映射到 w 域的左半平面，而将 z 域中单位圆外的区域映射到 w 域的右半平面，z 平面和 w 平面的这种对应关系，如图 7.28 所示。

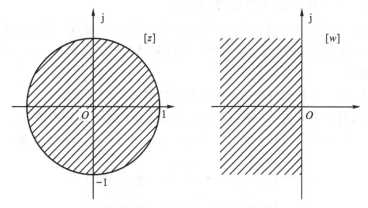

图 7.28　z 平面到 w 平面的映射

由 w 变换可知，通过式(7.37)，可将线性定常离散系统在 z 平面上的特征方程 $D(z) = 0$，转换为在 w 平面上的特征方程 $D(w) = 0$。于是，离散系统稳定的充分必要条件，由特征方程 $D(z) = 0$ 的所有根位于 z 平面的单位圆内，转换为特征方程 $D(w) = 0$ 的所有根位于 w 左半平面。这正好与在 s 平面上应用劳斯稳定判据的情况一样。所以根据 w 域中的特征方程系数，可以直接应用劳斯表判断离散系统的稳定性，并相应称为 w 域中的劳斯稳定判据。

【例 7-21】　设闭环离散系统如图 7.27 所示。其中 $G(s) = \dfrac{K}{s(0.1s+1)}$，采样周期 $T = 0.1(s)$。试求系统稳定时 K 的临界值。

解　$G(z) = Z\left[\dfrac{K}{s(0.1s+1)}\right] = \dfrac{0.632Kz}{z^2 - 1.368z + 0.368}$

$$\Phi(z) = \frac{G(z)}{1 + G(z)}$$

特征方程式为　　　　$D(z) = z^2 + (0.632K - 1.368)z + 0.368 = 0$

令 $z = (w+1)/(w-1)$，得

$$\left(\frac{w+1}{w-1}\right)^2 + (0.632K - 1.368)\frac{w+1}{w-1} + 0.368 = 0$$

化简后，得 w 域特征方程

$$0.632Kw^2 + 1.264w + (2.736 - 0.632K) = 0$$

列出劳斯表

w^2	$0.632K$	$2.736-0.632K$
w^1	1.264	0
w^0	$2.736-0.632K$	

从劳斯表第一列系数可以看出,要使系统稳定,必须使 $K>0$ 和 $2.736-0.632K>0$,即 $K<4.33$。故系统稳定的临界增益为 $K=4.33$。

3. 采样周期与开环增益对稳定性的影响

连续系统的稳定性取决于系统的开环增益 K、系统的零极点分布和传输延迟等因素。但是,影响离散系统稳定性的因素,除与连续系统相同的上述因素外,还有采样周期 T。先看一个具体的例子。

【例 7-22】 设有零阶保持器的离散系统结构如图 7.29 所示。

(1)当采样周期 T 分别为 1 s 和 0.5 s 时,试求系统的临界开环增益 K_c;

(2)当 $r(t)=1(t)$,$K=1$,T 分别为 0.1 s、1 s、2 s 和 4 s 时,分析系统的稳定性。

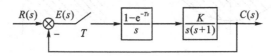

图 7.29　例 7-22 的离散系统结构图

解　系统的开环脉冲传递函数

$$G(z)=(1-z^{-1})Z\left[\frac{K}{s^2(s+1)}\right]=K\frac{(e^{-T}+T-1)z+(1-e^{-T}-Te^{-T})}{(z-1)(z-e^{-T})}$$

(1)当 $T=1$ s 时,z 域特征方程为

$$D(z)=z^2+(0.368K-1.368)z+(0.264K+0.368)=0$$

令 $z=(w+1)/(w-1)$,得 w 域特征方程

$$D(w)=0.632Kw^2+(1.264-0.582K)w+(2.736-0.104K)=0$$

根据劳斯判据,得 $K_c=2.4$。

当 $T=0.5$ s 时,w 域特征方程为

$$D(w)=0.197Kw^2+(0.786-0.18K)w+(3.214-0.017K)=0$$

根据劳斯判据,得 $K_c=4.37$。

(2)令 $r(t)=1(t)$,当 $K=1$,T 分别为 0.1 s、1 s、2 s 和 4 s 时,画出系统的输出响应曲线 $c(t)$,如图 7.30 所示。

由该例可见,K 和 T 对离散系统稳定性有如下影响:

①当采样周期一定时,加大开环增益会使离散系统的稳定性变差,甚至使系统变得不稳定;

②当开环增益一定时,采样周期越大,丢失的信息越多,对离散系统的稳定性及动态性能均不利,甚至可使系统失去稳定性。

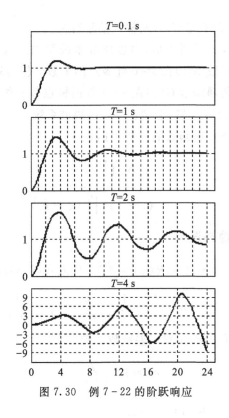

图 7.30 例 7-22 的阶跃响应

7.5.2 离散系统的稳态误差与静态误差系数

稳态误差是分析和设计控制系统的一个重要性能指标,由连续系统的分析可知,系统的稳态误差与输入信号的大小、形式、系统的型别以及开环增益有关。这一结论同样也适用于采样系统。此外,由于 $G(z)$ 还与采样周期 T 有关,以及多数的典型输入 $R(z)$ 也与 T 有关,因此离散系统的稳态误差与采样周期的选取也有关。

设单位反馈误差采样系统如图 7.31 所示。其中,$e^*(t)$ 为系统采样误差信号,其 z 变换为

$$E(z) = R(z) - C(z) = [1 - \Phi(z)] R(z) = \Phi_e(z) R(z)$$

其中 $\Phi_e(z) = \dfrac{E(z)}{R(z)} = \dfrac{1}{1 + G(z)}$,为系统误差脉冲传递函数。

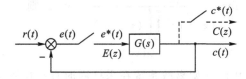

图 7.31 单位反馈误差采样系统

如果 $\Phi_e(z)$ 的极点全部位于 z 平面的单位圆内,即若离散系统是稳定的,则可用 z 变换的终值定理求出采样瞬时的稳态误差

$$e(\infty) = \lim_{t \to \infty} e^*(t) = \lim_{z \to 1} (1 - z^{-1}) E(z) = \lim_{z \to 1} \frac{z-1}{z} \frac{R(z)}{1 + G(z)} \tag{7.39}$$

式(7.39)表明,系统的稳态误差与$G(z)$及输入信号有关。

与线性连续系统稳态误差分析类似,引出离散系统型别的概念,由于$z=e^{Ts}$的关系,以原线性连续系统开环传递函数$G(s)$在$s=0$处极点的个数v作为划分系统型别的标准,可推广为以离散系统开环脉冲传递函数$G(z)$在$z=1$处的极点数v作为划分离散系统的型别的标准,称$v=0、1、2、\cdots$的系统为0型、I型、II型、$\cdots$离散系统。

设闭环系统的开环脉冲传递函数的一般表达式为

$$G(z)=\frac{K_g\prod_{i=1}^{m}(z-z_i)}{(z-1)^v\prod_{j=1}^{n-v}(z-p_j)}$$

1. 阶跃输入系统的稳态误差

设系统的输入为$r(t)=p\cdot 1(t)$,$R(z)=\frac{pz}{z-1}$,代入式(7.39),得系统的稳态误差为

$$e(\infty)=\lim_{z\to 1}\frac{z-1}{z}\frac{1}{1+G(z)}\frac{pz}{z-1}=\frac{p}{1+\lim_{z\to 1}G(z)}$$

定义$K_p=\lim_{z\to 1}G(z)$为系统的静态位置误差系数。则有

$$e(\infty)=\frac{p}{1+K_p}$$

(1)$v=0$时,有$K_p=\lim_{z\to 1}\dfrac{K_g\prod_{i=1}^{m}(z-z_i)}{\prod_{j=1}^{n}(z-p_j)}=$常数。则

$$e(\infty)=\frac{p}{1+K_p}=常数$$

(2)$v=1$时,有$K_p=\lim_{z\to 1}\dfrac{K_g\prod_{i=1}^{m}(z-z_i)}{(z-1)\prod_{j=1}^{n-1}(z-p_j)}=\infty$。则

$$e(\infty)=0$$

(3)$v=2$时,有$K_p=\lim_{z\to 1}\dfrac{K_g\prod_{i=1}^{m}(z-z_i)}{(z-1)^2\prod_{j=1}^{n-2}(z-p_j)}=\infty$。则

$$e(\infty)=0$$

因此,在阶跃函数作用下,0型离散系统在采样瞬时存在位置误差;I型或II型以上的离散系统,在采样瞬时没有位置误差。这个结论与连续系统的十分相似。

2. 斜坡输入系统的稳态误差

设系统的输入为$r(t)=vt$,$R(z)=vTz/(z-1)^2$,代入式(7.39),得系统的稳态误差为

$$e(\infty)=\lim_{z\to 1}\frac{z-1}{z}\frac{1}{1+G(z)}\frac{Tvz}{(z-1)^2}=\frac{vT}{\lim_{z\to 1}(z-1)G(z)}$$

定义 $K_v = \lim_{z \to 1}(z-1)G(z)$ 为系统的静态速度误差系数。则有

$$e(\infty) = \frac{vT}{K_v}$$

因为 0 型系统的 $K_v=0$，Ⅰ 型系统的 K_v 为有限值，Ⅱ 型和 Ⅱ 型以上系统的 $K_v=\infty$，所以有如下结论：0 型离散系统不能跟踪斜坡函数作用，Ⅰ 型离散系统在斜坡函数作用下存在速度误差，Ⅱ 型和 Ⅱ 型以上离散系统在斜坡函数作用下不存在稳态误差。

3. 加速度输入系统的稳态误差

设系统的输入为 $r(t)=at^2/2$，$R(z)=\dfrac{aT^2z(z+1)}{2(z-1)^3}$，代入式(7.39)，得系统的稳态误差为

$$e(\infty)=\lim_{z \to 1}\frac{z-1}{z}\frac{1}{1+G(z)}\frac{aT^2z(z+1)}{2(z-1)^3}=\frac{aT^2}{\lim_{z \to 1}(z-1)^2G(z)}$$

定义 $K_a=\lim_{z \to 1}(z-1)^2G(z)$ 为系统的静态加速度误差系数。则有

$$e(\infty)=\frac{aT^2}{K_a}$$

由于 0 型和 Ⅰ 型系统的 $K_a=0$，Ⅱ 型系统的 K_a 为常数，所以有如下结论：0 型和 Ⅰ 型离散系统不能跟踪加速度函数作用，Ⅱ 型离散系统在加速度函数作用下存在加速度误差，Ⅲ 型和 Ⅲ 型以上离散系统在加速度函数作用下不存在采样瞬时的稳态误差。

不同型别单位反馈离散系统的稳态误差见表 7.4。

表 7.4 单位反馈离散系统的稳态误差

系统型别	位置误差 $r(t)=p1(t)$	速度误差 $r(t)=vt$	加速度误差 $r(t)=at^2/2$
0	$\dfrac{p}{1+K_p}$	∞	∞
Ⅰ	0	$\dfrac{vT}{K_v}$	∞
Ⅱ	0	0	$\dfrac{aT^2}{K_a}$
Ⅲ	0	0	0

【例 7-23】 已知采样系统的结构如图 7.32 所示，其中 $G_p(s)=\dfrac{2(0.5s+1)}{s^2}$，$G_h(s)$ 为零阶保持器的传递函数，采样周期 $T=0.2$ s，求在输入信号 $r(t)=1+t+t^2/2,(t>0)$ 的作用下，系统的稳态误差。

解 开环脉冲传递函数为

$$G(z)=\frac{z-1}{z}Z\left[\frac{2(0.5s+1)}{s^3}\right]=\frac{z-1}{z}\left[\frac{Tz}{(z-1)^2}+\frac{T^2z(z+1)}{(z-1)^3}\right]=\frac{0.24z-0.16}{(z-1)^2}$$

闭环特征方程为

$$D(z)=z^2-1.76z+0.84=0$$

且 $D(1)=0.08>0,D(-1)=3.6>0$

$$|a_0|=0.84<a_2=1$$

根据朱利判据可知,该系统稳定。

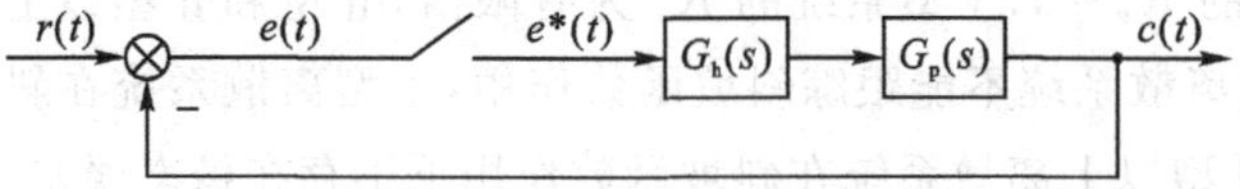

图 7.32 例 7-23 系统的结构

由开环脉冲传递函数 $G(z)$ 可知,该系统为 Ⅱ 型系统,根据表 7.4 可知

$$K_p=\infty,\quad K_v=\infty,\quad K_a=\lim_{z\to1}(z-1)^2G(z)=\lim_{z\to1}(0.24z-0.16)=0.08$$

因此,在输入信号 $r(t)=1+t+t^2/2$ 作用下,系统的稳态误差为

$$e(\infty)=\frac{p}{1+K_p}+\frac{vT}{K_v}+\frac{aT^2}{K_a}=\frac{1}{1+\infty}+\frac{1\times0.2}{\infty}+\frac{1\times0.2^2}{0.08}=0.5$$

7.5.3 离散系统的动态性能分析

计算离散系统的动态性能,通常先求取离散系统的阶跃响应序列,再按动态性能指标定义来确定指标值。本节主要介绍在 z 平面上定性分析离散系统闭环极点与其动态性能之间的关系。

1. 离散系统的时间响应

设离散系统的闭环脉冲传递函数有 $\Phi(z)=C(z)/R(z)$,则系统单位阶跃响应的 z 变换

$$C(z)=\Phi(z)\frac{z}{z-1}$$

通过 z 反变换,可以求出输出信号的脉冲序列 $c^*(t)$。设离散系统时域指标的定义与连续系统相同,则根据单位阶跃响应序列 $c^*(t)$ 可以方便地分析离散系统的动态性能。

【**例 7-24**】 设有零阶保持器的离散系统如图 7.33 所示,其中 $K=1,r(t)=1(t),T=1$ s。试分析系统的动态性能。

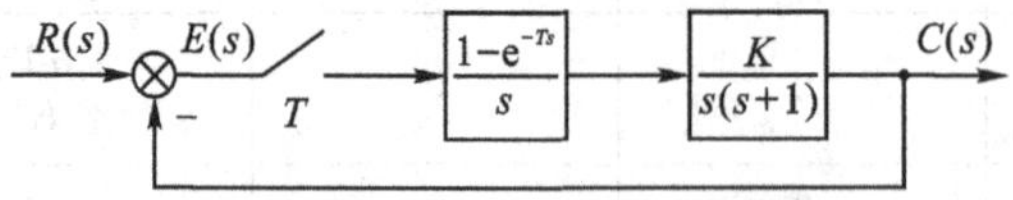

图 7.33 例 7-24 的离散系统

解 开环脉冲传递函数 $G(z)$ 为

$$G(z)=Z\left[\frac{1-e^{-Ts}}{s^2(s+1)}\right]=\frac{z-1}{z}Z\left[\frac{1}{s^2(s+1)}\right]=\frac{0.368z+0.264}{(z-1)(z-0.368)}$$

闭环脉冲传递函数

$$\Phi(z)=\frac{G(z)}{1+G(z)}=\frac{0.368z+0.264}{z^2-z+0.632}$$

将 $R(z)=z/(z-1)$ 代入上式,求出单位阶跃响应序列的 z 变换,即

$$C(z)=\Phi(z)\frac{z}{z-1}=\frac{0.368z^2+0.264z}{z^3-2z^2+1.632z-0.632}$$

通过长除法,得到系统的阶跃响应序列 $c(nT)$ 如表 7.5。由该表绘出离散系统的单位阶跃响应 $c^*(t)$,如图 7.34 所示,由图可以求得离散系统的近似性能指标:最大超调量 $\sigma\% = 39.9\%$,峰值时间 $t_p = 4$ s,调节时间 $t_s = 12$ s($\Delta = 5\%$)。

表 7.5　例 7-24 的阶跃响应序列 $c(nT)$

$c(0T)=0$	$c(5T)=1.147$	$c(10T)=1.077$	$c(15T)=0.973$	$c(20T)=0.997$	$c(25T)=1.003$
$c(1T)=0.368$	$c(6T)=0.895$	$c(11T)=1.081$	$c(16T)=0.998$	$c(21T)=0.992$	$c(26T)=1.002$
$c(2T)=1.0$	$c(7T)=0.802$	$c(12T)=1.032$	$c(17T)=1.015$	$c(22T)=0.994$	
$c(3T)=1.399$	$c(8T)=0.868$	$c(13T)=0.981$	$c(18T)=1.016$	$c(23T)=0.999$	
$c(4T)=1.399$	$c(9T)=0.994$	$c(14T)=0.961$	$c(19T)=1.007$	$c(24T)=1.003$	

离散系统的时域性能指标只能按采样点上的值来计算,所以是近似的。

前面曾经指出,采样器和保持器不影响开环脉冲传递函数的极点,仅影响开环脉冲传递函数的零点。开环脉冲传递函数零点的变化,必然引起闭环脉冲传递函数极点的改变,因此采样器和保持器会影响闭环离散系统的动态性能。

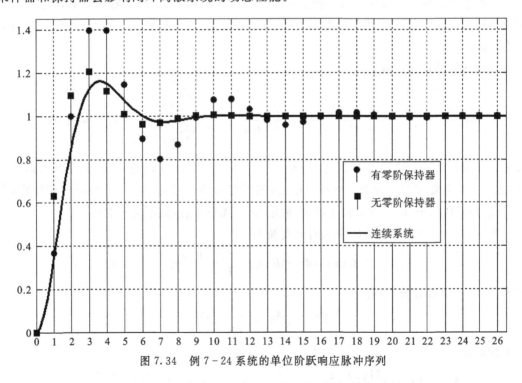

图 7.34　例 7-24 系统的单位阶跃响应脉冲序列

图 7.34 中同时绘出了不加零阶保持器时该离散系统的单位阶跃响应 $c^*(t)$,和连续系统的单位阶跃响应 $c(t)$。由图 7.34 可得各系统的时域性能指标,如表 7.6 所示,可见,采样器和保持器对离散系统的动态性能有如下影响。

(1)采样器可使系统的峰值时间和调节时间略有减小,但使超调量增大,故采样造成的信息损失会降低系统的稳定性。然而,在某些情况下,例如在具有大延迟的系统中,误差采样反而会提高系统的稳定性。

(2)零阶保持器使系统的峰值时间和调节时间都增大,超调量和振荡次数也增加。这是因为除了采样造成的不稳定因素外,零阶保持器的相角滞后降低了系统的稳定性。

表 7.6 连续与离散系统的时域性能指标

时域指标	系统类型		
	连续系统	离散系统 (只有采样器)	离散系统 (有采样器和保持器)
峰值时间/s	3.6	3.0	4.0
调节时间/s	5.3	5.0	12
超调量/%	16.3	20.7	39.9
振荡次数	0.5	0.5	1.5

2. 闭环极点与动态响应的关系

离散系统闭环脉冲传递函数的极点在 z 平面上单位圆内的分布,对系统的动态响应具有重要影响。确定它们之间的关系,哪怕只是定性关系,对分析和设计离散系统,都是有指导意义的。

设闭环脉冲传递函数

$$\Phi(z) = \frac{M(z)}{D(z)} = \frac{b_0 z^m + b_1 z^{m-1} + \cdots + b_m}{a_0 z^n + a_1 z^{n-1} + \cdots + a_n} = \frac{b_0}{a_0} \frac{\sum\limits_{i=1}^{m}(z-z_i)}{\sum\limits_{j=1}^{n}(z-p_j)} , \quad (m \leqslant n)$$

式中,$z_i(i=1,2,\cdots,m)$ 为 $\Phi(z)$ 的零点;$p_j(j=1,2,\cdots,n)$ 为 $\Phi(z)$ 的极点,它们既可以是实数,也可以是共轭复数。如果离散系统稳定,则所有闭环极点均位于 z 平面的单位圆内,有 $|p_j|<1(j=1,2,\cdots,n)$。为了便于讨论,假定 $\Phi(z)$ 无重极点,这不失一般性。

当 $r(t)=1(t)$ 时,离散系统输出的 z 变换为

$$C(z) = \Phi(z)R(z) = \frac{M(z)}{D(z)}\frac{z}{z-1}$$

将 $C(z)/z$ 展成部分分式,有

$$\frac{C(z)}{z} = \frac{A_0}{z-1} + \sum_{j=1}^{n}\frac{A_j}{z-p_j}$$

式中常系数

$$A_0 = \left[(z-1)\frac{M(z)}{D(z)}\frac{1}{z-1}\right]\Big|_{z=1}, \qquad A_j = \left[(z-p_j)\frac{M(z)}{D(z)}\frac{1}{z-1}\right]\Big|_{z=p_j}$$

于是

$$C(z) = \frac{A_0 z}{z-1} + \sum_{j=1}^{n}\frac{A_j z}{z-p_j} \tag{7.40}$$

在式(7.40)中,等号右端第一项的 z 反变换为 A_0,是 $c^*(t)$ 的稳态分量,若其值为 1,则单位反馈离散系统在单位阶跃输入作用下的稳态误差为零;第二项的 z 反变换为 $c^*(t)$ 的暂态分

量。根据 p_j 在单位圆内的位置,可以确定 $c^*(t)$ 的动态响应形式,下面分几种情况来讨论。

(1)正实轴上的闭环单极点。

设 p_j 为正实数。p_j 对应的瞬态分量为

$$c_j^*(t) = Z^{-1}\left[\frac{A_j z}{z - p_j}\right]$$

求 z 反变换得

$$c_j(kT) = A_j p_j^k \tag{7.41}$$

若令 $a = \frac{1}{T}\ln p_j$,则上式可写为

$$c_j(kT) = A_j e^{kaT}$$

所以,当 p_j 为正实数时,正实轴上的闭环极点对应指数规律变化的动态过程形式。

若 $p_j > 1$,闭环单极点位于 z 平面单位圆外的正实轴上,$a > 0$,动态响应 $c_j(kT)$ 是按指数规律发散的脉冲序列;

若 $p_j = 1$,闭环单极点位于右半 z 平面的单位圆周上,$a = 0$,动态响应 $c_j(kT) = A_j$,是等幅脉冲序列;

若 $0 < p_j < 1$,闭环单极点位于 z 平面单位圆内的正实轴上,$a < 0$,动态响应 $c_j(kT)$ 是按指数规律收敛的脉冲序列,且 p_j 越接近原点,$|a|$ 越大,$c_j(kT)$ 衰减越快。

(2)负实轴上的闭环单极点。

设 p_j 为负实数,由式(7.41)可见,当 n 为奇数时 p_j^k 为负;当 n 为偶数时 p_j^k 为正,因此负实数极点对应的动态响应 $c_j(kT)$ 是交替变化的双向脉冲序列。

若 $p_j < -1$,闭环单极点位于 z 平面单位圆外的负实轴上,则 $c_j(kT)$ 为交替变号的发散脉冲序列;

若 $p_j = -1$,闭环单极点位于左半 z 平面的单位圆周上,则 $c_j(kT)$ 为交替变号的等幅脉冲序列;

若 $-1 < p_j < 0$,闭环单极点位于 z 平面上单位圆内的负实轴上,则 $c_j(kT)$ 为交替变号的衰减脉冲序列,且 p_j 离原点越近,$c_j(kT)$ 衰减越快。

闭环实极点分布与相应动态响应形式的关系如图 7.35 所示。

(3)z 平面上的闭环共轭复数极点。

设 p_j 和 p_{j+1} 为一对共轭复数极点,其表达式为

$$p_{j,j+1} = |p_j| e^{\pm i\theta_j}$$

其中,θ_j 为共轭复数极点 p_j 的相角,从 z 平面上的正实轴算起,逆时针为正。显然,由式(7.40)知,一对共轭复极点所对应的瞬态分量为

$$c_j^*(t) + c_{j+1}^*(t) = Z^{-1}\left[\frac{A_j z}{z - p_j} + \frac{A_{j+1} z}{z - p_{j+1}}\right]$$

对上式求 z 反变换的结果为

$$c_j(kT) + c_{j+1}(kT) = A_j p_j^k + A_{j+1} p_{j+1}^k$$

由于 $\Phi(z)$ 的分子多项式与分母多项式的系数均为实数,故 A_j 和 A_{j+1} 也一定是共轭复数,令

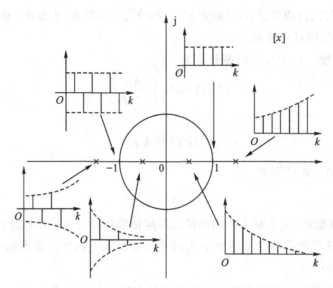

图 7.35　闭环实极点分布与相应动态响应形式

$$A_j = |A_j| e^{j\varphi_j}, \quad A_{j+1} = |A_j| e^{-j\varphi_j}$$

则有

$$
\begin{aligned}
c_j(kT) + c_{j+1}(kT) &= |A_j| e^{j\varphi_j} |p_j|^k e^{jk\theta_j} + |A_j| e^{-j\varphi_j} |p_j|^k e^{-jk\theta_j} \\
&= |A_j| |p_j|^k [e^{j(k\theta_j + \varphi_j)} + e^{-j(k\theta_j + \varphi_j)}] \\
&= 2|A_j| |p_j|^k \cos(k\theta_j + \varphi_j)
\end{aligned}
\tag{7.42}
$$

若令

$$a_j = \frac{1}{T}\ln(|p_j| e^{j\theta_j}) = \frac{1}{T}\ln|p_j| + j\frac{\theta_j}{T} = a + j\omega$$

$$a_{j+1} = \frac{1}{T}\ln(|p_j| e^{-j\theta_j}) = \frac{1}{T}\ln|p_j| - j\frac{\theta_j}{T} = a - j\omega$$

则式(7.42)又可表示为

$$
\begin{aligned}
c_j(kT) + c_{j+1}(kT) &= A_j p_j^k + A_{j+1} p_{j+1}^k \\
&= A_j e^{a_j kT} + A_{j+1} e^{a_{j+1} kT} \\
&= |A_j| e^{j\varphi_j} e^{(a+j\omega)kT} + |A_j| e^{-j\varphi_j} e^{(a-j\omega)kT} \\
&= 2|A_j| e^{akT} \cos(k\omega T + \varphi_j)
\end{aligned}
\tag{7.43}
$$

其中，$a = \frac{1}{T}\ln|p_j|$，$\omega = \frac{\theta_j}{T}$，$0 < \theta_j < \pi$。

由式(7.43)可见，一对共轭复数极点对应的瞬态分量 $c_j(kT) + c_{j+1}(kT)$ 按振荡规律变化，振荡的角频率为 ω。在 z 平面上，共轭复数极点的位置越左，θ_j 便越大，$c_j(kT) + c_{j+1}(kT)$ 振荡的角频率 ω 也就越高。式(7.42)和式(7.43)表明：

若 $|p_j| > 1$，闭环复数极点位于 z 平面的单位圆外，有 $a > 0$，故动态响应 $c_j(kT) + c_{j+1}(kT)$ 为振荡发散脉冲序列；

若 $|p_j| = 1$，闭环复数极点位于 z 平面的单位圆上，有 $a = 0$，故动态响应 $c_j(kT) + c_{j+1}(kT)$

为等幅振荡脉冲序列；

若 $|p_j|<1$，闭环复数极点位于 z 平面的单位圆内，有 $a<0$，故动态响应 $c_j(kT)+c_{j+1}(kT)$ 为振荡收敛脉冲序列，且 $|p_j|$ 越小，即复极点越靠近原点，振荡收敛得越快。

闭环共轭复数极点分布与相应动态响应形式的关系，如图 7.36 所示，可见，位于 z 平面单位圆内的共轭复数极点，对应输出动态响应的形式为振荡收敛脉冲序列，但复极点位于左半单位圆内所对应的振荡频率，要高于右半单位圆内的情况。

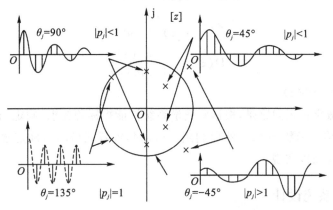

图 7.36　闭环共轭复数极点分布与相应动态响应形式

综上所述，离散系统的动态特性与闭环极点的分布密切相关。当闭环实极点位于 z 平面左半单内圆内时，由于输出衰减脉冲交替变化，故动态过程质量很差；当闭环复极点位于左半单位圆内时，由于输出衰减高频振荡脉冲，故动态过程性能欠佳。因此，在离散系统设计时，应把闭环极点安置在 z 平面的右半单位圆内，且尽量靠近原点。

7.6　离散系统的数字校正

线性离散系统的校正（设计），主要有离散化设计和模拟化设计两种方法。离散化设计方法又称直接数字设计法，它是直接在离散域进行分析，求出系统的脉冲传递函数，然后按离散系统理论设计数字控制器。模拟化设计方法按连续系统理论设计校正装置，求出数字控制器的等效连续环节，再将该环节数字化。本节介绍直接数字设计方法。

7.6.1　数字控制器的脉冲传递函数

设离散系统如图 7.37 所示。图中，$D(z)$ 为数字控制器（数字校正装置）的脉冲传递函数，$G_h(s)$、$G_p(s)$ 分别为保持器和被控对象的传递函数，$H(s)$ 为测量反馈装置的传递函数。

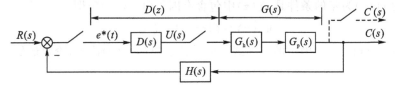

图 7.37　具有数字控制器的离散控制系统

设 $H(s)=1,G(s)=G_h(s)G_p(s)$；广义对象 $G(s)$ 的 z 变换为 $G(z)$。由图可以求出系统的闭环脉冲传递函数和误差脉冲传递函数

$$\Phi(z)=\frac{C(z)}{R(z)}=\frac{D(z)G(z)}{1+D(z)G(z)}$$

$$\Phi_e(z)=\frac{E(z)}{R(z)}=\frac{1}{1+D(z)G(z)}$$

由以上两式可以求出数字控制器的脉冲传递函数分别为

$$D(z)=\frac{\Phi(z)}{G(z)[1-\Phi(z)]} \tag{7.44}$$

$$D(z)=\frac{1-\Phi_e(z)}{G(z)\Phi_e(z)} \tag{7.45}$$

而且　　　$\Phi_e(z)=1-\Phi(z)$

离散系统的数字校正问题是,根据对离散系统性能指标的要求,确定闭环脉冲传递函数 $\Phi(z)$ 或误差脉冲传递函数 $\Phi_e(z)$,然后利用式(7.44)或者式(7.45)确定数字控制器的脉冲传递函数 $D(z)$,并加以实现。

7.6.2 最少拍系统设计

在采样过程中,通常称一个采样周期为一拍。所谓最少拍系统,是指在典型输入作用下,能以最少拍结束响应过程,且在采样时刻无稳态误差的离散系统。

典型输入可表示为如下一般形式

$$R(z)=\frac{A(z)}{(1-z^{-1})^m} \tag{7.46}$$

式中,$A(z)$ 为不含有 $(1-z^{-1})$ 因子的 z^{-1} 多项式。例如:$r(t)=1(t)$ 时,有 $m=1,A(z)=1$;$r(t)=t$ 时,有 $m=2,A(z)=Tz^{-1}$;$r(t)=t^2/2$ 时,有 $m=3,A(z)=T^2z^{-1}(1+z^{-1})/2$。

最少拍系统的设计原则是,若系统广义被控对象 $G(z)$ 无延迟且在 z 平面单位圆上及单位圆外无零极点,要求选择闭环脉冲传递函数 $\Phi(z)$,使系统在典型输入作用下,经最少采样周期后能使输出序列在各采样时刻的稳态误差为零,达到完全跟踪的目的,从而确定所需要的数字控制器的脉冲传递函数 $D(z)$。

由于误差信号的 z 变换为

$$E(z)=\Phi_e(z)R(z)=\frac{\Phi_e(z)A(z)}{(1-z^{-1})^m}$$

根据 z 变换终值定理,离散系统的稳态误差为

$$e(\infty)=\lim_{z\to 1}(1-z^{-1})E(z)=\lim_{z\to 1}(1-z^{-1})\frac{A(z)}{(1-z^{-1})^m}\Phi_e(z)$$

此式表明,使 $e(\infty)$ 为零的条件是 $\Phi_e(z)$ 中包含有因子 $(1-z^{-1})^m$,即

$$\Phi_e(z)=(1-z^{-1})^m F(z)$$

式中,$F(z)$ 为不含 $(1-z^{-1})$ 因子的多项式。为了使求出的 $D(z)$ 简单,阶数最低,可取 $F(z)=1$,即

$$\Phi_e(z)=(1-z^{-1})^m \tag{7.47}$$

此时

$$\Phi(z) = 1 - \Phi_e(z) = 1 - (1 - z^{-1})^m = \frac{z^m - (z-1)^m}{z^m} \tag{7.48}$$

即 $\Phi(z)$ 的全部极点均位于 z 平面的原点。

由 z 变换定义可知

$$E(z) = \sum_{n=0}^{\infty} e(nT)z^{-n} = e(0) + e(T)z^{-1} + e(2T)z^{-2} + \cdots$$

按照最少拍系统设计原则,最少拍系统应该自某个采样时刻 n 开始,在 $k \geqslant n$ 时,有 $e(kT) = e[(k+1)T] = e[(k+2)T] = \cdots = 0$,此时系统的动态过程在 $t = kT$ 时结束,其调节时间 $t_s = kT$。

下面分别讨论最少拍系统在不同典型输入作用下,数字控制器脉冲传递的数 $D(z)$ 的确定方法。

1. 单位阶跃输入

由于 $r(t) = 1(t)$ 时,有

$$Z[1(t)] = \frac{z}{z-1} = \frac{1}{1-z^{-1}}$$

由式(7.46)可知 $m=1$、$A(z)=1$,故由式(7.47)及式(7.48)可得

$$\Phi_e(z) = (1-z^{-1})^m = (1-z^{-1}), \quad \Phi(z) = 1 - \Phi_e(z) = z^{-1}$$

由式(7.45)得

$$D(z) = \frac{1 - \Phi_e(z)}{G(z)\Phi_e(z)} = \frac{z^{-1}}{G(z)(1-z^{-1})}$$

且有

$$C(z) = \Phi(z)R(z) = z^{-1}\frac{1}{1-z^{-1}} = z^{-1} + z^{-2} + \cdots + z^{-n} + \cdots$$

$$E(z) = \frac{\Phi_e(z)A(z)}{(1-z^{-1})^m} = 1$$

这表明,$e(0)=1$,$e(T)=e(2T)=\cdots=0$,可见,最少拍系统经过一拍就完全跟踪输入 $r(t)=1(t)$,如图 7.38 所示。这样的离散系统称为一拍系统,系统调节时间 $t_s = T$。

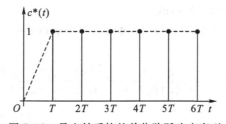

图 7.38　最少拍系统的单位阶跃响应序列

2. 单位斜坡输入

由于 $r(t) = t$ 时,有

$$Z[t] = \frac{Tz}{(z-1)^2} = \frac{Tz^{-1}}{(1-z^{-1})^2}$$

$m=2, A(z)=Tz^{-1}$，故

$$\Phi_e(z)=(1-z^{-1})^m=(1-z^{-1})^2, \quad \Phi(z)=1-\Phi_e(z)=z^{-1}(2-z^{-1})$$

于是

$$D(z)=\frac{\Phi(z)}{G(z)\Phi_e(z)}=\frac{z^{-1}(2-z^{-1})}{G(z)(1-z^{-1})^2}$$

$$C(z)=\Phi(z)R(z)=z^{-1}(2-z^{-1})\frac{Tz^{-1}}{(1-z^{-1})^2}=2Tz^{-2}+3Tz^{-3}+\cdots+nTz^{-n}+\cdots$$

$$E(z)=\frac{\Phi_e(z)A(z)}{(1-z^{-1})^m}=Tz^{-1}$$

由此可知，$e(0)=0, e(T)=T, e(2T)=e(3T)=\cdots=0$，可见，最少拍系统经过二拍就完全跟踪输入 $r(t)=t$，如图 7.39 所示。这样的离散系统称为二拍系统，系统调节时间 $t_s=2T$。

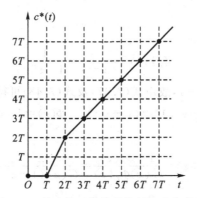

图 7.39 最少拍系统的单位斜坡响应序列

3. 单位加速度输入

由于 $r(t)=t^2/2$ 时，有

$$Z\left[\frac{1}{2}t^2\right]=\frac{T^2z(z+1)}{2\ (z-1)^3}=\frac{\frac{1}{2}T^2z^{-1}(1+z^{-1})}{(1-z^{-1})^3}$$

有 $m=3, A(z)=T^2z^{-1}(1+z^{-1})/2$，故

$$\Phi_e(z)=(1-z^{-1})^m=(1-z^{-1})^3, \quad \Phi(z)=1-\Phi_e(z)=z^{-1}(3-3z^{-1}+z^{-2})$$

于是

$$D(z)=\frac{\Phi(z)}{G(z)\Phi_e(z)}=\frac{z^{-1}(3-3z^{-1}+z^{-2})}{G(z)(1-z^{-1})^3}$$

$$C(z)=\Phi(z)R(z)=z^{-1}(3-3z^{-1}+z^{-2})\frac{\frac{1}{2}T^2z^{-1}(1+z^{-1})}{(1-z^{-1})^3}$$

$$=\frac{3}{2}T^2z^{-2}+\frac{9}{2}T^2z^{-3}+\cdots+\frac{n^2}{2}T^2z^{-n}+\cdots$$

$$E(z)=\frac{\Phi_e(z)A(z)}{(1-z^{-1})^m}=\frac{1}{2}T^2z^{-1}+\frac{1}{2}T^2z^{-2}$$

于是有 $e(0)=0$、$e(T)=T^2/2$、$e(2T)=T^2/2$、$e(3T)=e(4T)=\cdots=0$,可见,最少拍系统经过三拍就完全跟踪输入 $r(t)=t^2/2$,如图 7.40 所示。这样的离散系统称为三拍系统,系统调节时间 $t_s=2T$。

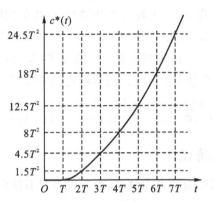

图 7.40　最少拍系统的单位加速度响应序列

各种典型输入作用下最少拍系统的设计结果列于表 7.7。需要指出的是,表中所列的 $\Phi(z)$ 及 $\Phi_e(z)$ 只适用于系统的不变部分 $G(z)$ 不含传递时滞,以及单位圆上及单位圆外 $G(z)$ 无零点和极点的情况。

表 7.7　最少拍系统的设计结果

典型输入		闭环脉冲传递函数		数字控制器脉冲传递函数	调节时间
$r(t)$	$R(z)$	$\Phi_e(z)$	$\Phi(z)$	$D(z)$	t_s
$1(t)$	$\dfrac{1}{1-z^{-1}}$	$1-z^{-1}$	z^{-1}	$\dfrac{z^{-1}}{(1-z^{-1})G(z)}$	T
t	$\dfrac{Tz^{-1}}{(1-z^{-1})^2}$	$(1-z^{-1})^2$	$2z^{-1}-z^{-2}$	$\dfrac{z^{-1}(2-z^{-1})}{(1-z^{-1})^2G(z)}$	$2T$
$\dfrac{1}{2}t^2$	$\dfrac{T^2z^{-1}(1+z^{-1})}{2(1-z^{-1})^3}$	$(1-z^{-1})^3$	$3z^{-1}-3z^{-2}+z^{-3}$	$\dfrac{z^{-1}(3-3z^{-1}+z^{-2})}{(1-z^{-1})^3G(z)}$	$3T$

【**例 7-25**】　设单位反馈线性定常离散系统的连续部分和零阶保持器的传递函数分别为

$$G_p(s)=\frac{10}{s(s+1)},\qquad G_h(s)=\frac{1-e^{-Ts}}{s}$$

式中,采样周期 $T=1$ s。若要求系统在单位斜坡输入时实现最少拍控制,试求数字控制器脉冲传递函数 $D(z)$。

解　系统开环传递函数

$$G(s)=G_h(s)G_p(s)=\frac{10(1-e^{-Ts})}{s^2(s+1)}$$

$$G(z)=Z[G(s)]=10(1-z^{-1})Z\left[\frac{1}{s^2(s+1)}\right]$$

$$=10(1-z^{-1})\left[\frac{Tz}{(z-1)^2}-\frac{(1-e^{-T})z}{(z-1)(z-e^{-T})}\right]=\frac{3.68z^{-1}(1+0.717z^{-1})}{(1-z^{-1})(1-0.368z^{-1})}$$

根据 $r(t)=t$，由表 7.7 查出最少拍系统应具有的闭环脉冲传递函数和误差脉冲传递函数分别为

$$\Phi_e(z)=(1-z^{-1})^2,\quad \Phi(z)=z^{-1}(2-z^{-1})$$

由式(7.44)可见，$\Phi_e(z)$ 的零点 $z=1$ 正好可以补偿 $G(z)$ 在单位圆上的极点 $z=1$，$\Phi(z)$ 已包含 $G(z)$ 的传递函数延迟 z^{-1}。因此，上述 $\Phi_e(z)$ 和 $\Phi(z)$ 满足对消 $G(z)$ 中的传递延迟 z^{-1} 及补偿 $G(z)$ 在单位圆上极点 $z=1$ 的限制性要求。故按式(7.44)算出的 $D(z)$，可以确保给定系统成为在 $r(t)=t$ 作用下的最少拍系统。根据给定的 $G(z)$ 和查出的 $\Phi_e(z)$ 及 $\Phi(z)$，求得

$$D(z)=\frac{\Phi(z)}{G(z)\Phi_e(z)}=\frac{0.543(1-0.5z^{-1})(1-0.368z^{-1})}{(1-z^{-1})(1+0.717z^{-1})}$$

7.6.3　无波纹最少拍系统设计

由于最少拍系统在非采样时刻存在纹波，为工程界所不容许，故希望设计无纹波最少拍系统。

无纹波最少拍系统的设计要求是，在某种典型输入作用下设计的系统，其输出响应经过尽可能少的采样周期后，不仅在采样时刻输出可以完全跟踪输入，而且在非采样时刻不存在纹波。

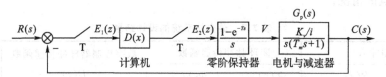

图 7.41　有纹波最少拍系统

1. 最少拍系统产生纹波的原因

设单位反馈离散系统如图 7.41 所示，它按单位斜坡输入设计的最少拍系统，其中采样周期 $T=1$ s。假定，$T_m=1$ s，$K_v/i=10$，则 $G_p(s)=10/s(s+1)$。根据例 7.25 结果

$$D(z)=\frac{0.543(1-0.5z^{-1})(1-0.368z^{-1})}{(1-z^{-1})(1+0.717z^{-1})}$$

$$E_1(z)=\Phi_e(z)R(z)=(1-z^{-1})^2\frac{Tz^{-1}}{(1-z^{-1})^2}=Tz^{-1}$$

因而零阶保持器的输入序列 z 变换

$$E_2(z)=D(z)E_1(z)=\frac{0.543z^{-1}-0.471z^{-2}+0.1z^{-3}}{1-0.238z^{-1}-0.717z^{-2}}$$

$$=0.543z^{-1}-0.317z^{-2}+0.4z^{-3}-0.114z^{-4}+0.255z^{-5}-0.01z^{-6}+0.18z^{-7}-\cdots$$

显然，经过二拍以后，零阶保持器的输入序列 $e_2(nT)$ 并不是常值脉冲，而是围绕平均值上下波动，从而保持器的输出电压 V 在二拍以后也围绕平均值波动。这样的电压 V 加在电机上，必然使电机转速不平稳，产生输出纹波。图 7.41 系统中的各点波形，如图 7.42 所示。因此，无纹波输出就必须要求序列 $e_2(nT)$ 在有限个采样周期后，达到相对稳定(不波动)。要满足这一要求，除了采用前面介绍的最少拍系统设计方法外，还需要对被控对象传递函数 $G_p(s)$ 以及闭环脉冲传递函数 $\Phi(z)$ 提出相应的要求。

2. 无纹波最少拍系统的必要条件

为了在稳态过程中获得无纹波的平滑输出 $c^*(t)$，被控对象 $G_p(s)$ 必须有能力给出与输入 $r(t)$ 相同的平滑输出 $c(t)$。

若针对单位斜坡输入 $r(t)=t$ 设计最少拍系统，则 $G_p(s)$ 的稳态输出也必须是斜坡函数，因此 $G_p(s)$ 必须至少有一个积分环节，使被控对象在零阶保持器常值输出信号作用下，稳态输出为等速变化量；同理，若针对单位加速度输入 $t^2/2$ 设计最少拍系统，则 $G_p(s)$ 至少应包含两个积分环节。

一般地，若输入信号为

$$r(t)=R_0+R_1t+\frac{1}{2}R_2t^2+\cdots+\frac{1}{(q-1)!}R_{q-1}t^{q-1}$$

则无纹波最少拍系统的必要条件是，被控对象传递函数 $G_p(s)$ 中，至少应包含 $(q-1)$ 个积分环节。

上述条件是不充分的，即当 $G_p(s)$ 满足上述条件时，最少拍系统不一定无纹波。例 7-25 就是如此。在以下的讨论中，我们总是假定这一必要条件是成立的。

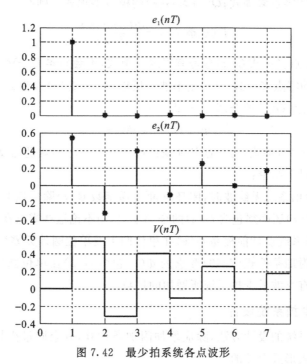

图 7.42　最少拍系统各点波形

3. 无纹波最少拍系统的附加条件

根据 z 变换定义，有

$$E_2(z)=\sum_{n=0}^{\infty}e_2(nT)z^{-n}=e_2(0)+e_2(T)z^{-1}+\cdots+e_2(lT)z^{-l}+\cdots$$

如果经过 l 个采样周期后，脉冲序列 $e(nT)$ 进入稳态，有

$$e(lT)=e[(l+1)T]=\cdots=常值(可以是零)$$

则根据最少拍系统产生纹波的原因可知,此时最少拍系统无纹波。因此,无纹波最少拍系统要求 $E_2(z)$ 为 z^{-1} 的有限多项式。

由图 7.41 知:

$$E_2(z) = D(z)E_1(z) = D(z)\Phi_e(z)R(z) \tag{7.49}$$

表 7.7 表明,进行最少拍系统设计时,$\Phi_e(z)$ 的零点可以完全对消 $R(z)$ 的极点。因此式 (7.49) 表明,只要 $D(z)\Phi_e(z)$ 为 z^{-1} 的有限多项式,$E_2(z)$ 就是 z^{-1} 的有限多项式。此时在确定的典型输入作用下,经过有限拍后,$e(nT)$ 就可以达到相应的稳态值,从而保证系统无纹波输出。

由式(7.45)和式(7.46)可得

$$D(z) = \frac{\Phi(z)}{G(z)\Phi_e(z)} , \quad D(z)\Phi_e(z) = \frac{\Phi(z)}{G(z)}$$

设广义对象脉冲传递函数

$$G(z) = \frac{P(z)}{Q(z)}$$

其中,$P(z)$ 为 $G(z)$ 的零点多项式;$Q(z)$ 为 $G(z)$ 的极点多项式。则有

$$D(z)\Phi_e(z) = \frac{\Phi(z)Q(z)}{P(z)}$$

在上式中,$G(z)$ 的极点多项式 $Q(z)$ 总是有限的多项式,不会妨碍 $D(z)\Phi_e(z)$ 成为 z^{-1} 的有限多项式,然而 $G(z)$ 的零点多项式 $P(z)$ 则不然。所以,$D(z)\Phi_e(z)$ 成为 z^{-1} 有限多项式的条件是,$\Phi(z)$ 的零点应抵消 $G(z)$ 的全部零点,即应有

$$\Phi(z) = P(z)M(z) \tag{7.50}$$

式中,$M(z)$ 为待定 z^{-1} 多项式,可根据其他条件确定。式(7.50)就是无纹波最少拍系统的附加条件。由此得到以下结论:

(1)当要求最少拍系统无纹波时,闭环脉冲传递函数 $\Phi(z)$ 除应满足最少拍要求的形式外,其附加条件是 $\Phi(z)$ 还必须包含 $G(z)$ 的全部零点,而不论这些零点在 z 平面的何处。

(2)由于最少拍系统设计前提是 $G(z)$ 在单位圆上及单位圆外无零极点,或可被 $\Phi(z)$ 及 $\Phi_e(z)$ 所补偿,所以附加条件式(7.50)要求的 $\Phi(z)$ 包含 $G(z)$ 在单位圆内的零点数,就是无纹波最少拍系统比有纹波最少拍系统所增加的拍数。

4. 无纹波最少拍系统设计

无纹波最少拍系统的设计方法,除应增加附加条件外,其余同最少拍系统设计方法,也是针对具体典型输入形式设计的。

当输入为单位阶跃函数时,设

$$D(z)\Phi_e(z) = \frac{E_2(z)}{R(z)} = a_0 + a_1 z^{-1} + a_2 z^{-2}$$

则

$$E_2(z) = \frac{a_0 + a_1 z^{-1} + a_2 z^{-2}}{1 - z^{-1}} = a_0 + (a_0 + a_1) z^{-1} + (a_0 + a_1 + a_2)(z^{-2} + z^{-3} + \cdots)$$

显然

$$e_2(0)=0, \quad e_2(T)=a_0+a_1, \quad e_2(2T)=e_2(3T)=\cdots=a_0+a_1+a_2$$

表明从第二拍开始,$e_2(nT)$ 为常数。当被控对象 $G_p(s)$ 含有积分环节时,常数 $(a_0+a_1+a_2)=0$。

当输入为单位斜坡函数时,设

$$D(z)\Phi_e(z)=\frac{E_2(z)}{R(z)}=a_0+a_1 z^{-1}+a_2 z^{-2}$$

则

$$E_2(z)=D(z)\Phi_e(z)R(z)=\frac{Tz^{-1}(a_0+a_1 z^{-1}+a_2 z^{-2})}{(1-z^{-1})^2}$$

$$=Ta_0 z^{-1}+T(2a_0+a_1)z^{-2}+T(3a_0+2a_1+a_2)z^{-3}+T(4a_0+3a_1+2a_2)z^{-4}+\cdots$$

显见,当 $n \geqslant 3$ 时,由 z 变换实数位移定理,有

$$e_2(nT)=e_2[(n-1)T]+T(a_0+a_1+a_2)$$

在无纹波最少拍系统必要条件成立时,$a_0+a_1+a_2)=0$,此时有 $e_2(nT)=e_2[(n-1)\ T]$,$(n \geqslant 3)$,故序列 $e_2(nT)$ 为

$$e_2(0)=0, \quad e_2(T)=a_0+a_1, \quad e_2(2T)=e_2(3T)=\cdots=a_0+a_1+a_2$$

即从第三拍起,$e_2(nT)$ 为常数。若 $G_p(s)$ 不含有积分环节时,则从 $n=3$ 起,$e_2(nT)$ 斜坡增加。

对于单位加速度输入,也可以作同样分析。

应当指出,在上面分析中,$D(z)\Phi_e(z)$ 只取三项是为了便于讨论。一般地,只要 $D(z)\Phi_e(z)$ 的展开项取有限项,结果不变,即仍然可以得到无纹波输出。

无纹波最少拍系统的具体设计方法,请参见下例。

【例 7-26】 在例 7-25 系统中,若要求在单位斜坡输入时实现无纹波最少拍控制,试求 $D(z)$。

解　广义对象脉冲传递函数已由例 7-25 求出为

$$G(z)=\frac{3.68z^{-1}(1+0.717z^{-1})}{(1-z^{-1})(1-0.368z^{-1})}$$

$$P(z)=3.68z^{-1}(1+0.717z^{-1}), \quad Q(z)=(1-z^{-1})(1-0.368z^{-1})$$

由最少拍条件,在单位斜坡输入

$$\Phi_e(z)=(1-z^{-1})^2, \quad \Phi(z)=z^{-1}(2-z^{-1})$$

因无纹波时,要求 $\Phi(z)$ 比有纹波时增加一阶,而由式(7.44)确定的 $D(z)$ 的可实现条件,是 $D(z)$ 的零点数应不大于其极点数,所以 $\Phi_e(z)$ 也应提高一阶。在要求最少拍条件下,应选择

$$\Phi(z)=P(z)M(z)=z^{-1}(1+0.717z^{-1})(a+bz^{-1})$$

$$\Phi_e(z)=(1-z^{-1})^2(1+cz^{-1})$$

其中 a、b 和 c 待定。故可得

$$\Phi(z)=z^{-1}(1+0.717z^{-1})(a+bz^{-1})=az^{-1}+(0.717a+b)z^{-2}+0.717bz^{-3}$$

$$1-\Phi_e(z)=(2-c)z^{-1}+(2c-1)z^{-2}-cz^{-3}$$

令上两式对应项系数相等,解出

$$a=1.408, \quad b=-0.826, \quad c=0.592$$

所以

$$\Phi(z)=1.408z^{-1}(1+0.717z^{-1})(1-0.587z^{-1})$$

$$\Phi_e(z)=(1-z^{-1})^2(1+0.592z^{-1})$$

$$D(z)=\frac{\Phi(z)}{G(z)\Phi_e(z)}=\frac{0.383(1-0.368z^{-1})(1-0.587z^{-1})}{(1-z^{-1})(1+0.592z^{-1})}$$

不难验算

$$E_2(z)=D(z)\Phi_e(z)R(z)=0.383\,z^{-1}+0.0172\,z^{-2}+0.1(z^{-3}+z^{-4}+\cdots)$$

数字控制器的输出序列

$$e_2(0)=0,\quad e_2(T)=0.383,\quad e_2(2T)=0.0172,\quad e_2(3T)=e_2(4T)=\cdots=0.1$$

系统从第三拍起，$e_2(nT)$达到稳态，输出没有纹波，说明所求出的控制器 $D(z)$ 是合理的。此时系统为三拍系统。与最少拍设计相比，所增加的一拍正好是 $G(z)$ 在单位圆内的零点数。

7.7　MATLAB 在线性离散系统分析与校正中的应用实例

应用计算机工具可以极大地强化离散控制系统的分析和设计，采用 MATLAB 是一种行之有效的方法。对于用于分析连续系统的许多 MATLAB 功能函数，同样在离散系统上起着重要作用，利用某些函数可以实现连续系统与离散系统之间的转换。无论是 z 变换的计算、将连续系统离散化、对离散控制系统进行分析和设计等，都可以应用 MATLAB 软件具体实现。下面通过几个实例介绍 MATLAB 在离散控制系统中的应用。

1. z 反变换的计算

用 MATLAB 可以进行多项式的乘法和除法的运算，除法用 deconv( ) 函数。

【例 7 - 27】　已知 $E(z)=\dfrac{10z}{z^2-3z+2}$，求相应脉冲序列 $e(nT)$。

解　利用长除法将 $E(z)$ 展开成 z^{-1} 的幂级数，则有

$$
\begin{array}{r}
10z^{-1}+30z^{-2}+70z^{-3}+150z^{-4}+\cdots \\
\hline
z^2-3z+2\,\overline{)\,10z\qquad\qquad\qquad\qquad} \\
10z-30+20z^{-1} \\
\hline
30-20z^{-1} \\
30-90z^{-1}+60z^{-2} \\
\hline
70z^{-1}-60z^{-2} \\
70z^{-1}-210z^{-2}+140z^{-3} \\
\hline
150z^{-2}-140z^{-3} \\
150z^{-2}-450z^{-3}+300z^{-4} \\
\hline
310z^{-3}-300z^{-4} \\
\cdots
\end{array}
$$

因此，除后所得商为　$E(z)=10z^{-1}+30z^{-2}+70z^{-3}+150z^{-4}+\cdots$

z^{-1} 的各幂次项的系数值即序列：$e(0)=0,e(T)=10,e(2T)=30,e(3T)=70,e(4T)=150,\cdots$。

MATLAB 语句及结果为

```
num=[10,0,0,0,0,0];den=[1,-3,2];
[c,r]=deconv(num,den)
```

```
c =
    10    30    70    150
r =
    0     0     0     0    310    -300
```

2. 连续系统的离散化

在 MATLAB 软件中,对连续系统的离散化是应用 c2d( )函数实现的,该函数的一般调用格式为

$$sysd = c2d(sysc, Ts, 'zoh')$$

其中,sysc 表示连续模型,Ts 表示采样周期,'zoh'表示零阶保持器。sysd 表示对连续模型 sysc 和零阶保持器的传递函数相乘后求得的 z 变换模型。

【例 7 - 28】 已知离散控制系统的结构图如图 7.43 所示,求开环脉冲传递函数(采样周期 $T = 1$ s)。

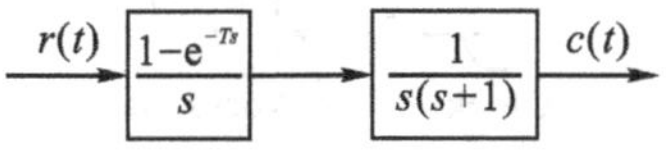

图 7.43 例 7 - 28 的系统结构图

解 可用解析法求得 $G(z)$

$$G(z) = \frac{z-1}{z} Z\left[\frac{1}{s^2(s+1)}\right] = \frac{0.3679z + 0.2642}{z^2 - 1.368z + 0.3679}$$

应用 MATLAB 可以方便地求得上述结果。语句及结果为

num=1;den=[1,1,0];gs=tf(num,den);   % $G(s) = \dfrac{1}{s(s+1)}$

gz=c2d(gs,1,'zoh')   % $G(z) = Z\left[\dfrac{1-e^{-Ts}}{s} \dfrac{1}{s(s+1)}\right]$,$T = 1s$

```
Transfer function:
0.3679 z + 0.2642
----------------------------
z^2 - 1.368 z + 0.3679
Sampling time: 1
```

3. 离散系统的时域分析

【例 7 - 29】 已知离散控制系统的结构图如图 7.33 所示,输入为单位阶跃,采样周期 $T = 1$ s,$K = 1$,求系统的输出响应。

解 由例 7 - 24 可知,其闭环系统的脉冲传递函数 $\Phi(z)$ 和单位阶跃响应输出量 $C(z)$ 分别为

$$\Phi(z) = \frac{G(z)}{1+G(z)} = \frac{0.368z + 0.264}{z^2 - z + 0.632}$$

$$C(z) = \frac{0.368z + 0.264}{z^2 - z + 0.632} \frac{z}{z-1} = \frac{0.368z^2 + 0.264z}{z^3 - 2z^2 + 1.632z - 0.632}$$

系统的阶跃响应序列 $c(nT)$ 如表 7.5。由该表绘出系统的单位阶跃响应 $c^*(t)$，如图 7.34 所示，由图已得离散系统的近似性能指标：最大超调量 $\sigma\% = 39.9\%$，峰值时间 $t_p = 4$ s，调节时间 $t_s = 12$ s（$\Delta = 5\%$）。

用 MATLAB 语言中的 Simulink 软件建立离散系统的 Simulink 模型，如图 7.44(a) 所示，对该模型仿真后，在 MATLAB 命令窗口中输入

```
plot(t,y)
```

得到系统的阶跃响应曲线图，如图 7.44(b) 所示，由图可得系统的性能指标：最大超调量 $\sigma\% = 43.8\%$，峰值时间 $t_p = 3.7$ s，调节时间 $t_s = 11.7$ s（$\Delta = 5\%$）。

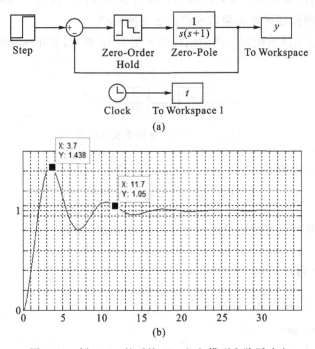

图 7.44　例 7 - 29 的系统 Simulink 模型和阶跃响应

4. 最小拍系统设计

【**例 7 - 30**】　设单位反馈线性定常离散系统的连续部分和零阶保持器的传递函数分别为

$$G_p(s) = \frac{1}{s(s+1)}, \quad G_h(s) = \frac{1 - e^{-Ts}}{s}$$

式中，采样周期 $T = 1$ s。若要求系统在单位斜坡输入时实现最少拍控制，试求数字控制器脉冲传递函数 $D(z)$。

解　本题最小拍系统设计的步骤为

(1) 确定有零阶保持器时的开环脉冲传递函数 $G(z)$。

(2) 由于 $r(t) = t$，由表 7.7 查得最小拍系统应具有的闭环脉冲传递函数和误差脉冲传递函数为

$$\Phi_e(z) = (1 - z^{-1})^2, \quad \Phi(z) = z^{-1}(2 - z^{-1})$$

(3)确定数字控制器脉冲传递函数 $D(z) = \dfrac{\Phi(z)}{G(z)\Phi_e(z)}$

用以下 MATLAB 命令求取 D(z)：

```
gs=zpk([ ],[0,-1],1);
gz=c2d(gs,1);
z=zpk([0],[ ],1,1);
phie=(1-1/z)^2;phi=2/z*(1-0.5/z);
dz=phi/(gz*phie);minreal(dz)
Zero/pole/gain：
   5.4366 (z-0.5)(z-0.3679)
———————————————————————————
      (z+0.7183)(z-1)
Sampling time：1
```

建立离散系统的 Simulink 模型如图 7.45(a)所示,对该模型仿真后,在 MATLAB 命令窗口中输入

```
plot(t,y)
```

得到系统校正后的单位斜坡响应曲线图,如图 7.45(b)所示。由图可见,系统响应在第二拍跟踪上单位斜坡信号,满足设计要求。

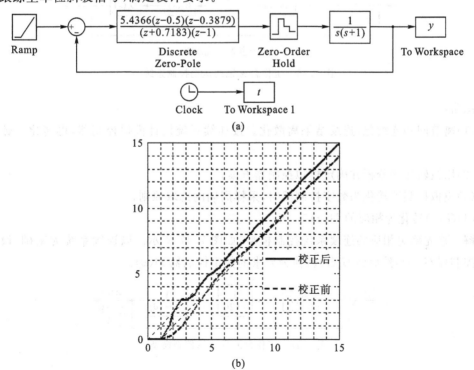

图 7.45 例 7-30 的系统 Simulink 模型和单位斜坡响应

7.8 拓 展

离散控制系统设计的工程应用案例

【例7-31】 工作台控制系统。

在制造业中,工作台运动控制系统是一个重要的定位系统,可以使工作台运动到指定的位置。工作台在每个轴上由电机和导引螺杆驱动,其中 x 轴上的运动控制系统如图7.46所示。其中被控对象 $G_p(s)$ 由功率放大器 $\dfrac{1}{s+20}$ 和电机 $\dfrac{1}{s(s+10)}$ 组成。要求设计数字控制器 $D(z)$,使系统满足如下性能:

我国光刻机技术现状

(1)超调量等于7%;

(2)具有最小上升时间和调节时间($\Delta = 2\%$)。

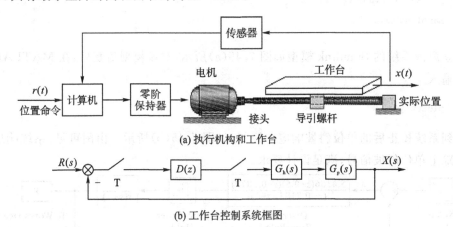

(a) 执行机构和工作台

(b) 工作台控制系统框图

图7.46 工作台 x 轴的运动控制系统

思路:

(1)离散问题连续化,连续结果离散化。按连续系统设计模拟控制器,再转化为数字控制器;

(2)用根轨迹法分析并确定模拟控制器方案;

(3)模拟控制器转化为数字控制器时,采样周期的选取原则;

(4) $G_c(s)$ 转化为相应的 $D(z)$。

解 首先确定相应的连续系统控制模型,如图7.47所示。以连续系统为基础,设计合适的控制器 $G_c(s)$,然后将 $G_c(s)$ 转换为要求的数字控制器 $D(z)$。

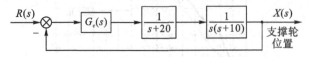

图7.47 工作台的支撑轮控制模型

为了确定未校正系统的单位阶跃响应,先将控制器取为简单的增益 K^*,以 K^* 为可变

参数绘制系统的根轨迹,MATLAB 命令为

```
gp=zpk([ ],[0,-10,-20],1);
rlocus(gp)
sgrid(0.707,[ ])
axis([-25,15,-20,20])
```

根轨迹如图 7.48(a)所示。在根轨迹上可以确定阻尼比 $\zeta=0.707$ 时,$K^*=641$,即系统的开环增益 $K=3.2$,系统的主导极点 $s_{1,2}=-3.72\pm j3.72$。用以下 MATLAB 命令

```
phi=feedback(640*gp,1);
step(phi)
```

绘制 $G_c(s)=K^*=640$ 时系统的单位阶跃响应曲线,如图 7.48(b)所示。由仿真结果可得,系统响应的性能如表 7.8 中第一行所示。此时,系统的调节时间较长。

表 7.8 采用不同控制器的响应性能

校正网络	超调量/%	调节时间/s	上升时间/s
$G_c(s)=641$	3.81	1.15	0.688
$G_c(s)=\dfrac{7470(s+11)}{(s+62)}$	3.98	0.599	0.344
$D(z)=\dfrac{5877.5(z-0.8958)}{z-0.5379}$	5.2	0.608	0.326

其次,将控制器取为超前校正网络

$$G_c(s)=\frac{K^*(s+a)}{(s+b)}$$

为了保证预期主导极点的主导特性,取 $a=11,b=62$。以 K^* 为可变参数绘制系统的根轨迹,MATLAB 命令为

```
gc=zpk([-11],[-62],1);g=gp*gc;
rlocus(g)
sgrid(0.707,[ ]);axis([-70,10,-50,50])
```

根轨迹如图 7.48(c)所示。在根轨迹上确定阻尼比 $\zeta=0.707$ 时系统的主导极点为 $s_{1,2}=-6.8\pm j6.8$,网络的增益值 $K^*=7470$,系统的开环增益 $K=6.63$。

$$G_c(s)=\frac{7470(s+11)}{(s+62)}$$

用以下 MATLAB 命令

```
phi=feedback(7470*g,1);
```

```
step(phi)
```

绘制 $G_c(s) = \dfrac{7470(s+11)}{(s+62)}$ 时系统的单位阶跃响应曲线,如图 7.48(d)所示。仿真表明,超前校正后系统具有满意的性能,其具体值如表 7.8 中第二行所示。

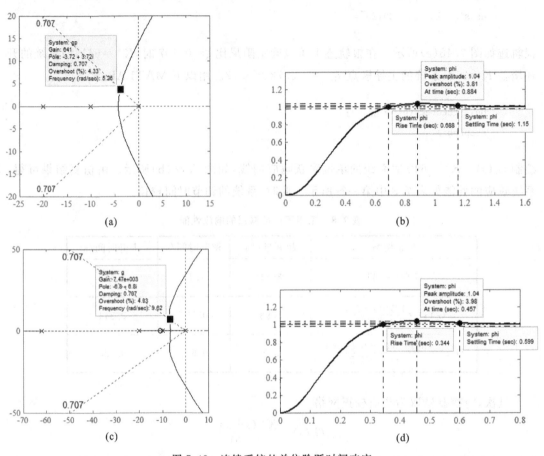

图 7.48 连续系统的单位阶跃时间响应

确定了合适的 $G_c(s)$ 后,还需要确定合适的采样周期 T。为了得到与连续系统一致的预期响应,应该要求 $T \ll t_r$。超前校正后 $t_r = 0.344$ s,因此不妨取 $T = 0.01(\mathrm{s})$。

转换 $G_c(s)$ 为数字控制器

$$D(z) = C\frac{z-A}{z-B}$$

其中,$A = \mathrm{e}^{-aT}$,$B = \mathrm{e}^{-bT}$。令 $Z[G_c(s)] = D(z)$,在 $s = 0$ 时,$z = \mathrm{e}^{sT} = 1$,有

$$C\frac{(1-A)}{(1-B)} = K^* \frac{a}{b}$$

即

$$C = K^* \frac{a(1-B)}{b(1-A)}$$

代入 $a = 11$,$b = 62$,$T = 0.01$,$K^* = 7470$,得

$$A=0.8958, \quad B=0.5379, \quad C=5877.5$$

于是

$$D(z)=\frac{5877.5(z-0.8958)}{z-0.5379}$$

数字控制系统的 Simulink 模型如图 7.49(a)所示,对该模型仿真后,在 MATLAB 命令窗口中输入

```
plot(t,y)
```

得到系统的阶跃响应曲线图,如图 7.49(b)所示。系统响应的性能如表 7.8 中第三行所示。仿真结果表明,该数字控制系统具有与连续系统相近的响应性能。

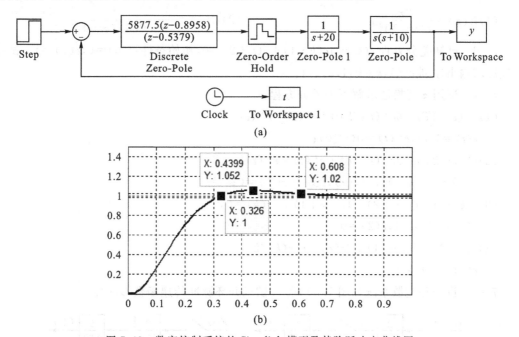

图 7.49 数字控制系统的 Simulink 模型及其阶跃响应曲线图

习 题

7-1 试根据定义 $F^*(s)=\displaystyle\sum_{n=0}^{\infty}f(nT)\mathrm{e}^{-nTs}$,确定下列函数的 $F^*(s)$ 和闭合形式的 $F(z)$:

(1)$f(t)=\sin\omega t$;　　　　　　　　　(2)$F(s)=\dfrac{1}{(s+a)(s+b)(s+c)}$。

7-2 试求下列函数的 z 变换:

(1)$f(t)=\mathrm{e}^{-3t}\cos 2t$;　　　　　(2)$f(t)=t^2\mathrm{e}^{-3t}$;　　　　　(3)$f(t)=\dfrac{1}{3!}t^3$;

$(4)F(s)=\dfrac{s+1}{s^2}$； $(5)\ F(s)=\dfrac{1-\mathrm{e}^{-s}}{s^2(s+1)}$。

7-3   试用部分分式法、幂级数法和反演积分法，求下列函数的 z 反变换：

$(1)F(z)=\dfrac{10z}{(z-1)(z-2)}$； $(2)F(z)=\dfrac{-3+z^{-1}}{1-2z^{-1}+z^{-2}}$。

7-4   试求下列函数的脉冲序列 $f^*(t)$：

$(1)F(z)=\dfrac{z}{(z+1)(3z^2+1)}$； $(2)F(z)=\dfrac{z}{(z-1)(z+0.5)^2}$；

$(3)F(z)=\dfrac{10z(z+1)}{(z-1)(z^2+z+1)}$。

7-5   试确定下列函数的终值：

$(1)E(z)=\dfrac{2z}{(2z-1)^2}$； $(2)E(z)=\dfrac{z^2}{(z-0.8)(z-0.1)}$。

7-6   已知差分方程 $c(k)-4c(k+1)+c(k+2)=0$，初始条件：$c(0)=0,c(1)=1$。试用迭代法求输出序列 $c(k),k=0,1,2,3,4$。

7-7   试用 z 变换法求解下列差分方程：

$(1)c^*(t+2T)-6c^*(t+T)+8c^*(t)=r^*(t)$，
　　$r(t)=1(t),c^*(t)=0(t\leqslant0)$；

$(2)c^*(t+2T)+2c^*(t+T)+c^*(t)=r^*(t)$，
　　$r(nT)=n(n=0,1,2,\cdots),c(0)=c(T)=0$；

$(3)c(k+3)+6c(k+2)+11c(k+1)+6c(k)=0$，
　　$c(0)=c(1)=1,c(2)=0$；

$(4)c(k+2)+5c(k+1)+6c(k)=\cos(k\pi/2)$，
　　$c(0)=c(1)=0$。

7-8   设开环离散系统如图 7.50 所示，试求开环脉冲传递函数 $G(z)$。

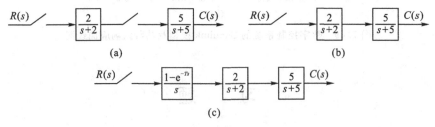

图 7.50   习题 7-8 图

7-9   试求图 7.51 闭环离散系统的脉冲传递函数 $\Phi(z)$ 或输出 z 变换 $C(z)$。

7-10   已知系统的闭环特征方程如下，试判别采样系统的稳定性。

$(1)D(z)=(z+1)(z+0.2)(z+5)=0$；

$(2)D(z)=z^3-1.5z^2-0.25z+0.4=0$（要求用朱利判据）。

7-11   已知离散系统如图 7.52 所示，要求：

(1) 当采样周期 $T=0.2\ \mathrm{s},K=2$ 时，在 w 域分析系统的稳定性；

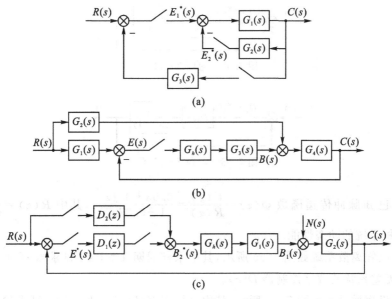

图 7.51　习题 7 - 9 图

(2)当采样周期 $T=0.2$ s 时,确定使系统稳定的 K 值范围;

(3)当采样周期 $K=2$ 时,确定使系统稳定的 T 值范围。

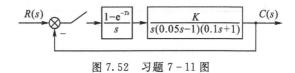

图 7.52　习题 7 - 11 图

7 - 12　设离散系统如图 7.53 所示,其中采样周期 $T=0.2$ s,$K=10$,$r(t)=1(t)+t+t^2/2$。试用终值定理计算系统的稳态误差 $e_{ss}(\infty)$。

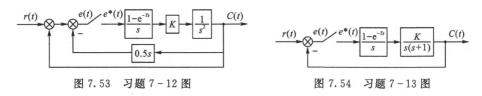

图 7.53　习题 7 - 12 图　　　　　　图 7.54　习题 7 - 13 图

7 - 13　设离散系统如图 7.54 所示,其中采样周期 $T=0.1$ s,$K=1$,$r(t)=t$。试求静态误差系数 K_p、K_v、K_a,并求系统稳态误差 $e_{ss}(\infty)$。

7 - 14　已知离散系统如图 7.55 所示,其中采样周期 $T=0.25$ s。当 $r(t)=2\cdot1(t)+t$ 时,欲使稳态误差小于 0.1,试求 K 值。

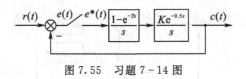

图 7.55 习题 7-14 图

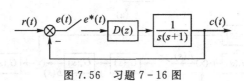

图 7.56 习题 7-16 图

7-15 已知脉冲传递函数 $\Phi(z) = \dfrac{C(z)}{R(z)} = \dfrac{0.53 + 0.1z^{-1}}{1 - 0.37z^{-1}}$，其中 $R(z) = \dfrac{z}{z-1}$。试求 $c(kT)$，并分析系统的动态性能。

7-16 已知离散系统如图 7.56 所示，其中采样周期 $T=1$ s。试求当 $r(t)=1(t)$ 时，系统为最小拍无差系统的数字控制器 $D(z)$。

7-17 设离散系统如图 7.57 所示，其中采样周期 $T=1$ s，$K=10$。试求控制器的脉冲传递函数 $D(z)$，使系统在 $r(t)=t$ 时为最小拍无差系统。

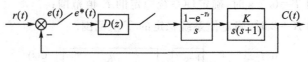

图 7.57 习题 7-17 图

非线性控制系统分析

第8章

教学目的与要求：理解典型非线性环节的数学描述，理解典型非线性环节对系统性能的影响；了解非线性系统的特点；了解研究非线性系统的方法。掌握描述函数的概念；理解典型非线性环节描述函数的求取；了解组合非线性特性的描述函数的求取；掌握用描述函数法分析非线性系统的自激振荡及其参数。了解相平面法适用的系统，理解相轨迹的概念；了解相轨迹的绘制方法，理解奇点与极限环的概念、分类；理解用相平面法分析非线性系统的输出响应和误差响应；了解由相轨迹求取系统的输出响应曲线；了解利用非线性特性改善系统的控制性能。理解非线性系统分析的 MATLAB 应用。

重点：奇点及奇线的分析与确定，自激振荡存在性及自激振荡参数的确定。

难点：相轨迹绘制与分析。

前面各章讨论的是关于线性定常控制系统的分析与综合方法。事实上，理想的线性系统是不存在的，组成系统的所有元器件都不同程度具有非线性特性。当控制系统中含有至少一个非线性环节时，称为非线性控制系统。如果系统中某些元件的非线性程度并不严重，在一定的工作范围内可以满足第 2 章所述的线性化条件，则相应系统经过线性化处理后可视为线性系统，按线性系统理论对系统进行分析与综合，称为非本质非线性。如果某些非线性特性不符合线性化条件，不能进行线性化处理，称为本质非线性，按非线性系统理论对系统进行分析。

8.1 非线性系统的基本概念

8.1.1 典型非线性特性

控制系统中含有本质非线性环节，如果这些本质非线性特性能用简单的折线来描述称为典型非线性特性。

1. 饱和特性

饱和特性是一种常见的非线性特性，如图 8.1 所示，图中，$a-(-a)$ 为线性区宽度。其输入输出表达式为

$$y=\begin{cases} kx, & |x|<a \\ M\mathrm{sign}x, & |x|\geqslant a \end{cases} \tag{8.1}$$

式(8.1)中,k 为线性区斜率;sign$x$ 表示 x 的符号,当 $x\geqslant0$ 时,sign$x=1$,否则 sign$x=-1$。当输入信号 $|x(t)|$ 小于 a 值时,输出 $y(t)$ 与 $x(t)$ 为线性关系,可视为线性系统;当 $|x(t)|$ 较大,进入饱和区时,就必须按非线性环节来处理。在系统的工作过程中,有时会人为地引入饱和特性,对控制信号进行限幅,保证系统元件在额定工作条件下安全地运行。

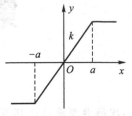 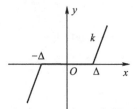

图 8.1　饱和非线性特性　　　　　　图 8.2　死区非线性特性

2. 死区特性

死区又称不灵敏区,如图 8.2 所示,图中,$\Delta\sim(-\Delta)$ 为死区范围。其输入输出表达式为

$$y=\begin{cases}0, & |x|<\Delta \\ k(x-\Delta\text{sign}x), & |x|\geqslant\Delta\end{cases} \tag{8.2}$$

式(8.2)中,k 为线性区的斜率。当输入信号 $|x(t)|$ 小于 Δ 时,虽然 $|x(t)|$ 不为零,但 $y(t)$ 为零;只有当 $|x|\geqslant\Delta$ 时,输出才不会为零,这时,$y(t)$ 与 $x(t)$ 为线性关系。死区特性常见于许多控制设备与控制装置中,如测量元件的不灵敏区,伺服电机的死区电压(启动电压)。当死区很小,对系统性能产生不良影响不大时,可以忽略不计,一般情况下要考虑死区对系统性能的影响。在工程实践中,有时为了提高系统的抗干扰能力,会人为地引入或者增大死区。

3. 间隙特性

间隙特性也是实际系统中常见的一种非线性特性,如图 8.3 所示,$b\sim(-b)$ 为间隙宽度范围。间隙常存在于齿轮传动机构中,由于加工精度和装配上的限制,不可避免地造成齿轮啮合中的间隙。间隙特性可以由主动齿轮带动从动齿轮的运转来说明。比如,当主动齿轮运动方向改变时,从动齿轮仍保持原有位置,一直到全部间隙被消除,从动齿轮的位置才开始改变。

间隙特性输入输出表达式为

$$y=\begin{cases}k(x-b) & \dot{x}>0,\ \dot{y}\neq0 \\ k(x+b) & \dot{x}<0,\ \dot{y}\neq0 \\ M\,\text{sign}x & \dot{y}=0\end{cases} \tag{8.3}$$

间隙非线性特性表现出正向与反向特性不是重叠在一起,而是在输入输出曲线上出现闭合环路,又称滞环特性。这类特性表示,当系统处于静止,输入信号 $x(t)$ 开始作用且 $x(t)$ 小于间隙 b 时,输出 $y(t)$ 为零。只有当 $x(t)>b$ 后,$y(t)$ 才随 $x(t)$ 的增大而线性变化,k 为线性区的斜率。当 $x(t)$ 反向时,$y(t)$ 则保持在方向发生变化时的 $y(t)$ 值 M 上,直到 $x(t)$ 反向运动 $2b$ 后,$y(t)$ 才随 $x(t)$ 的减小而线性变化。除了齿轮传动中的齿隙外,电磁元件的磁滞、液压传动中的油隙均用于这类特性。

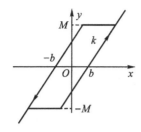

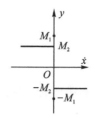

图 8.3　间隙非线性特性　　　　　　　　图 8.4　摩擦非线性特性

4. 摩擦特性

通常执行机构由静止状态开始运动时,必须克服机构中的静摩擦力矩(或者静摩擦力)。运动后,又要克服机构中的动摩擦力矩(或者动摩擦力)。一般情况下,静摩擦力矩大于动摩擦力矩,摩擦非线性特性如图 8.4 所示。其中 M_1 为静摩擦力矩,动摩擦力矩可表示为

$$y = -M_2 \text{sign} \dot{x}, \quad \dot{x} \neq 0 \tag{8.4}$$

5. 继电器特性

继电器工作的输入输出特性称为继电器特性。图 8.5(a)为理想的继电器特性。对于实际的继电器,当流经继电器的线圈电流大到某一数值时,电磁吸力才能使继电器衔铁吸合,因而继电器一般都有死区特性,如图 8.5(b)所示。由于继电器衔铁的吸合电压一般都大于释放电压,故继电器具有滞环特性,如图 8.5(c)所示。实际继电器既有死区又有滞环的特性,如图 8.5(d)所示,它们的数学表达式可表示为

(1)理想继电器特性

$$y = M \text{sign} x \tag{8.5}$$

(2)具有死区的继电器特性

$$y = \begin{cases} 0, & |x| \leqslant h \\ M \text{sign} x, & |x| > h \end{cases} \tag{8.6}$$

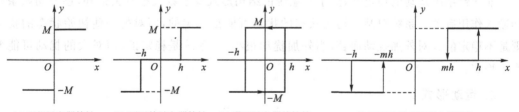

(a) 理想继电器特性　(b) 死区的继电器特性　(c) 滞环继电器特性　　(d) 死区和滞环的继电器特性

图 8.5　继电器非线性特性

(3)具有滞环的两位置继电器特性

$$y=\begin{cases} M & \begin{cases} x>h \\ x\geqslant-h, & \dot{x}<0 \end{cases} \\ -M & \begin{cases} x<-h \\ x\leqslant h, & \dot{x}>0 \end{cases} \end{cases} \tag{8.7}$$

(4)具有死区和滞环的三位置继电器特性

$$y=\begin{cases} M & \begin{cases} x>h \\ x\geqslant mh, & \dot{x}<0 \end{cases} \\ 0 & \begin{cases} mh<x\leqslant h, \dot{x}>0 \\ -mh<x<mh \\ -h\leqslant x<-mh, \dot{x}<0 \end{cases} \\ -M & \begin{cases} x<-h \\ x\leqslant-mh, \dot{x}>0 \end{cases} \end{cases} \tag{8.8}$$

上面介绍的非线性特性属于典型特性,实际系统中还有许多复杂的非线性特性,有些非线性属于前述各种典型非线性的组合,还有一些非线性特性很难用一般函数来描述,称为不规则的非线性特性。

8.1.2 非线性系统的特点

对于线性系统,描述其运动状态的数学模型是线性微分方程,它的基本特性就在于能使用叠加原理。而非线性系统,其数学模型为非线性微分方程,不能使用叠加原理。因此,在非线性系统中,将出现许多在线性系统中见不到的特点。现介绍如下。

1. 稳定性

在线性系统中,系统的稳定性只取决于系统的结构和参数,也即只取决于系统特征方程根的分布,而和初始条件、输入作用没有关系。

非线性系统运动的稳定性,除了与系统的结构形式及参数大小有关以外,还与初始条件和输入作用有关。系统对某些初始状态的扰动可能是稳定的,而对另一些初始状态的扰动则是不稳定的。对外加扰动而言,当外加扰动很小时,系统是稳定的,但对大的扰动可能变为不稳定。

2. 运动形式

线性系统运动的动态过程的形式与起始偏差或者外作用大小无关。如系统具有复数主导极点,则其响应始终是振荡形式。但非线性系统的时域响应,如阶跃响应的形状与输入信号大小和系统初始条件大小有关,如当输入信号较小时,其响应曲线可能具有单调特性,而输入信号较大时可能振荡收敛或者发散。即使运动形式相同,其超调量和调节时间也会不同。

3. 自激振荡

在线性系统中可能出现的振荡现象通常是衰减的或者是发散的。而介于两者间的临界等幅振荡,其振幅与初始条件有关,当系统参数稍有变化,或者衰减,或者发散,其等幅振荡是难以保持的。但是,对于非线性系统,由于振荡的振幅将受到非线性特性的限制,完全可能产生具有一定频率和振幅的稳态振荡,其波形一般是非正弦的,但接近于正弦,其出现和自激振荡幅值可能与初始条件和输入信号的幅度大小有关。

自激振荡问题是研究非线性系统的重要内容之一,这对工程实践有很大的意义。通常情况下,系统正常工作时,不希望产生自激振荡,必须设法抑制;但在有的情况下,为使系统具有良好的动态性能,却特意地引用自激振荡。

4. 频率响应

对于线性系统,当输入信号为正弦信号时,其稳态输出也是同频率的正弦函数。但对于非线性系统,输入是正弦信号时,稳态输出通常是非正弦周期函数,甚至还会出现谐波振荡或者阶跃谐振现象。

8.1.3　非线性系统的研究方法

以上只列举了非线性系统的某些特殊现象。从这些现象可看出,非线性系统要比线性系统复杂得多。上述现象均不能用线性理论进行解释和处理,必须应用非线性理论来研究它们,研究它们发生和存在的条件,研究如何抑制或者消除某些非线性现象,或者利用它们当中的某些特性以获得比线性系统更好的性能。

由于非线性系统的数学模型是非线性微分方程,而大多数非线性微分方程尚无法直接求出解析解,因此到目前为止,对非线性系统尚无通用的分析和设计方法。目前在工程上研究非线性系统有下面几种方法。

1. 相平面法

相平面法是在 $x-\dot{x}$ 坐标系中绘制相轨迹图,来研究非线性系统的稳定性和动态特性。这种方法只适用于一、二阶系统。

2. 描述函数法

描述函数法是一种频域分析方法。在一定的条件下,用非线性元件在正弦信号作用下输出的基波分量代替非正弦信号,使非线性元件近似为一个线性环节,这样可以用线性系统的理论来判断系统的稳定性。如果系统产生自激振荡,可以确定自激振荡的频率和幅值,并寻找消除自持振荡的方法。

3. 计算机求解法

利用计算机直接求解非线性微分方程的解,来分析复杂的非线性系统的性质是一种有效的方法。

4. 李雅普诺夫第二方法

根据非线性系统的动态方程的特性,用某些相关方法求出李雅普诺夫函数 $V(x)$,然后根据 $V(x)$ 和 $\dot{V}(x)$ 的性质去判别系统的稳定性。

本章只讨论用相平面法和描述函数法对非线性系统的分析。

8.2 相平面法

相平面法是庞加莱(Poincare)于1885年首先提出的,它是一种求解二阶微分方程的图解法。相平面法又是一种时域分析法,它不仅能分析系统的稳定性和自激振荡,而且能给出系统运动轨迹的清晰图像。这种方法一般适用于系统的线性部分为一阶或者二阶的情况。

8.2.1 相平面的基本概念

设一个二阶系统可以用下列微分方程来描述:

$$\ddot{x} + f(x, \dot{x}) = 0 \tag{8.9}$$

式(8.9)中,$f(x, \dot{x})$是x和$\dot{x}$的线性函数或者非线性函数。

若令$x = x_1$,$\dot{x} = x_2$,则式(8.9)又可以改写成两个一阶的联立方程:

$$\begin{cases} \dfrac{\mathrm{d}x_1}{\mathrm{d}t} = x_2 \\[2mm] \dfrac{\mathrm{d}x_2}{\mathrm{d}t} = -f(x_1, x_2) \end{cases}$$

可得

$$\frac{\mathrm{d}x_2}{\mathrm{d}x_1} = \frac{-f(x_1, x_2)}{x_2} \tag{8.10}$$

这是一个以x_1为自变量,以x_2为因变量的一阶微分方程。因此对方程式(8.9)的研究,可以用研究方程式(8.10)来代替,即方程式(8.9)的解既可用x与t的关系来表示,也可用x_2与x_1的关系来表示。实际上,如果把方程式(8.9)看作一个质点的运动方程,则$x_1(t)$代表质点的位置,$x_2(t)$代表质点的速度。用x_1、x_2描述方程式(8.9)的解,也就是用质点的状态来表示该质点的运动。在物理学中,状态又称为相。因此,我们把由$x_1 - x_2$即$(x - \dot{x})$所组成的平面坐标系称为相平面,系统的一个状态则对应于相平面上的一个点。当t变化时,系统状态在相平面上移动的轨迹称为相轨迹。而与不同初始状对应的一簇相轨迹所组成的图像叫作相平面图。利用相平面图分析系统性能的方法称为相平面法。

例如,二阶线性系统当$\zeta = 0$时的齐次微分方程式为

$$\ddot{x} + \omega_n^2 x = 0$$

根据式(8.4),上式又可以化成

$$\frac{\mathrm{d}\dot{x}}{\mathrm{d}x} = -\frac{\omega_n^2 x}{\dot{x}}$$

对上式积分,得相轨迹方程

$$x^2 + \frac{\dot{x}^2}{\omega_n^2} = A^2 \tag{8.11}$$

式(8.11)中,$A = \sqrt{\dot{x}_0^2/\omega_n^2 + x_0^2}$是由初始条件$x_0$、$\dot{x}_0$决定的常数。当$x_0$、$\dot{x}_0$取不同值时,式(8.11)在相平面上表示一簇同心的椭圆,如图8.6(a)所示。而图8.6(b)则是用x与t的关系表示的方程式(8.11)的解。显然,两者所反映的系统的状态是相同的。所以,完全可以用

相轨迹来表示系统的动态过程。

注意,相轨迹上箭头所示的方向,表示时间 t 增大的方向。由于在相平面的上半平面,$\dot{x}>0$,而相轨迹自左向右 x 是增大的,因此上半部分相轨迹的箭头方向比如图 8.6(a)所示。同理下半部分相轨迹的箭头方向应相反。总之,相轨迹上的箭头方向总是顺时针方向。

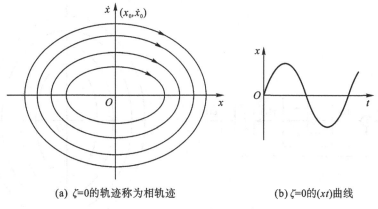

(a) $\zeta=0$ 的轨迹称为相轨迹 (b) $\zeta=0$ 的 (xt) 曲线

图 8.6 二阶线性系统 $\zeta=0$ 时的解

8.2.2 相平面图的绘制

绘制相平面图可以用解析法、图解法和实验法。

1. 解析法

解析法一般用于系统的微分方程比较简单或者可以分段线性化的方程。应用解析法求取相轨迹方程时一般有两种方法:一种是对式(8.10)直接进行积分。显然,这只有在上述方程可以进行积分时才能运用。另一种方法是先求出 x 和 $\dot{x}$ 对 t 的函数关系,然后消去 t 从而求得相轨迹方程。下面举例加以说明。

【例 8-1】 具有理想继电器特性的非线性系统如图 8.7(a)所示,试绘制当输入 $r(t)=0$ 时系统的相平面图。

解 系统中线性部分的输入和输出的关系为

$$\ddot{c}=y$$

非线性元件的输入输出关系为 $y=b\,\text{sign}(e)=b\,\text{sign}(-c)$

故系统的微分方程为

(1)在 $c<0$ 的区域,系统的方程为

$$\ddot{c}=b$$

由式(8.10),系统的方程又可写成

$$\frac{\mathrm{d}\dot{c}}{\mathrm{d}c}=\frac{b}{\dot{c}}$$

设初始条件为 $c(0)=c_0$,$\dot{c}(0)=\dot{c}_0$,则对上式进行积分,得该区的相轨迹方程为

$$\dot{c}^2=2bc-2bc_0+\dot{c}_0^2 \qquad (c<0)$$

(2)在 $c \geqslant 0$ 的区域,系统的方程为

$$\ddot{c} = -b$$

同理可得该区的相轨迹方程为

$$\dot{c}^2 = -2bc + 2bc_0 + \dot{c}_0^2 \qquad (c \geqslant 0)$$

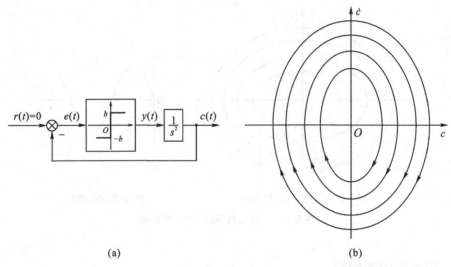

(a)   (b)

图 8.7 具有理想继电器特性的非线性系统

由以上两相轨迹方程可绘制出系统的相平面图如图 8.7(b)所示。相平面被分为两个区域,每个区域内的相轨迹为一组抛物线。

2. 图解法

目前比较常用的图解法有两种:等倾线法和 δ 法。下面介绍等倾线法,等倾线法的思想是采用直线近似。如果我们能用简便的方法确定出相平面中任意一点相轨迹的斜率,则该点附近的相轨迹便可通过这点的相轨迹切线来近似。

设系统的微分方程式为

$$\frac{\mathrm{d}\dot{x}}{\mathrm{d}x} = \frac{f(x,\dot{x})}{\dot{x}}$$

式中,$\mathrm{d}\dot{x}/\mathrm{d}x$ 表示相平面上相轨迹的斜率。若取斜率为常数,则上式可改写成

$$\alpha = \frac{f(x,\dot{x})}{\dot{x}} \tag{8.12}$$

式(8.12)为等倾线方程。对于相平面上满足上式的各点,经过它们的相轨迹的斜率都等于 α。若将这些具有相同斜率的点连成一条线,则此线称为相轨迹的等倾线。给定不同的 α 值,可在相平面上画出相应的等倾线。用等倾线法绘制相轨迹的一般步骤:

(1)首先根据式(8.12)求系统的等倾线方程;

(2)根据等倾线方程在相平面上画出等倾线分布图;

(3)利用等倾线分布图绘制相轨迹。即从初始条件确定的点出发,近似地用直线段画出到相邻一条等倾线之间的相轨迹。该直线段的斜率为相邻两条等倾线斜率的平均值。这条

直线段与相邻等倾线的交点,就是下一段相轨迹的起始点。如此继续做下去,即可绘出整个相轨迹曲线。

【例 8 - 2】 二阶线性系统的微分方程式为

$$\ddot{x}+2\zeta\omega_n\dot{x}+\omega_n^2 x=0$$

试用等倾线法绘制其相轨迹。

解 由微分方程式可得

$$\ddot{x}=f(x,\dot{x})=-2\zeta\omega_n\dot{x}-\omega_n^2 x$$

由式(8.12)得等倾线方程为

$$\alpha=\frac{-2\zeta\omega_n\dot{x}-\omega_n^2 x}{\dot{x}}$$

或者

$$\frac{\dot{x}}{x}=-\frac{\omega_n^2}{\alpha+2\zeta\omega_n}$$

所以等倾线是过相平面原点的一簇直线。当 $\zeta=0.5$、$\omega_n=1$ 时,等倾线分布图为图 8.8 中所示由原点出发的射线。

假设由初始条件确定的点为图 8.8 中的 A 点,则过 A 点作斜率为[$(-1)+(-1.2)$]/2=-1.1 的直线,与 $\alpha=-1.2$ 的等倾线交于 B 点;再过 B 点作斜率为[$(-1.2)+(-1.4)$]/2=-1.3 的直线,与 $\alpha=-1.4$ 的等倾线交于 C 点;如上依次作出各等倾线间的相轨迹线段,即得系统近似的相轨迹。

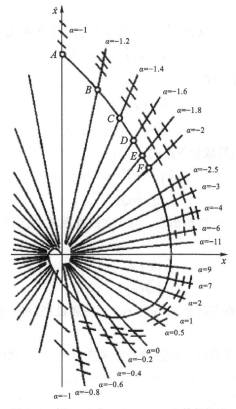

图 8.8 例 8 - 2 在 $\zeta=0.5$、$\omega_n=1$ 的相轨迹

等倾线法的准确度,取决于等倾线的分布密度。为保证一定的绘制准确度,一般等倾线的间隔以 $5°\sim10°$ 为宜。

3. 实验法

对一个实际的系统,如果把 x 和 $\dot{x}$ 直接测量出来,并分别送入一个示波器的水平和垂直信号的输入端,便可在示波器上直接显示出系统的相轨迹曲线,还可以通过 $x-y$ 记录仪记录下来。用实验的方法,不仅可以求得一条相轨迹,并且也可以多次地改变初始条件而获得一系列的相轨迹,从而得到完整的相平面图。这对于非线性系统的分析和研究是极为方便的。

8.2.3　相平面上的奇点和奇线

前面讨论了相平面法的基本概念以及相平面图的绘制方法。引入相平面图的概念,不只是求取相轨迹,而是要通过对相平面的研究,确定系统所有可能的运动状态及性能。因此需要进一步研究相平面图的基本特征,从而找出相平面图与系统的运动状态和性能之间的关系。系统的相平面图有以下两个基本特征。

1. 奇点

奇点是相平面图上的一类特殊点。所谓奇点,就是指相轨迹的斜率 $d\dot{x}/dx=0$ 的点,因此可以有无穷多条相轨迹经过该点。由于在奇点处 $d\dot{x}/dt=0$、$dx/dt=0$,这表示统处于平衡状态,故奇点亦称为平衡点。

奇点的求取可以从上述定义出发。设二阶系统的微分方程为

$$\ddot{x}+a_1\dot{x}+a_0x=0$$

令 $x=x_1,\dot{x}=x_2$,上式又可写成

$$\begin{cases}\dot{x}_1=x_2\\\dot{x}_2=-a_1x_2-a_0x_1\end{cases}$$

对于一般情况,系统方程可写成如下形式

$$\begin{cases}\dot{x}_1=P(x_1,x_2)\\\dot{x}_2=Q(x_1,x_2)\end{cases}\tag{8.13}$$

式(8.13)中,P、Q 是 x_1、x_2 的解析函数。对于非线性系统,它们是 x_1 和 x_2 的非线性函数,在奇点处

$$\begin{cases}P(x_1,x_2)=0\\Q(x_1,x_2)=0\end{cases}\tag{8.14}$$

由式(8.14)即可求出系统奇点的坐标 (x_{10},x_{20})。一般说来,对一个系统,奇点可能是一个,也可能是一个以上。

奇点的分类是根据奇点附近相轨迹的特征来进行的,由于此时是研究奇点附近系统的运动状态,因此可以用小偏差理论。将式(8.13)在奇点 (x_{10},x_{20}) 附近展开成泰勒级数:

$$\begin{cases} P(x_1,x_2)=P(x_{10},x_{20})+\dfrac{\partial P}{\partial x_1}\bigg|_{(x_{10},x_{20})}(x_1-x_{10})+\dfrac{\partial P}{\partial x_2}\bigg|_{(x_{10},x_{20})}(x_2-x_{20})+\cdots \\[3mm] Q(x_1,x_2)=Q(x_{10},x_{20})+\dfrac{\partial Q}{\partial x_1}\bigg|_{(x_{10},x_{20})}(x_1-x_{10})+\dfrac{\partial Q}{\partial x_2}\bigg|_{(x_{10},x_{20})}(x_2-x_{20})+\cdots \end{cases}$$

对上式取一次近似,同时考虑到 $P(x_{10},x_{20})=Q(x_{10},x_{20})=0$,故得线性化方程组

$$\begin{cases} P(x_1,x_2)=\dfrac{\partial P}{\partial x_1}\bigg|_{(x_{10},x_{20})}(x_1-x_{10})+\dfrac{\partial P}{\partial x_2}\bigg|_{(x_{10},x_{20})}(x_2-x_{20}) \\[3mm] Q(x_1,x_2)=\dfrac{\partial Q}{\partial x_1}\bigg|_{(x_{10},x_{20})}(x_1-x_{10})+\dfrac{\partial Q}{\partial x_2}\bigg|_{(x_{10},x_{20})}(x_2-x_{20}) \end{cases}$$

为讨论简便起见,设奇点就在坐标原点,即 $x_{10}=x_{20}=0$;并令

$$\frac{\partial P}{\partial x_1}\bigg|_{(x_{10},x_{20})}=a,\quad \frac{\partial P}{\partial x_2}\bigg|_{(x_{10},x_{20})}=b,\quad \frac{\partial Q}{\partial x_1}\bigg|_{(x_{10},x_{20})}=c,\quad \frac{\partial Q}{\partial x_2}\bigg|_{(x_{10},x_{20})}=d$$

则式(8.13)可写成

$$\begin{cases} \dot{x}_1=ax_1+bx_2 \\ \dot{x}_2=cx_1+dx_2 \end{cases}$$

消去 x_2,得

$$\ddot{x}_1-(a+d)\dot{x}_1+(ad-bc)x_1=0$$

或者

$$\ddot{x}-(a+d)\dot{x}+(ad-bc)x=0 \tag{8.15}$$

式(8.15)为系统在奇点附近的线性化方程,而系统在奇点附近的运动状态就由上式的两个特征根决定。根据式(8.15)的特征根的分布情况,系统相应有六种奇点:稳定节点、不稳定节点、稳定焦点、不稳定焦点、鞍点和中心点,相应的相平面图如表 8.1 所示。

表 8.1　奇点的种类

奇点类型	特征根分布	相平面图	特点
稳定节点			相轨迹是一簇趋向原点的抛物线;系统在奇点附近是稳定的
不稳定节点			相轨迹是由原点出发的一簇发散的抛物线;系统在奇点附近是不稳定的

奇点类型	特征根分布	相平面图	特点
稳定焦点			相轨迹是收敛于原点的一簇螺旋线；系统在奇点附近是稳定的
不稳定焦点			相轨迹是从原点发散的一簇螺旋线；系统在奇点附近是不稳定的
鞍点			系统在奇点附近是不稳定的
中心点			相轨迹是一簇同心的椭圆曲线；系统在奇点附近可能稳定，也可能不稳定。与忽略掉的高次项有关

【例 8-3】 试绘制由下列方程描述的非线性系统的相平面图：

$$\ddot{x} + 0.5\dot{x} + 2x + x^2 = 0$$

解 (1)确定奇点。令 $x = x_1, \dot{x} = x_2$，则系统的方程又可写成

$$\begin{cases} \dot{x_1} = x_2 \\ \dot{x_2} = -0.5x_2 - 2x_1 - x_1^2 \end{cases}$$

根据奇点的定义，得

$$\begin{cases} x_2 = 0 \\ -0.5x_2 - 2x_1 - x_1^2 = 0 \end{cases}$$

解得系统有两个奇点 $(0,0)$ 和 $(-2,0)$。

(2)确定奇点的类型。在奇点 $(0,0)$ 附近，由式(8.15)可得系统的线性化方程为

$$\ddot{x}+0.5\dot{x}+2x=0$$

它的两个特征根为 $-0.25\pm j1.39$,故该奇点是稳定焦点。

在奇点 $(-2,0)$ 附近,由于该奇点不在坐标原点,故式(8.15)不能直接应用。先进行坐标变换,令 $y=x+2$,则此时系统的线性化方程为

$$\ddot{y}+0.5\dot{y}-2y=0$$

它有两个特征根 1.19 和 -1.69,因此奇点 $(-2,0)$ 为鞍点。利用等倾线法,可作出系统的相平面图,如图 8.9 所示。由图 8.9 可知,通过鞍点 $(-2,0)$ 的两条相轨迹,将相平面分成了两个不同的区域。故这两条特殊的相轨迹又称为分隔线。

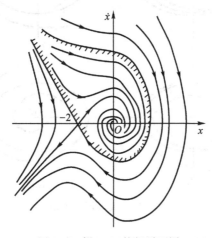

图 8.9 例 8-3 的相平面图

显然,根据奇点的性质,即可知道系统所有可能的运动状态:假如初始条件所决定的初始状态在阴影侧的区域内,则相轨迹将趋于原点,系统是稳定的。如果初始状态在该区域之外,则相轨迹将趋于无穷远,系统是不稳定的。由此可见,该非线性系统的运动状态和性能与初始条件有关。

2. 奇线

奇线是相平面图中具有不同性质的相轨迹的分界线。通常见到的奇线有两种:分隔线和极限环。关于分隔线在上面的例题中已经讨论过,下面着重研究极限环。

相平面图上孤立的封闭相轨迹,而其附近的相轨迹都趋向或者发散于这个封闭的相轨迹,这样的相轨迹曲线称为极限环。在描述函数中所讨论的非线性系统的自激振荡状态,反映在相平面图上,就是一个极限环。根据极限环的稳定性,极限环又分为三类。

(1)稳定极限环。若极限环两侧的相轨迹都趋向于该环,这种极限环称为稳定极限环,如图 8.10(a)所示。从系统的运动状态来看,这种稳定极限环表示系统具有固定周期和幅值的稳定振荡状态,即自激振荡。

(2)不稳定极限环。若极限环两侧的相轨迹都离开该环,这种极限环称为不稳定极限环,如图 8.10(b)所示。从系统的运动状态来看,这种不稳定极限环表示系统具有不稳定的振荡状态,即小偏差时,相轨迹收敛于平衡点,系统稳定,大偏差时,系统产不稳定。

(3)半稳定极限环。如果在极限环附近,相轨迹的一侧离开极限环,另一侧趋向极限环,

则这种极限环称为半稳定极限环,如图 8.10(c)、(d)所示。图 8.10(c)中,从内侧出发的相轨迹趋向极限环,而从极限环外侧出发的相轨迹从极限环发散出去,系统不稳定。图 8.10(d)中,从外侧出发的相轨迹趋向于极限环,而从极限环内侧出发的相轨迹离开极限环,系统稳定。

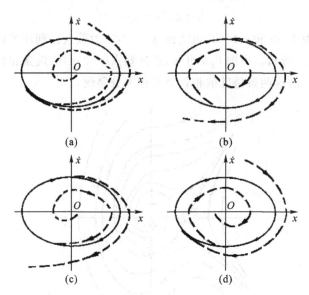

图 8.10 极限环的类型

(4)双极限环。实际非线性系统,可能存在极限环,也可能不产生极限环,也可能产生多个极限环。

应当指出的是,线性二阶系统无阻尼($\zeta=0$)振荡曲线,在相平面也是一条封闭曲线,这不是极限环,线性系统无阻尼振荡的相轨迹与初始条件有关,有无穷多条封闭曲线。

8.2.4 非线性系统的相平面分析

大多数非线性控制系统含有的非线性特性是分段线性的,或者可以用分段线性特性来近似。用相平面分析法分析这类系统时,一般采用"分区-衔接"的方法。首先,根据非线性特性的线性分段情况,用几条分界线(又称为开关线)把相平面分成几个线性区域,在各个线性区域内,各自用一个线性微分方程来描述。其次,画出各线性区的相平面图。最后,根据系统状态变化的连续性,将相邻区间的相轨迹衔接成连续的曲线,即可获得系统的相平面图。

1. 具有死区持性的非线性控制系统

【例 8-4】 设系统结构如图 8.11 所示,系统初始状态为零。研究在 $r(t)=R \cdot 1(t)$ 作用下的相轨迹。

解 由图可列写系统的微分方程如下:

$$T\ddot{c} + \dot{c}(t) = Km(t)$$

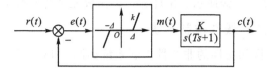

图 8.11 具有死区特性的非线性系统

$$m(t)=\begin{cases} k[e(t)+\Delta], & e(t)\leqslant-\Delta \\ 0, & |e(t)|<\Delta \\ k[e(t)-\Delta], & e(t)\geqslant\Delta \end{cases}$$

$$e(t)=r(t)-c(t)$$

为便于分析,取 $e(t)$、$\dot{e}(t)$ 作为状态变量,并按特性曲线分区域列写微分方程式

区域 I:$T\ddot{e}+\dot{e}+Kke=T\ddot{r}+\dot{r}-Kk\Delta$, $e\leqslant-\Delta$

区域 II:$T\ddot{e}+\dot{e}=0$, $|e|<\Delta$

区域 III:$T\ddot{e}+\dot{e}+Kke=T\ddot{r}+\dot{r}+Kk\Delta$, $e\geqslant\Delta$

显然,$e=\pm\Delta$ 为死区特性的转折点,亦为相平面的开关线。代入 $r(t)=R\cdot 1(t)$,因为 $\ddot{r}(t)=\dot{r}(t)=0$,整理得

区域 I:$T(e+\Delta)''+(e+\Delta)'+Kk(e+\Delta)=0$, $e\leqslant-\Delta$

区域 II:$T\ddot{e}+\dot{e}=0$, $|e|<\Delta$

区域 III:$T(e-\Delta)''+(e-\Delta)'+Kk(e-\Delta)=0$, $e\geqslant\Delta$

若给定参数 $T=1,Kk=1$,根据线性系统相轨迹分析结果,可得奇点类型。

区域 I:奇点为 $(-\Delta,0)$ 为稳定焦点,相轨迹为向心螺旋线($\zeta=0.5$);

区域 II:奇点为 $(x,0),x\in(-\Delta,\Delta)$,相轨迹沿直线收敛;

区域 III:奇点 $(\Delta,0)$ 为稳定焦点,相轨迹为向心螺旋线($\zeta=0.5$)。

由零初始条件 $c(0)=0,\dot{c}(0)=0$ 和 $r(t)=R\cdot 1(t)$ 得 $e(0)=r(0)-c(0)=R,\dot{e}(0)=0$。根据区域奇点类型及对应的运动形式,作相轨迹,如图 8.12 实线所示。

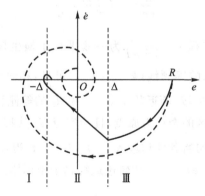

图 8.12 具有死区特性的非线性系统相轨迹

由图 8.12 可知,各区域的相轨迹运动形式由该区域的线性微分方程的奇点类型决定,相轨迹在开关线上改变运动形式,系统存在稳态误差,而稳态误差的大小取决于系统参数,也与输入和初始条件有关。若用比例环节 $k=1$ 代替死区特性,即无死区影响时,线性二阶

系统的相轨迹如图 8.12 中虚线所示。由此亦可以比较死区特性对系统运动的影响。

2. 具有饱和特性的非线性控制系统

【例 8 – 5】 设具有饱和特性的非线性控制系统如图 8.13 所示。图中 $T=1,K=4,e_0=M_0=0.2$,系统初始状态为零。分别研究系统在 $r(t)=R\cdot 1(t)$ 和 $r(t)=V_0 t$ 作用下的相轨迹。

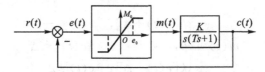

图 8.13 具有饱和特性的非线性控制系统

解 取 $e(t)$、$\dot{e}(t)$ 作为状态变量,按饱和特性分三个区域列写微分方程式

$$T\ddot{e}+\dot{e}-KM_0=T\ddot{r}+\dot{r}, \quad e\leqslant -e_0$$

$$T\ddot{e}+\dot{e}+K\frac{M_0}{e_0}e=T\ddot{r}+\dot{r},\ |e|<e_0$$

$$T\ddot{e}+\dot{e}+KM_0=T\ddot{r}+\dot{r}, \quad e\geqslant e_0 \tag{8.16}$$

可知开关线 $e=-e_0$ 和 $e=e_0$ 将相平面分为负饱和区、线性区和正饱和区。下面分别研究系统在 $r(t)=R\cdot 1(t)$ 和 $r(t)=V_0 t$ 作用下的相轨迹。

(1)$r(t)=R\cdot 1(t)$。整理式(8.16)得

$$T\ddot{e}+\dot{e}-KM_0=0, \quad e<-e_0$$

$$T\ddot{e}+\dot{e}+Ke=0, \qquad |e|\leqslant e_0$$

$$T\ddot{e}+\dot{e}+KM_0=0, \qquad e>e_0$$

这里涉及在饱和区需要确定形如

$$T\ddot{e}+\dot{e}+A=0, A\ 为常数 \tag{8.17}$$

的相轨迹。由式(8.17)得相轨迹微分方程

$$\frac{\mathrm{d}\dot{e}}{\mathrm{d}e}=-\frac{\dot{e}+A}{T\dot{e}}\neq\frac{0}{0}$$

故相轨迹无奇点,而等倾线方程 $\dot{e}=\dfrac{-A}{1+\alpha T}$ 为一簇平行于横坐标的直线,其斜率 k 均为零。令 $\alpha=0$ 得 $\dot{e}=-A$,即为特殊的等倾线($k=\alpha=0$)。可见,相轨迹在 $e<-e_0$ 区域渐近趋于 $\dot{e}=KM_0$ 的等倾线;在 $e>e_0$ 区域,渐近趋于 $\dot{e}=-KM_0$ 的等倾线。

代入给定参数求得线性区的奇点为原点,且为实奇点,其特征根为 $s_{1,2}=-0.5\pm j1.94$,所以奇点为稳定焦点。由零初始条件和输入 $r(t)=R\cdot 1(t)$ 得,$e(0)=R,\dot{e}(0)=0$。取 $R=2$ 绘制系统的相轨迹如图 8.14(a)所示。相轨迹最终趋于坐标原点,系统稳定。对应的 $c(t)$ 和 $e(t)$ 曲线如图 8.14(b)所示。

(2)$r(t)=V_0 t$。由 $\dot{r}(t)=V_0,\ddot{r}(t)=0$,可分区间得下述三个线性微分方程:

$$T\ddot{e}+\dot{e}-(KM_0+V_0)=0, \qquad\qquad e\leqslant -e_0$$

$$T\left(e-\frac{V_0}{K}\right)''+\left(e-\frac{V_0}{K}\right)'+K\left(e-\frac{V_0}{K}\right)=0, \qquad |e|<e_0$$

$$T\ddot{e}+\dot{e}+(KM_0-V_0)=0,\qquad\qquad e\geqslant e_0$$

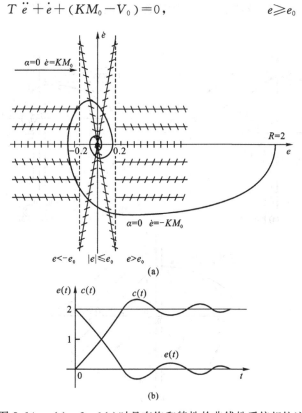

图 8.14　$r(t)=2\cdot1(t)$ 时具有饱和特性的非线性系统相轨迹

仿照(1)讨论,在给定参数值下,线性区间奇点 $(V_0/K,0)$ 为稳定焦点;负饱和区内特殊的等倾线为 $\dot{e}=KM_0+V_0(k=\alpha=0)$;正饱和区内特殊的等倾线为 $\dot{e}=-KM_0+V_0(k=\alpha=0)$。综上知 $r(t)=V_0t$ 对系统运动的影响,与 $r(t)=R\cdot1(t)$ 的情况相比较,奇点将沿横轴向右平移 V_0/K,两条特殊的等倾线将沿纵轴向上平移 V_0。对于初始条件 $c(0)=c_0,\dot{c}(0)=\dot{c}_0$,由于 $r(0)=0,\dot{r}(0)=V_0$,故 $e(0)=-c_0,\dot{e}(0)=V_0-\dot{c}_0$。由于奇点和特殊的等倾线的平移使奇点的虚实发生变化,特别是系统相轨迹的运动变得复杂,因此需根据参数 K 及输入系数 V_0 分别加以研究,下面仅讨论其中的三种情况。

当 $V_0=1.2>KM_0$ 时,线性区内,相轨迹奇点 $(0.3,0)$ 为稳定焦点,且为虚奇点,饱和区的两条特殊的等倾线均位于相平面的上半平面。系统的相平面图如图 8.15(a)所示,起始于任何初始点的相轨迹将沿正饱和区的特殊相轨迹发散至无穷。

当 $V_0=0.4<KM_0$ 时,线性区内,相轨迹奇点 $(0.1,0)$ 为稳定焦点,且为实奇点,负饱和区和正饱和区的两条特殊的等倾线分别位于上半平面和下半平面。系统的相平面图如图 8.15(b)所示,起始于任何初始点的相轨迹最终都收敛于 $(0.1,0)$,系统的稳态误差为 0.1。

当 $V_0=0.8=KM_0$ 时,线性区内,相轨迹奇点 $(0.2,0)$ 为稳定焦点,为实奇点,且位于开关线 $e=e_0$ 上,正饱和区的线性微分方程为 $T\ddot{e}+\dot{e}=0$。按线性系统相轨迹分析知,该区域内的相轨迹是斜率为 $-1/T$ 的直线,横轴上大于 e_0 的各点皆为奇点,起始于任何初始点的

相轨迹最终都落在 $e>e_0$ 的横轴上,系统存在稳态误差,稳态误差的大小取决于初始条件,相平面图为图 8.15(c)。

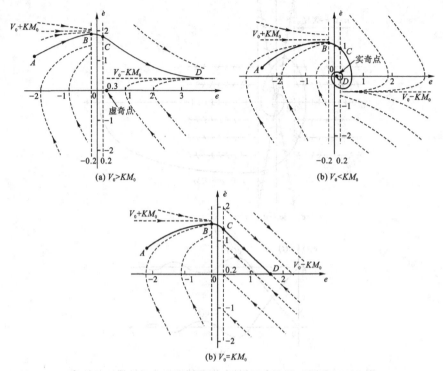

图 8.15 $r(t)=V_0t$ 时具有饱和特性的非线性系统的相平面图

3. 具有滞环继电特性的非线性控制系统

【**例 8 - 6**】 非线性系统结构如图 8.16 所示,$H(s)$ 为反馈网络的传递函数,$r(t)=0$。分别研究系统在(1)单位反馈 $H(s)=1$;(2)速度反馈 $H(s)=1+\tau s$ $(0<\tau<T)$ 时的相轨迹。

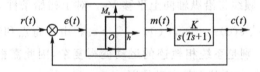

图 8.16 具有滞环继电特性的非线性系统

解 (1)单位反馈 $H(s)=1$。根据滞环继电特性分区间列写微分方程如下

$$T\ddot{c}+\dot{c}+KM_0=0 \quad \begin{cases} c>h \\ c>-h, \dot{c}<0 \end{cases}$$

$$T\ddot{c}+\dot{c}-KM_0=0 \quad \begin{cases} c<-h \\ c<h, \dot{c}>0 \end{cases} \tag{8.18}$$

由式(8.18)易知,三条开关线 $c=h,\dot{c}>0$;$c=-h,\dot{c}<0$ 和 $-h<c<h,\dot{c}=0$ 将相平面划分为左右两个区域。根据式(8.18)的分析结果,左区域内存在一条特殊的相轨迹 $\dot{c}=KM_0$($k=\alpha=0$),右区域内亦存在一条特殊的相轨迹 $\dot{c}=-KM_0$($k=\alpha=0$)。所绘制的系统相平面图

如图 8.17(a)所示。

横轴上区间$(-h, h)$为发散段,即初始点位于该线段时,相轨迹运动呈向外发散形式,初始点位于该线段附近时也同样向外发散;而由远离该线段的初始点出发的相轨迹均趋向于两条特殊的等倾线,即向内收敛,故介于从内向外发散和从外向内收敛的相轨迹之间,存在一条闭合曲线 $ABCDA$,构成极限环。按极限环定义,该极限环为稳定的极限环。因此在无外作用时,不论初始条件如何,系统最终都将处于自激振荡状态。而在输入为 $r(t) = R \cdot 1(t)$条件下,仍有

$$T\ddot{e} + \dot{e} + KM_0 = T\ddot{r} + \dot{r} = 0 \quad \begin{cases} e > h \\ e > -h, \dot{e} < 0 \end{cases}$$

$$T\ddot{e} + \dot{e} - KM_0 = T\ddot{r} + \dot{r} = 0 \quad \begin{cases} e < -h \\ e < h, \dot{e} > 0 \end{cases}$$

系统状态 $e(t), \dot{e}(t)$仍将最终处于自激振荡状态。可见滞环特性恶化了系统的品质,使系统处于失控状态。

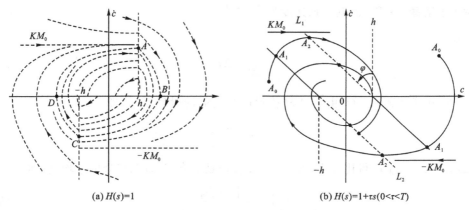

图 8.17　具有滞环继电特性的非线性系统相平面图

(2)速度反馈 $H(s) = 1 + \tau s$ ($0 < \tau < T$)。滞环非线性特性对系统影响的定性分析和相平面法分析表明,滞环的存在导致了控制的滞后,为补偿其不利影响,引入输出的速度反馈,以期改善非线性系统的品质。

加入速度反馈控制后,非线性系统在无输入作用时的微分方程为

$$T\ddot{c} + \dot{c} + KM_0 = 0 \quad \begin{cases} c + \tau\dot{c} > h \\ c + \tau\dot{c} > -h, \dot{c} + \tau\ddot{c} < 0 \end{cases}$$

$$T\ddot{c} + \dot{c} - KM_0 = 0 \quad \begin{cases} c + \tau\dot{c} < -h \\ c + \tau\dot{c} < h, \dot{c} + \tau\ddot{c} > 0 \end{cases} \qquad (8.19)$$

由滞环继电特性可知,式(8.19)中方程的第二个条件只是在$-h < c + \tau\dot{c} < h$ 区域内保持非线性环节输出为 KM_0 或者$-KM_0$ 的条件。设直线 $L_1 : c + \tau\dot{c} = h$,$L_2 : c + \tau\dot{c} = -h$。当相轨迹点位于第Ⅳ象限($\dot{c} < 0$)且位于 L_1 上方以及 L_1 上时

$$\dot{c} + \tau\ddot{c} = \frac{\tau}{T}(T\ddot{c} + \dot{c}) + \dot{c}\left(1 - \frac{\tau}{T}\right) = \frac{\tau}{T}(-KM_0) + \dot{c}\left(1 - \frac{\tau}{T}\right) < 0$$

故当相轨迹运动至 A_1 点后,非线性环节输出仍将保持 $-KM_0$,系统仍将按 $H(s)=1$ 时的运动规律运动至 A_2 点,此时,非线性环节输出切换为 KM_0。当相轨迹点位于第Ⅱ象限且位于 L_2 下方以及 L_2 上时的运动可仿以上分析,由此可知,三条开关线 $\dot{c}>0$ 且 $c+\tau\dot{c}=h$、$\dot{c}<0$ 且 $c+\tau\dot{c}=-h$ 和 $\dot{c}=0$ 且 $-h<c<h$ 将相平面划分为左右两个区域,相平面图如图 8.17(b)所示。

与单位反馈时的开关线相比,引入速度反馈后,开关线逆时针旋转,相轨迹将提前切换,使得系统自由运动的超调量减小,极限环减小,同时也减少了控制的滞后。由于开关线逆时针旋转的角度 φ 随着速度反馈系数 τ 的增大而增大,因此当 $0<\tau<T$ 时,系统性能的改善,将随着 τ 的增大愈加明显。一般来说,控制系统可以允许存在较小幅值的自激振荡,因而通过引入速度反馈减小自激振荡幅值,具有重要的应用价值。

8.2.5 由相轨迹求取系统输出响应曲线

画在 $x-\dot{x}$ 相平面上的相轨迹,是以 $\dot{x}$ 作为 x 的函数的一种图像,如图 8.18(a)所示。在这里时间信息没有得到清晰的显示。但如需要,可从相平面图上求出 x 对时间 t 的函数 $x(t)$。

对于小增量 Δx 和 Δt,其平均速度为 $\dot{x}=\dfrac{\Delta x}{\Delta t}$

或者写成

$$\Delta t=\frac{\Delta x}{\dot{x}} \tag{8.20}$$

由式(8.20)可求得函数 $x(t)$ 由点 A 转移到点 B 所需的时间 Δt_{AB},即

$$\Delta t_{AB}=\frac{\Delta x_{AB}}{\dot{x}_{AB}} \tag{8.21}$$

只要 $\Delta x_{AB}=x_B-x_A$ 取得比较小,可以把 $\dot{x}_{AB}$ 看作是 $\dot{x}$ 在 A、B 两点处的平均值,即

$$\dot{x}_{AB}=\frac{\dot{x}_A+\dot{x}_B}{2} \tag{8.22}$$

顺序求出系统从 A 点转移到 B 点,从 B 点转移到 C 点,从 C 点转移到 D 点……所需要的时间 Δt_{AB}、Δt_{BC}、Δt_{CD}、……后,便可以得出系统的时间响应曲线 $x(t)$,如图 8.18(b)所示。

为使求得的时间解有足够的准确度,位移增量 Δx 必须选择的足够小,以便使 $\dot{x}$ 和 t 的相应增量也相当小。但 Δx 并非一定取常值,也可根据相轨迹的形状确定其值的大小,在保证一定准确度的前提下使作图、计算工作量减至最小。

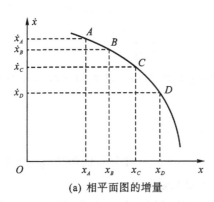
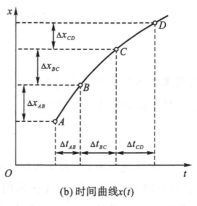

(a) 相平面图的增量　　　　　　　　(b) 时间曲线 $x(t)$

图 8.18　相平面图上的时间信息

8.3　描述函数法

　　描述函数法是丹尼尔(P. J. Daniel)于 1940 年首先提出的,其基本思想:当系统满足一定的假设条件时,系统中非线性环节在正弦信号作用下的输出可用一次谐波分量来近似,由此导出非线性环节的近似等效频率特性,即描述函数。这时非线性系统就近似等效为一个线性系统,并可应用线性系统理论中的频率法对系统进行分析。描述函数法主要用来分析在无输入作用的情况下,非线性系统的稳定性和自激振荡问题,此方法不受系统阶次的限制,一般都能给出比较满意的结果,因而获得了广泛应用。但是由于描述函数对系统结构、非线性环节的特性和线性部分的性能都有一定的要求,其本身也是一种近似的分析方法,因此该方法的应用有一定的限制条件。另外,描述函数法只能用来研究系统的频率响应特性,不能给出时间响应的确切信息。

8.3.1　描述函数的基本概念

　　设非线性环节的输入为

$$x(t) = A\sin\omega t$$

一般情况下,非线性环节的稳态输出 $y(t)$ 是非正弦周期信号。将 $y(t)$ 用傅氏级数表示为

$$y(t) = A_0 + \sum_{n=1}^{\infty}(A_n\cos n\omega t + B_n\sin n\omega t) = A_0 + \sum_{n=1}^{\infty}Y_n\sin(n\omega t + \varphi_n)$$

式中

$$A_n = \frac{1}{\pi}\int_0^{2\pi}y(t)\cos n\omega t\,\mathrm{d}(\omega t),\qquad B_n = \frac{1}{\pi}\int_0^{2\pi}y(t)\sin n\omega t\,\mathrm{d}(\omega t)$$

$$Y_n = \sqrt{A_n^2 + B_n^2},\qquad\qquad \varphi_n = \arctan\frac{A_n}{B_n}$$

对于奇(斜)对称的非线性特性,有 $A_0 = 0$,同时仅考虑基波分量时,则输出为

$$y_1(t) = A_1\cos\omega t + B_1\sin\omega t = Y_1\sin(\omega t + \varphi_1)$$

式中

$$A_1 = \frac{1}{\pi}\int_0^{2\pi} y(t)\cos\omega t\, d(\omega t), \qquad B_1 = \frac{1}{\pi}\int_0^{2\pi} y(t)\sin\omega t\, d(\omega t)$$

$$Y_1 = \sqrt{A_1^2 + B_1^2}, \qquad \varphi_1 = \arctan\frac{A_1}{B_1}$$

仿照线性环节频率特性的概念,非线性环节的描述函数 $N(A)$ 定义为非线性环节输出的基波分量与正弦输入的复数比,即

$$N(A) = \frac{y_1(t)}{x(t)} = \frac{Y_1}{A}e^{j\varphi_1} = \frac{B_1 + jA_1}{A}$$

式中,$N(A)$ 为描述函数;A 为输入正弦信号的幅值;Y_1 为输出基波分量的幅值;φ_1 为输出基波分量的相位移。显然,当 φ_1 不为零时,$N(A)$ 是一个复数量。

一般地,$N(A)$ 是输入信号的幅值 A 和频率 ω 的函数,但是,如果在非线性元件中不包含储能元件,那么 $N(A)$ 只是输入幅值的函数。

这样一种仅取非线性环节输出中的基波(把非线性环节等效为一个线性环节)而忽略高次谐波的方法叫作谐波线性化法。

为了计算某个非线性装置的描述函数,其输出波形必须借助于傅里叶级数来确定和分析,然后可以把得出的描述函数用于系统的频率响应分析。描述函数分析法特别有助于用来预示输出中的极限环振荡的幅值和频率。

最后指出,这种方法只适用于单个的非线性元件,如果有两个以上的非线性元件,则必须把它们合并为一个方块,否则第二个元件的输入就不会是正弦波。

8.3.2 典型非线性特性的描述函数

下面介绍几种典型非线性特性的描述函数。

1. 死区特性

在具有死区的元件中,当输入在死区的幅值范围内时就没有输出。如图 8.19 所示,表示死区非线性特性及其输入、输出波形。

设死区非线性元件的输入为

$$x(t) = A\sin\omega t$$

如图 8.19 所示的特性,当 $0 \leqslant \omega t \leqslant \pi$ 时,输出为

$$y(t) = \begin{cases} 0, & (0 \leqslant \omega t < \varphi_1,\ \pi - \varphi_1 \leqslant \omega t \leqslant \pi) \\ k(A\sin\omega t - \Delta), & (\varphi_1 \leqslant \omega t < \pi - \varphi_1) \end{cases}$$

因为输出 $y(t)$ 是周期的奇函数,其傅里叶展开式仅有正弦项,所以输出的基波分量为

$$y_1(t) = B_1 \sin\omega t$$

式中

$$B_1 = \frac{1}{\pi}\int_0^{2\pi} y(t)\sin\omega t\, d(\omega t) = \frac{4}{\pi}\int_0^{\pi/2} y(t)\sin\omega t\, d(\omega t)$$

$$= \frac{4}{\pi}\int_{\varphi_1}^{\pi/2} k(A\sin\omega t - \Delta)\sin\omega t\, d(\omega t) = \frac{4k}{\pi}\int_{\varphi_1}^{\pi/2}\left[A\sin^2\omega t - \Delta\sin\omega t\right]d(\omega t)$$

$$\Delta = A\sin\varphi_1$$

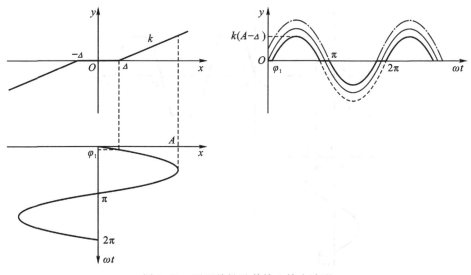

图 8.19 死区特性及其输入输出波形

即 $\qquad \varphi_1 = \arcsin(\Delta/A)$

因此

$$B_1 = \frac{4kA}{\pi}\left[\int_{\varphi_1}^{\pi/2} \sin^2\omega t \, \mathrm{d}(\omega t) - \frac{\Delta}{A}\int_{\varphi_1}^{\pi/2}\sin\omega t \, \mathrm{d}(\omega t)\right]$$

$$= \frac{2kA}{\pi}\left[\frac{\pi}{2} - \arcsin\left(\frac{\Delta}{A}\right) - \frac{\Delta}{A}\sqrt{1 - \left(\frac{\Delta}{A}\right)^2}\right]$$

根据描述函数的定义,可求出具有死区特性的描述函数为

$$N(A) = \frac{B_1}{A} = k - \frac{2k}{\pi}\left[\arcsin\left(\frac{\Delta}{A}\right) + \frac{\Delta}{A}\sqrt{1 - \left(\frac{\Delta}{A}\right)^2}\right] \tag{8.23}$$

注意,式(8.23)是在 $\Delta/A < 1$ 时推导出来的。当 Δ/A 很小时,$N \approx k$,即输入幅值 A 很大或者不灵敏区很小时,就可以忽略不灵敏区的影响;反之,当 $\Delta/A \geqslant 1$ 时,则 $N = 0$。

2. 饱和特性

图 8.20 示出了饱和特性及其输入和输出波形。显然,当 $A < a$ 时是线性关系;当 $A \geqslant a$ 时,输出将受到饱和限制。如图 8.20 所示的情况,当 $0 \leqslant \omega t \leqslant \pi$ 时,输出为

$$y(t) = \begin{cases} kA\sin\omega t, & (0 \leqslant \omega t < \varphi_1, \pi - \varphi_1 \leqslant \omega t \leqslant \pi) \\ ka, & (\varphi_1 \leqslant \omega t < \pi - \varphi_1) \end{cases}$$

同理,由于饱和特性是单值奇对称的,因此,$A_n = 0(n = 0、1、\cdots)$,$\varphi = 0$,并且 $a = A\sin\varphi_1$ 或者写成 $\varphi_1 = \arcsin(a/A)$。于是,可求得

$$B_1 = \frac{1}{\pi}\int_0^{2\pi} y(t)\sin\omega t \, \mathrm{d}(\omega t) = \frac{4}{\pi}\left[\int_0^{\varphi_1} kA \, \sin^2\omega t \, \mathrm{d}(\omega t) + \int_{\varphi_1}^{\pi/2} ka\sin\omega t \, \mathrm{d}(\omega t)\right]$$

$$= \frac{2kA}{\pi}\left[\arcsin\frac{a}{A} + \frac{a}{A}\sqrt{1 - \left(\frac{a}{A}\right)^2}\right]$$

由此可得饱和特性的描述函数

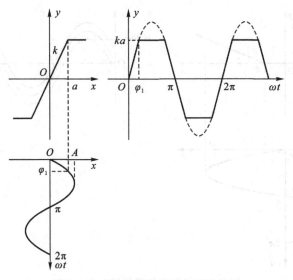

图 8.20 饱和特性及其输入输出波形

$$N(A)=\frac{B_1}{A}=\frac{2k}{\pi}\left[\arcsin\frac{a}{A}+\frac{a}{A}\sqrt{1-\left(\frac{a}{A}\right)^2}\right] \tag{8.24}$$

注意 式(8.24)的条件为 $A\geqslant a$；反之，若 $A<a$ 时，则工作在线性段，即输出与输入成比例，此时 $N(A)=k$。由式(8.24)可知，饱和特性的描述函数是输入幅值 A 的实函数，与频率 ω 无关。

3. 间隙特性

图 8.21 表示的是间隙特性及其输入、输出波形。当 $A<b$ 时，输出为零。图中给出了 $A>b$ 的情况，当 $0\leqslant\omega t\leqslant\pi$ 时，输出为

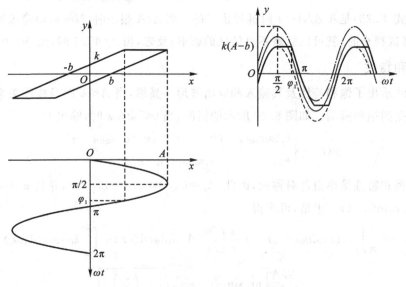

图 8.21 间隙特性及其输入输出波形

$$y(t)=\begin{cases} k(A\sin\omega t-b), & (0\leqslant\omega t<\pi/2) \\ k(A-b), & (\pi/2\leqslant\omega t<\varphi_1) \\ k(A\sin\omega t+b), & (\varphi_1\leqslant\omega t<\pi) \end{cases}$$

式中，$\varphi_1=\pi-\arcsin(1-2b/A)$，$k$ 为线性段斜率。因为间隙特性是多值函数，它在正弦信号 $x(t)=A\sin\omega t$ 的作用下的输出 $y(t)$ 既不是奇函数也不是偶函数，所以 A_1 和 B_1 都存在。

$$A_1=\frac{2}{\pi}\int_0^\pi y(t)\cos\omega t\,\mathrm{d}(\omega t)=\frac{2}{\pi}\int_0^{\pi/2}k(A\sin\omega t-b)\cos\omega t\,\mathrm{d}(\omega t)+$$

$$\frac{2}{\pi}\int_{\pi/2}^{\varphi_1}k(A-b)\cos\omega t\,\mathrm{d}(\omega t)+\frac{2}{\pi}\int_{\varphi_1}^{\pi}k(A\sin\omega t+b)\cos\omega t\,\mathrm{d}(\omega t)$$

$$=\frac{4kb}{\pi}\left(\frac{b}{A}-1\right)$$

$$B_1=\frac{2}{\pi}\int_0^\pi y(t)\sin\omega t\,\mathrm{d}(\omega t)=\frac{2}{\pi}\int_0^{\pi/2}k(A\sin\omega t-b)\sin\omega t\,\mathrm{d}(\omega t)+$$

$$\frac{2}{\pi}\int_{\pi/2}^{\varphi_1}k(A-b)\sin\omega t\,\mathrm{d}(\omega t)+\frac{2}{\pi}\int_{\varphi_1}^{\pi}k(A\sin\omega t+b)\sin\omega t\,\mathrm{d}(\omega t)$$

$$=\frac{kA}{\pi}\left[\frac{\pi}{2}+\arcsin\left(1-\frac{2b}{A}\right)+2\left(1-\frac{2b}{A}\right)\sqrt{\frac{b}{A}-\left(\frac{b}{A}\right)^2}\right]$$

间隙特性的描述函数为

$$N(A)=\frac{B_1+\mathrm{j}A_1}{A}$$

$$=\frac{k}{\pi}\left[\frac{\pi}{2}+\arcsin\left(1-\frac{2b}{A}\right)+2\left(1-\frac{2b}{A}\right)\sqrt{\frac{b}{A}-\left(\frac{b}{A}\right)^2}\right]+\mathrm{j}\frac{4kb}{\pi A}\left(\frac{b}{A}-1\right)$$

$$(8.25)$$

它与输入频率无关，而仅取决于输入的幅值，但 $\varphi\neq0$，$N(A)$ 为复数。显然，其输出的基波分量滞后于输入。

4. 继电特性

设有某死区滞环继电器元件的非线性特性及其输入、输出波形，如图 8.22 所示。图中给出了 $A>h$ 的情况，当 $0\leqslant\omega t\leqslant\pi$ 时，输出为

$$y(t)=\begin{cases} 0, & (0\leqslant\omega t<\varphi_1) \\ M, & (\varphi_1\leqslant\omega t<\varphi_2) \\ 0, & (\varphi_2\leqslant\omega t<\pi) \end{cases}$$

式中，$\varphi_1=\arcsin h/A$，$\varphi_2=\pi-\arcsin mh/A$。因为死区滞环继电特性是多值函数，它在正弦信号 $x(t)=A\sin\omega t$ 的作用下的输出 $y(t)$ 既不是奇函数也不是偶函数，所以 A_1 和 B_1 都不等于零。

$$A_1=\frac{1}{\pi}\int_0^{2\pi}y(t)\cos\omega t\,\mathrm{d}(\omega t)=\frac{2}{\pi}\int_{\varphi_1}^{\varphi_2}M\cos\omega t\,\mathrm{d}(\omega t)=\frac{2Mh}{\pi A}(m-1)$$

$$B_1=\frac{1}{\pi}\int_0^{2\pi}y(t)\sin\omega t\,\mathrm{d}(\omega t)=\frac{2}{\pi}\int_{\varphi_1}^{\varphi_2}M\sin\omega t\,\mathrm{d}(\omega t)=\frac{2M}{\pi}\left[\sqrt{1-\left(\frac{mh}{A}\right)^2}+\sqrt{1-\left(\frac{h}{A}\right)^2}\right]$$

死区滞环继电特性的描述函数为

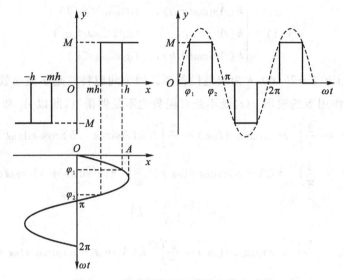

图 8.22 继电器特性及其输入输出波形

$$N(A) = \frac{B_1 + jA_1}{A}$$

(8.26)

$$= \frac{2M}{\pi A}\left[\sqrt{1-\left(\frac{mh}{A}\right)^2} + \sqrt{1-\left(\frac{h}{A}\right)^2}\right] + j\frac{2Mh}{\pi A^2}(m-1)$$

取 $h=0$，得理想继电特性的描述函数为

$$N(A) = \frac{4M}{\pi A}$$

(8.27)

取 $m=1$，得死区继电特性的描述函数为

$$N(A) = \frac{4M}{\pi A}\sqrt{1-\left(\frac{h}{A}\right)^2}$$

(8.28)

取 $m=-1$，得滞环继电特性的描述函数为

$$N(A) = \frac{2M}{\pi A}\sqrt{1-\left(\frac{h}{A}\right)^2} - j\frac{4Mh}{\pi A^2}$$

(8.29)

表 8.2 给出了常见的典型非线性特性的描述函数。

表 8.2 常见典型非线性特性的描述函数

非线性特性	描述函数 $N(A)$	$-\dfrac{1}{N(A)}$ 曲线
	$\dfrac{2k}{\pi}\left[\arcsin\dfrac{a}{A} + \dfrac{a}{A}\sqrt{1-\left(\dfrac{a}{A}\right)^2}\right]$, $A \geqslant a$	

非线性特性	描述函数 $N(A)$	$-\dfrac{1}{N(A)}$曲线
	$k-\dfrac{2k}{\pi}\left[\arcsin\left(\dfrac{\Delta}{A}\right)+\dfrac{\Delta}{A}\sqrt{1-\left(\dfrac{\Delta}{A}\right)^2}\right],$ $A\geqslant\Delta$	
	$\dfrac{k}{\pi}\left[\dfrac{\pi}{2}+\arcsin\left(1-\dfrac{2b}{A}\right)+\right.$ $\left.2\left(1-\dfrac{2b}{A}\right)\sqrt{\dfrac{b}{A}-\left(\dfrac{b}{A}\right)^2}\right]+$ $\mathrm{j}\dfrac{4kb}{\pi A}\left(\dfrac{b}{A}-1\right),$ $A\geqslant b$	
	$\dfrac{4M}{\pi A}$	
	$\dfrac{4M}{\pi A}\sqrt{1-\left(\dfrac{h}{A}\right)^2},$ $A\geqslant h$	
	$\dfrac{4M}{\pi A}\sqrt{1-\left(\dfrac{h}{A}\right)^2}-\mathrm{j}\dfrac{4hM}{\pi A^2},$ $A\geqslant h$	

续表

非线性特性	描述函数 $N(A)$	$-\dfrac{1}{N(A)}$曲线
	$\dfrac{2M}{\pi A}\left[\sqrt{1-\left(\dfrac{mh}{A}\right)^2}+\sqrt{1-\left(\dfrac{h}{A}\right)^2}\right],$ $+\mathrm{j}\dfrac{2Mh}{\pi A^2}(m-1)$ $A\geqslant h$	
	$K_2+\dfrac{2}{\pi}(K_1-K_2)\left[\arcsin\dfrac{a}{A}\right.$ $\left.-\dfrac{a}{A}\sqrt{1-\left(\dfrac{a}{A}\right)^2}\right],$ $A\geqslant a$	

8.3.3　组合非线性特性的描述函数

如果某些较复杂的非线性特性可以分解成若干个简单的典型非线性的组合,即可以用简单的典型非线性特性的串联或者并联组合,则可以由这些已知的简单非线性特性的描述函数求出较复杂非线性特性的描述函数。

1. 并联非线性环节的描述函数

两个非线性环节并联的系统如图8.23所示。当输入为$x(t)=A\sin\omega t$时,两个环节输出的基波分别为输入信号乘以各自的描述函数,即

$$\begin{cases} y_1(t)=N_1(A)A\sin\omega t \\ y_2(t)=N_2(A)A\sin\omega t \end{cases}$$

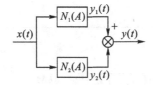

图 8.23　两个非线性环节的并联

总的输出基波分量为

$$y(t)=y_1(t)+y_2(t)=\left[N_1(A)+N_2(A)\right]A\sin\omega t$$

总的描述函数为

$$N(A)=N_1(A)+N_2(A)$$

即,若干个非线性环节并联后总的描述函数等于各非线性环节描述函数之和。

图8.24(a)所示的非线性,可分解为图8.24(b)所示的两个环节的并联,则图8.24(a)非线性特性的描述函数为

$$N(A) = k + \frac{4M}{\pi A}$$

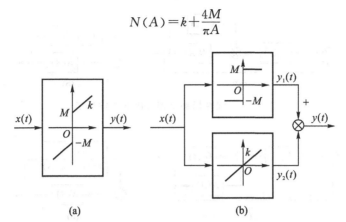

图 8.24 非线性特性的分解

2. 串联非线性环节的描述函数

串联非线性环节总的描述函数不等于每个非线性环节描述函数的乘积,应当根据串联后系统的输入输出非线性特性,建立等效的非线性特性,再求出等效非线性特性的描述函数,即为串联系统的总的描述函数。

图 8.25(a)给出了具有死区非线性特性和具有死区继电器相串联的系统。根据 y 和 x 的输入—输出特性可知,其等效的非线性特性是具有死区的继电器特性,如图 8.25(b)所示。当 $h = \Delta$ 时,则 $s = h = \Delta$;当 $h > \Delta$ 时,则 $s = h$;当 $h < \Delta$ 时,则有 $\Delta = K(s-h)$,即 $s = h + \Delta/K$。等效非线性环节的描述函数为

$$N(A) = \frac{4M}{\pi A}\sqrt{1 - \left(\frac{s}{A}\right)^2}, A \geqslant s$$

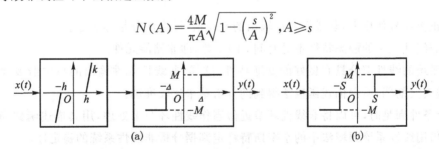

图 8.25 两个非线性环节的串联

对于具有较复杂的非线性系统结构,在用描述函数法进行分析时,要简化成图 8.26 所示的典型非线性系统结构。

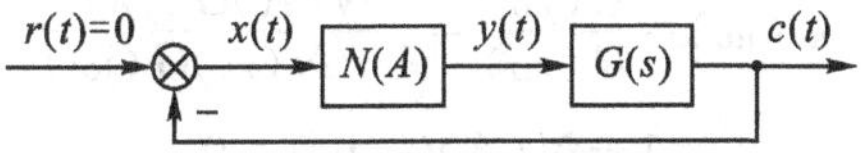

图 8.26 非线性系统的典型结构图

如图 8.27(a)所示的线性局部反馈包围非线性环节的结构图可简化成如图 8.27(b)所示的结构图。图 8.28(a)所示的非线性局部反馈包围线性环节可简化成图 8.28(b)所示的结构图。

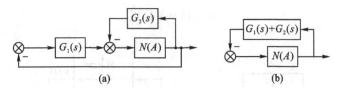

图 8.27   线性局部反馈包围非线性环节

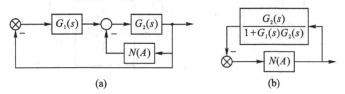

图 8.28   非线性局部反馈包围线性环节

8.3.4   用描述函数法分析非线性系统

1. 非线性系统描述函数法分析的应用条件

应用描述函数法分析非线性系统时,要求元件和系统必须满足以下条件:

(1)非线性系统的结构需要简化成只有一个非线性环节 $N(A)$ 和一个线性部分 $G(s)$ 串联的闭环结构,如图 8.26 所示。

(2)非线性环节的输入输出静态曲线是奇对称的,即

$$y = f(x) = -f(-x)$$

因而,在正弦信号作用下,非线性元件输出的平均值,即直流分量等于零。

(3)非线性元件的静态特性不是时间 t 的函数,即非储能元件。

(4)系统的线性部分具有良好的低通特性,这样,非线性元件输出的高次谐波通过线性部分后被大大削弱,使得描述函数法得到的分析结果比较准确。

以上条件满足时,可以将非线性环节近似当作线性环节来处理,用其描述函数当作其频率特性,借用线性系统频域法中的奈奎斯特稳定判据分析非线性系统的稳定性。

2. 非线性系统的稳定性分析

设非线性系统满足上面四个条件,其结构图如图 8.26 所示,图中 $G(s)$ 的极点均在 s 左半平面,则闭环系统的频率特性为

$$\Phi(j\omega) = \frac{C(j\omega)}{R(j\omega)} = \frac{N(A)G(j\omega)}{1+N(A)G(j\omega)}$$

闭环系统的特征方程为 $1+N(A)G(j\omega)=0$

或者

$$G(j\omega) = -\frac{1}{N(A)} \tag{8.30}$$

式(8.30)中,$-1/N(A)$ 叫作非线性特性的负倒描述函数。通常又将 $-1/N(A)$ 曲线称为负倒特性曲线,表 8.2 给出了常见非线性特性的负倒特性曲线,其中箭头方向表示幅值 A 增大

的方向。这里,我们将它理解为广义 $(-1,j0)$ 点。由奈奎斯特稳定判据 $Z=P-2N$ 可知,当 $G(s)$ 在 s 右半平面没有极点时,$P=0$,要使系统稳定,要求 $Z=0$,意味着 $G(j\omega)$ 曲线不能包围 $-1/N(A)$ 曲线,否则系统不稳定。由此可以得出判定非线性系统稳定性的推广奈奎斯特稳定判据,其内容如下:

当 $G(s)$ 在 s 右半平面没有极点时,若 $G(j\omega)$ 曲线不包围 $-1/N(A)$ 曲线,如图 8.29(a)所示,则非线性系统稳定;若 $G(j\omega)$ 曲线包围 $-1/N(A)$ 曲线,如图 8.29(b)所示,则非线性系统不稳定;若 $G(j\omega)$ 曲线与 $-1/N(A)$ 曲线有交点,如图 8.29(c)所示,则在交点处必然满足式(8.30),对应非线性系统的等幅周期运动;如果这种等幅运动能够稳定地持续下去,便是系统的自激振荡。

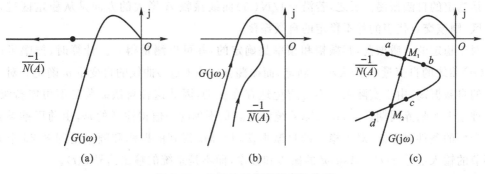

图 8.29　非线性系统的稳定性分析

3. 自激振荡的分析与计算

前已述及,若 $G(j\omega)$ 曲线与 $-1/N(A)$ 曲线相交,则系统将产生自激振荡。为对自激振荡的产生过程有更深入的理解,下面从信号的角度进一步分析自激振荡产生的条件。在图 8.26 所示的非线性系统中,若产生自激振荡,则意味着系统中有一个正弦信号在流通,不妨设非线性环节的输入信号为

$$x(t)=A\sin\omega t$$

则非线性环节输出信号的基波分量为

$$y_1(t)=|N(A)|A\sin[\omega t+\angle N(A)]$$

而线性部分的输出信号为

$$c(t)=|G(j\omega)N(A)|A\sin[\omega t+\angle N(A)+\angle G(j\omega)]$$

根据系统中存在自激振荡的假设,$r(t)=0$,故

$$x(t)=-c(t)$$

即

$$A\sin\omega t=-|G(j\omega)N(A)|A\sin[\omega t+\angle N(A)+\angle G(j\omega)]$$

所以

$$|G(j\omega)N(A)|=1,\qquad \angle N(A)+\angle G(j\omega)=-\pi$$

以上两式就是系统产生自激振荡的条件,这两个条件归纳起来也就是式(8.30)。

自激振荡也存在一个稳定性问题,因此必须进一步研究自激振荡的稳定性。若系统受

到扰动作用偏离了原来的周期运动状态,当扰动消失后,系统能够重新收敛于原来的等幅振荡状态,称为稳定的自激振荡。反之,称为不稳定的自激振荡。判断自激振荡的稳定性可以从上述定义出发,采用扰动分析的方法。以图 8.30(c)为例,$G(j\omega)$ 曲线与 $-1/N(A)$ 曲线有两个交点 M_1 和 M_2,这说明系统存在两个自激振荡点。对于 M_1 点,若受到干扰使振幅 A 增大,则工作点将由 M_1 点移至 a 点。由于此时 a 点不被 $G(j\omega)$ 曲线包围,系统稳定,振荡衰减,振幅 A 自动减小,工作点将沿 $-1/N(A)$ 曲线又回到 M_1 点。反之亦然。所以 M_1 点是稳定的自激振荡。同样的方法,可知 M_2 点是不稳定的自激振荡。

按照下述准则来判断自激振荡的稳定性是极为简便的:在复平面上自激振荡点附近,当振幅值 A 增大的方向沿 $-1/N(A)$ 曲线移动时,若系统从不稳定区进入稳定区,则该交点代表的是稳定的自激振荡。反之,若沿 $-1/N(A)$ 曲线振幅 A 增大的方向是从稳定区进入不稳定区,则该交点代表的是不稳定的自激振荡。

对于稳定的自激振荡,其振幅和频率是确定的,并可以测量得到。计算时,振幅可由 $-1/N(A)$ 曲线的自变量 A 的大小来确定,而振荡频率由 $G(j\omega)$ 曲线的自变量 ω 确定。对于不稳定的自激振荡,由于实际系统不可避免地存在扰动,因此这种自激振荡是不可能持续的,仅是理论上的临界周期运动,在实际系统中是测量不到的。值得注意的是,由前面推导自激振荡产生的条件时可知,对于稳定的自激振荡,计算所得到的振幅和频率是图 8.26 中非线性环节的输入信号 $x(t)=A\sin\omega t$ 的振幅和频率,而不是系统的输出信号 $c(t)$。

【**例 8 - 7**】 具有理想继电器特性的非线性系统如图 8.30(a)所示,试确定其自激振荡的幅值和频率。

解 理想继电器特性的描述函数为

$$N(A)=\frac{4M}{\pi A}=\frac{4}{\pi A}$$

$$-\frac{1}{N(A)}=-\frac{\pi A}{4}$$

当 $A=0$ 时,$-1/N(A)=0$;当 $A=\infty$ 时,$-1/N(A)=-\infty$。因此 $-1/N(A)$ 曲线就是整个负实轴,如图 8.30(b)所示。由线性部分的传递函数 $G(s)$ 可得

$$G(j\omega)=\frac{10}{j\omega(1+j\omega)(2+j\omega)}=-\frac{30}{\omega^4+5\omega^2+4}-j\frac{10(2-\omega^2)}{\omega(\omega^4+5\omega^2+4)}$$

由上式可以画出 $G(j\omega)$ 曲线,如图 8.30(b)所示。由图 8.30(b)可知,$-1/N(A)$ 曲线与 $G(j\omega)$ 曲线有一个交点,且对应于该点的自激振荡是稳定的。

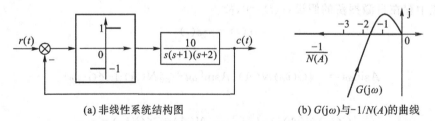

(a) 非线性系统结构图   (b) $G(j\omega)$ 与 $-1/N(A)$ 的曲线

图 8.30 例 8 - 7 非线性控制系统

求 $G(j\omega)$ 曲线与 $-1/N(A)$ 曲线的交点。令 $\mathrm{Im}[G(j\omega)]=0$，得 $2-\omega^2=0$，故交点处的 $\omega=\sqrt{2}$ rad/s，将 $\omega=\sqrt{2}$ 代入 $G(j\omega)$ 的实部，得

$$\mathrm{Re}[G(j\omega)]\big|_{\omega=\sqrt{2}}=-\frac{5}{3}$$

所以

$$-\frac{1}{N(A)}=-\frac{\pi A}{4}=-\frac{5}{3}$$

由此求得自激振荡的幅值为 $A=2.1$，而振荡频率为 $\omega=\sqrt{2}$ rad/s。

【例 8 - 8】 设控制系统的结构图如图 8.31(a) 所示，其中死区继电器特性的参数为 $h=1$、$M=3$。

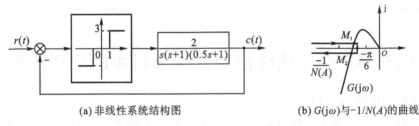

(a) 非线性系统结构图　　　　　(b) $G(j\omega)$ 与 $-1/N(A)$ 的曲线

图 8.31　例 8 - 8 非线性控制系统

(1) 计算自激振荡的振幅和频率。

(2) 为消除自激振荡，继电器特性参数应如何调整。

解　(1) 死区继电器特性的负倒描述函数为

$$-\frac{1}{N(A)}=-\frac{\pi A}{4M\sqrt{1-\left(\dfrac{h}{A}\right)^2}}=-\frac{\pi A}{12\sqrt{1-\left(\dfrac{1}{A}\right)^2}}\ ,\quad A\geqslant h=1$$

当 $A=1$ 时，$-1/N(A)=-\infty$；当 $A=\infty$ 时，$-1/N(A)=-\infty$。其极值发生在 $A=\sqrt{2}$ 处，此时 $-1/N(A)=-\pi/6$。$-1/N(A)$ 曲线是负实轴上 $(-\infty,-\pi/6]$ 这一段，为清晰起见在图上用两条直线来表示，如 8.32(b) 所示。

线性部分的频率特性为

$$G(j\omega)=\frac{2}{j\omega(1+j0.5\omega)(1+j\omega)}=-\frac{3}{0.25\omega^4+1.25\omega^2+1}-j\frac{2(1-0.5\omega^2)}{\omega(0.25\omega^4+1.25\omega^2+1)}$$

令 $\mathrm{Im}[G(j\omega)]=0$，得 $G(j\omega)$ 与 $-1/N(A)$ 曲线的交点处的 $\omega=\sqrt{2}$ rad/s，将 $\omega=\sqrt{2}$ 代入 $G(j\omega)$ 的实部，得

$$\mathrm{Re}[G(j\omega)]\big|_{\omega=\sqrt{2}}=-\frac{2}{3}$$

令

$$-\frac{1}{N(A)}=-\frac{\pi A}{12\sqrt{1-\left(\dfrac{1}{A}\right)^2}}=-\frac{2}{3}$$

解得 $A_1=1.11$ 及 $A_2=2.3$。不难看出，$A_2=2.3$ 为稳定自激振荡的幅值。因此，系统实际

存在的自激振荡幅值为 $A_2 = 2.3$，频率为 $\omega = \sqrt{2}$ rad/s。

（2）为使系统不产生自激振荡，可通过调整继电器特性的死区参数 h 来实现：此时，应使 $-1/N(A)$ 的极值小于 $G(j\omega)$ 曲线与负实轴的交点坐标，即

$$-\frac{\pi h}{2M} = -\frac{\pi h}{6} \leqslant -\frac{2}{3}$$

由此求得

$$h \geqslant 4/\pi$$

若调整 $h = 1.5$，则 $-1/N(A)$ 的极值为 $-\pi/4$。显然，$G(j\omega)$ 不包围 $-1/N(A)$，且与 $-1/N(A)$ 不相交，从而保证系统不产生自激振荡。同样道理，也可以在不改变继电器特性参数的情况下，通过减小 $G(j\omega)$ 的传递系数，使 $G(j\omega)$ 曲线与负实轴的交点右移，使系统减小或者消除自激振荡。

8.4　MATLAB 在非线性控制系统分析中的应用实例

1. MATLAB 语句应用

【例 8-9】　设具有饱和特性的非线性控制系统如图 8.32 所示。$r(t) = 0$，试画出 $c(0) = -3, \dot{c}(0) = 0$ 的相轨迹和相应的时间响应曲线。

解　描述该系统的微分方程为

$$\ddot{c} + \dot{c} = -2, \quad c > 2$$
$$\ddot{c} + \dot{c} = -c, |c| \leqslant 2$$
$$\ddot{c} + \dot{c} = 2, \quad\quad c < -2$$

开关线为 $|e| = 2$。

在相平面的 Ⅰ 区（$|c| \leqslant 2$），特征方程的根由以下 MATLAB 语句求得

```
v=[1,1,1];roots(v)
ans =
-0.5000 + 0.8660i
-0.5000-0.8660i
```

奇点 $(0,0)$ 是稳定的焦点。

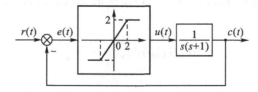

图 8.32　具有饱和特性的非线性控制系统

在相平面的 Ⅱ 区（$c > 2$）和 Ⅲ 区（$c < -2$），特征方程的根由以下 MATLAB 语句求得

```
v=[1,1,0];roots(v)
ans =
    0
    −1
```

无奇点，Ⅱ区和Ⅲ区的渐近线分别为 $\dot c=-2$ 和 $\dot c=2$。

描述该系统微分方程的 MATLAB 函数 baohe.m 为

```
function dc=baohe(t,c)
    dc1=c(2);
    % c(1) 表示 c(t),c(2)表示 ċ(t),d 表示一阶导数
    if abs(c(1))<=2
        dc2=−c(1) −c(2);
      elseif c(1)>2
            dc2=−2−c(2);
      else   dc2=2−c(2);
      end
dc=[dc1,dc2]';
end
```

在 MATLAB 命令窗口中调用函数 baohe.m 绘制相轨迹和时间响应曲线的语句为

```
t=0:0.01:30;
c0=[−3,0]';
[t,c]=ode45('baohe',t,c0);
figure(1);plot(c(:,1),c(:,2));grid;
figure(2);plot(t,c(:,1));grid;
```

结果如图 8.33 所示。可见，系统最终收敛到稳定焦点奇点(0,0)。

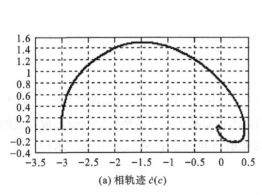

(a) 相轨迹 $\dot c(c)$

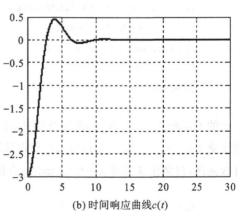

(b) 时间响应曲线 $c(t)$

图 8.33 例 8-9 曲线图

值得注意的是,当线性部分为高阶时,借助 MATLAB 分段求解微分方程可以将高阶系统的运动过程转化为包括位置、速度和加速度等变量的多维空间上的广义相轨迹,从而能直观、准确地反映系统的特性。

【例 8 - 10】 设具有滞环继电器特性的非线性控制系统如图 8.34(a)所示。试用描述函数法分析系统的稳定性。

解 有滞环的继电器环节的描述函数为

$$N(A)=\frac{4M}{\pi A}\sqrt{1-\left(\frac{h}{A}\right)^2}-\mathrm{j}\,\frac{4Mh}{\pi A^2},A\geqslant h$$

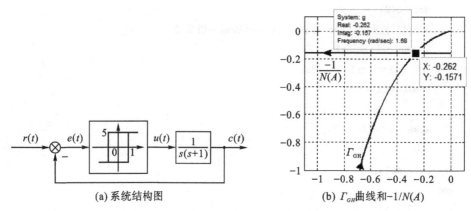

图 8.34　例 8 - 10 图

在复平面上分别绘制线性部分的 Γ_{GH} 曲线和非线性部分的负倒描述函数 $-1/N(A)$ 曲线。MATLAB 语句为

```
g=zpk([ ],[0,-1],1 );
nyquist(g);hold on;
h=1;M=5;
a=1:0.01:30;
x1=4 * M * sqrt(1-(h. /a).^2). /(pi. * a);
y1=-4 * M * h. /(pi. * a.^2);
z1=complex(x1,y1); %   N(A)
z2=-1. /z1; % -1/N(A)
plot(z2)
```

绘制的 Γ_{GH} 曲线和 $-1/N(A)$ 曲线如图 8.34(b)所示。由图 8.34(b)可得,Γ_{GH} 曲线与 $-1/N(A)$ 曲线交于点$(-0.262,-\mathrm{j}0.1571)$,在交点邻域,两边的运动基于奈奎斯特稳定判据形成稳定的自激振荡,自激振荡频率 $\omega=1.68$ rad/s,自激振荡幅值 A 可由以下 MATLAB 语句求得

```
x2=-0.262;y2=-0.1571;
z2=complex(x2,y2);
z1=-1/z2;y1=imag(z1)
```

```
y1 =
    -1.6834
A=fsolve('-4*5*1/(pi*x^2)+1.6834',1,optimset('Display','off'))
A =
    1.9447
```

2. Simulink 应用

【**例 8-11**】 设具有死区继电特性的非线性控制系统如图 8.35 所示,系统初始状态为零。研究在 $r(t)=1(t)$ 作用下的相轨迹和输出响应。

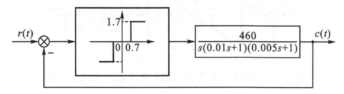

图 8.35   具有死区继电特性的非线性控制系统

解 用 MATLAB 软件建立系统的 Simulink 模型如图 8.36 所示,其中 dc 表示 $\dot{c}(t)$。

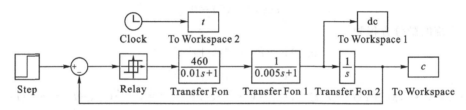

图 8.36   例 8-11 系统的 Simulink 模型

对该模型仿真后,在 MATLAB 命令窗口中输入

figure(1);plot(c,dc); % 绘制相轨迹 $\dot{c}(c)$

figure(2);plot(t,c); % 绘制输出响应 $c(t)$

得到系统的相轨迹和单位阶跃响应曲线,如图 8.37 所示。由相轨迹可见,在 $r(t)=1(t)$ 作用下,系统的相轨迹由零初始状态出发,最终收敛于极限环。由单位阶跃响应曲线可得,系统的单位阶跃响应最终呈等幅振荡状态,振荡幅值 $C=4.644$,振荡频率 $\omega=2\pi/(0.2822-0.2288)=117.6626$ rad/s。

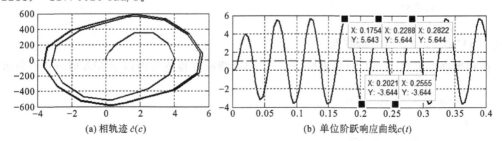

(a) 相轨迹 $\dot{c}(c)$ (b) 单位阶跃响应曲线 $c(t)$

图 8.37   例 8-11 的曲线图

8.5 拓 展

【**例8-12**】 变增益控制系统的结构图如图 8.38 所示,其中,$k=0.1$,$e_0=0.6$,$K=5$,$T=0.49$,系统开始处于零初始状态。若输入信号 $r(t)=V \cdot t$,试用相平面法分析 V 可分别取 0.2、1 和 4 时引入变增益放大器对系统稳态性能的影响,要求用 MATLAB 绘制系统的相轨迹。

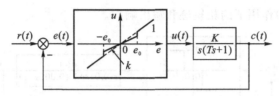

图 8.38 例 8-12 具有变增益放大器的系统结构图

解 线性系统的稳态误差为 $e_{ss}(\infty)=V/K$。

非线性系统开始处于零初始状态,即

$$c(0)=\dot{c}(0)=0$$

则描述系统的微分方程为

$$0.49\ddot{c}+\dot{c}=0.5e, \quad |e|\leqslant 0.6$$
$$0.49\ddot{c}+\dot{c}=5e, \quad\quad |e|>0.6$$

因为 $r(t)=V \cdot t$,故有 $e(t)=r(t)-c(t)=V \cdot t-c(t)$,$\dot{e}(t)=V-\dot{c}(t)$,$\ddot{e}(t)=-\ddot{c}(t)$。所以初始条件为 $e(0^+)=0$,$\dot{e}(0^+)=V$。

整理上述关系可得

$$0.49\ddot{e}+\dot{e}+0.5e=V, |e|\leqslant 0.6$$
$$0.49\ddot{e}+\dot{e}+5e=V, \quad |e|>0.6$$

开关线为 $|e|=0.6$。

在相平面的 I 区($|e|\leqslant 0.6$),特征方程的根由以下 MATLAB 语句求得

```
v=[0.49,1,0.5];roots(v)
ans =
    -1.1647
    -0.8761
```

奇点 $P_1(V/0.5,0)$ 是稳定的节点。

在相平面的 II 区($e>0.6$)和 III 区($e<-0.6$),特征方程的根由以下 MATLAB 语句求得

```
v=[0.49,1,5];roots(v)
ans =
    -1.0204 + 3.0270i
    -1.0204 - 3.0270i
```

奇点 $P_2(V/5,0)$ 是稳定的焦点。

可见，P_2 总在 P_1 的左边。当 V 取不同数值时，这两个奇点可能处于相平面上的不同区域，即可能出现实奇点和虚奇点的情况。

当 $V/0.5<0.6$（$V<0.3$）时，$P_2<P_1<0.6$，即 P_1 和 P_2 均位于 I 区，P_1 为实奇点，P_2 为虚奇点。取 $V=0.2$ 时，P_1 为 $(0.4,0)$，P_2 为 $(0.04,0)$。

当 $V/5<0.6$，且 $V/0.5>0.6$（$0.3<V<3$）时，$P_2<0.6$，$P_1>0.6$，即 P_2 位于 I 区，P_1 位于 II 区，P_1 和 P_2 均为虚奇点。取 $V=1$ 时，$P_1=2$，$P_2=0.2$。

当 $V/5>0.6$（$V>3$）时，$P_1>P_2>0.6$，即 P_1 和 P_2 均位于 II 区，P_1 为虚奇点，P_2 为实奇点。取 $V=4$ 时，$P_1=8$，$P_2=0.8$。

用 MATLAB 软件建立系统的 Simulink 模型，如图 8.39 所示，其中 de 表示 $\dot{e}(t)$，MATLAB Function 环节的调用函数为 kk.m。为了对比引入非线性环节前后的误差变化情况，同时在图 8.39 中虚线框内建立线性系统模型。

MATLAB Function 环节的调用函数 kk.m：

```
function u=kk(e)
    if abs(e)>0.6
        u=e;
        else u=0.1*e;
    end
end
```

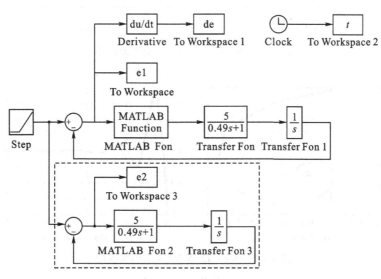

图 8.39　例 8-12 系统的 Simulink 模型

取斜坡输入信号 Ramp 环节的斜率 $V=0.2$、1 和 4，分别对该模型仿真后，在 MATLAB 命令窗口中输入

```
figure(1);plot(el,de); % 绘制相轨迹 ė(e)
figure(2);plot(t,el); % 绘制非线性系统误差曲线 e(t),实线
figure(2);hold on;plot(t,e2,'——'); % 绘制线性系统误差曲线 e(t),虚线
```

得到系统的相轨迹和误差曲线,如图 8.40、图 8.41 和图 8.42 所示。

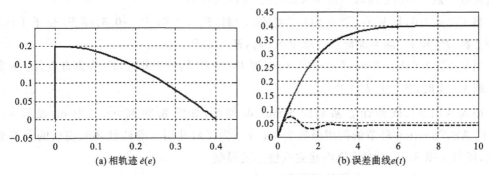

图 8.40   例 8-12 当 V=0.2 时的曲线图

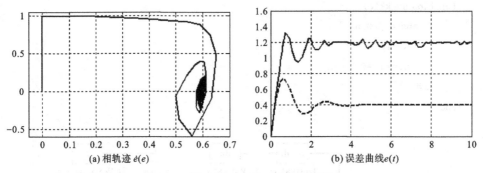

图 8.41   例 8-12 当 V=1 时的曲线图

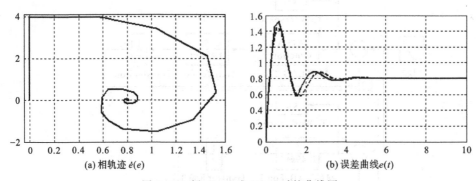

图 8.42   例 8-12 当 V=4 时的曲线图

由图 8.40(a)可见,当 $r(t)=0.2t$ 时,相轨迹 $\dot{e}(e)$ 从(0,0.2)出发,最终收敛到稳定的节点 $P_1(0.4,0)$。由图 8.40(b)可见,非线性系统的稳态误差为 $e_{ss}(\infty)=0.4$;而线性系统的稳态误差为 $e_{ss}(\infty)=0.04$。

由图 8.41(a)可见,当 $r(t)=t$ 时,相轨迹 $\dot{e}(e)$ 从(0,1)出发,在 Ⅰ 区和 Ⅱ 区之间转换,表

现出振荡特性,最终平衡在点 $(0.6,0)$。由图 8.41(b)可见,非线性系统的稳态误差为 $e_{ss}(\infty)=0.6$;而线性系统的稳态误差为 $e_{ss}(\infty)=0.2$。

由图 8.42(a)可见,当 $r(t)=4t$ 时,相轨迹 $\dot{e}(e)$ 从 $(0,4)$ 出发,最终收敛到稳定的焦点 $P_2(0.8,0)$。由图 8.42(b)可见,非线性系统的稳态误差为 $e_{ss}(\infty)=0.8$;而线性系统的稳态误差也为 $e_{ss}(\infty)=0.8$。

以上分析表明,只有在 $V>3$ 的情况下,引入变增益放大器才会使系统稳态误差与线性放大器情况时的稳态误差相同,$e_{ss}(\infty)=V/5>0.6$;否则,稳态误差都会增大。斜坡信号的斜率 V 越小,二者差别越大。可见,引入变增益放大器没有使系统的稳态误差减小,在某些情况下,反而使稳态误差增大了。

习 题

8-1 三个非线性系统中的非线性环节相同,线性部分的传递函数分别为

(1) $G(s)=\dfrac{2}{s(0.1s+1)}$;   (2) $G(s)=\dfrac{2}{s(s+1)}$;

(3) $G(s)=\dfrac{2(1.5s+1)}{s(s+1)(0.1s+1)}$

问:用描述函数法分析时,哪个系统分析的准确性高?

8-2 根据已知非线性特性的描述函数求图 8.43 所示各种非线性特性的描述函数。

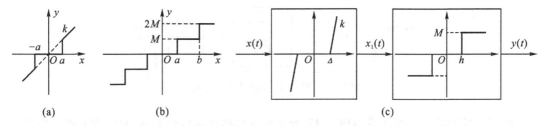

图 8.43 习题 8-2 的非线性特性

8-3 判断题图 8.44 中各系统是否稳定,$-1/N(A)$ 与 $G(j\omega)$ 的交点是否是稳定工作点。图中箭头分别表示 A、ω 增大的方向,$G(j\omega)$ 为最小相位系统的幅相特性曲线。

8-4 某单位反馈系统,其前向通路中有一描述函数 $N(A)=\mathrm{e}^{-\mathrm{j}\pi/4}/A$ 的非线性元件,线性部分的传递函数为 $G(s)=\dfrac{15}{s(0.5s+1)}$,试用描述函数法确定系统是否存在自激振荡? 若存在,参数是多少?

8-5 已知非线性系统的结构图如图 8.45 所示,非线性环节的描述函数 $N(A)=\dfrac{A+6}{A+2}$ $(A>0)$,试用描述函数法确定:

(1)使该非线性系统稳定、不稳定以及产生周期运动时,线性部分的 K 值范围;

(2)判断周期运动的稳定性,并计算稳定周期运动的振幅和频率。

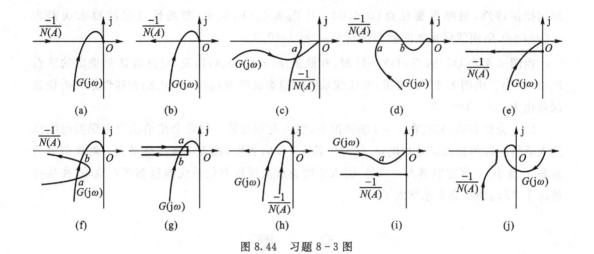

图 8.44　习题 8-3 图

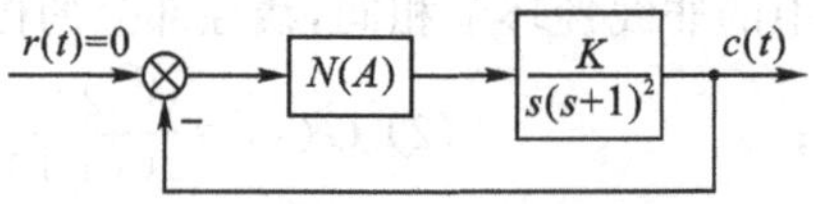

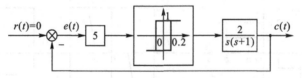

图 8.45　习题 8-5 的非线性系统

8-6　非线性系统如图 8.46 所示,试用描述函数法分析周期运动的稳定性,并确定系统输出信号振荡的振幅和频率。

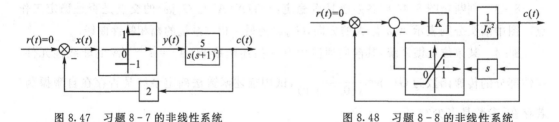

图 8.46　习题 8-6 的非线性系统

8-7　试用描述函数法说明图 8.47 所示系统必然存在自激振荡,并确定 c 的自激振荡振幅和频率,画出 $c(t)$、$x(t)$ 和 $y(t)$ 的稳态波形。

图 8.47　习题 8-7 的非线性系统　　　　图 8.48　习题 8-8 的非线性系统

8-8　试用描述函数法和相平面法分析图 8.48 所示非线性系统的稳定性及自激振荡。

8-9　将图 8.49 所示非线性系统简化成典型结构图形式,并写出线性部分的传递函数。

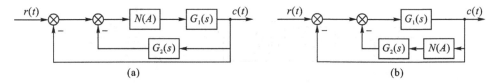

图 8.49 习题 8‑9 的非线性系统结构图

8‑10 某线性系统的结构图如图 8.50 所示,试分别绘制下列三种情况时,变量 e 的相轨迹,并根据相轨迹分别作出相应的 $e(t)$ 曲线。

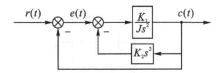

图 8.50 习题 8‑10 的线性系统结构图

(1) $K_1 = J = 1, K_2 = 2$,初始条件 $e(0) = 3, \dot{e}(0) = 0; e(0) = 1, \dot{e}(0) = -2.5$;

(2) $K_1 = J = 1, K_2 = 0.5$,初始条件 $e(0) = 3, \dot{e}(0) = 0; e(0) = -3, \dot{e}(0) = 0$;

(3) $K_1 = J = 1, K_2 = 0$,初始条件 $e(0) = 1, \dot{e}(0) = 1; e(0) = 0, \dot{e}(0) = 2$。

8‑11 设一阶非线性系统的微分方程为

$$\dot{x} = -x + x^3$$

试确定系统有几个平衡状态,分析各平衡状态的稳定性,并作出系统的相轨迹。

8‑12 试确定下列方程的奇点及其类型,并用等倾线法绘制它们的相平面图:

(1) $2\ddot{x} + \dot{x}^2 + x = 0$;　　　　　　(2) $\ddot{x} + x + \text{sign}\dot{x} = 0$;

(3) $\ddot{x} + \sin x = 0$;　　　　　　　　(4) $\ddot{x} + |x| = 0$。

8‑13 若非线性系统的微分方程为

(1) $\ddot{x} + (3\dot{x} - 0.5)\dot{x} + x + x^2 = 0$;　　(2) $\ddot{x} + x\dot{x} + x = 0$;

(3) $\ddot{x} + \dot{x}^2 + x = 0$。

试求系统的奇点,并概略绘制奇点附近的相轨迹。

8‑14 非线性系统的结构图如图 8.51 所示,系统开始是静止的,输入信号 $r(t) = 4 \cdot 1(t)$,试写出开关线方程,确定奇点的位置和类型,作出该系统的相平面图,并分析系统的运动特点。

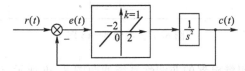

图 8.51 习题 8‑14 的非线性系统结构图

8‑15 变增益控制系统的结构图及其中非线性元件的输入输出特性如图 8.52 所示,设系统开始处于零初始状态,若输入信号 $r(t) = R \cdot 1(t)$,且 $R > e_0; kK < 1/(4T) < K$,试绘出系统的相平面图,分析采用变增益放大器对系统性能的影响。

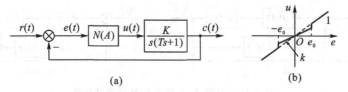

图 8.52 习题 8-15 具有非线性放大器的系统

8-16 图 8.53 为一带有库仑摩擦的二阶系统,试用相平面法讨论库仑摩擦对系统单位阶跃响应的影响。

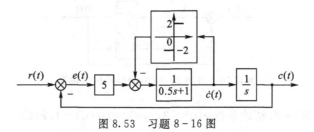

图 8.53 习题 8-16 图

8-17 设非线性系统如图 8.54 所示,输入为单位斜坡函数。试在 $e-\dot{e}$ 平面上绘制相轨迹。

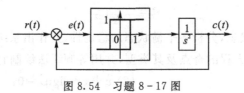

图 8.54 习题 8-17 图

8-18 设非线性系统如图 8.55 所示,其中 $M=1,T=1$。若输出为零初始条件,$r(t)=1(t)$,要求:

(1)在 $e-\dot{e}$ 平面上画出相轨迹;

(2)判断该系统是否稳定,最大稳态误差是多少;

(3)画出 $e(t)$ 和 $c(t)$ 的时间响应大致波形。

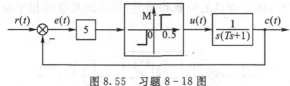

图 8.55 习题 8-18 图

8-19 已知具有理想继电器的非线性系统如题图 8.56 所示,试用相平面法分析:

(1)$T_d=0$ 时系统的运动;

(2)$T_d=0.5$ 时系统的运动,并说明比例微分控制对改善系统性能的作用。

8-20 设系统如图 8.57 所示,试画出 $r(t)=1(t)$,$c(0)=-3$,$\dot{c}(0)=0$ 的相轨迹和相应的时间响应曲线。

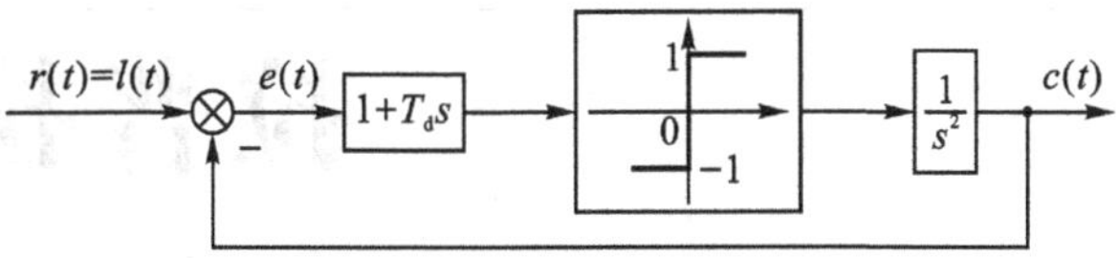

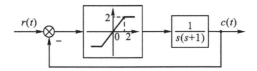

图 8.56　习题 8 - 19 图

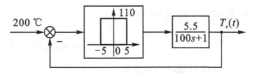

图 8.57　习题 8 - 20 的非线性控制系统

8 - 21　设恒温箱的结构图如图 8.58 所示。若要求温度保持 200℃，恒温箱由常温 20℃启动，试在 $T_c - \dot{T}_c$ 平面上作出温度控制的相轨迹，并计算升温时间和保持温度的精度。

图 8.58　习题 8 - 21 的恒温控制系统

拉普拉斯变换

附 录

拉普拉斯变换是一种函数之间的积分变换。拉普拉斯变换是研究控制系统的一个重要数学工具，它可以把时域中的微分方程变换成复数域中的代数方程，从而使微分方程的求解大为简化。同时还引出了传递函数、频率特性等概念。

1. 拉普拉斯变换的定义和存在定理

(1)定义

设函数 $f(t)$ 在 $t \geqslant 0$ 时有定义，而且积分

$$\int_0^{+\infty} f(t) e^{-st} dt \qquad (s = \sigma + j\omega \text{ 是复变量})$$

在 s 的某个域内收敛，则由此积分所确定的函数可写为

$$F(s) = \int_0^{+\infty} f(t) e^{-st} dt \qquad\qquad (A-1)$$

我们称式 $(A-1)$ 为函数 $f(t)$ 的拉普拉斯变换式，记作

$$F(s) = L[f(t)]$$

$F(s)$ 称为 $f(t)$ 的象函数，而 $f(t)$ 称为 $F(s)$ 的原函数，由象函数求原函数的运算称为拉普拉斯反变换，记作

$$f(t) = L^{-1}[F(s)]$$

(2)拉普拉斯变换的存在定理

若函数 $f(t)$ 满足下列条件：

①在 $t \geqslant 0$ 的任一有限区间上分段连续。

②在 t 充分大后满足不等式 $|f(t)| < Me^{ct}$，其中 M、c 都是实常数。则 $f(t)$ 的拉普拉斯变换

$$F(s) = \int_0^{+\infty} f(t) e^{-st} dt$$

在半平面 $\text{Re}(s) > c$ 上一定存在，此时右端的积分绝对而且一致收敛，而且在这半平面内 $F(s)$ 为解析函数。

为了简单起见，今后一律不再注明 $F(s)$ 的收敛范围。并假定 $f(t) = 0 (t < 0)$。

2. 常见函数的拉普拉斯变换

为了工程应用方便，常把原函数与象函数的对应关系编成表格，就是一般所说的拉普拉斯变换表，如表 A-1 所示。

表 A - 1 拉普拉斯变换表

序号	原函数 $f(t)$	象函数 $F(s)$
1	$\delta(t-nT)$	e^{-nsT}
2	$\delta(t)$	1
3	$1(t)$	$\dfrac{1}{s}$
4	t	$\dfrac{1}{s^2}$
5	$t^2/2$	$\dfrac{1}{s^3}$
6	$a^{t/T}$	$\dfrac{1}{s-(1/T)\ln a}$
7	e^{-at}	$\dfrac{1}{s+a}$
8	te^{-at}	$\dfrac{1}{(s+a)^2}$
9	$e^{-at}-e^{-bt}$	$\dfrac{b-a}{(s+a)(s+b)}$
10	$1-e^{-at}$	$\dfrac{a}{s(s+a)}$
11	$\sin\omega t$	$\dfrac{\omega}{s^2+\omega^2}$
12	$\cos\omega t$	$\dfrac{s}{s^2+\omega^2}$
13	$e^{-at}\sin\omega t$	$\dfrac{\omega}{(s+a)^2+\omega^2}$
14	$e^{-at}\cos\omega t$	$\dfrac{s+a}{(s+a)^2+\omega^2}$

3. 拉普拉斯变换基本定理

(1)线性性质。拉普拉斯变换也像一般线性函数那样具有齐次性和叠加性。若 $f_1(t)$ 和 $f_2(t)$ 的拉普拉斯变换分别为 $F_1(s)$ 和 $F_2(s)$，则有

$$L[a f_1(t)\pm b f_2(t)]=a F_1(s)\pm b F_2(s)$$

(2)微分定理。设 $F(s)=L[f(t)]$，则有

$$L\left[\frac{\mathrm{d}}{\mathrm{d}t}f(t)\right]=sF(s)-f(0)$$

$$L\left[\frac{\mathrm{d}^2}{\mathrm{d}t^2}f(t)\right]=s^2F(s)-sf(0)-f'(0)$$

$$\cdots\cdots$$

$$L\left[\frac{\mathrm{d}^n}{\mathrm{d}t^n}f(t)\right]=s^nF(s)-\sum_{k=1}^{n}s^{n-k}f^{(k-1)}(0)$$

式中，$f(0)$、$f'(0)$、$\cdots f^{(n-1)}(0)$ 为函数 $f(t)$ 及其各阶导数在 $t=0$ 时的值。当 $f(0)=f'(0)=\cdots=f^{(n-1)}(0)=0$ 时，则有

$$L\left[\frac{\mathrm{d}}{\mathrm{d}t}f(t)\right]=sF(s)$$

$$L\left[\frac{\mathrm{d}^n}{\mathrm{d}t^n}f(t)\right]=s^nF(s)$$

（3）积分定理。设 $F(s)=L[f(t)]$，则有

$$L\left[\int f(t)\mathrm{d}t\right]=\frac{F(s)}{s}+\frac{1}{s}f^{(-1)}(0)$$

$$L\left[\iint f(t)\mathrm{d}t^2\right]=\frac{F(s)}{s^2}+\frac{1}{s^2}f^{(-1)}(0)+\frac{1}{s}f^{(-2)}(0)$$

$$\cdots\cdots$$

$$L\left[\int\cdots\int f(t)\mathrm{d}t^n\right]=\frac{F(s)}{s^n}+\frac{1}{s^n}f^{(-1)}(0)+\cdots+\frac{1}{s}f^{(-n)}(0)$$

式中，$f^{(-1)}(0)$、$f^{(-2)}(0)$、$\cdots f^{(-n)}(0)$ 为函数 $f(t)$ 及其各重积分数在 $t=0$ 时的值。当 $f^{(-1)}(0)=f^{(-2)}(0)=\cdots=f^{(-n)}(0)=0$ 时，则有

$$L\left[\int f(t)\mathrm{d}t\right]=\frac{F(s)}{s}$$

$$L\left[\int\cdots\int f(t)\mathrm{d}t^n\right]=\frac{F(s)}{s^n}$$

（4）终值定理。若函数 $f(t)$ 的拉普拉斯变换为 $F(s)$，且 $F(s)$ 在 s 右半平面及除原点外的虚轴上解析，则有终值

$$f(\infty)=\lim_{t\to\infty}f(t)=\lim_{s\to0}sF(s)$$

应用终值定理时，要留意上述条件是否满足。例如 $f(t)=\sin\omega t$ 时，在虚 ω 轴上有 $\pm j\omega$ 两个极点，且 $\lim_{t\to\infty}f(t)$ 不存在，因此终值定理不能使用。

（5）初值定理。如果函数 $f(t)$ 及其一阶导数是可以拉普拉斯变换的，并且 $\lim_{s\to\infty}sF(s)$ 存在，则

$$f(0)=\lim_{t\to0}f(t)=\lim_{s\to\infty}sF(s)$$

（6）延迟定理。设 $F(s)=L[f(t)]$，则有

$$L[f(t-a)]=e^{-as}F(s)\qquad a\geqslant0$$

$$L[e^{-at}f(t)]=F(s+a)$$

上式说明实函数 $f(t)$ 向右平移一个迟延时间 τ 后，相当于复域中 $F(s)$ 乘以 $e^{-\tau s}$ 的因子，实域函数 $f(t)$ 乘以 e^{-at} 所得到的衰减函数 $e^{-at}f(t)$，相当于复域向左平移的 $F(s+a)$。

（7）时标变换。用模拟和对实际系统进行仿真时，常需要将时间的标尺扩展或者缩小为 (t/a)，以使所得曲线清晰或者节省观察的时间。这里 a 是一个正数。可证得

$$L\left[f\left(\frac{t}{a}\right)\right]=aF(as)$$

4. 拉普拉斯反变换

拉普拉斯反变换为

$$L^{-1}\big[F(s)\big]=f(t)=\frac{1}{2\pi\mathrm{j}}\int_{\sigma-\mathrm{j}\infty}^{\sigma+\mathrm{j}\infty}F(s)e^{st}\,\mathrm{d}s$$

这是复变函数积分，一般很难直接计算。故由 $F(s)$ 求 $f(t)$ 常用部分分式法。该法是将 $F(s)$ 分解成一些简单的有理分式函数之和，然后由拉普拉斯变换表——查出对应的反变换函数，即得所求的原函数 $f(t)$。

$F(s)$ 通常是复变量 s 的有理分式函数，即 $F(s)$ 可表示为如下两个 s 多项式比的形式：

$$F(s)=\frac{B(s)}{A(s)}=\frac{b_0 s^m+b_1 s^{m-1}+\cdots+b_{m-1}s+b_m}{s^n+a_1 s^{n-1}+\cdots+a_{n-1}s+a_n}$$

式中，系数 a_1、a_2、$\cdots$、a_n，b_0、b_1、$\cdots$、b_m 都是实常数；m、n 是正整数，通常 $m<n$。为了将 $F(s)$ 写为部分分式形式，首先把 $F(s)$ 的分母因式分解，则有

$$F(s)=\frac{B(s)}{A(s)}=\frac{b_0 s^m+b_1 s^{m-1}+\cdots+b_{m-1}s+b_m}{(s-s_1)(s-s_2)\cdots(s-s_n)}$$

式中，s_1、s_2、$\cdots$、s_n 是 $A(s)=0$ 的根，称为 $F(s)$ 的极点。按照这些根的性质，分以下两种情况研究。

（1）$A(s)=0$ 无重根

这时，$F(s)$ 可展开为 n 个简单的部分分式之和，每个部分分式都以 $A(s)$ 的一个因式作为其分母，即

$$F(s)=\frac{c_1}{s-s_1}+\frac{c_2}{s-s_2}+\cdots+\frac{c_i}{s-s_i}+\cdots+\frac{c_n}{s-s_n}=\sum_{i=1}^{n}\frac{c_i}{s-s_i} \quad\text{(A-2)}$$

式中，c_i 为待定常数，称为 $F(s)$ 在极点 s_i 处的留数，可按下式计算：

$$c_i=\big[(s-s_i)F(s)\big]_{s=s_i} \quad\text{(A-3)}$$

根据拉普拉斯变换的线性性质，从式（A-2）可求得原函数

$$f(t)=L^{-1}\big[F(s)\big]=L^{-1}\Big[\sum_{i=1}^{n}\frac{c_i}{s-s_i}\Big]=\sum_{i=1}^{n}c_i e^{s_i t} \quad\text{(A-4)}$$

上述表明，有理代数分式函数的拉普拉斯反变换，可表示为若干指数项之和。

【**例 A-1**】　求 $F(s)=\dfrac{s+2}{s^2+4s+3}$ 的原函数 $f(t)$。

解　将 $F(s)$ 的分母因式分解为

$$s^2+4s+3=(s+1)(s+3)$$

则

$$F(s)=\frac{s+2}{s^2+4s+3}=\frac{s+2}{(s+1)(s+3)}=\frac{c_1}{s+1}+\frac{c_2}{s+3}$$

按式（A-3）计算，得

$$c_1=\big[(s+1)F(s)\big]_{s=-1}=\frac{s+2}{s+3}\Big|_{s=-1}=\frac{1}{2}$$

$$c_2=\big[(s+3)F(s)\big]_{s=-3}=\frac{s+2}{s+1}\Big|_{s=-3}=\frac{1}{2}$$

因此，由式（A-4）可求得原函数

$$f(t)=\frac{1}{2}(e^{-t}+e^{-3t})$$

【例 A - 2】 求 $F(s) = \dfrac{s-3}{s^2+2s+2}$ 的原函数 $f(t)$。

解 将 $F(s)$ 的分母因式分解为

$$s^2+2s+2=(s+1-j)(s+1+j)$$

本例 $F(s)$ 的极点为一对共轭复数,仍可用式(A-4)求原函数。因此,$F(s)$ 可写为

$$F(s) = \frac{s-3}{s^2+2s+2} = \frac{s-3}{(s+1-j)(s+1+j)} = \frac{c_1}{s+1-j} + \frac{c_2}{s+1+j}$$

式中

$$c_1 = \left[(s+1-j)F(s)\right]_{s=-1+j} = \frac{s-3}{s+1+j}\bigg|_{s=-1+j} = \frac{-4+j}{2j}$$

$$c_2 = \left[(s+1+j)F(s)\right]_{s=-1-j} = \frac{s-3}{s+1-j}\bigg|_{s=-1-j} = -\frac{-4-j}{2j}$$

因此,原函数

$$f(t) = c_1 e^{(-1+j)t} + c_2 e^{(-1-j)t} = e^{-t}(\cos t - 4\sin t)$$

如果函数 $F(s)$ 的分母是 s 的二次多项式,可将分母配成二项平方和的形式,并作为一个整体来求原函数。对于本例的 $F(s)$ 可写为

$$F(s) = \frac{s-3}{s^2+2s+2} = \frac{s-3}{(s+1)^2+1} = \frac{s+1}{(s+1)^2+1} - 4\frac{1}{(s+1)^2+1}$$

应用延迟定理并查拉普拉斯变换对照表 A-1,求得原函数为

$$f(t) = L^{-1}\left[\frac{s+1}{(s+1)^2+1} - 4\frac{1}{(s+1)^2+1}\right] = e^{-t}(\cos t - 4\sin t)$$

(2)$A(s)=0$ 有重根

设 $A(s)=0$ 有 r 个重根 s_1,则 $F(s)$ 可写为

$$F(s) = \frac{B(s)}{(s-s_1)^r(s-s_{r+1})\cdots(s-s_n)}$$

$$= \frac{c_r}{(s-s_1)^r} + \frac{c_{r-1}}{(s-s_1)^{r-1}} + \cdots + \frac{c_1}{s-s_1} + \frac{c_{r+1}}{s-s_{r+1}} + \cdots + \frac{c_n}{s-s_n}$$

式中,s_1 为 $F(s)$ 的重极点,$s_{r+1},\cdots,s_n$ 为 $F(s)$ 的 $(n-r)$ 个非重极点;c_r、c_{r-1}、$\cdots$、c_1、c_{r+1}、$\cdots$、c_n 为待定常数,其中 c_{r+1}、$\cdots$、c_n 按式(A-3)计算,但 c_r、c_{r-1}、$\cdots$、c_1 应按下式计算:

$$c_r = \left[(s-s_1)^r F(s)\right]_{s=s_1}$$

$$c_{r-1} = \left\{\frac{\mathrm{d}}{\mathrm{d}s}\left[(s-s_1)^r F(s)\right]\right\}_{s=s_1}$$

$$\vdots$$

$$c_{r-k} = \frac{1}{k!}\left\{\frac{\mathrm{d}^k}{\mathrm{d}s^k}\left[(s-s_1)^r F(s)\right]\right\}_{s=s_1}$$

$$\vdots$$

$$c_1 = \frac{1}{(r-1)!}\left\{\frac{\mathrm{d}^{r-1}}{\mathrm{d}s^{r-1}}\left[(s-s_1)^r F(s)\right]\right\}_{s=s_1} \tag{A-5}$$

因此,原函数 $f(t)$ 为

$$f(t) = L^{-1}[F(s)] = L^{-1}\left[\frac{c_r}{(s-s_1)^r} + \frac{c_{r-1}}{(s-s_1)r-1} + \cdots + \frac{c_1}{s-s_1} + \frac{c_{r+1}}{s-s_{r+1}} + \cdots + \frac{c_n}{s-s_n}\right]$$

$$= \left[\frac{c_r}{(r-1)!}t^{r-1} + \frac{c_{r-1}}{(r-2)!}t^{r-2} + \cdots + c_2 t + c_1\right]e^{s_1 t} + \sum_{i=r+1}^{n} c_i e^{s_i t} \qquad (A-6)$$

【例 A-3】　求 $F(s)=\dfrac{s+2}{s(s+1)^2(s+3)}$ 的原函数 $f(t)$。

解　$A(s)=0$ 有四个根，即二重根 $s_1=s_2=-1, s_3=0, s_4=-3$。将 $F(s)$ 展为部分分式，则有

$$F(s)=\frac{s+2}{s(s+1)^2(s+3)}=\frac{c_2}{(s+1)^2}+\frac{c_1}{s+1}+\frac{c_3}{s}+\frac{c_4}{s+3}$$

按式(A-5)计算得

$$c_2=\left[(s+1)^2\frac{s+2}{s(s+1)^2(s+3)}\right]_{s=-1}=-\frac{1}{2}$$

$$c_1=\left\{\frac{\mathrm{d}s}{\mathrm{d}}\left[(s+1)^2\frac{s+2}{s(s+1)^2(s+3)}\right]\right\}_{s=-1}=-\frac{3}{4}$$

按式(A-3)计算得

$$c_3=\left[s\frac{s+2}{s(s+1)^2(s+3)}\right]_{s=0}=\frac{2}{3}$$

$$c_4=\left[(s+3)\frac{s+2}{s(s+1)^2(s+3)}\right]_{s=-3}=\frac{1}{12}$$

最后由式(A-6)写出原函数为

$$f(t)=L^{-1}\left[\frac{s+2}{s(s+1)^2(s+3)}\right]=\left[-\frac{1}{2}t-\frac{3}{4}\right]e^{-t}+\frac{2}{3}+\frac{1}{12}e^{-3t}$$

参考文献

[1] 钱学森,宋健. 工程控制论[M]. 北京:科学出版社,1980

[2] 王艳东,程鹏. 自动控制原理[M]. 3版. 北京:高等教育出版社,2021

[3] 高国燊,余文烒. 自动控制原理[M]. 4版. 广州:华南理工大学出版社,2013

[4] 王建辉,顾树生. 自动控制原理[M]. 2版. 北京:清华大学出版社,2014

[5] 胡寿松. 自动控制原理[M]. 6版. 北京:科学出版社,2013

[6] 李友善. 自动控制原理[M]. 3版. 长沙:国防科技大学出版社,2014

[7] 刘丁. 自动控制理论[M]. 2版. 北京:机械工业出版社,2016

[8] 卢京潮. 自动控制原理[M]. 北京:清华大学出版社,2018

[9] 苏鹏声. 自动控制原理[M]. 2版. 北京:电子工业出版社,2011

[10] 孙炳达. 自动控制原理[M]. 5版. 北京:机械工业出版社,2021

[11] 孙亮. 自动控制原理[M]. 3版. 北京:高等教育出版社,2011

[12] 王划一,杨西侠. 自动控制原理[M]. 3版. 北京:国防工业出版社,2017

[13] 杨平,翁思义,王志萍. 自动控制原理[M]. 2版. 北京:中国电力出版社,2014

[14] 吴怀宇. 自动控制原理[M]. 3版. 武汉:华中科技大学出版社,2017

[15] 千博,过润秋,屈胜利,段学超. 自动控制原理[M]. 西安:西安电子科技大学出版社,2017

[16] 张晋格. 自动控制原理[M]. 2版. 哈尔滨:哈尔滨工业大学出版社,2017